主要歴代水上機の塗装・マーキング

© Shigeru Nohara

横廠 一四式三号水上偵察機(E1Y3)　戦艦『金剛《こんごう》』搭載機　昭和７年頃

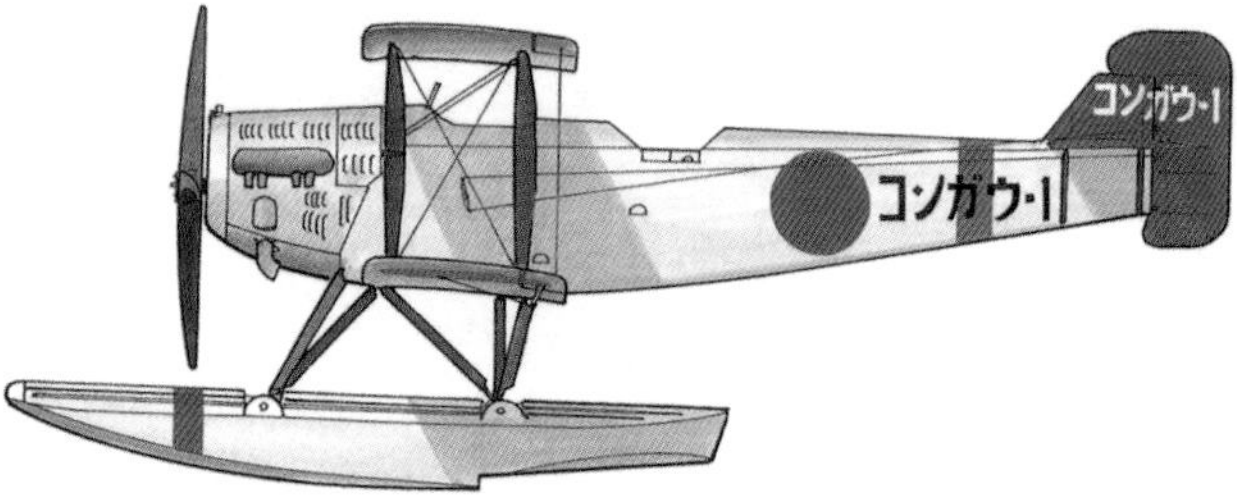

中島 九〇式二号水上偵察機二型(E4N2)　重巡洋艦『愛宕《あたご》』搭載機　昭和７年頃

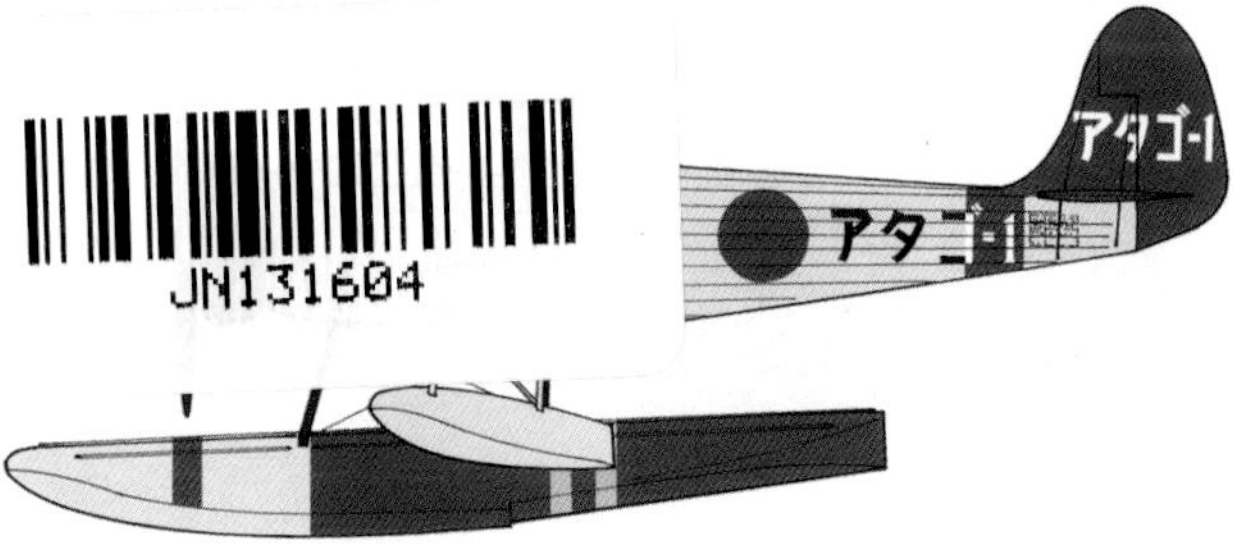

川西 九四式一号水上偵察機(E7K1)　水上機母機『千代田《ちよだ》』搭載機　昭和14年頃

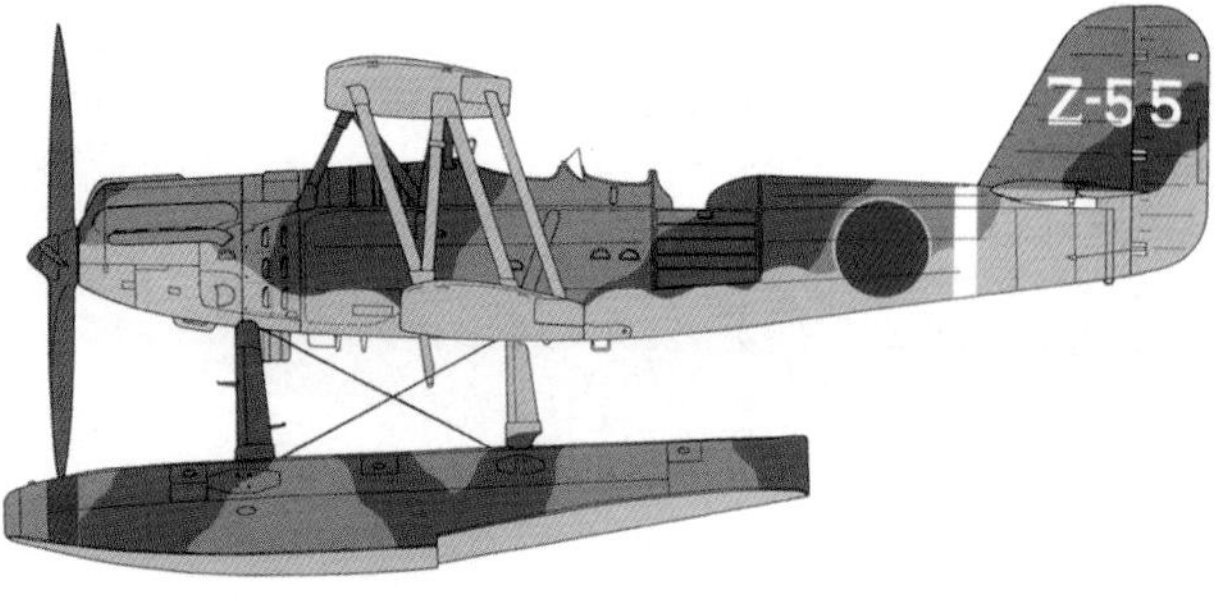

中島 九五式二号水上偵察機（E8N1） 戦艦『陸《む》奥《つ》』搭載機 昭和16年10月

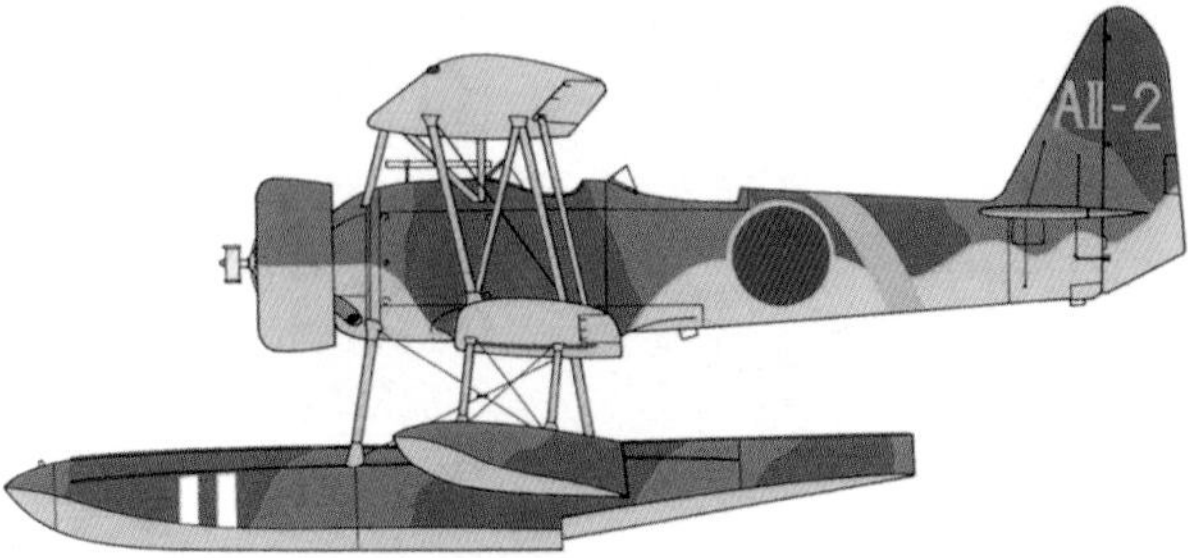

愛知 九六式水上偵察機（E10A）
軽巡洋艦『川内《せんだい》』搭載機 昭和12年頃

愛知 九八式水上偵察機（E11A）
軽巡洋艦『川内』搭載機
昭和15年～ 16年

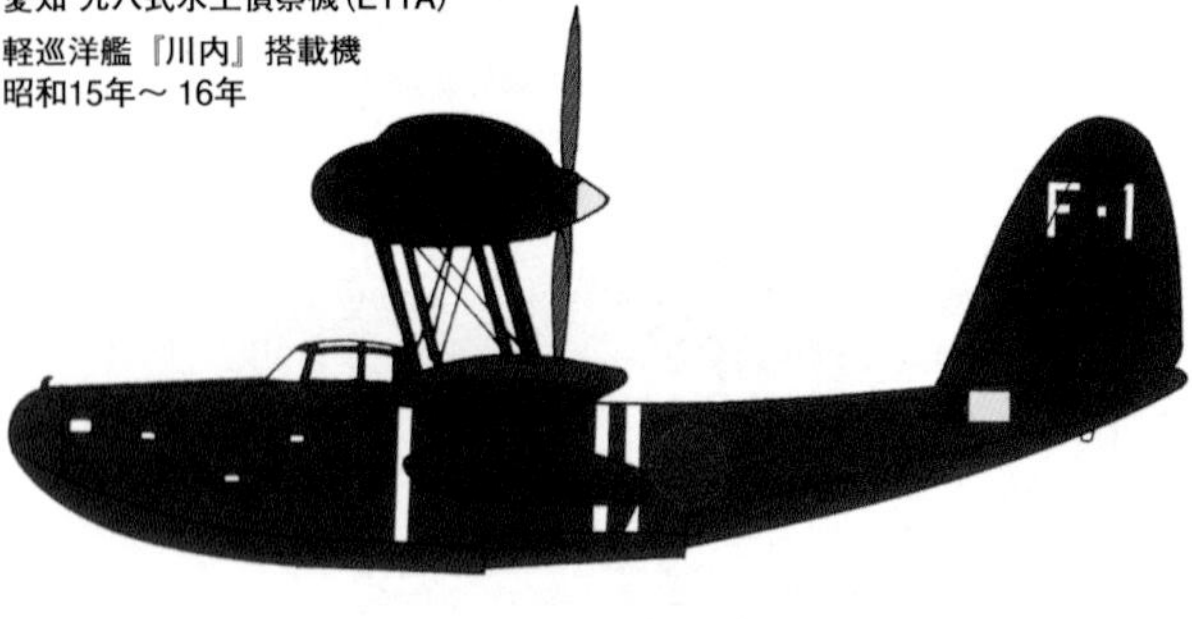

渡辺 九六式小型水上機(E9W)　伊号第六潜水艦搭載機　昭和12年

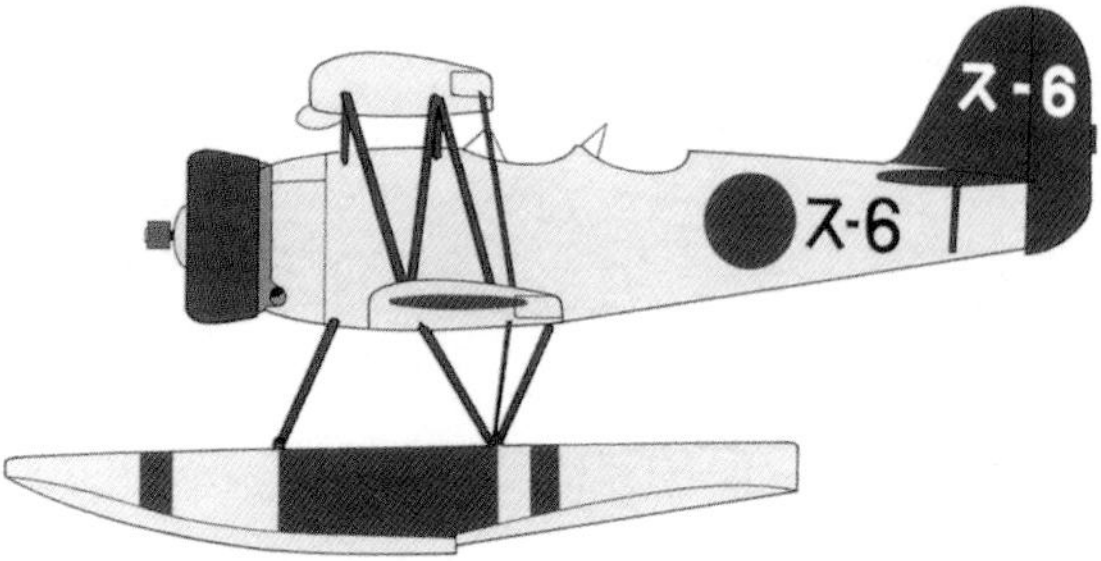

航空廠 零式小型水上機(E14Y)　第六艦隊付属飛行機隊　昭和19年 呉基地

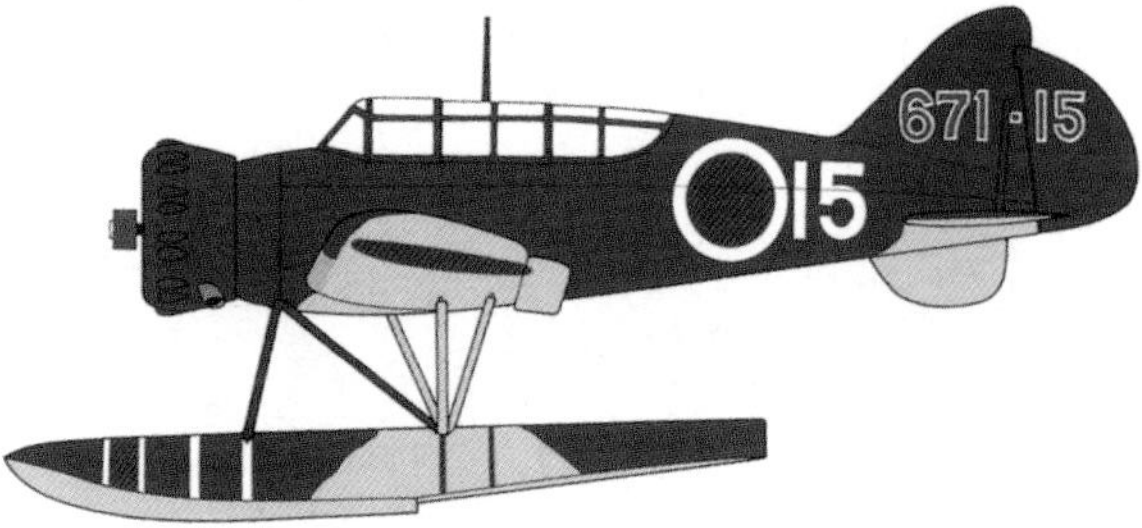

三菱 零式観測機(F1M)　特設水上機母艦『富《ふ》士《じ》川《かわ》丸』搭載機　昭和16年6月

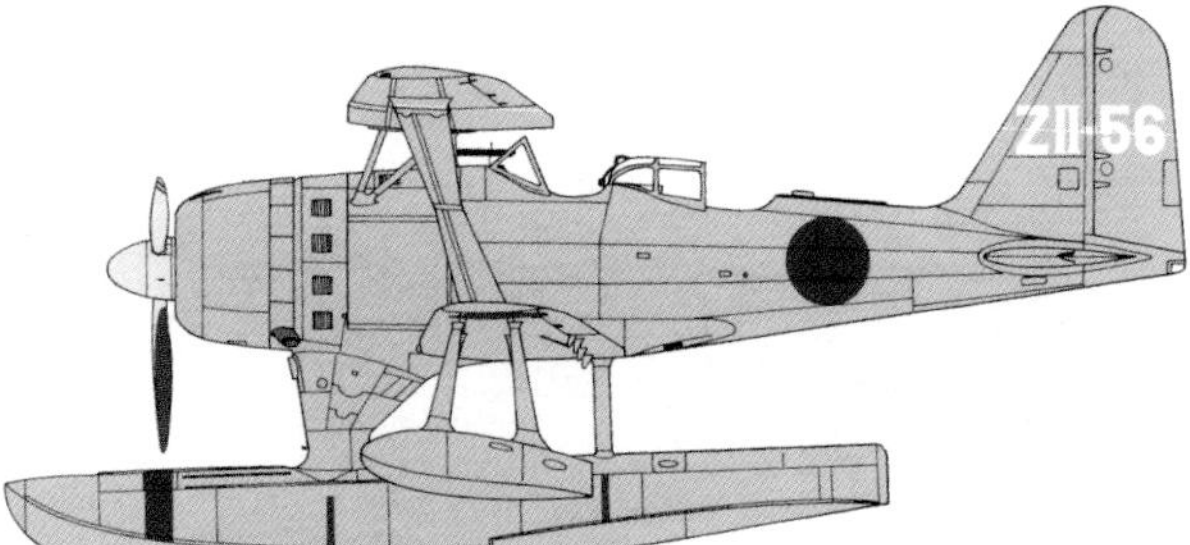

三菱 零式観測機一一型(F1M2)　特設水上機母艦『国川《くにかわ》丸』搭載機　昭和18年

愛知 零式一号水上偵察機(E13A1)　重巡洋艦『羽黒《はぐろ》』搭載機　昭和17年

※機首部の上塗りは黒色だが、最後の１回の塗りを緑黒色ツヤ消しとしたので、図もこれに従ってある。

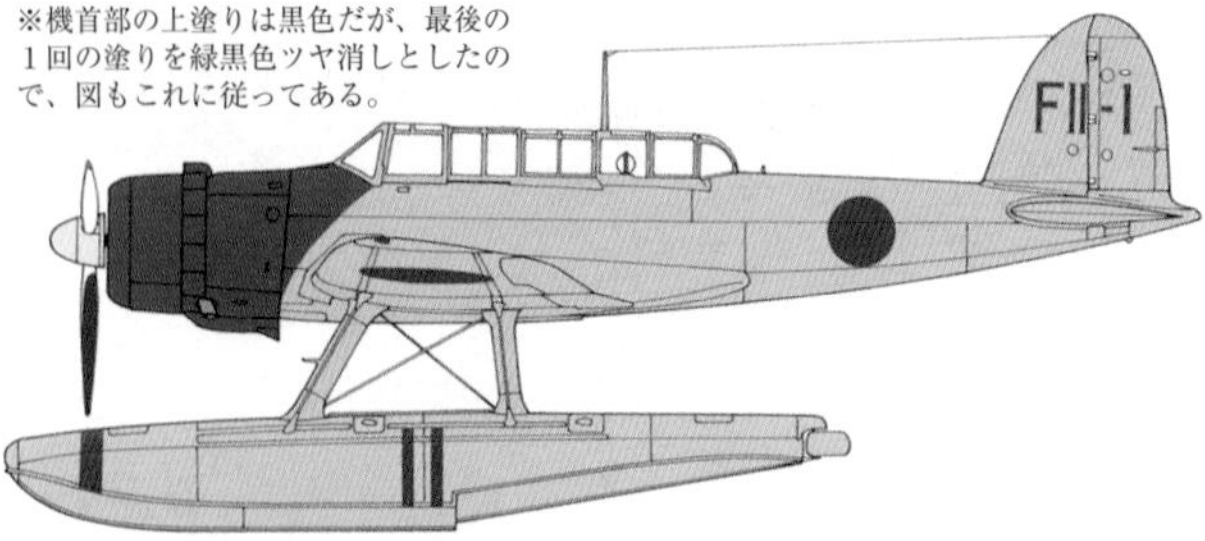

愛知 零式水上偵察機一一型(E13A1)　二十粍機銃装備機
第九五八海軍航空隊　昭和18年

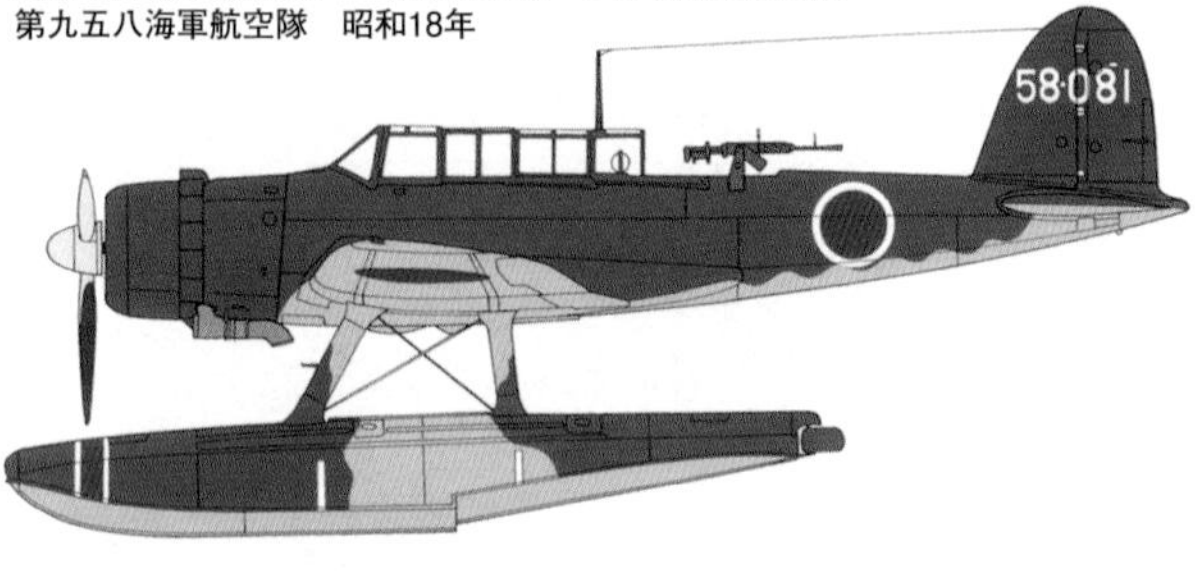

愛知 零式水上偵察機一一乙型(E13A1b)　佐伯海軍航空隊　昭和19年

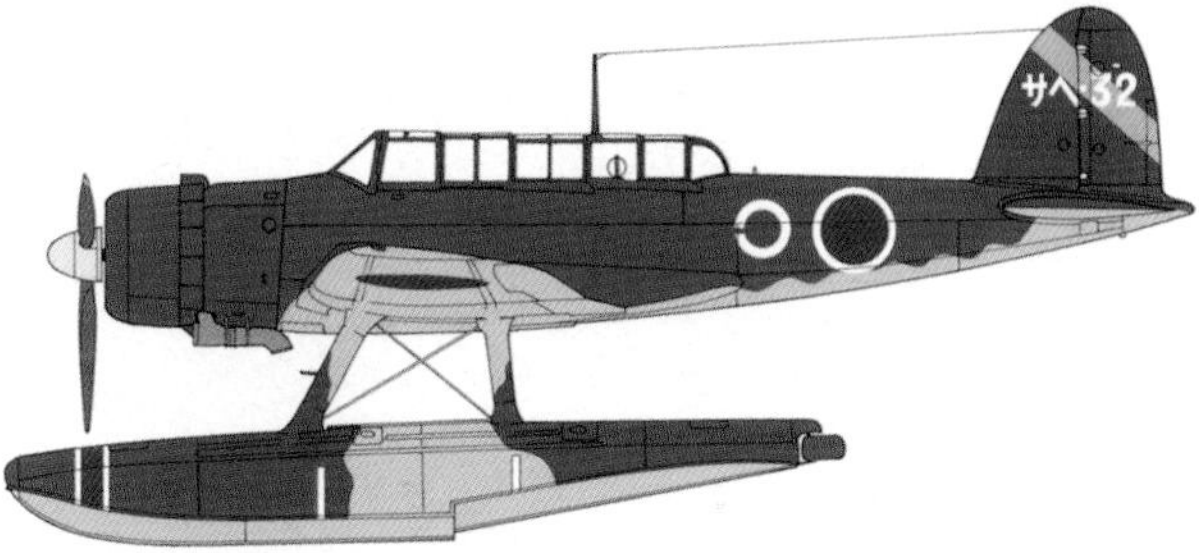

愛知 水上偵察機『瑞雲』一一型(E16A1)　第六三四海軍航空隊
昭和19年 呉基地

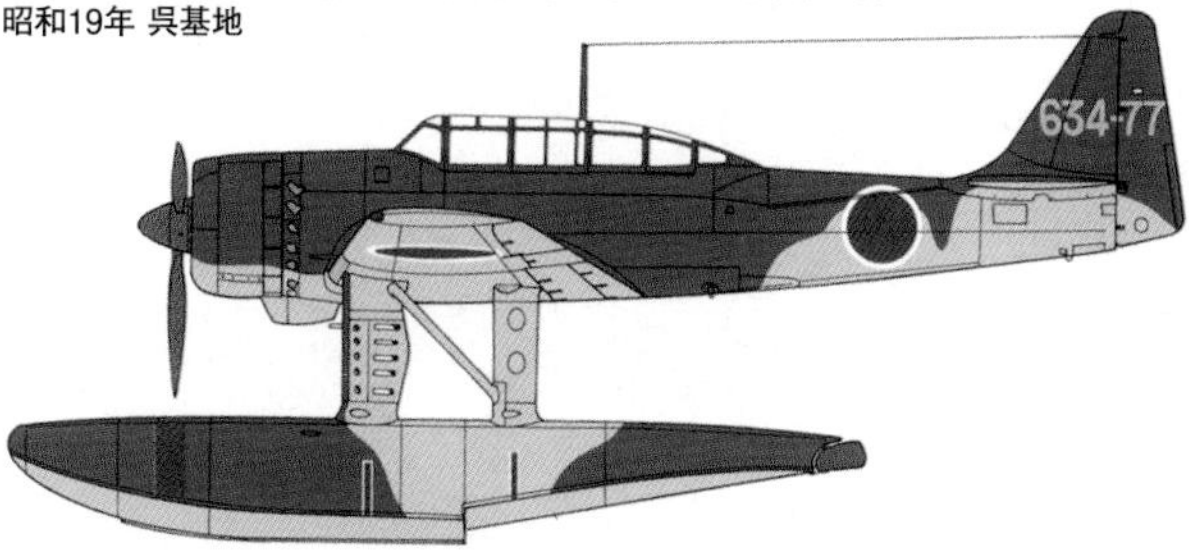

愛知 十七試攻撃機『試製晴嵐』(M6A1)　生産機
第六三一海軍航空隊“神龍特別攻撃隊”
伊号第四〇〇潜水艦搭載機　昭和20年8月

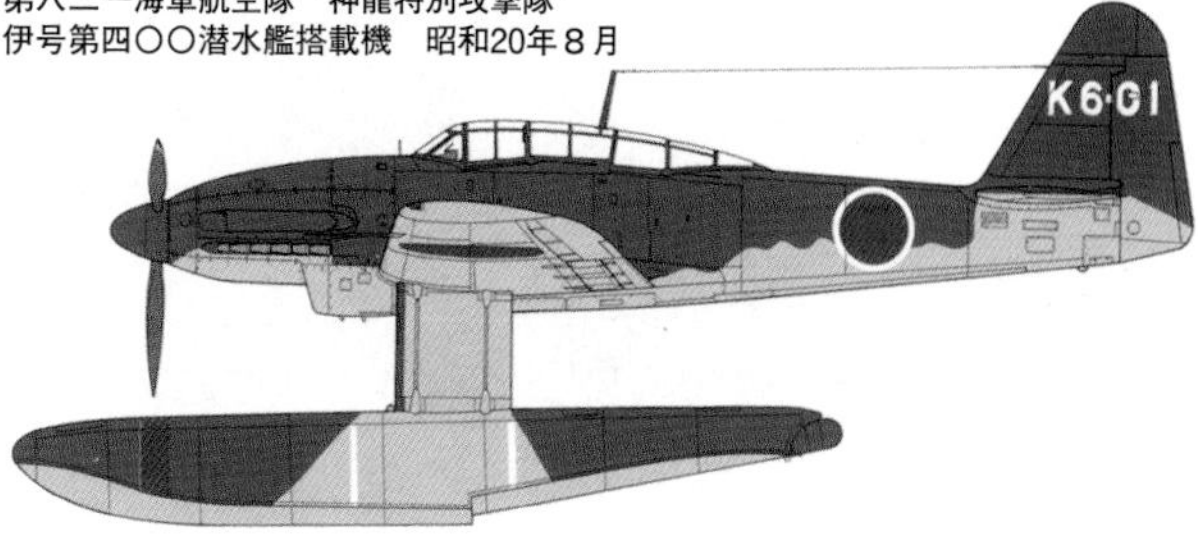

現存する旧海軍唯一の水偵、零式水上偵察機

▶平成４年、鹿児島県の吹上浜沖合の海底に沈んでいたのを発見され、引き揚げられた、もと偵察第三〇二飛行隊所属の零式水偵一一甲型。浮舟は欠落し、腐蝕による痛みも激しいが、原形は比較的よくとどめており、唯一の現存水偵として貴重な存在である。

◀左前方から見る。主翼は折りたたんだ状態にされ、その断面部がよくわかる。本機は現在、引き揚げた状態のまま、加世田市の平和祈念館に保存・展示されている。

▼腐蝕による部品の欠落が著しい操縦室。計器板も無いが、中央の操縦桿のみは、完全な姿で残っている。

▶折りたたんだ状態の椅子だけが、かろうじて原型をとどめる偵察員席。画面上方が操縦席。

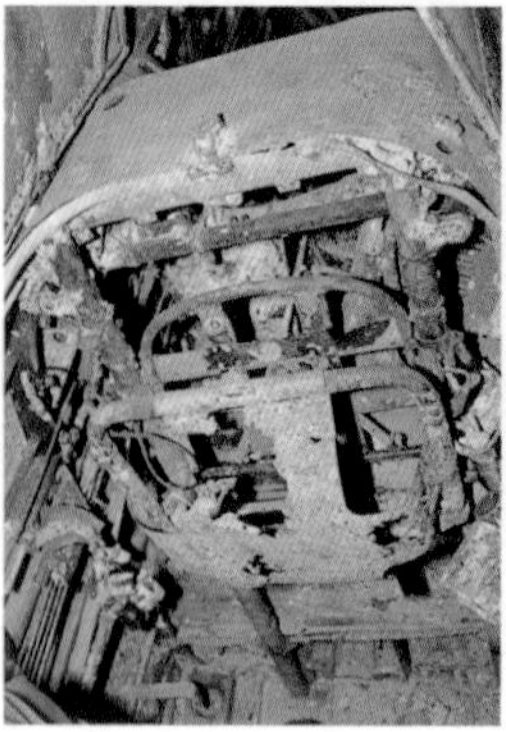

$\frac{1}{10}$スケール超大型模型で見る、戦艦『大和』の航空兵装

取材協力：呉市海事歴史科学館

◀平成17年４月にオープンした、広島県・呉市の『呉市海事歴史科学館・大和ミュージアム』に展示されている、世界最大の模型、$\frac{1}{10}$スケール戦艦『大和』。艦尾の航空甲板に焦点をあて、後上方から撮ったショット。第３番主砲搭横から艦尾までが航空甲板スペースになっており、長さ約67m、最大幅約38mという、従来までの戦艦とは隔絶する広さである。格納庫も完備しており、最大７機（重巡『利根』級に匹敵）の水偵を搭載できた。

▼左上方から見た、射出機、艦載艇／飛行機揚収クレーン、格納庫出入口、および昇降機（方形に凹んだ部分）付近。射出機は呉式二号五型で、他の戦艦と同じだが、通常は、このように後ろ向きに静止しておくのが他と異なる点。

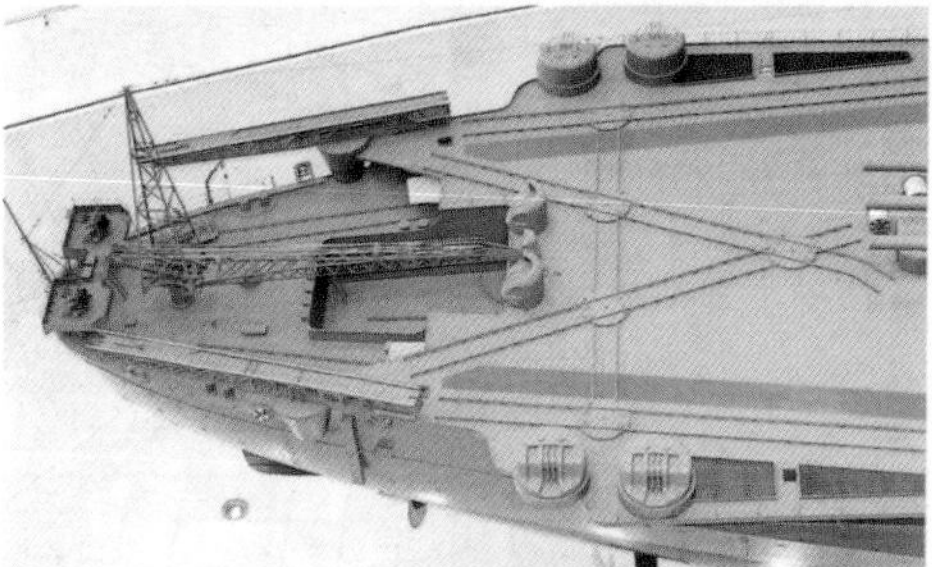

◀右上方からみた航空兵装部。艦載艇と飛行機の揚収に使うクレーンは、とくに大和型戦艦のために設計された新型で、ジブ・クレーンと称し、アンテナ・マストと基部を共用し、俯仰ワイヤを通す後方滑車部を、起倒式にしている点がユニーク。

日本海軍水上機用塗色解説

赤

国籍標識の日の丸、および帯、機番号などのマーキング塗色。FS11136に相当。『海軍航空機用塗料色別標準（仮規117別冊）』によれば、赤色はB_1～B_4まで4色あるが、B_2に相当。

橙黄色

主翼前縁の味方機識別帯、胴体、尾翼の帯、機番号などのマーキング塗色。ほぼFS33538に相当。『海軍航空機用塗料色別標準』では、黄色系はC_1～C_4の4色あり、C_3がこれに相当する。

小豆色《あずき》

太平洋戦争期、スピナー、およびプロペラの迷彩色として使われた。機体ごとに色調に微妙な違いがあり、FS30111、30075などに相当。『海軍航空機用塗料色別標準』では、小豆色系N_0～N_3中のN_0に相当。

青竹

乗員室以外の機体内部に塗る防錆用塗料で、青竹一号、二号などと称した何種類かの色調があり、また透明塗料ということもあって、塗り重ね回数によっても色調は変化するため、一定していない。

機内色（三菱系）

乗員室に塗られた塗料。チップは三菱系（零戦など）に塗られた色調で、零式観測機もほぼこれに順じたものと思われる。FS34258に近い。

機内色

中島製機の乗員室に塗られた色調といわれるが、九五式水偵当時はまだ用いられておらず、今回の「日本の水上機」では使用該当機がない。

緑黒色（三菱系）

太平洋戦争後半に導入された迷彩用上面色。各製造メーカーにより、色調には微妙な違いがある。チップは三菱系のものを示す。FS34052に近い。『海軍航空機用塗料色別標準』ではD_2に該当する。なお、近年復元完成した、米国NASMの『晴嵐』の、尾翼に残っていたオリジナル塗料とほぼ同じだった。

緑黒色

バリエーションの1色で、左記三菱系のそれよりも、やや緑味が強い。中島系の機体が本色のような色調だったともいわれる。

灰色（三菱系）

零式観測機、零式水偵が、部隊就役から太平洋戦争初期まで適用した全面単一塗色、および緑黒色迷彩導入後の下面色。チップは三菱系のではなく、いくらか緑褐色味がある。FS36496、または36357に近い。『海軍航空機用塗料色別標準』ではJ_3の

灰色

三菱系以外のJ_3の色調でFS36307に近い。愛知系も、ほぼこれに近いと思われる。

緑黒色

零戦の迷彩研究報告書に、機体覆（カバー）の迷彩色として、土色とともに搭載されている色で、おそらく、日中戦争当時の九四式、九五式水偵に施された暗緑色と茶色の2色迷彩が、この緑黒色D_2と土色H_2の組み合わせだったものと推定されている。D_2の色調はD_1をやや緑味を強く明るくした感じ。FS34092に相当する。

土色

緑黒色D_2とともに、日中戦争期の九四式、九五式水偵の上面迷彩色として使われた。『海軍航空機用塗料色別標準』にあるH_1～H_4のうちのH_2が本色。FS30045を少し明るくした感じの色調。

NF文庫
ノンフィクション

日本の水上機

野原 茂

潮書房光人新社

日本の水上機——目次

日本の水上機

第一章　日本海軍の水上機搭載艦船

第一節　各種搭載艦船概説

●海軍航空の始祖、水上機母艦

明治45年（1912年）11月6日、神奈川県・横須賀市の追浜にて、日本海軍最初の航空機、モーリス・ファルマン1912年型水上機が初飛行してから、1年9ヵ月後の大正3年（1914年）8月、これら水上機を搭載する母艦として、運送船から改造された『若宮《わかみや》丸』が就役し、日本海軍は、早くも航空兵力の組織的運用能力を持つに至った。これは、〝先進国〟イギリス海軍最初の同種母艦『アークロイヤル』の就役よりも4ヵ月早く、世界最初の航空機搭載船（艦）と言え、その意義はきわめて高い。

若宮丸の水上機搭載能力は、わずか4機にすぎなかったが、就役と同時に、折りからの第一次世界大戦勃発をうけて、ドイツが占領している中国大陸の青島《チンタオ》を攻略する作戦を支援するため、モーリス・ファルマン水上機4機を搭載して、8月23日に佐世保を出港、29日には青島に近い膠州湾外に到着し、9月8日を皮切りに、偵察、爆撃などに従事した。もちろん、この作戦が日本海軍航空にとって、初めての実戦経験であった。

若宮丸は、排水量5895トン、全長111m、幅14・68m、速力10ノットという、軍艦として用いるには貧弱な規模、性能で、水上機搭載施設も、前、後の船倉上部をフラットにし、ここに風雨除けのキャンバスを張っただけの簡素なものであった。

搭載機は、デリックを使って海面に降ろされ、自力で滑水して離水、帰投後は、ふたたびデリックに吊り上げられ、船倉上の収容部に繋止されるという運用法だった。

青島攻略戦が成功したのち、内地に帰った若宮丸は、大正4年（1915年）6月、二等海防艦に類別されて正式な軍艦に昇格し、艦名を『若宮』と改めた。

そして、大正9年（1920年）には、艦種類別変更により航空母艦となったが、もちろん、車輪付きの艦上機を搭載するようになったわけではなく、内容は従来までと同じだった。

昭和時代に入ると、艦体の老朽化が顕著となったために現役を退き、同6年（1931年）民間に払い下げられ、解体、スクラップ処分されてその生涯を終えた。

若宮につづく、2隻目の水上機母艦となったのは、大正14年（1925年）に就役した『能登呂《のとろ》』である。本艦も、最初から水上機母艦として建造されたわけではなく、大正9年（1920年）に、燃料（重油）を運ぶための、給油艦として竣工していた。

しかし、大正10年代に入り、艦隊に随伴できる水上機母艦の必要性が認識されたのと、若宮の老朽化が目立ってきたため、その代艦として大正13年（1924年）に改造工事に着手し、翌年に完成をみたのである。

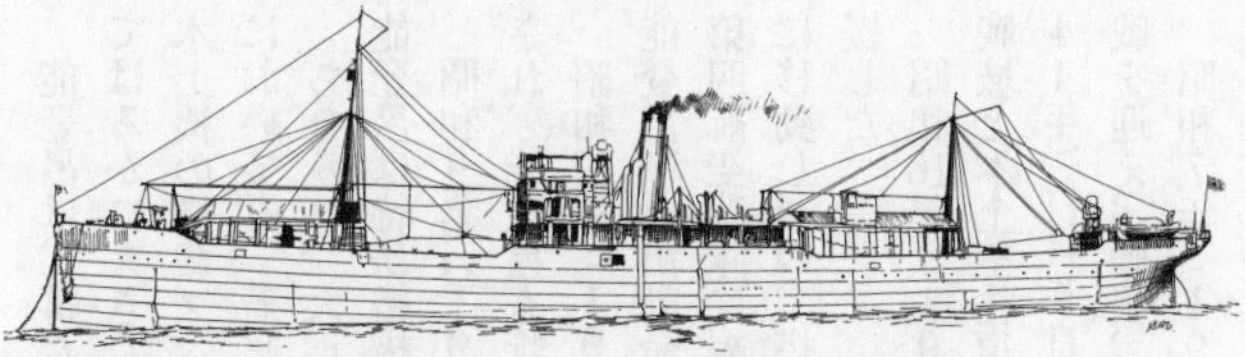

▲日本海軍最初の水上機母艦として、大正３年（1914年）８月に就役した『若宮丸』。前、後の船倉部甲板にキャンバス製の天幕を張り、前部船倉内を飛行機格納庫、弾・火薬庫に、後部船倉内を航空要員の居住区とするなどの改装を施しただけの、きわめて簡単な設備だった。

▲若宮丸につづき、大正14年（1925年）に就役した、２隻目の水上機母艦『能登呂』。写真は、昭和６年（1931年）、広島県の呉軍港に停泊中のショットで、煙突の位置からして、若宮丸に比べ、水上機母艦への改造には、さらに適していたことがわかる。艦橋を挟んだ、前、後の飛行機搭載スペースには、鉄骨骨組みに木板を張った天蓋が設けてあり、進歩のあとがうかがえる。その天蓋の下には、一四式水偵の姿もみえている。

▲若宮丸、能登呂の経験を生かし、さらに有力な水上機母艦として、昭和８年（1933年）に就役した『神威』。外観をみる限りでは能登呂とさして変わりはないが、船体サイズ、排水量ともにひとまわり大きく、搭載機数も能登呂の８機に対し、12機に増加していた。

能登呂は、排水量１万２７８６トン、全長１３８・６８ｍ、幅17・６８ｍと、若宮に比べてはるかに大きく、給油艦として建造されただけに、主機（ボイラー）が船体後部に位置し、水上機の搭載スペースを広くとれたことも幸いし、搭載数（最大８機）、運用効率などの面においても、若宮をはるかに凌いだ。

ちなみに、大正９年度の艦種類別基準変更により、若宮は航空母艦に列せられたのだが、能登呂は特務艦扱いのまま、水上機母艦として就役している。

昭和９年（１９３４年）６月、日本海軍の軍艦籍に、初めて水上機母艦という類別が制定され、能登呂も特務艦扱いから水上機母艦に〝昇格〟し、晴れて軍艦となった。

昭和12年（１９３７年）７月、日中戦争（当時の呼称は支那事変）が勃発したのにともない、能登呂にも出動命令が下り、同年10月に第三艦隊第三航空戦隊、次いで同年12月に第四艦隊第四航空戦隊に編入され、後述する『神威《かもい》』や特設水上機母艦とともに、大陸沿岸を北に南に移動しつつ、搭載機をもっての小型爆弾による精密爆撃などを行ない、地上軍の作戦を支援した。

昭和16年（１９４１年）７月、能登呂は搭載機を降ろし、太平洋戦争勃発後は、主に南方戦域と本土を往復する、航空機、燃料などの輸送任務に従事した。そして、昭和19年（１９４４年）11月５日、シンガポールに停泊中、敵機の爆撃をうけて浸水・着底し、そのまま終戦を迎え、戦後、進駐してきたイギリス軍の手により海没処分された。

昭和７年（１９３２年）に生起した上海事変に出動し、迅速、かつ有効な働きを示した能登呂の実績をふまえ、海軍は、同じく給油艦だった『神威《かもい》』の、水上機母艦への改造を決定し、翌8年2月にかけてこれを実施、9年6月1日付けをもって軍艦籍に加えられ、3隻目の水上機母艦として就役した。

神威の水上機搭載施設は、ほぼ能登呂に準じたものとされたが、排水量1万7000トン、全長151m、幅20・42mは同艦よりもはるかに大きく、搭載機定数も常用12機、補用6機の計18機に達し、15ノットの速力とあわせ、艦隊随伴用の水上機母艦としては充分な能力をもっていた。もっとも、射出機（カタパルト）がまだ装備されていなかったので、波の高い外洋では、水上機の自力離発着に制限をうけるという、根本的な弱点を克服できていなかった。

日中戦争に際しては、九四式、九五式両水偵を搭載して出動、第三艦隊第三航空戦隊に属し、昭和13年（1938年）秋ごろまで大陸沿岸部、揚子江を移動しつつ、地上作戦支援に活躍した。

昭和14年（1939年）、飛行艇母艦に改装され、太平洋戦争中は、主に航空基地移動にともなう各種物件の輸送任務などに従事した。

昭和19年（1944年）4月、特務艦籍に戻り、ひきつづき南方と本土間の物資輸送に従事していたが、昭和20年（1945年）4月、香港に停泊中のところを敵機に爆撃されて大破・着底し、そのまま終戦を迎え、戦後、イギリス軍によって解体処分された。

●特設水上機母艦の就役

昭和12年7月、日中戦争が勃発した時点において、日本海軍は、能登呂と神威の2隻の水上機母艦を保有していたが、戦時態勢となったことで、さらなる水上機母艦の必要性を認め、民間商船を応急的に改造した、特設水上機母艦の調達を決定した。

対象になったのは、昭和5年（1930年）以降、有時に特設軍艦として徴用することを前提に、海軍が建造助成金を出していた船で、まず、国際汽船の高速貨物船『香久丸《かぐ》』『衣笠丸《きぬがさ》』、および川崎汽船の『神川丸《かみかわ》』の3隻が抽出され、8月から9月にかけて相次いで就役し、各航空戦隊に編入され、大陸沿岸、揚子江を移動しつつ、地上軍作戦を支援した。

これら3隻は、商船とはいえ、総トン数6800〜8400トンの大型船で、ディーゼル機関を搭載し、速力19ノットの高速を出し、搭載機定数も、二座、三座水偵あわせて12機に達したうえ、船首、尾に十二糎単装高射砲各1門を備えるなど、能力的には能登呂、神威の両正規水上機母艦に匹敵するものだった。

昭和13年1月8、10日の両日、香久丸の九五式水偵のべ15機は、南支の南寧に進攻して、迎撃してきた中華民国空軍の陸上戦闘機を相手に空中戦を交え、8機撃墜（うち不確実2機）。さらに、2月24日、南雄飛行場攻撃に参加した、衣笠丸の九五式水偵5機は、能登呂の8機と協同して敵戦闘機と空中戦を交え、5機撃墜（うち1機不確実）し、支那方面艦隊司令部から感状を授与されるなど、水際立った活躍を演じている。

昭和14年になると、これら特設水上機母艦にも射出機（カタパルト）が装備され、水上機

▲日中戦争さなかの昭和13年（1938年）、揚子江中流域の九江付近に停泊する、特設水上機母艦『香久丸』。船橋を挟んだ前甲板に九五式水偵、後甲板に九四式水偵を搭載している。衣笠丸、神川丸とともに、商船改造による特設水上機母艦の第一期分として、日中戦争の初期から活躍した。

▲これも、日中戦争に参加した当時の特設水上機母艦『神川丸』。僚艦香久丸、衣笠丸が昭和13年末までに水上機母艦としての任務を解傭されたのに対し、神川丸は太平洋戦争中に撃沈される（18年５月28日）まで、その任務を全うした。

▲昭和18年（1943年）４月、北太平洋のアリューシャン列島アッツ島に輸送する、二式水戦と零観を、後部甲板上に“フル搭載”して出港を待つ、特設水上機母艦『君川丸』。船体中央付近の右舷側に、呉式二号五型射出機を装備しているのがわかる。本艦は、16年９月から18年９月末まで、終始第五艦隊の隷下にあり、本土と千島列島、アリューシャン列島方面を往復しつつ、哨戒、輸送任務などに従事した。

の運用面でいちじるしい改善がみられた。

昭和16年、日・米開戦が必至の情勢となり、出師準備が発令されたのにともない、海軍はさらなる特設水上機母艦の保有を決定し、第二期分として、『山陽丸《さんよう》』(大阪商船)、『相良丸《さがら》』『讃岐丸《さぬき》』(日本郵船)、『君川丸《きみかわ》』『聖川丸《きよかわ》』『國川丸《くにかわ》』(川崎汽船)を相次いで徴用・改造し、軍籍に編入した。

これら各艦の要目は、ほぼ前記3隻のそれに準じたが、当初に計画された、防御用高角砲、機銃の増備は、正規軍艦の出師準備が優先されたことなどにより、小規模の範囲にとどめられた。

太平洋戦争が勃発すると、特設水上機母艦も各艦隊の隷下に入って南方進攻作戦に参加し、陸上基地のない最前線の島嶼などで、その長所を生かしてよく働いた。

とりわけ、昭和17年(1942年)8月29日、各水上機母艦搭載機を集めて編制された『R方面航空部隊』による、ソロモン諸島を中心とした活動は、戦史上でも特筆されるほどだった。

しかし、昭和18年(1943年)に入り、戦況が厳しくなると、水上機の、最前線における昼間行動は不可能になり、水上機母艦そのものの存在価値も低下したため、各艦は順次搭載機を降ろして、運送艦などに類別変更された。

昭和18年10月1日、君川丸、聖川丸が特設運送艦となったのを最後に、特設水上機母艦は消滅した。

●玉虫色的性格の本格水上機母艦

主力艦（戦艦）の保有量を、欧米列強国の6割に制限された日本海軍は、その不足分を他の補助戦力でカバーするために、さまざまな策を労した。航空戦力の拡充に傾注したのも、そのひとつである。

さらに、水中兵器の妙案として、乗員2名だけの小型特殊潜航艇『甲標的《こうひょうてき》』が計画され、主力艦同士の決戦前に、敵艦隊に奇襲をかけ、その魚雷攻撃をもって打撃を与え、味方艦隊を優勢に導く戦術が具体化した。

そして、昭和9年（1934年）度の㊁計画により、この甲標的を搭載する母艦3隻が建造されることになり、『千歳《ちとせ》』『千代田《ちよだ》』『瑞穂《みずほ》』と命名され、12年度までに相次いで起工された。

これら3隻は、排水量約1万1000トン、全長183～192m、幅18・8m、速力22～29ノットという、かなりの大型艦だったが、千歳、千代田はタービンとディーゼルの併用、瑞穂はディーゼルのみの主機とした点が異色だった。

もっとも、平時に甲標的母艦として手持ちしているだけでは、リスクが大きすぎるため、その広いフラッシュ・デッキを利用した水上機母艦として完成させ、合わせて給油艦の能力も持たせるべく設計変更し、千歳は昭和13年7月、千代田は同年12月、瑞穂は同14年2月にそれぞれ竣工し、さっそく大陸沿岸に派遣され、前述した能登呂、神威、特設水上機母艦と

▲本命は甲標的母艦を想定しながらも、実際には水上機母艦として完成し、高速給油艦にも転用できるうえに、必要に応じて、航空母艦にも改造できるという、複雑な性格を内包しつつ就役した『千歳』型。後部のテーブル状構造物は、航空母艦への改造の際、飛行甲板の一部となった。写真は、昭和13年７月18日、公試運転中の『千歳』。

▲昭和15年当時の『千歳』の俯瞰写真。航空母艦への改造時に、飛行甲板の一部を成す、フラットなスペースが異様に見える。船体後部のフラット・スペースは、水上機の搭載、作業スペースで、運搬用軌条が“川”の字に敷いてあるのがわかる。艦尾に１機だけ搭載されているのは、九四式水偵。

▲先の千歳型２隻、瑞穂と同じく、本命は甲標的母艦を想定しつつ、昭和17年２月に水上機母艦として完成した『日進』。主機はすべてディーゼルとされたため、タービン用の太い煙突はなく、後部の４本支柱構造物に排煙管が集められ、そこから煙を吐き出している。しかし、水上機母艦としては、これといった目立つ実績もないまま、18年７月に戦没。

ともに、折りからの日中戦争に参加した。

3隻の各搭載機定数は、常用24機、補用4～8機と、従来の水上機母艦の2倍以上で、水偵だけとはいえ、きわめて有力な〝移動航空基地〟といえた。

昭和15年（1940年）5月、甲標的の完成にともない、まず千代田がその母艦となるべく改造に着手し、翌16年に完成したのだが、ほどなく勃発した太平洋戦争は、日本海軍が構想した主力艦同士の決戦など、一日のうちに時代遅れにする航空戦力中心の戦いとなり、甲標的母艦も宙に浮いてしまった。

そのため、千歳、千代田は建造中に新たに腹案として浮上していた、航空母艦に改造されることになり、昭和18年（1943年）12月、翌19年1月に相次いで完成した。

いっぽう瑞穂は、水上機母艦のままで太平洋戦争開戦を迎えたが、昭和17年5月、本土近海にて米海軍潜水艦の雷撃をうけ、あっけなく沈没してしまった。

なお、昭和12年度の㊂計画により、千歳、千代田に準じた甲標的母艦1隻が、『日進《にっしん》』と命名されて建造され、昭和17年2月に竣工して水上機母艦に類別された。もっとも、就役後は、もっぱら南方戦域への重機材の輸送に従事し、本来の目的に使われないまま、昭和18年7月、ソロモン戦域にて米軍機の爆撃をうけ、沈没している。

結局のところ、これらの甲標的母艦兼水上機母艦は、戦前の偏った戦略構想のもとで、いわば〝玉虫色〟的な複雑な性格を背負わされ、空母に変身できた千歳、千代田はともかくとして、成功とは言い難い艦であった。

●戦艦、巡洋艦への水偵搭載

大正13年、艦隊に随伴できる水上機母艦『能登呂』の就役をみたとはいえ、艦隊決戦時の水上偵察機の重要性はますます高まったことをうけ、日本海軍は、戦艦、重巡洋艦などの主要艦船にも、〝自前〟の水偵を搭載することを検討しはじめた。

もちろん、当時は、まだ射出機（カタパルト）が実用化されていなかったので、当初は、ドイツのハインケル社から、『特殊発進装置』とHD-25複葉水上偵察機をセットで購入し、まず戦艦『長門《ながと》』に設置して実験を行なった。

特殊発進装置などと、仰々しい名称が付いてはいるが、要するに射出機能のないカタパルトと考えてよい。すなわち、全長約27mの枠組みの滑走台を2番主砲塔、同砲身上に固定し、HD-25は、この滑走台上を自力で滑走し発進するのである。

実験は一応成功したので、部分的に改修を加えたのち、かねて予定していた、重巡洋艦『古鷹《ふるたか》』『加古《かこ》』の両艦に設置された。昭和2年（1927年）のことである。

しかし、この特殊発進装置は、主砲塔の天蓋と砲身にまたがって設置されるので、いざ実戦になったときは射撃の妨げになり、実用面に問題があった。

幸い、昭和3年に日本海軍は圧縮空気式の呉式一号射出機、次いで同5年には火薬式の呉式二号射出機の実用化に成功したので、特殊発進装置は、前記2艦を含めた、ごく一部に設置されたのみで用済みになった。

▶艦船に対する、水上偵察機搭載の可否をテストするため、ドイツのハインケル社から購入した、HD-25複葉水偵、および、そのための特殊発進装置（滑走台）を、２番主砲塔上に設置した戦艦『長門』。このテストは一応成功し、重巡洋艦『加古』『古鷹』に対し、初めて実用装備された（昭和２年）。

▲日本海軍艦船のなかで、最初に火薬式の呉式二号射出機（一型）を装備した、重巡洋艦『青葉』。写真は、それから２年５ヵ月が経過した、昭和６年（1931年）９月時点の青葉で、後檣と３番主砲塔の間に呉式二号一型射出機、および搭載機の一五式水偵が確認できる。

▲射出機が導入される以前に、『加古』とともに日本海軍最初の水偵搭載、および特殊発進装置を実用した艦として知られる、重巡洋艦『古鷹』。写真は、昭和14年６月、主砲を単装６基から、連装３基に改めるなどの近代化大改装を行なった直後の撮影。むろん、実用上難のあった特殊発進装置は、昭和７～８年にかけて呉式二号一型射出機、さらには前記改装の折りに、呉式二号三型改射出機へと更新された。

なお、射出機が実用化される直前の大正15年（1926年）、日本海軍は連合艦隊所属の主力艦を対象に、水上偵察機1機の常時搭載を通達し、後部甲板、あるいは主砲塔上に架台を設置して、ここに水偵を固定した。発進の際はデリックで吊り上げて海面に降ろし、収容も同様にして行なった。

射出機を最初に装備したのは、重巡洋艦『衣笠《きぬがさ》』で、昭和3年（1928年）に呉式一号一型を、後檣後部の格納庫と3番主砲塔の間に一基取り付け、一五式水偵1機を搭載した。

しかし、圧縮空気を射出エネルギーとする呉式一号一型の実用性は、あまり芳しいものではなく、より安全確実な、火薬式の呉式二号一型がとって代わり、衣笠の姉妹艦である『青葉《あおば》』が、翌昭和4年（1929年）4月にこれを最初に装備した。

戦艦に対する射出機の装備は少し遅れ、昭和7年（1932年）頃から本格化したようで、『長門』『陸奥《むつ》』『金剛《こんごう》』『日向《ひうが》』を皮切りに、改装工事の折などに順次取り付けられた。

射出機の導入は、同時に水偵搭載機数の増加を可能とし、戦艦は二座水偵3機、重巡洋艦は二座水偵と三座水偵のいずれか2〜4機を標準とした。

射出機は、戦艦の場合、最新の『大和』型のみ2基装備したが、他はすべて1基、重巡洋艦は『古鷹』『青葉』型、および新造時の『妙高』型が1基だった他は、全て2基を装備した。

射出機の周囲は、航空甲板と呼ばれた専用スペースとなっており、水偵を移動させるための運搬軌条、旋回盤（ターンテーブル）などが配置されている。主な艦の航空甲板を示した

▲昭和14年（1939年）夏、軍港内に停泊中の戦艦『日向』を俯瞰したショット。3番主砲塔より後方の上甲板配置が一目瞭然である。連装砲塔6基を備える『伊勢』型、および『山城』型戦艦の航空兵装は、艦尾のごく限られた狭いスペースを充てるほかなかった。写真には、九五式水偵3機が写っている。航空甲板のみ、リノリウム張りのため、黒っぽい。

▲上写真より少し前、日中戦争勃発頃の『日向』の航空甲板風景。左手前に呉式二号五型射出機の後部が写っており、いま、九五式水偵を射出位置にセットしようとしているところ。九五式水偵は、すでに迷彩塗装に衣替えしているが、主浮舟（フロート）の塗り分けが、波形になっているのが珍しい。

▲航空兵装の研究を目的として撮られた、一連の俯瞰写真の1枚で、昭和16年（1941年）当時の重巡洋艦『摩耶』（まや）。高雄型4隻中の1艦である本艦は、航空兵装も他の姉妹艦3隻とまったく同じ。両舷の射出機は、斜前方に指向し、それぞれの水偵（右舷は九四式、左舷は九五式）を射出できる状態になっている。

のが、P.33~42の写真、図である。

なお、戦艦の水上機搭載に関し、一言触れておかねばならぬのは、『伊勢《いせ》』『日向《ひうが》』の2隻が、昭和18年9月、11月に航空戦艦への改造を終えて、再就役したことである。

これは、ミッドウェー海戦において、主力空母4隻を一挙に失う大打撃をうけた日本海軍が、その〝穴埋め策〟の一環として採った措置で、後部の第5、6番主砲塔を撤去し、飛行作業用甲板、格納庫、昇降機を設置し、水上偵察（爆撃）機『瑞雲《ずいうん》』22機を搭載できるようにしたもの。これで、空母戦力を補おうとしたのである。搭載機は作業甲板に並べられ、同前端両舷に設置された射出機により、連続発艦するようになっていた。

しかし、母艦は完成したものの、『瑞雲』の実用化、生産の遅延により、これを搭載する機会が巡ってこないまま、『伊勢』『日向』とも、昭和20年に入って呉軍港周辺に繋留中のところを、米軍機の空襲をうけて大破・着底し、航空戦艦としては一度も機能せずにその生涯を終えた。当局の見通しの甘さが招いた、〝大いなる徒労〟の一例だった。

重巡洋艦の航空兵装として注目すべきは、昭和13年~14年にかけて竣工した『利根《とね》』『筑摩《ちくま》』の両姉妹艦が、後部甲板すべてを、その専用スペースに充て、他艦に倍する6機の二座、三座水偵を搭載可能にしていたことである。

主力艦部隊の前衛を務め、いち早く敵艦隊の動向を把握するのと、敵前衛部隊との砲撃戦が始まってからも、主砲発射時の爆風に晒されずに、水偵を運用できるように、との目的で設計されたのが、この利根型2隻だった。

▲ミッドウェー海戦における大敗をうけて、空母戦力を補う目的で誕生した、航空戦艦『伊勢』。第5、6番主砲塔を撤去し、ここに、格納庫（一層）と飛行甲板、2基の射出機を設け、水上機22機を搭載できた。もっとも、この飛行甲板は離発着用ではなく、射出機から連続して発艦させるための待機、および整備・点検するためのスペースであった。写真は、18年8月24日、改装完成後の公試運転中の撮影で、甲板上には搭載機の運用テストのためめか、九六式艦戦らしき陸上機の姿がみえる。

▲航空巡洋艦と称すべき、強力な索敵能力をもつ重巡洋艦として、昭和13年（1938年）に竣工した、『利根』型のネームシップ『利根』の俯瞰写真。P.40に掲載した写真と連続して撮影されたショットで、より真上に近いアングルのため、後部の航空兵装要領がよくわかる。左舷側射出機の後方には九四式水偵が繋止されており、P.40の平面図に則っていることがわかる。

▲昭和17年（1942年）5月27日、運命のミッドウェー島攻略作戦に参加するため、瀬戸内海の柱島泊地を出港する直前の利根。航空甲板上には、九五式水偵1機と零式水偵3機が繋止されており、二座水偵の、零式観測機への機種更新は遅れていたようだ。航空巡洋艦とは言え、格納庫をもたない利根型は、搭載機の保護という面で、従来艦に比べ、進歩したとは言い難かった。

太平洋戦争開戦劈頭のハワイ作戦において、利根型2隻は、本来の目的とは異なったが、空母機動部隊に随伴し、艦上機の発艦に先立って、その搭載水偵によりハワイ方面の敵状偵察を行ない、有効な情報をもたらして、奇襲攻撃成功に大きく貢献した。

このハワイ作戦と、半年後のミッドウェー海戦において、戦闘開始前の索敵情報がいかに重要かを、身をもって知った日本海軍は、重巡『最上《もがみ》』を、利根型2隻より、さらに強力な航空兵装をもつ艦に改造することを決め、昭和17年9月から翌18年4月にかけてこれを実施した。

改造の要領は、後部の二十糎連装主砲塔2基を撤去したうえで、シェルターデッキに準ずる飛行甲板を艦尾いっぱいまで設け、零式観測機、零式水偵あわせて、最大11機まで搭載できるようにした。まさに〝航空巡洋艦〟と称すべきものに変貌したといえる。

もっとも、改造完成後に戦況が悪化したこともあって、最上がその特徴を生かして威力を発揮する場面はほとんどなく、昭和19年10月の捷一号作戦において戦没してしまう。

●夜偵を搭載した軽巡洋艦

主力艦の兵力不足を補う手段のひとつとして、日本海軍が熱心に取り組んだのが、水雷戦隊（魚雷攻撃を主任務とする駆逐艦部隊のこと）による夜間戦闘であった。視界の効かない夜、敵の主力艦隊に秘かに忍び寄り、魚雷をもって奇襲攻撃を加え、決戦の前に敵兵力を弱体化させておくという、漸減作戦と呼ばれた構想の一端であった。

その水雷戦隊を率いる旗艦用に建造したのが軽巡洋艦であり、大正8年（1919年）に竣工した『天龍』型2隻を嚆矢とし、太平洋戦争中に竣工した『阿賀野《あがの》』型5隻に至るまで、計22隻完成した。

むろん、阿賀野型以外の各艦は、すべて大正14年（1925年）までに完成しているので、射出機1基を含めた航空兵装を持つようになったのは、昭和7年（1932年）以降に実施された、改装工事によってである。

これら軽巡洋艦に搭載されるのは、水偵1機のみであったが、一部は通常の二座、または三座水偵ではなく、〝夜偵〟の通称で呼ばれた、飛行艇形態の九六式、および九八式水偵を搭載した。

というのも、通常の浮舟（フロート）付き水偵では、夜間の離着水が極めて危険、かつ困難であり、機体の性能特性上、まず何よりも、敵艦隊にぴったり貼りつき、低速で長時間、安定した飛行ができることを求められたからである。

もっとも、夜間触接任務だけに〝特化〟した九六式、九八式水偵は、他の任務に使いにくく、訓練を積めば、九四式、零式両三座水偵でも夜間運用が可能であることがわかったため、特異な夜偵は、九八式以後は開発されなかった。

最新艦の阿賀野型は、潜水艦隊旗艦としても使えるよう配慮されていたが、艦隊決戦時の索敵能力を強化するため、敵戦闘機の制空権下でも、強行偵察ができる高速水上偵察機（のちの『紫雲《しうん》』）の開発が決定されたのと同時に、これを6機搭載できる専任の軽巡洋艦2隻

▲大正９年（1920年）から同14年（1925年）にかけて、計14隻建造された、いわゆる“5500トン級軽巡洋艦”のうち、最後期の『川内』（せんだい）型３隻のネームシップとなった川内。水雷戦隊旗艦を務めたことから、夜偵を搭載することも多かったが、昭和13年（1938年）、日中戦争当時に撮影された本写真では、射出機上の搭載機は九五式水偵である。

▲旧式化した5500トン級軽巡の後継艦として、約20年ものブランクを経て、昭和17年（1942年）から同19年（1944年）にかけて、計４隻建造された『阿賀野』型の１隻『矢矧』（やはぎ）。上写真の川内と比較すれば、約20年間の設計上の進歩が一目瞭然である。写真は竣工後間もない頃の撮影で、煙突後方に零式水偵２機を搭載している。矢矧は、昭和20年（1945年）４月、戦艦『大和』とともに沖縄突入作戦に加わり、撃沈されたことで知られる。

▲高速水上偵察機『紫雲』６～８機を搭載し、潜水艦隊旗艦として就役することを目標に建造された、軽巡洋艦『大淀』。しかし、結局は紫雲の実用化失敗により、連合艦隊旗艦用に改造されて昭和18年（1943年）３月に竣工した。写真は、同19年10月25日の比島沖海戦で爆弾、魚雷多数の命中をうけ、左舷に傾いた空母『瑞鶴』（ずいかく）に近づき、救助にあたる大淀。手前は瑞鶴の飛行甲板で、多くの乗員が大淀を注視している。

の建造も決まった。

丙巡洋艦と類別された2隻は、1番艦『大淀《おおよど》』が昭和16年2月に起工され、同18年2月に竣工した。大淀は、基本的に阿賀野型に準じた設計であったが、船体は少し大きく、主砲塔は中古の十五糎五（15・5㎝）3連装2基とし、煙突直後に水偵用格納庫、後部甲板に巨大な二式一号一〇型射出機を装備した点などが大きな相違。

しかし、この丙巡洋艦も、高速水偵『紫雲』の低性能と、構想自体の無理が明らかとなったのにともない、計画変更を余儀なくされ、ほぼ1年後の昭和19年3月、格納庫を艦隊司令部施設に、射出機を通常の呉式二号五型に換装するなどの改造をうけ、連合艦隊旗艦として再就役した。そのため、2番艦の建造は取り止めになった。

●他国に類のない水上機搭載潜水艦

主力艦の兵力不足を補う、漸減作戦の一翼を担う存在として、日本海軍は潜水艦の偵察、索敵能力の向上も重視し、他国では実験程度で済ましていた、水上機搭載可能な潜水艦を、一定数保有した。

最初に就役したのは、昭和7年（1932年）竣工の、巡潜一型の1隻『伊号第五』で、同年1月に制式兵器採用になったばかりの、最初の潜水艦搭載用水偵、九一式水上偵察機1機を、艦橋後方に設けた格納筒内に分解状態で収容した。使用の際は、格納筒外に引き出して組み立て、デリックで海面に降ろしたのち、自力で離水するようになっていた。

しかし、射出機を持たない伊号第五は運用上制約が多く、実験艦ともいうべき存在に甘んじ、実質的に最初の水偵運用艦となったのは、昭和10年（1935年）に竣工した、巡潜二型の『伊号第六』といってよい。

艦橋後方の両舷に、1個ずつ設けた格納筒は昇降式で、呉式一号三型射出機は、この格納筒付近から艦尾に向けて設置された点が、のちの水偵搭載艦と異なった。

伊号第六のあと、同様の水偵搭載法を継承した、巡潜三型の『伊号第七』および『伊号第八』が、昭和12～13年にかけて竣工したが、やはり、水偵搭載潜水艦として最もよく知られたのは、軍縮条約の制限に縛られずに建造した、甲、乙型各艦であろう。甲型の第一艦『伊号第九』は、昭和16年（1941年）2月に竣工し、太平洋戦争中にかけて甲型3隻、甲型改一1隻、乙型20隻、乙型改一6隻、乙型改二3隻、あわせて計33隻が次々に竣工した。

甲、乙型は、水中排水量がそれぞれ4150、3654トンと大きく、水偵格納筒は艦橋と一体化して前方に向けて設置され、新しい呉式二号射出機も、この格納筒内の運搬軌条と連結し、艦首方向に備えたことが、運用上の大いなる進歩であった。搭載水偵は、昭和12年3月以降、九六式小型水上偵察機、同17年なかば以降は、零式小型水上機一型と変遷した。

しかし、世界に類のない水偵搭載潜水艦を擁したものの、太平洋戦争は航空戦中心の戦いとなり、主力艦同士の艦隊決戦に威力を発揮するはずだった甲、乙型各艦も、商船相手の通商破壊作戦や輸送、哨戒任務などに使いまわしされるうちに、次々と戦没していった。

戦況が悪化した昭和18年（1943年）なかば以降は、事実上、潜水艦搭載水偵の存在価

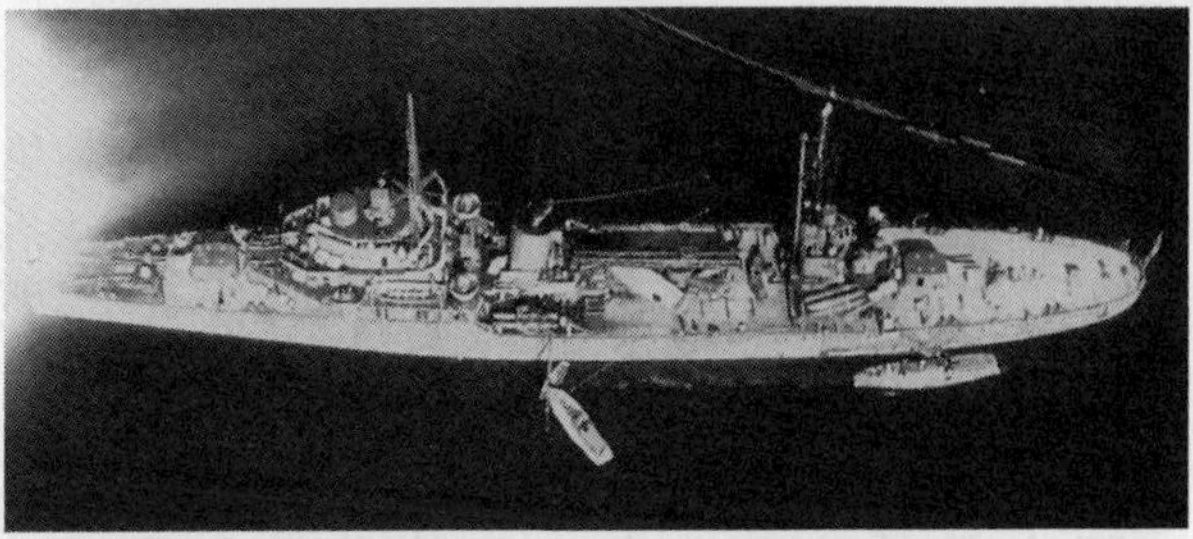

▲海軍兵学校を卒業する士官候補生たちの、海外遠洋航海実習用に建造された、軽巡洋艦『香取』（かとり）型３隻（昭和15～16年に竣工）のうちの１隻、『鹿島』（かしま）の俯瞰写真。煙突と後檣の間に射出機１機が備えられており、水偵１機を搭載した。しかし、太平洋戦争が勃発したことで、本来の任務にはほとんど使われず、艦隊旗艦としての使用に終始した。

▲小型水偵１機を搭載する、乙型（伊号第十五型）潜水艦の１隻として、昭和16年（1941年）11月に竣工した、伊号第二十六潜水艦。写真は竣工直前の公試運転中の撮影。艦橋から前方に突き出た部分が水偵の格納筒で、その前端から艦首にかけて、ゆるやかに傾斜したところが、圧搾空気を射出エネルギーとする、呉式一号三型射出機。本艦は、アメリカ海軍軽巡『ジュノー』の撃沈、空母『サラトガ』の撃破という殊勲をあげた艦として有名である。

▲前代未聞の“水中空母”として完成しながら、実戦でその効果を示すことなく終わった、特型潜水艦、『伊号第四〇〇』級の１艦、伊号第四〇一。終戦後、アメリカ海軍に接収され、横須賀軍港に戻った際の撮影。『晴嵐』３機を収容する格納筒と一体化した、巨大な艦橋構造が、ひときわ目を引く。艦橋前方の、飛行機揚収クレーンは、潜行時は倒しておく。射出機は、大重量の晴嵐に対処した、最新型の四式一号一〇型である。

値は消滅し、残存艦のほとんどが搭載機を降ろした。

●空前絶後の水中空母、伊号四〇〇級特型潜水艦

水偵搭載潜水艦の成功に自信をもった日本海軍は、太平洋戦争開戦直後の高揚した雰囲気のなかで、８００kg魚雷、または爆弾を携行する〝水上攻撃機〟ともいうべき機体を２機搭載し、４万浬（７万４０００km）を航行できる、超大型潜水艦の構想を具体化させた。太平洋を無給油で横断し、アメリカにとっての戦略要衝である、パナマ運河などを奇襲攻撃するための手段として考え出した、前例のない〝水中空母〟とも言うべき破天荒な計画であった。

伊号第四〇〇級と命名された特型潜水艦、通称〝潜・特〟は、ミッドウェー海戦直後に立案された改㊄計画に基づき、都合18隻の建造が決定され、その第一号艦『伊号第四〇〇』は、昭和18年1月、広島県の呉工廠にて起工された。

従来の甲、乙型とは比較にならぬ、基準排水量３５００トンの巨体、九六式、零式小型水偵とは次元の違う総重量４・２トンという空母艦上機並みの搭載機（のちの『晴嵐』）を射出できる大型の射出機、これを収容するための強固なクレーンなど、技術的にはきわめて困難な問題をクリアしなければならなかった。

にもかかわらず、昭和19年12月から翌20年1月にかけて、伊号四〇〇、同四〇一の2隻を竣工させ得たのは、『大和』『武蔵』両巨大戦艦を実現した、日本の造艦技術レベルの高さの

賜であったといえよう。

しかし、それはともかくとして、伊号四〇〇級が完成した頃には、アメリカ軍の本土来攻さえ現実味をおびるほど戦況が悪化しており、もはや、パナマ運河攻撃どころではなくなってしまっていた。

そのため、18隻予定された建造数は5隻に激減し、攻撃目標も太平洋のアメリカ海軍基地に変更され、8月中旬にウルシー泊地を奇襲することで、最初の作戦計画が練られた。

だが、戦争の終局は思った以上に早く到来し、伊号四〇〇、四〇一の2隻が、ウルシー近海の攻撃機発進地点に着く前に、日本は8月15日に無条件降伏し、結局、水中空母構想は戦局に何の貢献もできずに潰え去った。

第二節　射出機と水偵の運用図解

艦船に搭載される水上偵察機は、航空甲板上に敷かれた、移動用軌条（レール）上の運搬台車、および、その上に載った滑走車にセットされている。発進に備えた整備、点検、さらには、小型爆弾懸吊、機銃弾、燃料補給などの諸作業も、すべてこの状態で行なわれる。

併載した写真をみればおわかりのように、台車と滑走車、それに単浮舟（フロート）機の場合は、その分も含め、航空甲板上から機体までは数mの高さになる。したがって、陸上機や空母搭載の艦上機のように、〝ほいきた〟と簡単に機体にとりついて諸作業をすることもままならず、相応の苦労があった。

発艦用意の命令が下ると、台車、滑走車上に載った水偵は、飛行科員の手押しによって軌条を移動し、所定の射出機（カタパルト）の後端まで運ばれてくる。

台車上端と射出機の軌条の高さは一致しており、止め金を外された滑走車と水偵は、そのまま台車上を滑り、射出機上端の軌条に乗り移る。

滑走車のフックに、射出機の作動索を引っ掛け、不意に動き出さぬよう滑

▶最初の水上機母艦『若宮』の、後部デリックに吊り上げられ、揚収される、ロ号甲型水上偵察機。デリックのすぐ下に、機体吊り上げ索をフックに引っ掛ける、専任の作業員が座っていることに注目。

◀これも、若宮と思われる母艦のデリックに吊り上げられた、ロ号甲型水偵。主翼を折りたたんでいることに注目。右下の作業員がロープで機体を手繰り寄せている。

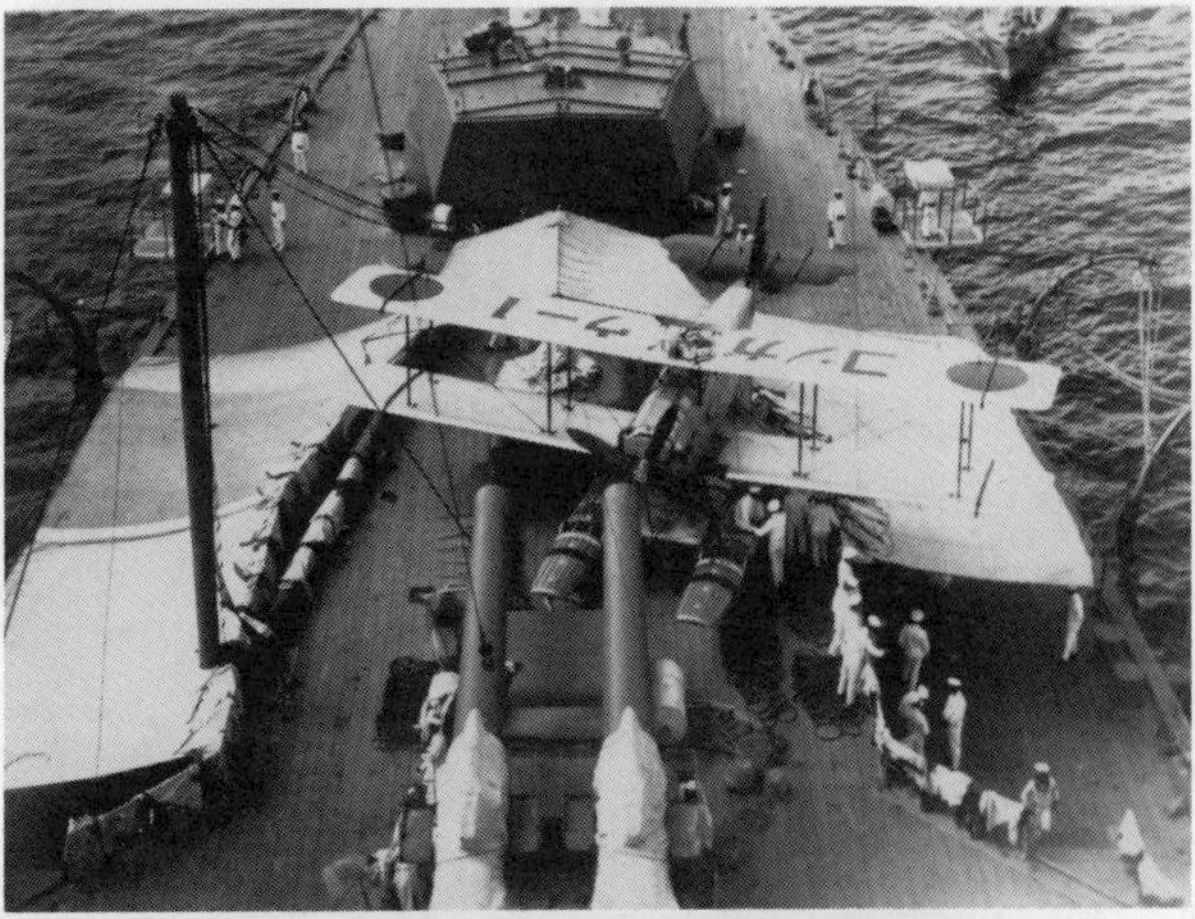

▲3、4番主砲塔間のスペースに、一四式水上偵察機1機を搭載した戦艦『金剛』。尾翼に連合艦隊編入艦を示す赤色塗粧が認められ、射出機が未装備という点からして、昭和7年頃の撮影と思われる。画面左の天幕の縁に立つ棒が、飛行機揚収用のデリック。

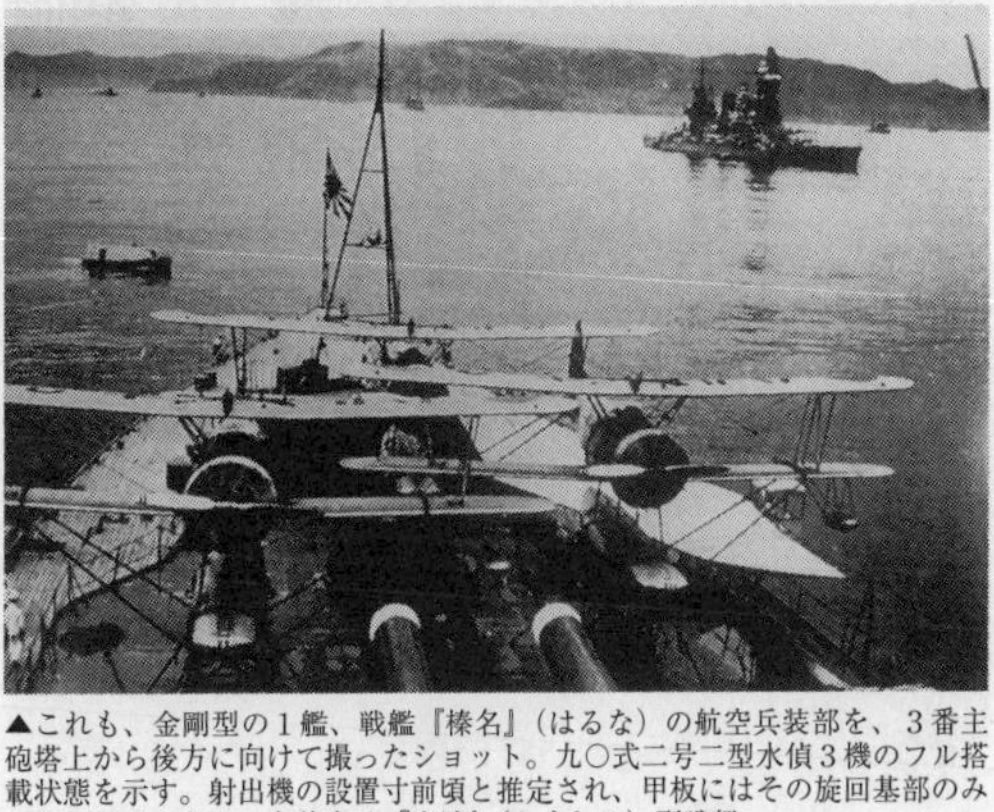

▲これも、金剛型の1艦、戦艦『榛名』（はるな）の航空兵装部を、3番主砲塔上から後方に向けて撮ったショット。九〇式二号二型水偵3機のフル搭載状態を示す。射出機の設置寸前頃と推定され、甲板にはその旋回基部のみが取り付けてある。右後方は『山城』（やましろ）型戦艦。

▶P.33下写真と同じようなアングルから撮影された、戦艦『榛名』の航空兵装付近。右舷側に指向した呉式二号三型射出機の手前に、発動機、方向舵などを取り外されて整備をうける、九〇式二号二型水偵が固定されている。画面右から伸びるトラス構造物が、飛行機揚収用クレーン。限られたスペース内に、新たに射出機が設置されたことで、航空甲板はかなり窮屈になった。昭和８年～９年頃の撮影。

戦艦『霧島』昭和16年

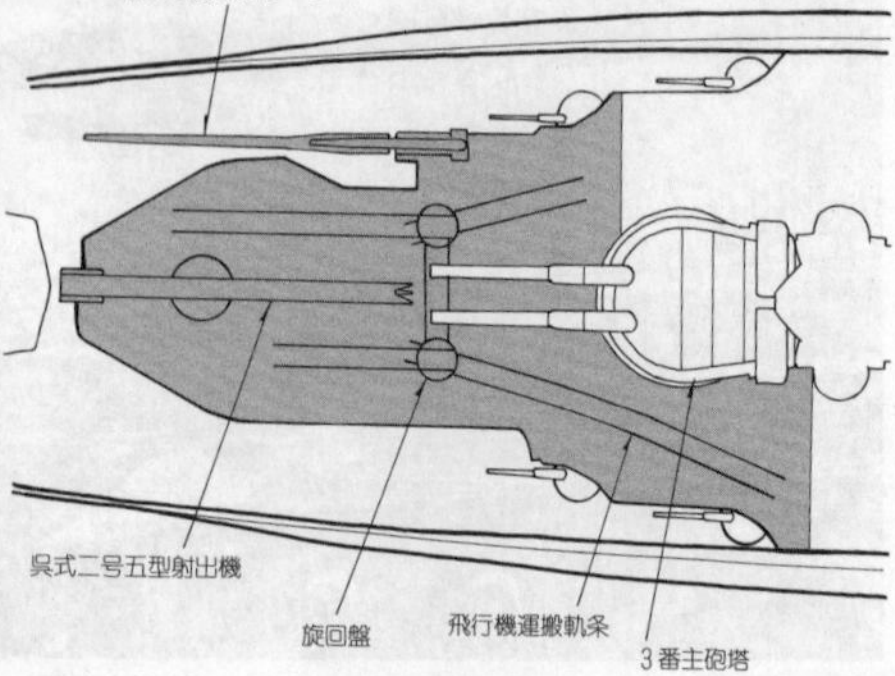

▶第二次改装（昭和8～11年）を経た後の、『霧島』（きりしま）の航空兵装部平面図。向かって右が艦首方向（以下の各図も全て同様）。第一次改装時に導入された、呉式二号三型射出機は、3番主砲塔の左後方に偏って設置されていたが、第二次改装では、航空甲板が4番主砲塔直前まで延長され、新型の呉式二号五型射出機を中心線上に設置し直し、飛行機揚収デリックも、クレーンに換装したうえで、甲板の左側に移設している。なお、第二次改装後には、搭載機も、三座水偵１機、二座水偵２機に改められた。

◀昭和15年当時の、金剛型の1隻、戦艦『比叡』（ひえい）の後部俯瞰写真。3、4番主砲塔間の黒っぽい部分が航空甲板と呼ばれたスペース。比叡は、練習戦艦になっていたため、航空兵装を施したのは、昭和11年からの第二次改装においてであった。

戦艦『扶桑』昭和18年

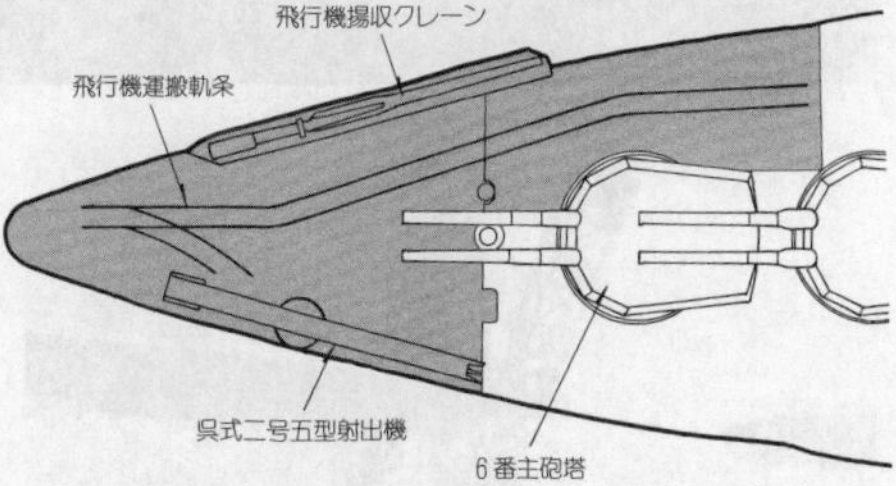

▶太平洋戦争中の戦艦『扶桑』（ふそう）の航空兵装図。連装の主砲塔6基を備える『山城』型、『伊勢』型（航空戦艦に改装されるまでの）各2隻は、当然のことに、航空兵装を施すスペースは、艦尾付近しかなく、6番主砲塔後方の左、右舷に射出機とクレーンを配し、運搬軌条も、6番主砲塔の左舷側に長いのを1本敷くだけの余裕しかなかった。

◀昭和10年5月に撮影された、戦艦『伊勢』の航空兵装部。手前が5、6番主砲身。九〇式二号二型水偵3機が繋止されており、スペース的な窮屈さが実感できる。当然、露天繋止のため、機体、射出機ともに、不使用の際は、このように厳重なカバーを施しておく。

▲昭和14年12月、近代化改装を終えた後の、重巡洋艦『高雄』(たかお)の右舷側後部。画面右に、新しく換装され、設置位置も従来より少し前方に移動した、呉式二号五型射出機と、搭載機の九五式、および九四式水偵が写っている。後檣基部に取り付けた、飛行機揚収クレーンもよくわかる。射出機と後檣間の航空甲板の下は格納庫になっており、2機を収容できた。

◀上写真と同じときに撮影された高雄で、航空甲板のすぐ前方に、一段低く設けられた、艦載艇格納所から見上げたシーン。中央は九四式水偵、左、右に主翼だけ写っているのが九五式水偵。航空甲板下の格納庫の様子もわかる。

▲昭和15年頃、停泊中の重巡洋艦『愛宕』（あたご）の俯瞰写真。航空兵装部も含めた、艦上の様子がつぶさにみてとれる資料性の高いショット。航空甲板上に、全面灰色塗装の新鋭零式水偵１機と、緑と茶の迷彩を施した九五式水偵２機が繋止されている。戦艦よりも小柄の重巡に、水偵３機を収容するのは、いかにも窮屈であることがわかる。

重巡洋艦『高雄』昭和19年

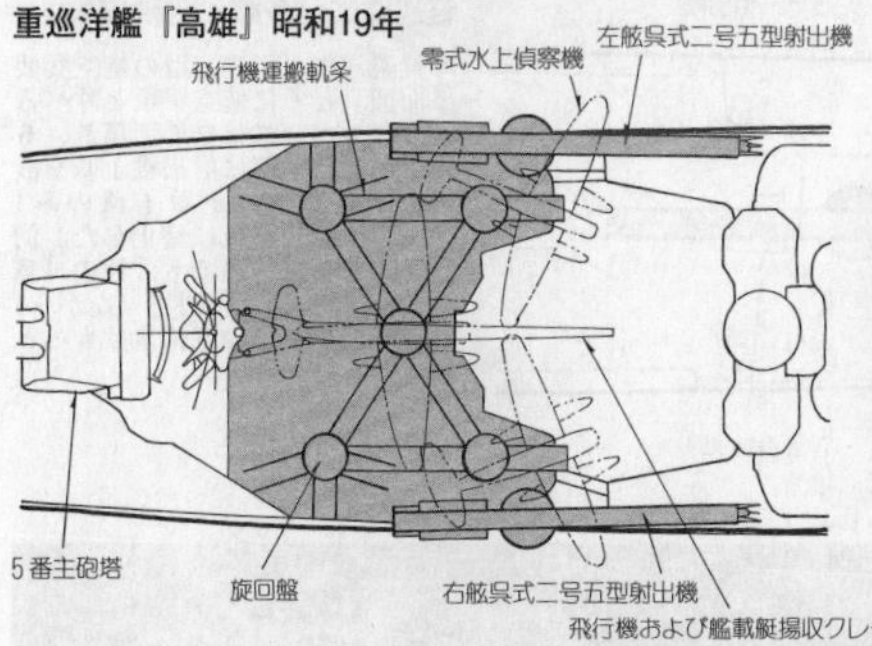

◀『高雄』型の航空兵装部平面図。狭いスペースに、５個の旋回盤と、運搬軌条を敷いた苦心の配置が汲み取れよう。航空甲板の前端は、複雑な形に切れ込まれ、艦載艇格納所に接している。飛行機揚収用クレーンは、そのまま艦載艇の揚収クレーンをも兼ねる。

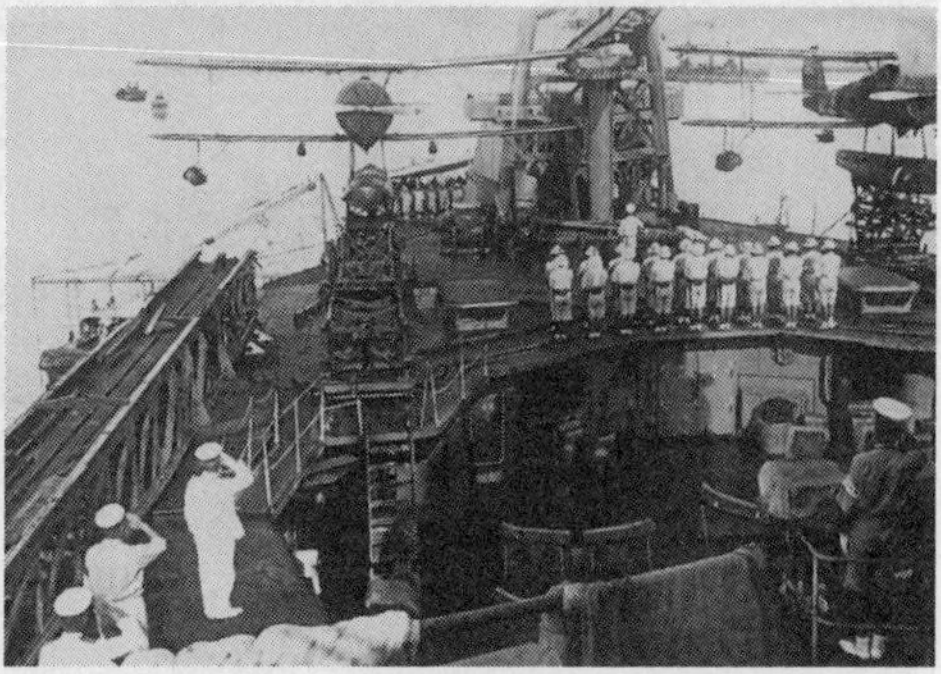

▶太平洋戦争開戦後の昭和17年3月、シンガポールのセレター軍港内に停泊する、重巡洋艦『愛宕』の航空甲板付近を、後方に向けて撮ったショット。右手前の一段低いフロアが艦載艇格納所。右、左の運搬軌条上には、台車に載った九五式水偵が繋止されている。下翼下面の小型爆弾に注目。

▲水上機母艦以外の艦船で、飛行機搭載艦のパイオニアを担った１隻、重巡洋艦『加古』の俯瞰写真。艦橋から後方を捉えており、２機の九四式水偵と、中心線上に設置した呉式二号三型改射出機１基が確認できる。昭和15年頃の撮影で、ほぼこの状態で太平洋戦争に臨んだ。

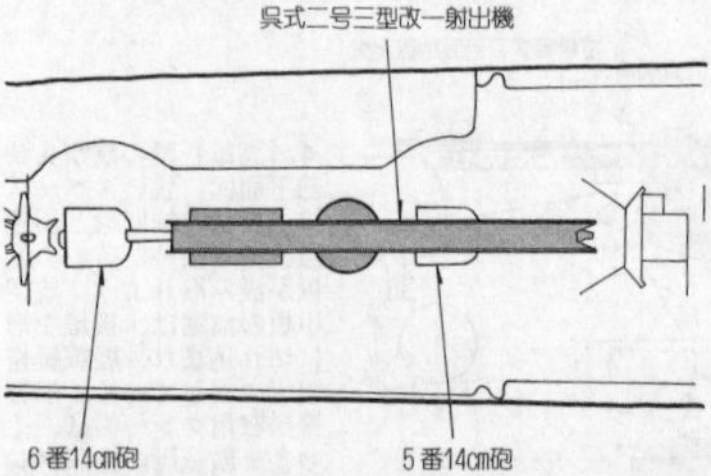

軽巡洋艦『多摩《たま》』昭和17年

◀軽巡洋艦『川内』型の航空兵装平面図。とくに航空甲板と呼べるようなスペースはなく、第５、６番十四糎砲の間に射出機１基を設置し、搭載機（定数１機のみ）は、常に射出機上に繋止した。同じ5500トン級軽巡でも、他の『球磨』（くま）型、『長良』（ながら）型は、射出機の設置位置はもっと前方だった。

▲これも、上写真と同じ時期に撮られた俯瞰写真の１枚で、軽巡『川内』の船体後部を示す。長く水雷戦隊旗艦を務めた本艦ゆえに、射出機上には、通称“夜偵”と呼ばれた飛行艇形態の、九八式水偵が繋止されている。しかし、太平洋戦争突入後は夜偵の意義が薄れ、九四式二号水偵に変わっている。

▲昭和15～16年にかけての戦艦『陸奥』の俯瞰写真。姉妹艦『長門』とともに、大和（やまと）型が出現するまでの約20年間にわたり、日本海軍最強の四十糎主砲搭載艦として君臨した。写真の左寄りに、後部第3、4番主砲塔が写っており、その右の黒っぽいスペースが、リノリウムと呼ばれた褐色の被覆材を敷いた航空甲板。左、右幅はともかく、前、後方向に狭く、呉式二号五型射出機は、展張時は常に左、右どちらか斜め方向に向けていなければならなかった。

戦艦『陸奥』昭和12年

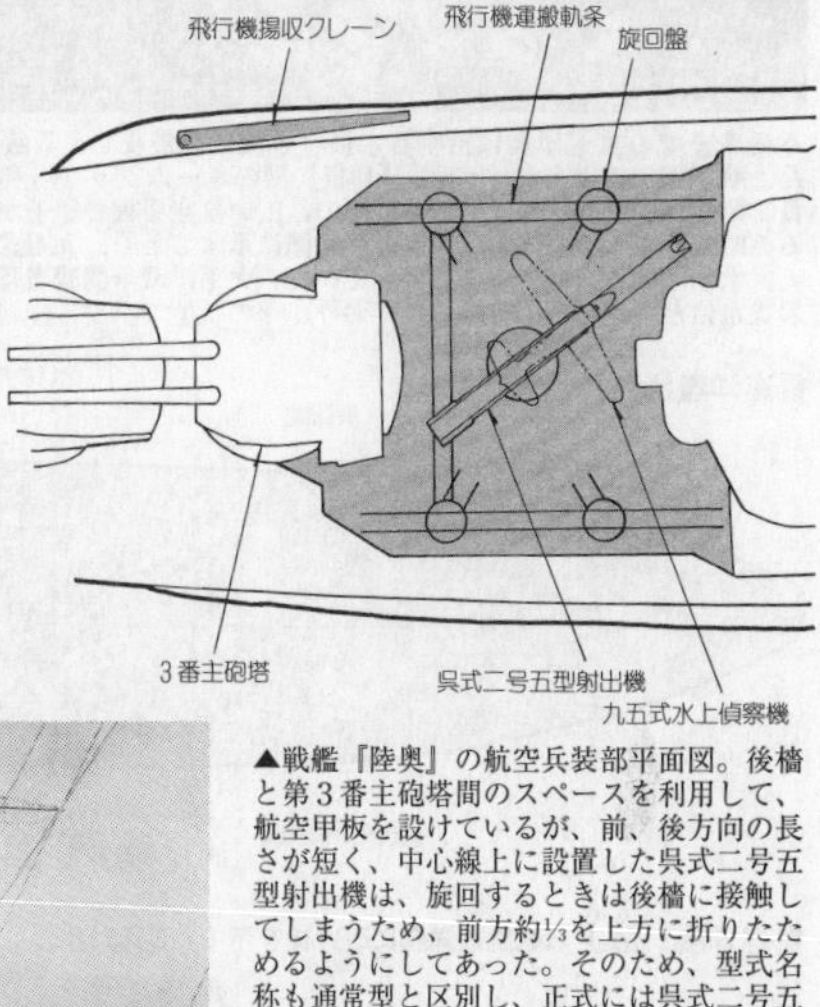

▲戦艦『陸奥』の航空兵装部平面図。後檣と第3番主砲塔間のスペースを利用して、航空甲板を設けているが、前、後方向の長さが短く、中心線上に設置した呉式二号五型射出機は、旋回するときは後檣に接触してしまうため、前方約⅓を上方に折りたためるようにしてあった。そのため、型式名称も通常型と区別し、正式には呉式二号五型改一と称した。大改装後の飛行機搭載定数は、二座水偵3機。

◀上写真より2年ほど前の昭和13年に撮影された、陸奥の左舷後部。艦橋後面から見たアングルで、手前に大きな煙突と、カバーを被せた探照灯が写っており、そのすぐ右に、クレーンで吊り下げられた九五式水偵が、旋回盤上の運搬車にセットされるのがみえる。

▲従来までの重巡洋艦に倍する水偵（６機）を搭載し、索敵能力を強化した、航空巡洋艦とも称すべき、『利根』型のネームシップ『利根』の俯瞰写真。昭和15年頃の状態で、船体後部の、広い航空甲板の様子が一目瞭然である。昭和13年の竣工当時は、下の平面図に示すごとく、九四式水偵２機、九五式水偵４機を搭載することにしていた。太平洋戦争開戦当時は、それぞれ零式水偵と零観に機種更新されており、その状態でハワイ作戦に臨んだ。

重巡洋艦『利根』 昭和13年

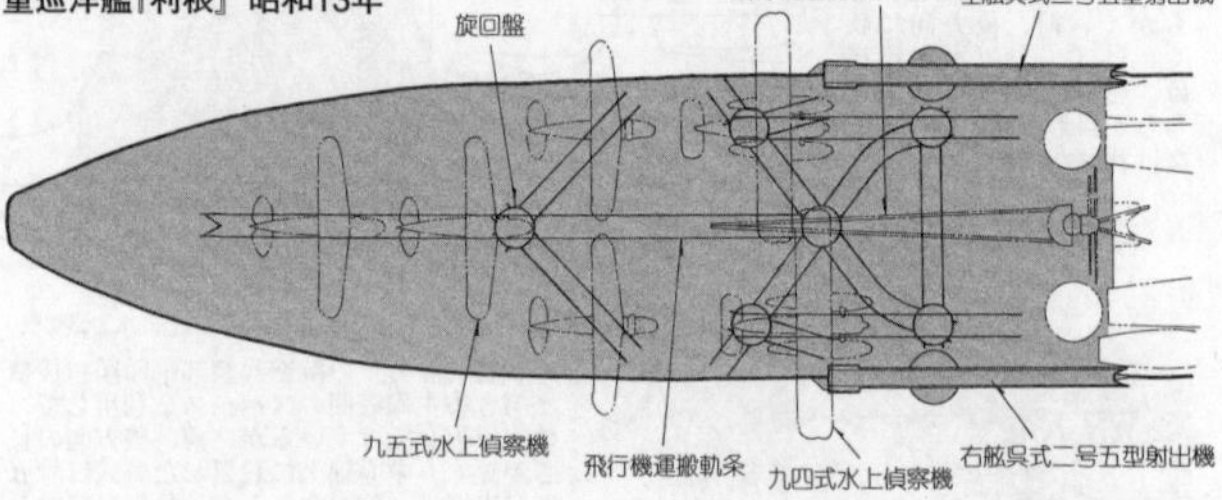

重巡洋艦 『最上《もがみ》』(航空巡洋艦に改造後を示す) 昭和18年

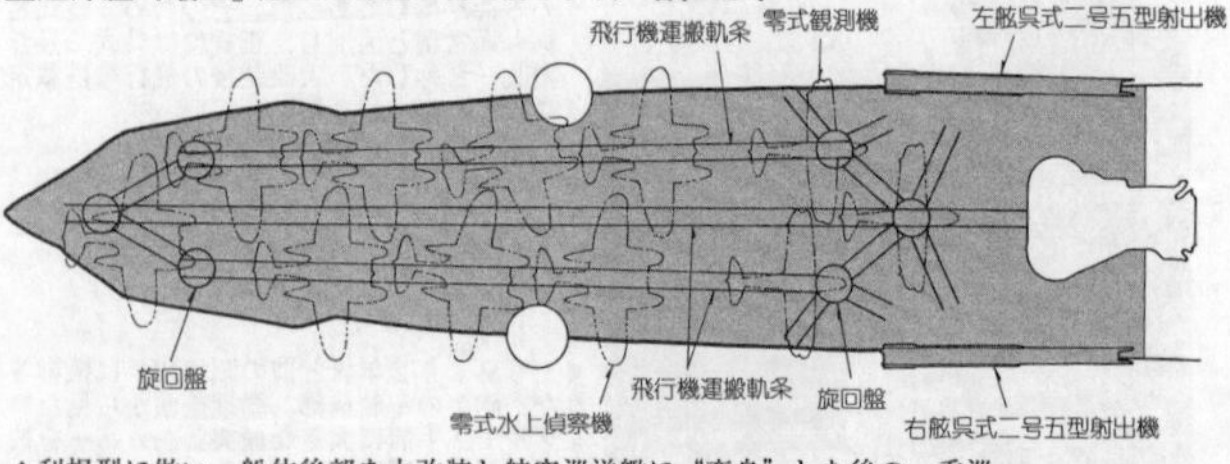

▲利根型に倣い、船体後部を大改装し航空巡洋艦に“変身”した後の、重巡洋艦『最上』の航空兵装部平面図。要領は同じだが、規模はさらに大きく、搭載機は11機に達した。

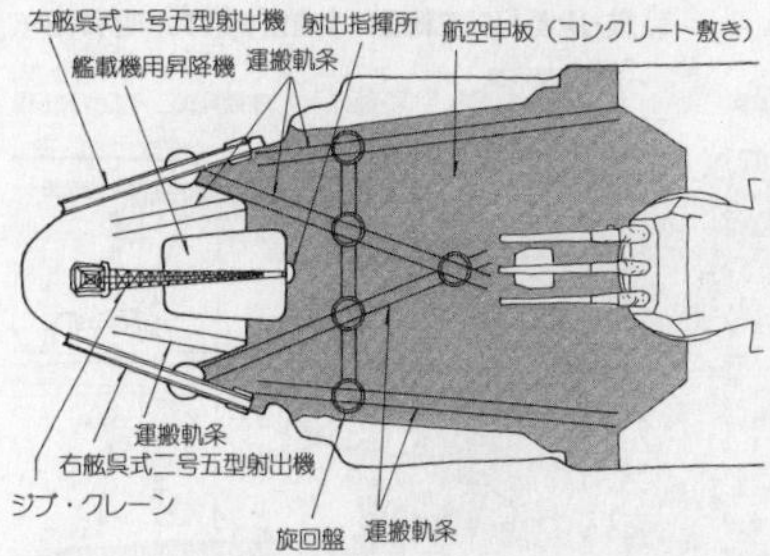

戦艦『大和』型の航空兵装

◀日本海軍最新、かつ最後の戦艦『大和』型の航空兵装は、左図に示したごとく、従来までの戦艦のそれとは趣きを異にし、新造時からすでにこれを予定し、充分なスペースを確保して、効率的に設計されていたことに尽きよう。搭載機の専用格納庫を設けていたことも、機材の保護という点で、在来艦とは一線を画している。

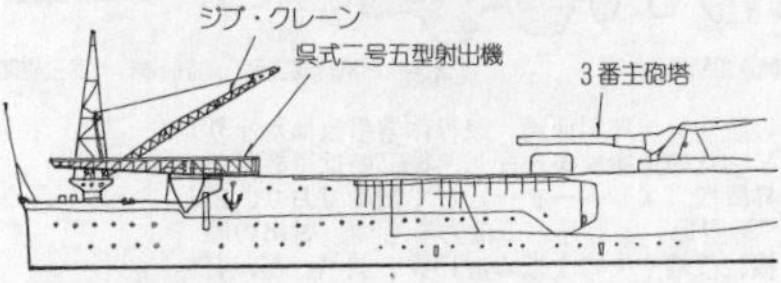

▼昭和19年1月、トラック島の泊地に停泊中の、戦艦『武蔵』（むさし）の航空兵装部を、ジブ・クレーンの真下付近から前方に向けて撮ったショット。零式観測機が甲板上に繋止されている。尾翼記号は“212-01”（白）。クレーンの枠組みがつぶさにみてとれる。クレーンのすぐ脇の突起は射出指揮所で、その下が搭載機格納庫になっている。

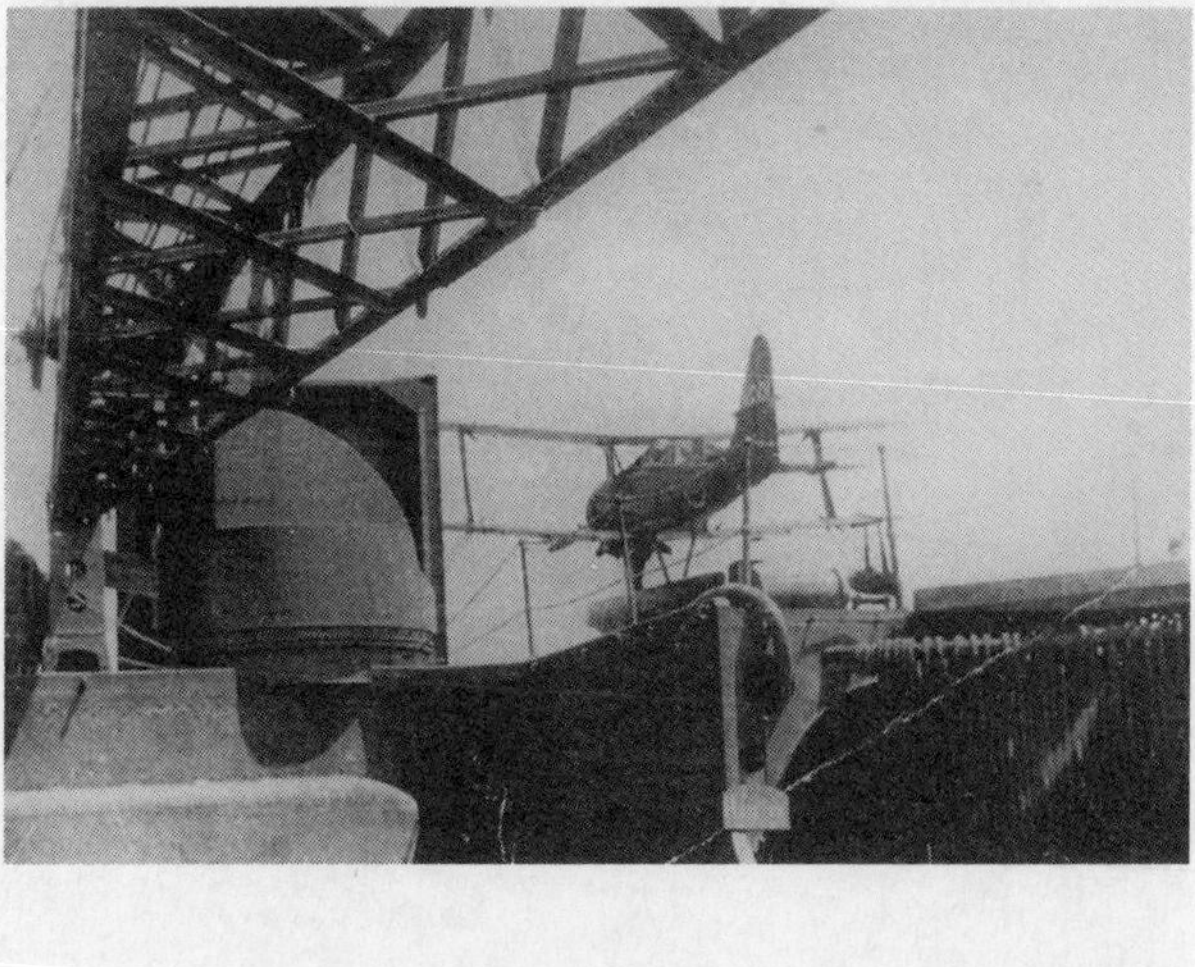

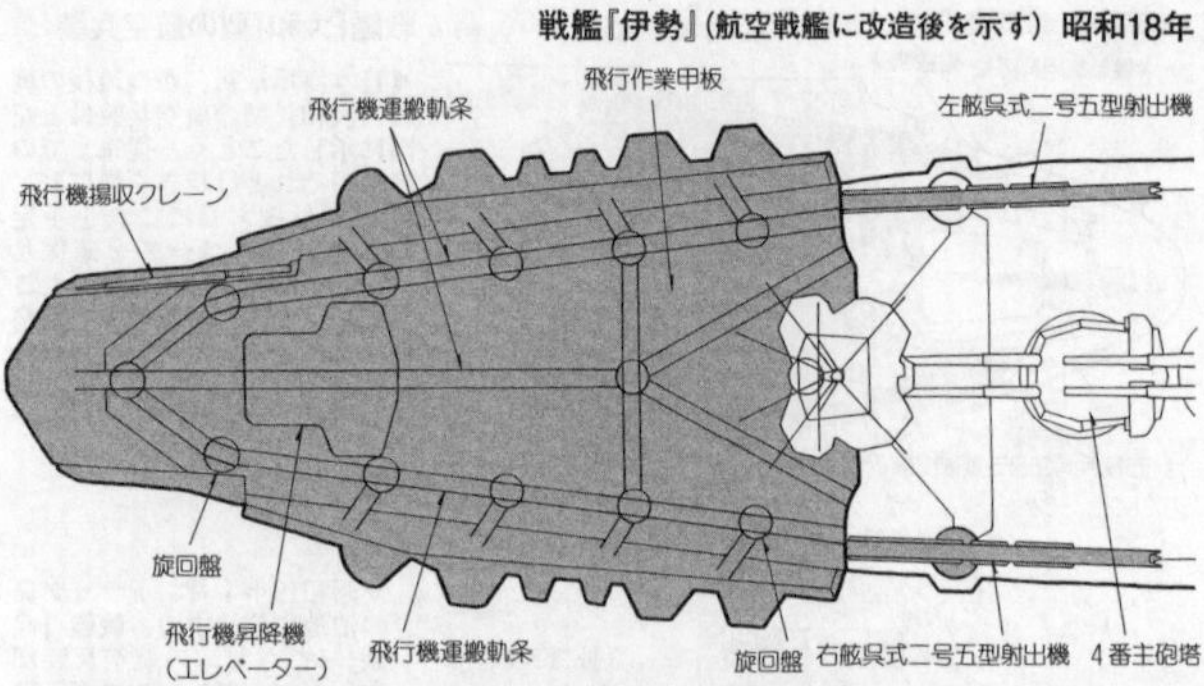

▲航空戦艦に改造後の『伊勢』の航空兵装部平面図。飛行作業甲板はかなり広く、左、右に1本状、中央にY字状の運搬軌条を配し、後部には甲板下の格納庫に飛行機を出納する際の昇降機(エレベーター)まで備えており、搭載数22機という規模からして、"準空母"とも呼べる能力をもつ。射出の際は、甲板上の左、右軌条に各7機、後端中央に1機の計15機を並べ、左、右射出機から交互に2分間隔で連続して射出できた。

▲昭和19年6月23日、瀬戸内海を航行する戦艦『日向』の右舷側射出機から、斜め前方に向けて射出された直後の水偵『瑞雲』。画面右に、射出機の前部と、先端で停止した滑走車が写っている。運用テスト中のショットで、結局、伊勢、日向の両艦とも、搭載機を収容して実戦に参加することは、一度もないまま終わった。

▶"水中空母"とも言うべき、特型潜水艦『伊号第四〇〇』級の、飛行機格納筒先端にある扉を開いたところ。強い水圧にも耐えられるよう、扉も頑丈な造りで、格納筒内部の壁にも間隔の短い耐圧フレームが張り巡らされているのが見える。写真は、戦後アメリカ海軍に接収された後のもので、格納筒内にも雑多な備品が詰め込まれており、むろん、搭載機『晴嵐』の姿もない。

◀伊号第四〇〇の艦橋より前方を見たショット。中央を艦首に向けて伸びる軌条が、晴嵐を射出するための四式一号一〇型射出機。水上艦船用のそれと異なり、圧搾空気を射出エネルギーとし、最大5トンまでの重量の航空機を、毎秒34mの速度で射出できる能力があった。左舷の溝に見える棒状のものは、飛行機揚収用クレーンで、不使用のときは、このように倒して格納しておく。

▶伊号第四〇〇級の、艦橋前方両舷に設けられた、晴嵐用の浮舟（フロート）格納筒。写真は、右舷側を前方より見たショットで、台車用軌条、甲板上の板張りなどの様子がよくわかる。画面右上に一部写っているのが射出機。なお、建造隻数の減少を補うために、建造途中に伊号四〇〇級の搭載機は3機に増え、さらに甲型改のなかの伊号第十三、十四の2隻が、晴嵐2機搭載する甲型改二に変更され、それぞれ19年12月、20年3月に竣工していた。

走車を射出機軌条に固定したのちに、搭乗員が機体に乗り込み、発動機（エンジン）を始動し、しばらく暖機運転をする。

搭載艦は、射出直後の機体の揚力を少しでも稼ぐために、風上に向けて射出できるよう転舵し発艦に備える。洋上は、晴天の日でもうねりがあるので、艦は上下左右に絶え間なく揺れる。

▶水上機母艦と思われる甲板上で、整備・点検中の九四式水偵（右）、および九五式水偵（左）。発動機まわりは、浮舟を足場代わりにできるが、尾翼などの点検時は、写真のように特製の台架（木製）などを用意しないと不可能だった。

▶特設水上機母艦『君川丸』の甲板上に繋止された、零式観測機。単浮舟機用滑走車、運搬台車、露天繋止ゆえに風害を防ぐために、チェーンでしっかり固定する要領などがよくわかる。もちろん、塩害に対処し、カウリング、乗員室にもしっかりカバーが被せてある。

射出指揮官は、射出機が水平線と平行になる一瞬を判断し、「射出」の合図を出す。射出機の後部に座る「射手」は、その合図をうけたら間髪を入れずに引き金を引く。水偵は、その直前にスロットル・レバーを引いて発動機をフル回転にしておく。

大砲ならぬ、射出機の爆発筒内に装填された直径約30cm、長さ約40cmにも及ぶ大きな薬莢6〜7本が一気に爆発し、そのエネルギーでピストンを激しく前方に押しやる。

このピストンにつながった移動滑車と、爆発筒外に固定された滑車、さらに射出機前

▶太平洋戦争開戦直前の昭和16年10月、戦艦『長門』の航空甲板上で、呉式二号五型改射出機（画面左）にセットするべく、運搬台車に載せられ、作業員手押しで移動する九五式水偵。それぞれのディテールがよくわかって興味深い。作業員との対比で、九五式水偵が相当の高さにあることが実感できよう。すでに発動機は始動しており、セット完了し、所要の暖機運転も済めば、すぐにも射出できる状態である。

呉式二号射出機概略図

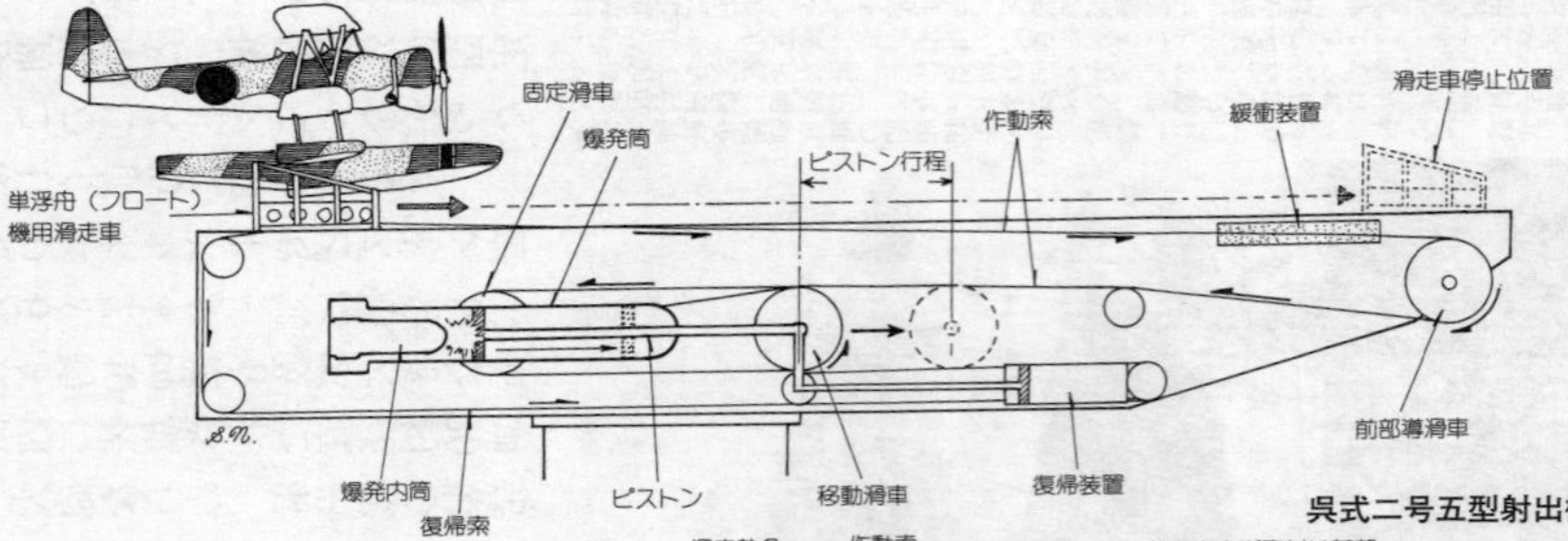

呉式二号五型射出機外観図

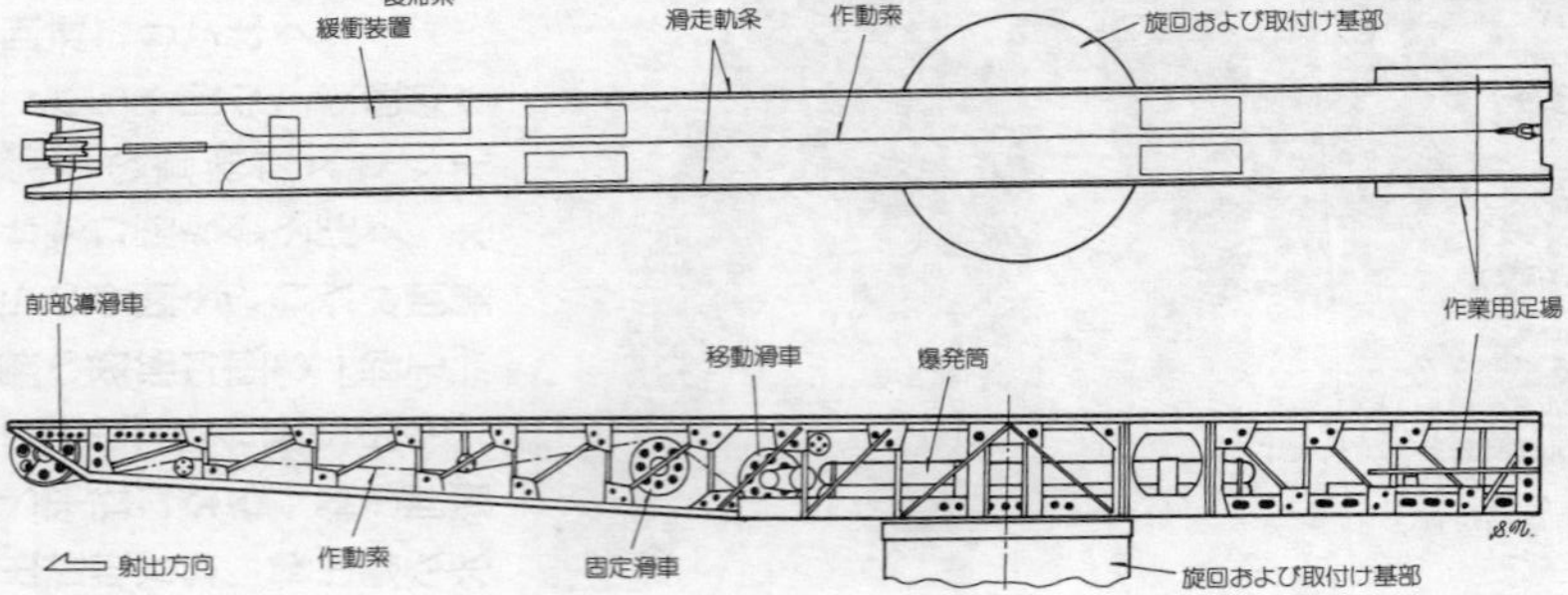

1/72スケール・モデルによる、呉式二号五型射出機の再現

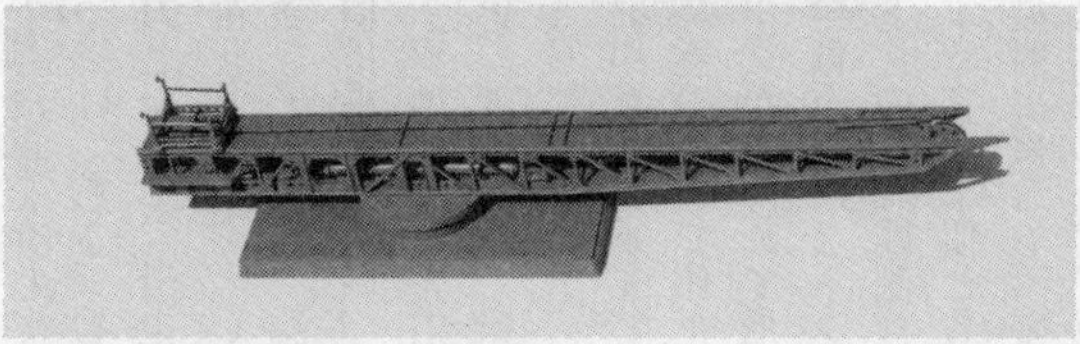

◀右上から見る。上面中央に、滑走車を引っぱる作動索が通っている。

▲後部左側。上に載る滑走車は双浮舟（フロート）機用。

▲左後方から見る。爆発筒に薬莢を詰めるときは、後端の扉（？）を開いて行なうのだろうか？

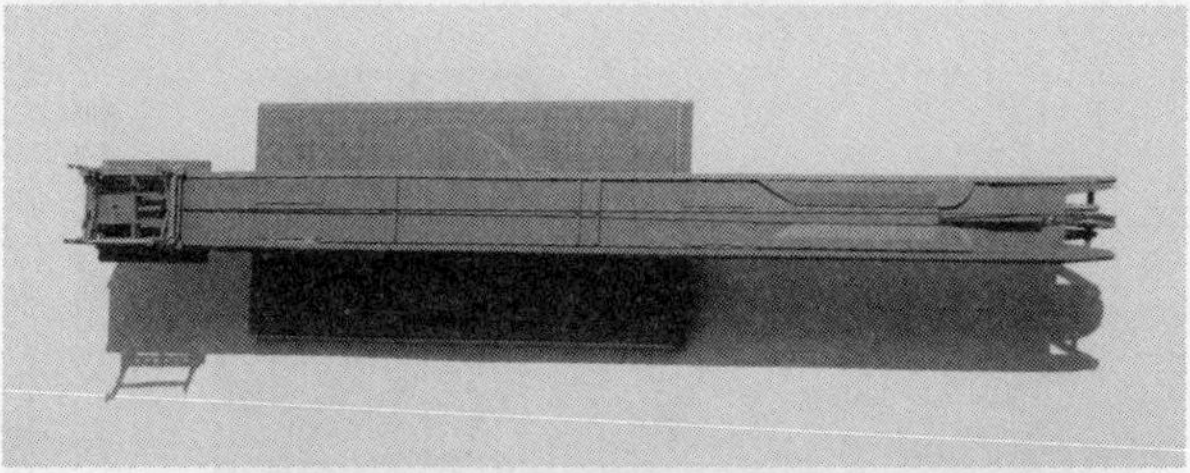

▲真上から見る。呉式二号五型の全長は19.5m、軌条の幅は1.2mだが、実際に滑走車が走る距離は15.4mにすぎない。

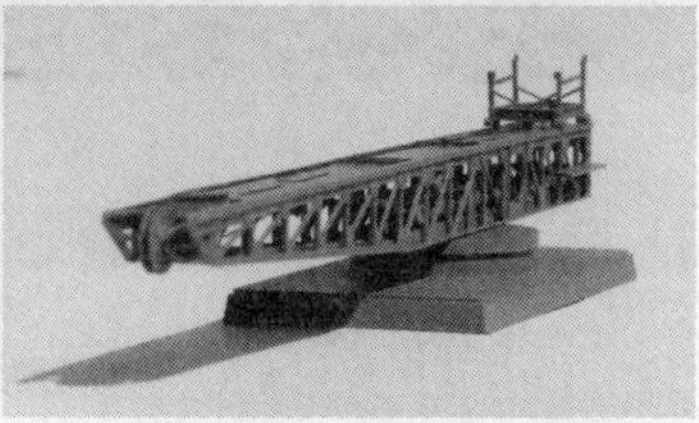

▶左前方から見る。呉式二号五型の、最大射出重量は4トンで、零式水偵が射出能力の限度だった。

端の導滑車を介して1本の作動索が廻っており、その一端は水偵を載せた滑走車のフックに引っ掛けてある。ピストンの動きは、滑車によって何倍にも増幅され、作動索を強く引っぱる力となって、滑走車を前方へ滑らせる。

静止状態から、いきなり秒速約30mもの速さで動き出すので、機体の強度もさることながら、水偵搭乗員も、頭、背中、腰をピッタリと頭当て、座席後部に密着させておかないと耐えられない。このとき、乗員の体にかかる重力は、3～4Gに達した。

射出機の先端まで引っぱられた滑走車は、緩衝装置の働きで停止、機体はそのまま滑走車のフックから外れて飛び出す。

全備重量が2トン未満の九五式水偵、同2・5トンの零式観測機はともかく、3・6トンに達する零式水偵ともなると、最新型の呉式二号五型射出機をもってしても、射出直後の速度は失速スレスレで、いったん海面に向けて降下する。このとき誤ってわずかでも機首を早く上げ

▲昭和17年3月、セレベス島マカッサルから、シンガポールに向けて航行中の、重巡洋艦『愛宕』の航空甲板から後方を見る。乗組員総出の体操を行なっている。右手前の、双浮舟機用滑走車、運搬台車、左端の呉式二号五型射出機などのディテールがよくわかる。

〔このページ3枚〕すべての写真が同一時の撮影ではないが、零式水偵の射出シーンを、シークエンスで見られる得難いショット。上は、すべての準備が終わり、射出寸前の状態。発動機はフル回転している。水上機操縦員の訓練を担当した、茨城県の鹿島航空隊における情景で、呉式二号三型射出機は、霞ヶ浦に面した基地の一週に備えてあった。射出機内部の滑車、作動索、爆発筒などが確認できる。中は、重巡『足柄』（あしがら）の左舷側射出機上を疾走する零式水偵、下は、上写真と同じ鹿島空の射出機から離れる瞬間を捉えている。このとき、零式水偵の速度は１００㎞／ｈを超えている。フラップは、揚力をかせぐために、やや下げ位置としていることに注意。

単浮舟機用滑走車

滑走車は、単浮舟用、双浮舟用ともに、寸度、重量などの基本規格は定めてあったものの、対象機体ごと、さらには各艦ごとに枠組みなどは少しずつ違っていた。

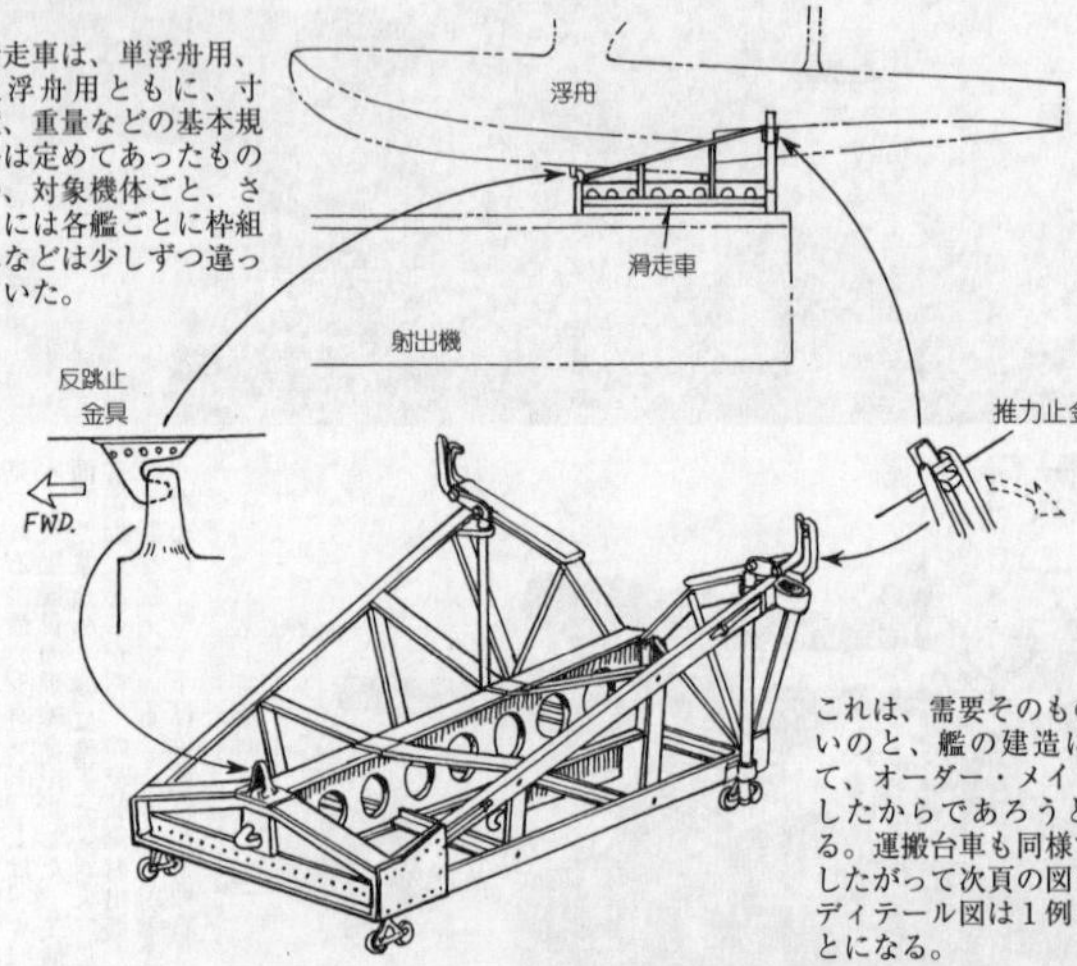

これは、需要そのものが少ないのと、艦の建造にあわせて、オーダー・メイドに調達したからであろうと思われる。運搬台車も同様である。したがって次頁の図も含め、ディテール図は１例ということになる。

▶重巡『妙高』（みょうこう）の航空甲板上で、射出準備中の九五式水偵。昭和14年、日中戦争当時の撮影で、下翼下面に小型爆弾を懸吊済み。機体各部はもとより、滑走車の細部ディテールもよくわかる、資料価値の高い一葉である。

双浮舟機用滑走車

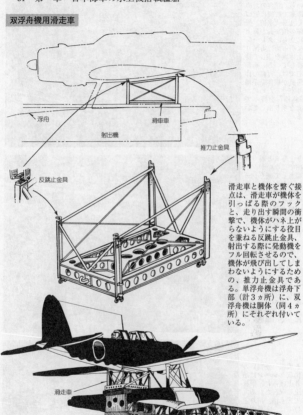

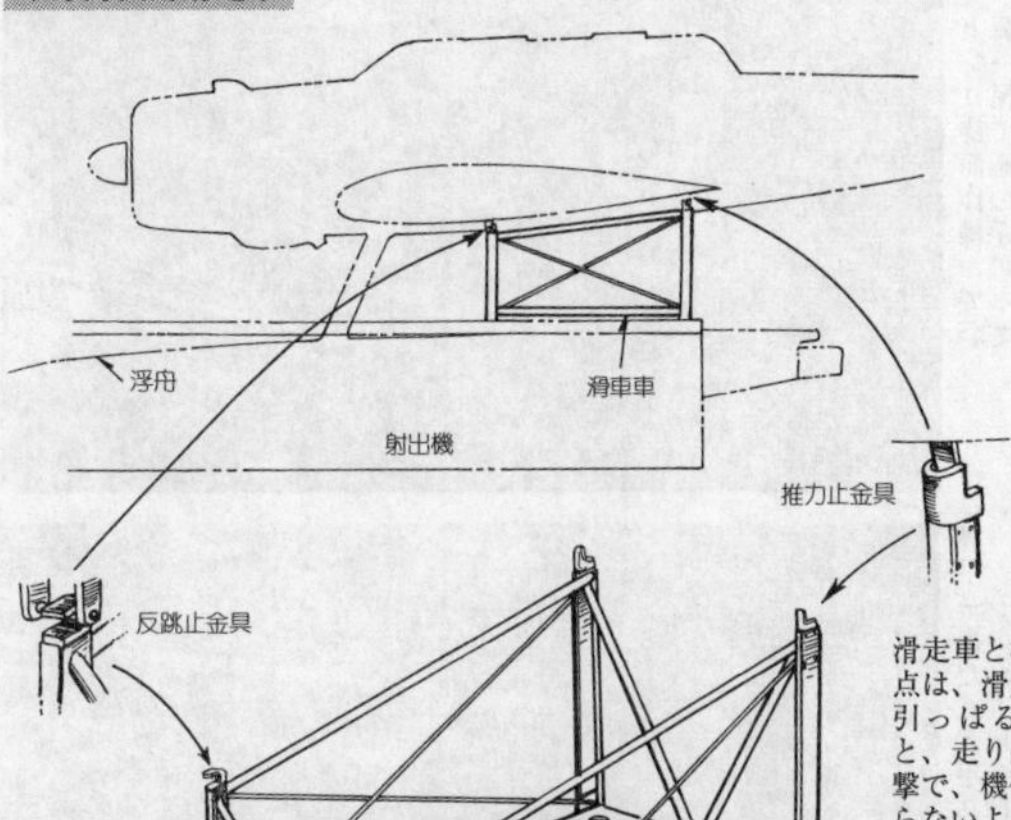

滑走車と機体を繋ぐ接点は、滑走車が機体を引っぱる際のフックと、走り出す瞬間の衝撃で、機体がハネ上がらないようにする役目を兼ねる反跳止金具、射出する際に発動機をフル回転させるので、機体が飛び出してしまわないようにするための、推力止金具である。単浮舟機は浮舟下部（計3ヵ所）に、双浮舟機は胴体（同4ヵ所）にそれぞれ付いている。

呉式二号三型射出機にセットされた零式水偵を右後方より見る

▶任務を終えて母艦の傍に着水したのち、収容のため微速で舷側に近づく九五式水偵。後席の偵察員が翼上に立ち、クレーンに引っ掛ける吊り上げ索を持って待機している。画面右では、母艦の作業員が機体を手繰り寄せるための、“鈎棒”を持って身を乗り出している。

▶上写真と同一場面ではないが、手順として続くシーン。クレーンの揚収索下端に付いたフックに、九五式水偵の吊り上げ索が引っ掛かり、甲板上に引き上げられたところである。クレーンのフックの上のゴンドラにも、母艦作業員が乗っているが、全ての艦がこれを使ったわけでもないようである。P.50と同じく、重巡『妙高』艦上での撮影。

▶戦艦『陸奥』の揚収クレーンに吊り上げられ、甲板上に収容される九五式水偵。吊り上げ索は、上翼中央の4ヵ所の金具に引っ掛けることがわかる。この索は、上翼中央の収納部（2ヵ所）に格納してあり、偵察員が蓋をあけて取り出す。画面右に、射出機と九四式水偵の一部が写っている。

▶太平洋戦争緒戦期、シンガポールに停泊中の重巡『鳥海』（ちょうかい）のクレーンで吊り上げられ、収容される九四式水偵。クレーンの下にはゴンドラが吊り下がっており、九四式水偵のすぐ下に、右舷側射出機の前部が写っている。右手前は、艦載艇の揚降用ダビット。

▶本写真は昭和17年８月、重巡『愛宕』の左舷側からクレーンで収容される零式水偵。まだ発動機が停止しておらず、プロペラが廻っている。右手前は、左舷側の呉式二号五型射出機で、左、右縁の、滑走車が疾駆する軌条、中心線上を通る作動索、天井部のディテールなどがよくわかる。資料的にも貴重な一葉である。

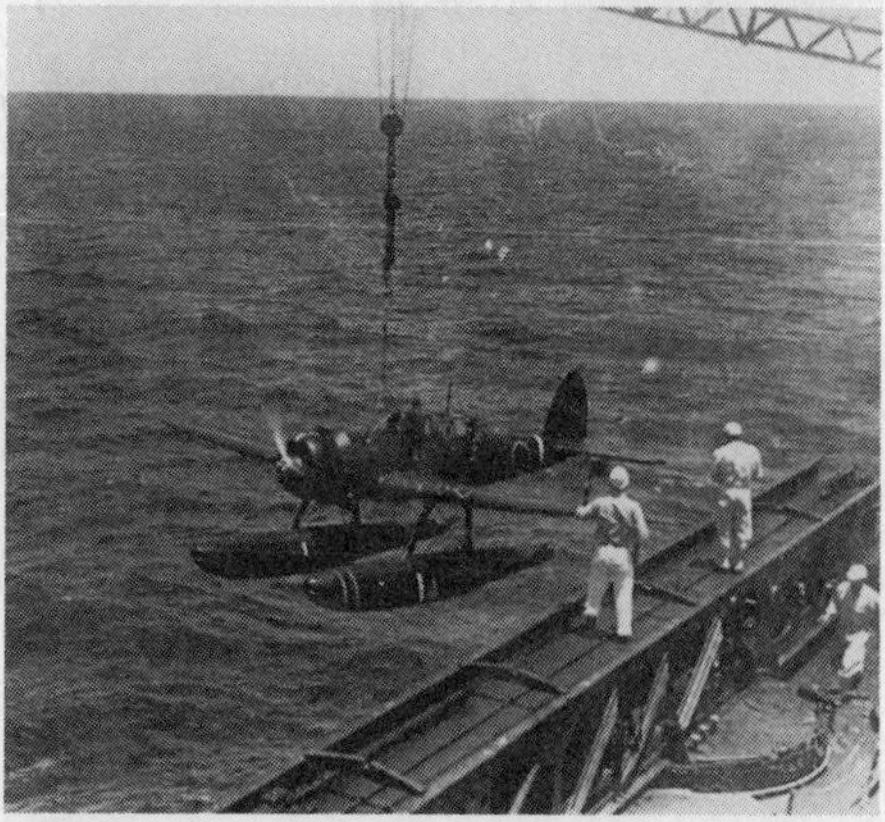

たり、機体が傾いたりすれば、たちまち墜落した。

射出機の先端で停止した滑走車は、射出機内部に設けられた復帰装置の働きで引き戻され、元の位置に戻る。

任務を終えた水偵が母艦上空に帰ってくると、母艦は風の方向に旋回して円を描き、自らの航跡（ウェーキ）を利用して波をしずめる。水偵は、この波静かになった円内に素早く着水し、微速で母艦に近づき、吊り上げられ、収容されるのである。

第三節　水上機運用のための航空兵装

●写真と図で見る各装備

一般に、航空兵装と呼ばれた各装備は、それぞれの艦種により、内容、規模が異なったが、基本になる要素はそう変わらない。水上機の揚降に使うデリック、またはクレーン、水上機を一定数搭載できるスペース、そのスペース内を移動するための軌条（レール）、旋回盤（ターンテーブル）、その際に水上機を載せておく台車、そして、発進用の射出機（カタパルト）などが、主要な装備である。

紙数や現存資料、写真の都合もあって、全ての艦船を紹介できたわけではないが、P.32〜53にかけて掲載した写真、図版により、大要は把握していただけると思う。

第二章　日本海軍水上機の系譜

●海軍における水上機の地位

広い洋上を活動の主舞台とする海軍航空は、必然的に水上機を中心に発達した。日本海軍もその例にもれず、航空母艦が登場し、車輪付きの艦上機が主役になったあとも、浮舟付き水上機の開発には、以前と変わらぬ力を注いだ。

これは、艦隊決戦思想が、各国海軍の戦略構想の根幹を成した第二次世界大戦以前、主力艦の保有量を対米、英の6割に制限された日本海軍にとって、量の不足を質で補うという見地からも、艦載水上機性能の向上は、おろそかにできなかったために他ならない。

皮肉にも、第二次世界大戦は、日本海軍が主力艦の補助戦力と位置づけていた、航空母艦の艦上機、および陸上機が主役の戦いとなり、心血を注いだ水上機が、本来の任務で脚光を浴びる機会は巡ってこなかった。

結果的に、水上機は海軍航空の主流から外れ、二義的な機種に〝格落ち〟してしまったわけだが、この事実をもって、水上機開発が徒労に帰したと結論づけるのは早計である。

それぞれの時代に、最新の設計技術を駆使して開発された水上機のノウハウは、部分的にせよ、他の機種にも応用できるものが少なくなく、その恩恵をうけて成功した車輪付きの機体も確かに存在する。

その意味で、水上機の系譜を辿るということは、日本海軍航空発達の一面史を知ることでもあり、それなりに意義深いことと言えまいか。

●海軍航空揺籃期の主役

明治42年（1909年）7月30日付けで発足した、陸海軍航空のシンク・タンクともいうべき、『臨時軍用気球研究会』の決定に基づき、海軍が最初の航空機として、フランスから購入したのは、モーリス・ファルマン1912年型水上機2機であり、うち1機が明治45年（1912年）11月6日、横須賀の追浜海岸にて、金子養三大尉の操縦により高度30m、15分間の試飛行に成功し、日本海軍最初の飛行記録機となった。

この時点では、まだ第一次世界大戦も勃発しておらず、航空機が兵器として、いかような任務に使えるのかさえわからなかったが、軍艦と何らかの係わりをもって運用する以上、最初の装備機がフロート付き水上機になったのは、海軍機として当然のことであった。

明治45年6月26日には、『臨時軍用気球研究会』とは別に、海軍の肝入りで『航空術研究委員会』が発足し、海軍航空は、ようやく本格的な発展の端緒につくことができた。

大正2年（1913年）度には、運送船『若宮丸』が改造されて、水上機搭載母艦となり、その後追加購入したモーリス・ファルマン1912年型水上機2機、アメリカのカーチス1

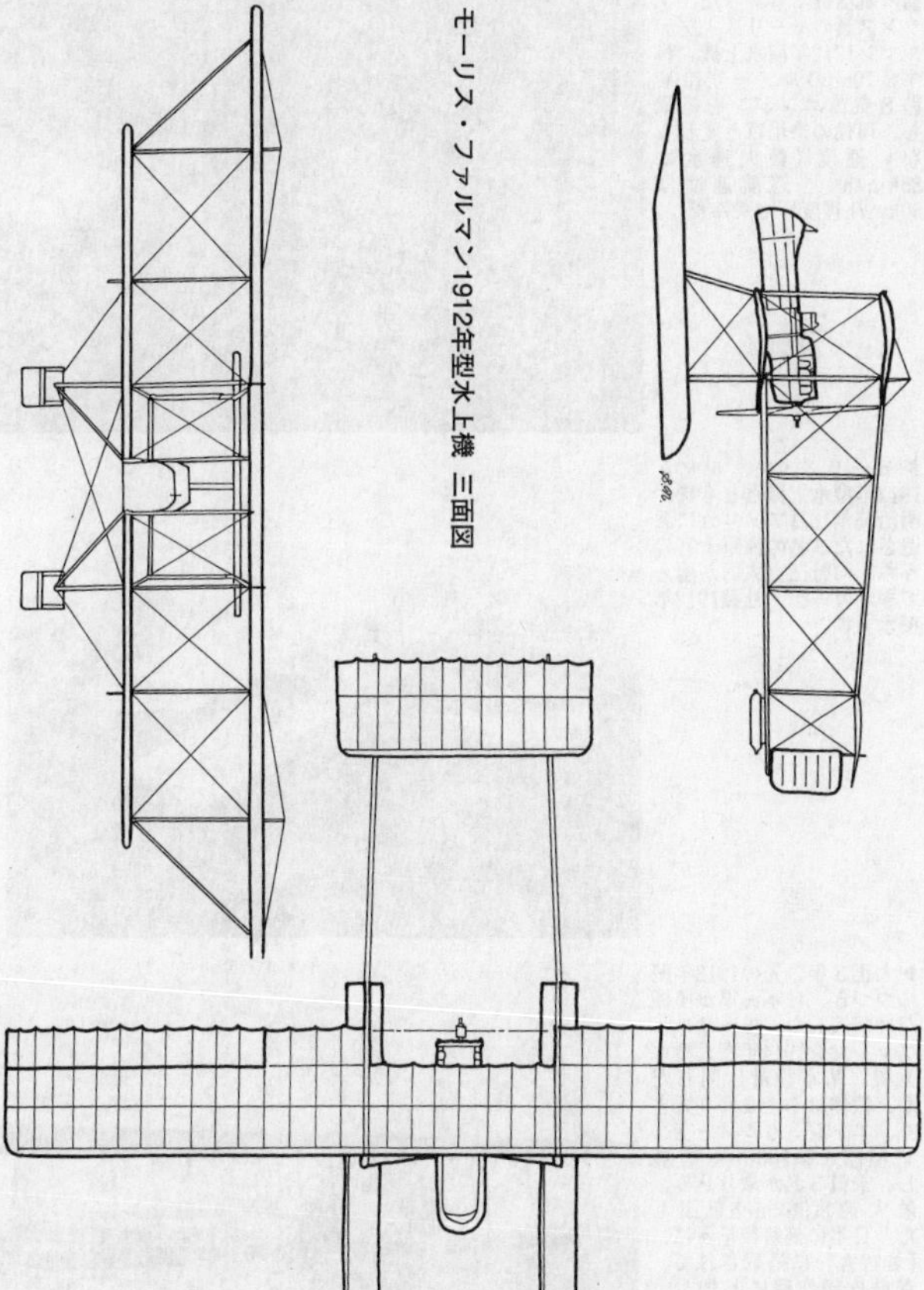

モーリス・ファルマン1912年型水上機 三面図

▶日本海軍が保有した、最初の航空機でもあった、フランス製のモーリス・ファルマン1912年型水上機。わずか70hpのルノー空冷V型8気筒エンジンを搭載し、現代の乗用車と変わらない速度（最大速度は85km/h、巡航速度は50km/h程度）で飛んだ。

▶モーリス・ファルマン1912年型水上機とともに、明治45年10月アメリカに派遣された3名の海軍士官のうち、河野三吉大尉が携えてきたカーチス社製1912年型水上機。

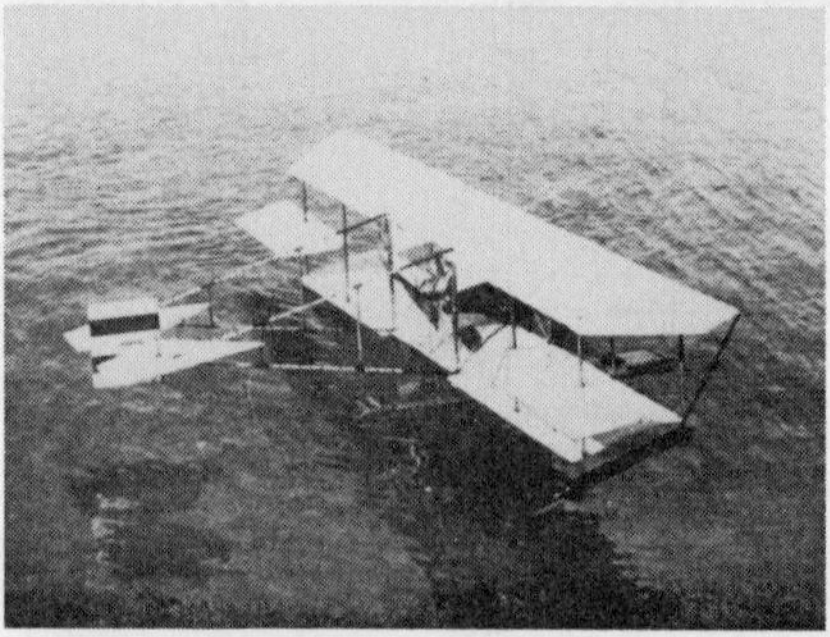

▶大正3年、先の1912年型につづき、日本海軍が1機だけ購入した、モーリス・ファルマン1914年型大型水上機。基本設計は同じだが、機体はふたまわり大きく、エンジンもルノー空冷V型12気筒100hpを搭載し、乗員3名が乗り込み、最大速度96km/hを出した。日本に到着後早々に、『若宮丸』に搭載されて、青島攻略作戦に参加し、1912年型とともに日本海軍最初の実戦を体験した。

９１２年型水上機、モーリス・ファルマン１９１４年型水上機各１機とともに、最初の航空機兵力を構成した。

大正３年（１９１４年）８月、第一次世界大戦が勃発し、イギリスと同盟関係にあった日本は連合国側に立つことになり、同国の要請をうけ、中国大陸の山東半島にあるドイツの植民地区青島《チンタオ》の攻略に乗り出した。

わずか数機の小兵力にすぎない海軍航空部隊も、早速この作戦に投入されることになり、モーリス・ファルマン１９１２年型水上機３機、同１９１４年型水上機１機を搭載した『若宮丸』は、８月23日に佐世保を出

▼『若宮丸』の前部甲板に設けられた航空機搭載施設（天幕）から、デリックを使って海面に降ろされる、モーリス・ファルマン1912年型水上機。

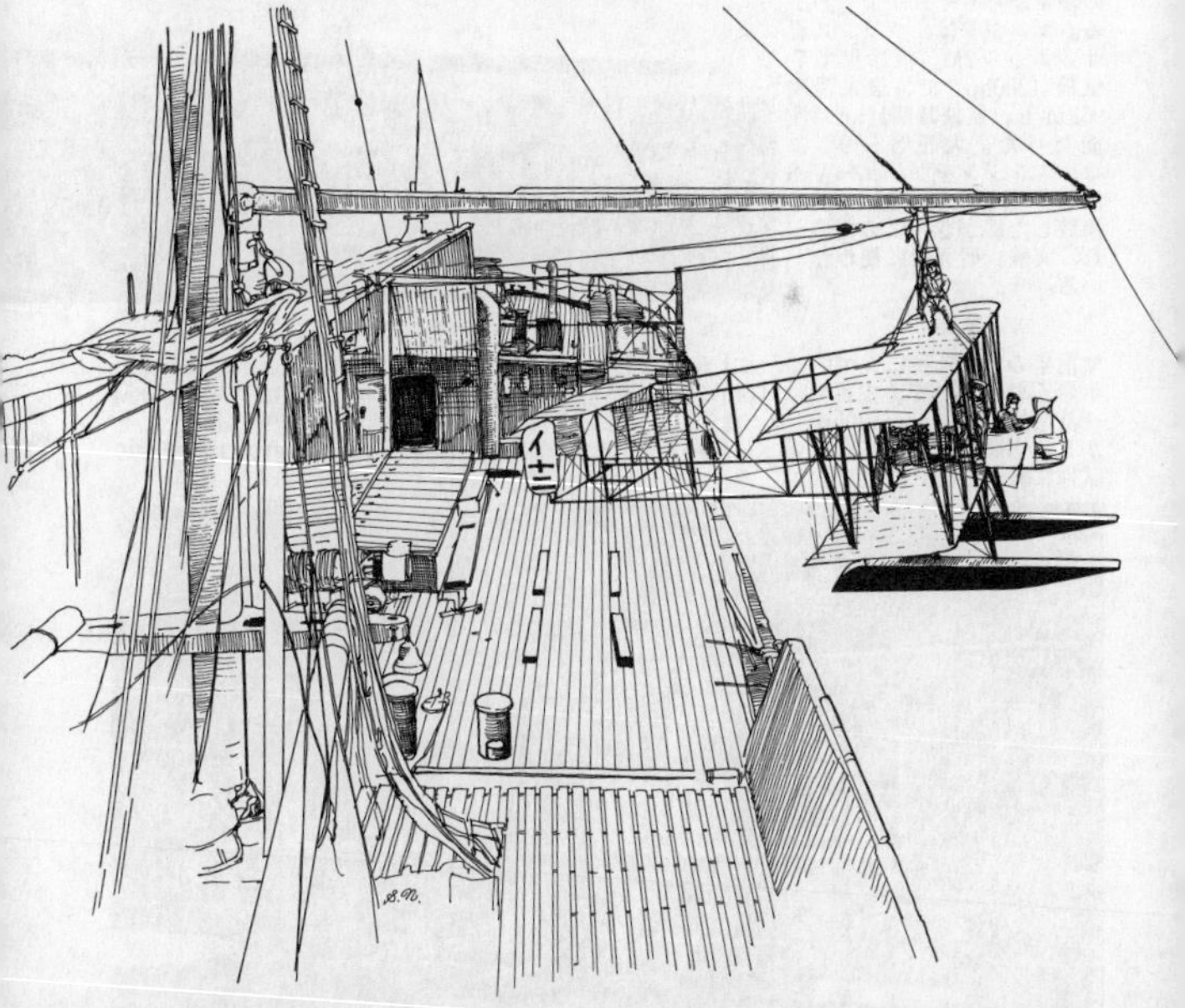

日本海軍式試作水上機の操縦席付近

◀モーリス・ファルマンとカーチス機を参考に、日本海軍が初めて自らの手で製作したのが、この日本海軍式試作水上機（海軍第８号）。エンジンは、カーチスO型液冷V型８気筒（75hp）である。性能、操縦/安定性などがどうだったか、資料が残っていないのでよくわからない。

横廠式ホ号乙型水上機

▶大正３年に試作した、横廠式中島トラクター水上機につづき、海軍が大正５年１月に２機造った大型の水上偵察機/爆撃機。全幅21m、全長9.6mもあり、上、下翼支柱の多さからもそれがよくわかる。エンジンは、フランス製サルムソン2M-7液冷星型７気筒（200hp）で、最大速度96km/h、航続時間11hr.の性能だった。大正８～9年には、エンジンをプジョーV-8液冷V型８気筒（220hp）に換装した機がさらに２機造られ、実験、研究用に使われている。

▼前年のホ号乙型につづいて、大正６年に完成した、横廠式ホ号小型水上機。基本設計は、ホ号乙型と同じで、主翼幅は14.6mに短縮しているのが主な違い。エンジンはサルムソンM-9液冷星型９気筒（130hp）で、重量も軽くなったために最大速度は124km/hに達した。しかし、当時のこととて、離着水に危険を伴うということで操縦者に敬遠され、１機だけの試作に終わった。

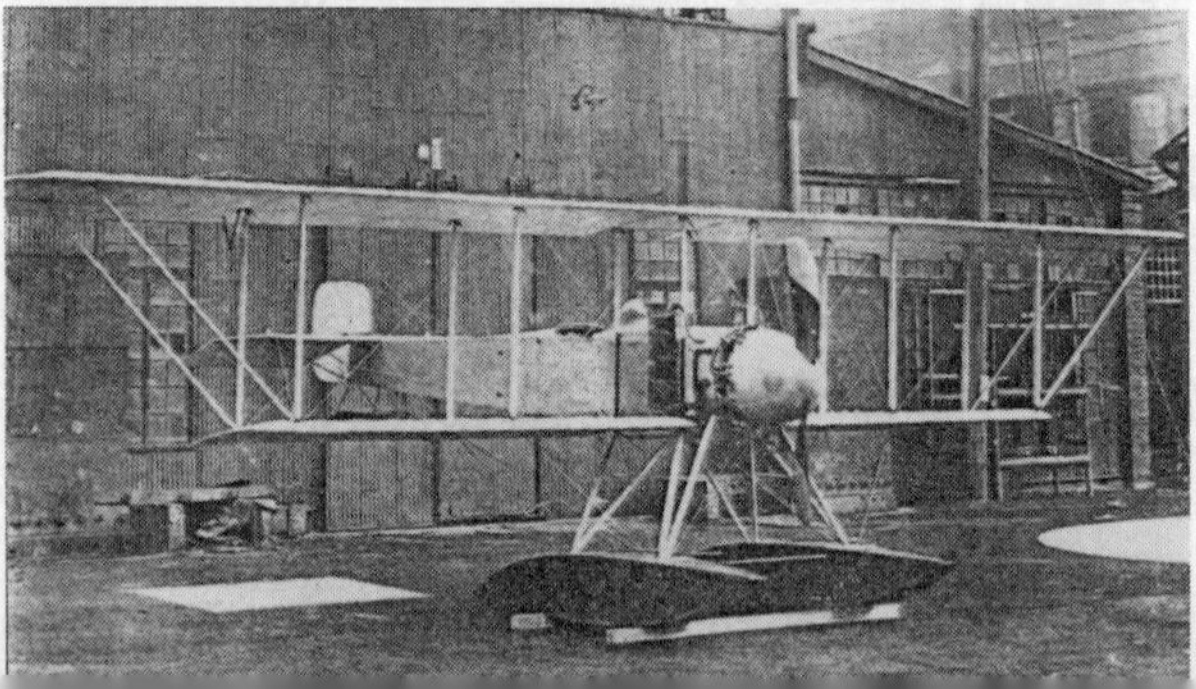

▶事実上、国産海軍機として最初の実用機といってよい、横廠式ロ号甲型水上偵察機。その外観からひと目でわかるように、イギリス海軍のショート184水上雷撃/爆撃機を参考にし、機体をふたまわりほど小さくした設計である。ベースになったショート184が、すでに実績を収めていた機体なので、本機の成功は当然といえた。写真は、横須賀航空隊所属機。

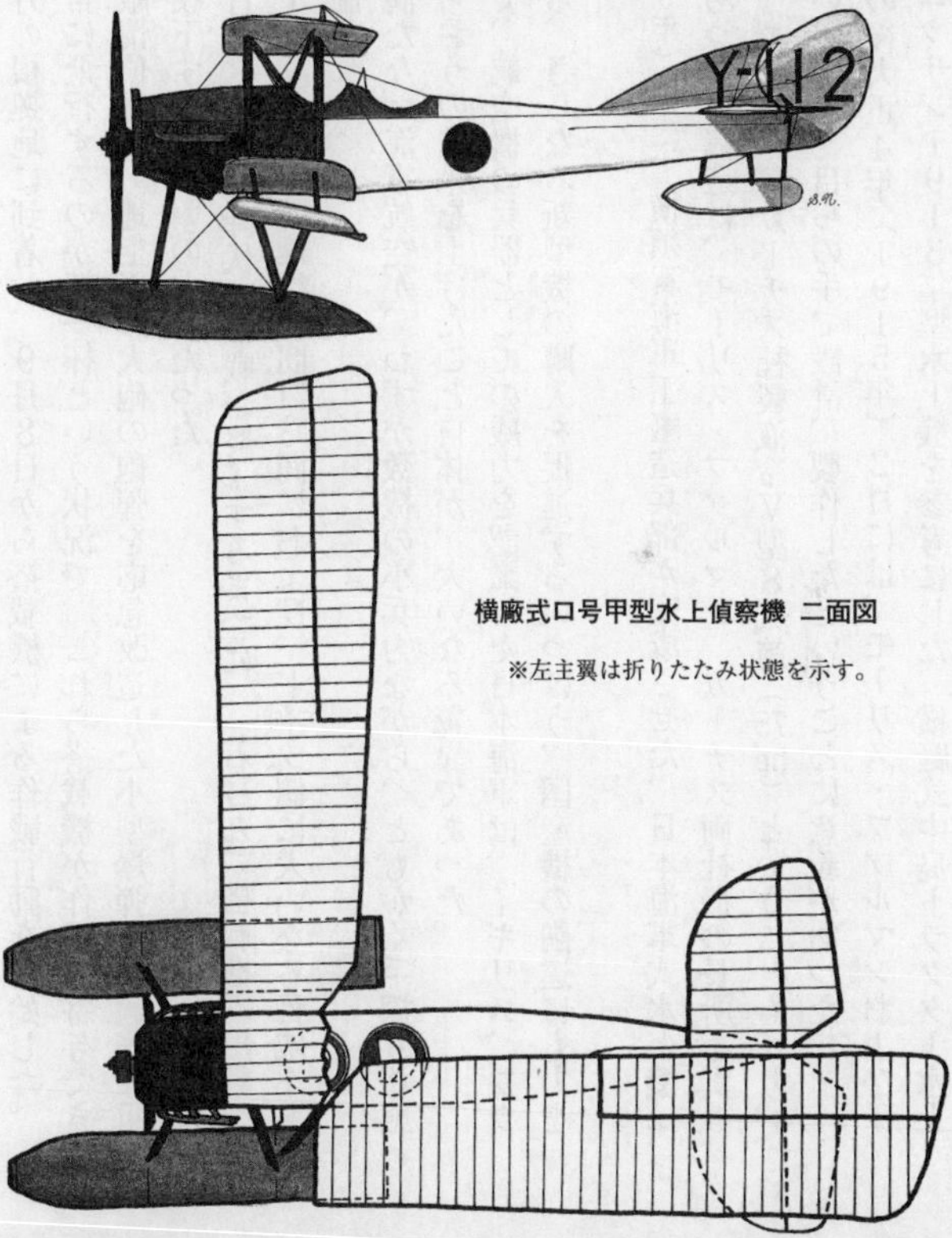

横廠式ロ号甲型水上偵察機 二面図

※左主翼は折りたたみ状態を示す。

港、29日には膠州湾外の根拠地に到着し、9月8日から搭載機による作戦行動を開始した。

とはいっても、正常に飛行するのが精一杯という状況で、これら搭載機が作戦に寄与できるのは、上空からの敵情偵察と、地上軍の大砲の砲弾を応急改造した小型爆弾を、適当な狙いをつけて手投げで投下するくらいのものだった。

それでも、11月7日のドイツ軍降伏で作戦が終了するまでに、『若宮丸』搭載機の出動回数は49回、投下爆弾199発、累計飛行時間71時間におよび、ドイツ側に大いなる脅威をあたえた点で、高く評価された。

発足して3年にも満たない海軍航空が、わずか数機の小兵力ながら、ともかく手探り状態で実戦に参加し、いちおうの成果を上げたこと自体が、大いなる驚異であった。

青島攻略戦において、航空機の兵器としての威力を認識した日本海軍は、イギリス、フランス両航空先進国から、さらなる新型機の購入を促進するいっぽう、国産機の調達にも力を注いだ。

大正2年（1913年）秋に、横須賀海軍工廠造兵部が完成させた、日本海軍式水上機は、その最初の国産機であった。構造は、モーリス・ファルマン、カーチス両社機の長所を真似た、いわば折衷機で、エンジンがカーチス社製液冷V型8気筒（75hp）ということもあり、純粋な国産機とは言い難いが、自らの手で設計、製作したということに意義があった。

横廠造兵部は、その後大正4年（1915年）2月には、モーリス・ファルマンおよびイギリスのドゥペルデュッサン1913年型水上機を参考にした、横廠式中島トラクター水上機、同5年（1916年）1月には同機の主翼を大きくした、横廠式ホ号乙型水上機、および横廠式ホ号小型水上機を相次いで試作し、自作能力の習得、向上につとめた。

そして、イギリスのショート184水上雷撃／爆撃機を手本にして、大正6年（1917年）秋に試作した、横廠式ロ号甲型水上偵察機は、性能、操縦、安定性ともにきわめて優秀で、海軍は、大正7年（1918年）11月、実用機として制式兵器採用した。日本海軍が自前で調達した、最初の制式量産軍用機でもあった。ちなみに、水上偵察機という名称が使われたのも、本機が最初である。

ロ号甲型は、大正13年（1924年）にかけて合計218機と、揺籃期の制式機としては異例に多い生産数を記録、その点でも、海軍航空史上特筆されるべき機体であろう。

もっとも、制式機のすべてを国産機でまかなうには、まだ多くの年月を要し、水上機も外国の新型機は積極的に購入した。

大正11年（1922年）、第一次世界大戦戦勝国の一員になった恩恵で、ドイツの最新型軍用機を多数戦利品として受け取った日本は、これら各機から多くの技術を学ぶことができた。とくに、海軍はハンザ・ブランデンブルクW29型水上機に注目、これを制式水上偵察機として国産化することにした。

W29は、複葉羽布張り構造が大勢を占めた第一次世界大戦参加機のなかで、きわめて進歩的な単葉型式を採り、胴体はモノコック構造の合板外皮としたほか、双フロート支柱のアレンジなども洗練されていた。

エンジンは、三菱が国産化したイスパノスイザE型液冷V型12気筒（200hp）、または戦利品のドイツ製アルグス（180hp）、もしくはベンツ（150hp）のいずれかを搭載することとした。ちなみに、制式名称はハンザ・ブランデンブルク水上偵察機だった。生産は、中島と愛知が担当し、合計180機を生産、昭和5年（1930年）頃まで使用された。

大正10年（1921年）、ショートF．5飛行艇の国産化にともない、来日中の同社フレッチャー技師に依頼し、海軍は横廠の技師を補佐に配して、新しい複葉水上偵察機を試作した。

エンジンは、当時としては強力なフランスのロレーン一型液冷W型12気筒（400hp）を搭載し、高性能を狙った。

しかし、大正12年（1923年）に2機完成した機体は、重量が計画よりかなり超過したため、期待を裏切る性能だった。海軍は、十年式水上偵察機の名称を付けたが制式兵器採用はせず、13年、14年にそれぞれA、B型と称する改造設計機を追加製作させ、のちに後者が一四式水偵の母胎になった。

●国産水上機の発展

前記したように、十年式水上偵察機の改造B型は、大正14年（1925年）に2機完成し、改修のうえ改めて海軍が審査したところ、かなり良好な成績を示した。そこで、海軍は、本機を一四式水上偵察機〔E1Y〕の名称で制式兵器採用を決定、民間の中島、愛知もふくめて分担生産を下命した。

一四式水偵は、木製主材骨組みに、合板と羽布張り外皮という旧式な構造であったが、性能はまずまずで、操縦、安定性は良好、実用性も高いという、水上偵察機にはうってつけの出来映えであった。

一四式水偵の特筆されるべき点は、それまでの実用、試作水偵のいずれもが乗員2名の複座水偵であったが、本機は初めて乗員3名の三座水偵としたことである。

これは、水偵の航続距離が1000㎞を超え、ちょうど無線機が導入され始めて、専任の電信員の必要性が生じたこと、夜間偵察が必須となったことなど、諸々の要因が重なり、3名の乗員が必要になったためである。

のちに、三座水偵設計は、日本海軍の最も得意とする分野となるが、その道標になったという点からも、一四式水偵は大きな存在価値があった。

搭載したロレーン系エンジンの違いにより、一号〔E1Y1〕、二号〔E1Y2〕、三号〔E1Y3〕の3種の生産型があり、昭和9年（1934年）までの間に、各型計320機もの多数が造られた。これは、昭和ひと桁時代の海軍実用機中では、一三式艦攻の444機に次ぐ数であり、本機がいかに高く評価されていたかがわかる。

一四式水偵の試作と前後し、日本海軍は、水上偵察機は複座と三座の2本立てで運用することに決めた。両者の任務上の区分けは、三座水偵は長距離の偵察、索敵、触接、対勢観測、

ハンザ・ブランデンブルクW29型水上偵察機 三面図
※ドイツ製のオリジナル型式を示す。

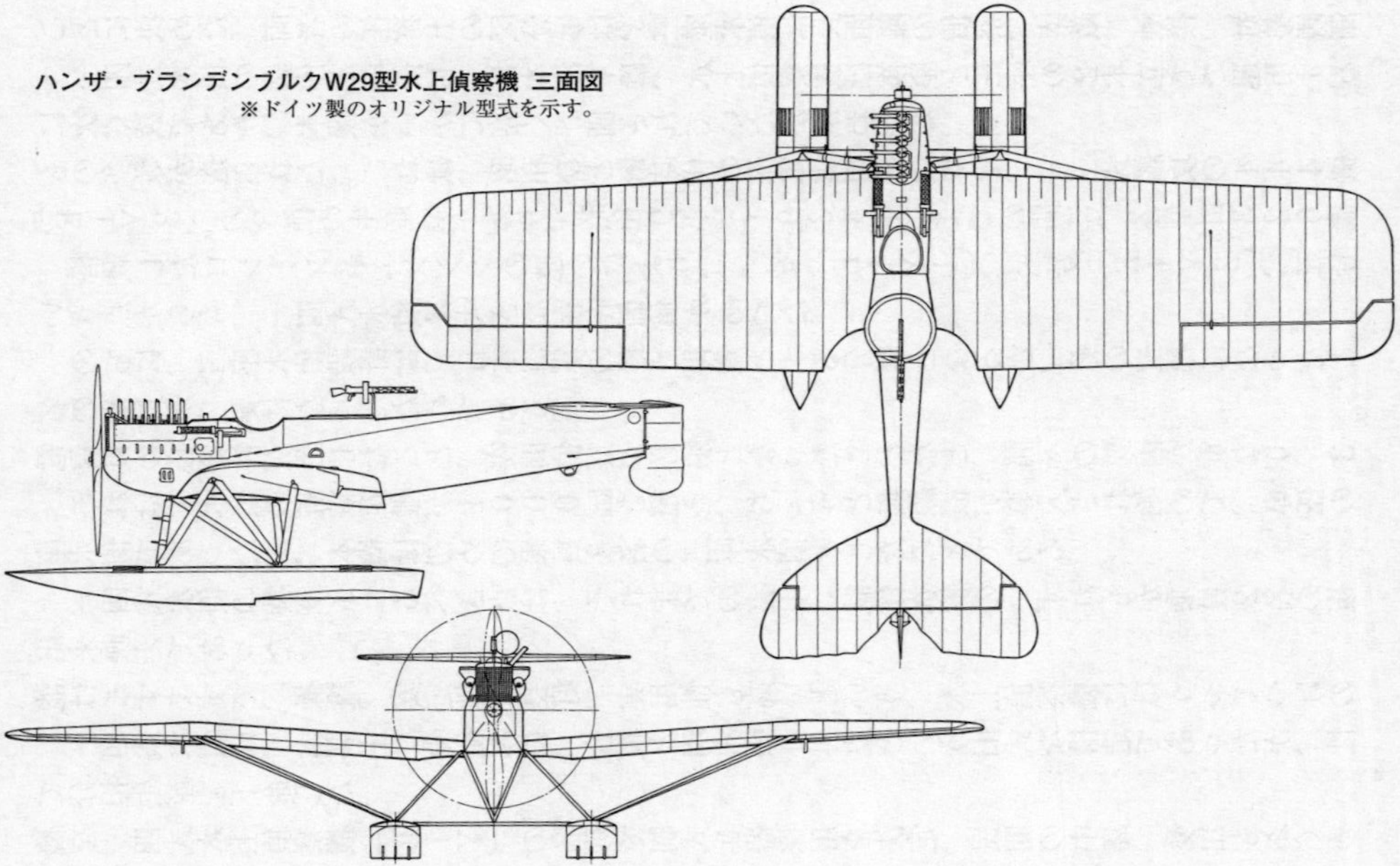

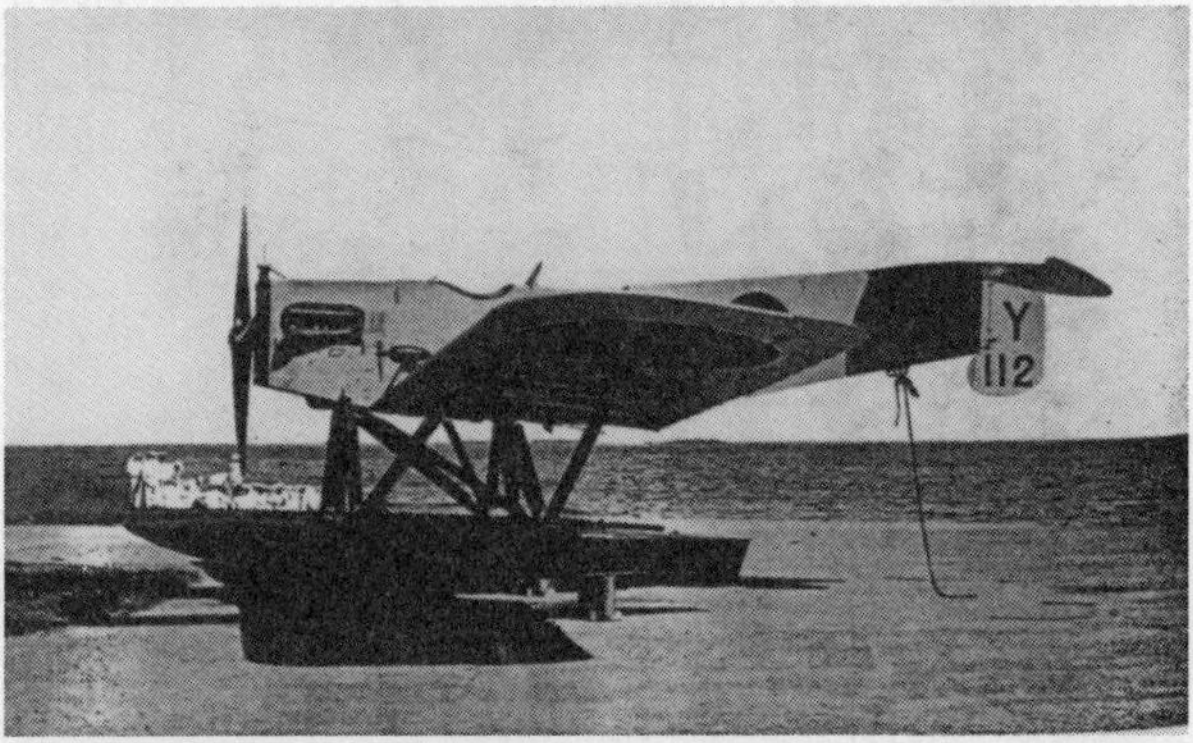

▲第一次世界大戦中のドイツ海軍航空隊を代表する傑作機、ハンザ・ブランデンブルクW29水上戦闘/哨戒機を国産化した、ハンザ式水上偵察機。その実用性の良さは抜群で、後継機一五式水偵の充足に伴い、民間に払い下げられた多くの機体は、昭和８年頃まで郵便、連絡などに広く使われた。

▲大正12年に２機試作されたが、重量過大で失敗作となった十年式偵察機、および大正13年の改造Ａ型を経て、大正14年に、さらに改修を加えて２機造られた十年式水上偵察機Ｂ型。航続性能がかなり向上したが、制式兵器採用にはならなかった。

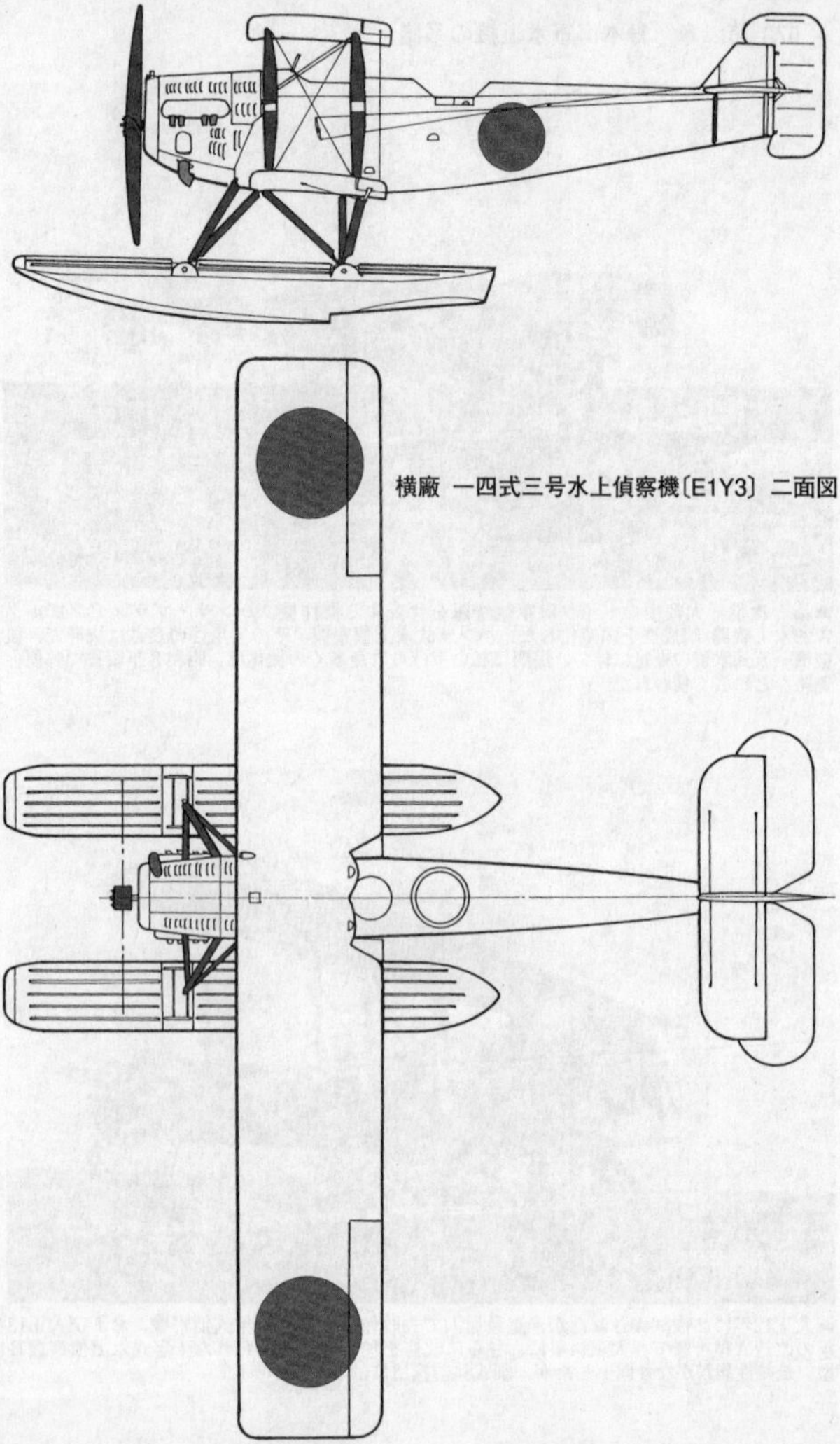

横廠 一四式三号水上偵察機〔E1Y3〕二面図

▲瀬戸内海と思われる砂浜に駐機する、水上機母艦『能登呂』搭載の一四式一号水偵。尾翼の赤色塗装と胴体後部の同色帯は、大正15（1926）年７月26日付けで制定された、連合艦隊に所属する艦船の搭載機であることを示す標識。

▲日本海軍式三座水偵の基礎をつくったといってよい、一四式水偵。写真は、横須賀航空隊所属の二号型〔E1Y2〕“ヨ-189”号機。二号型は、発動機がロレーン二型450hpとなり、浮舟を全金属製にしたことが、一号型との主な相違。

横廠 試作全金属製水上偵察機“辰号”三面図

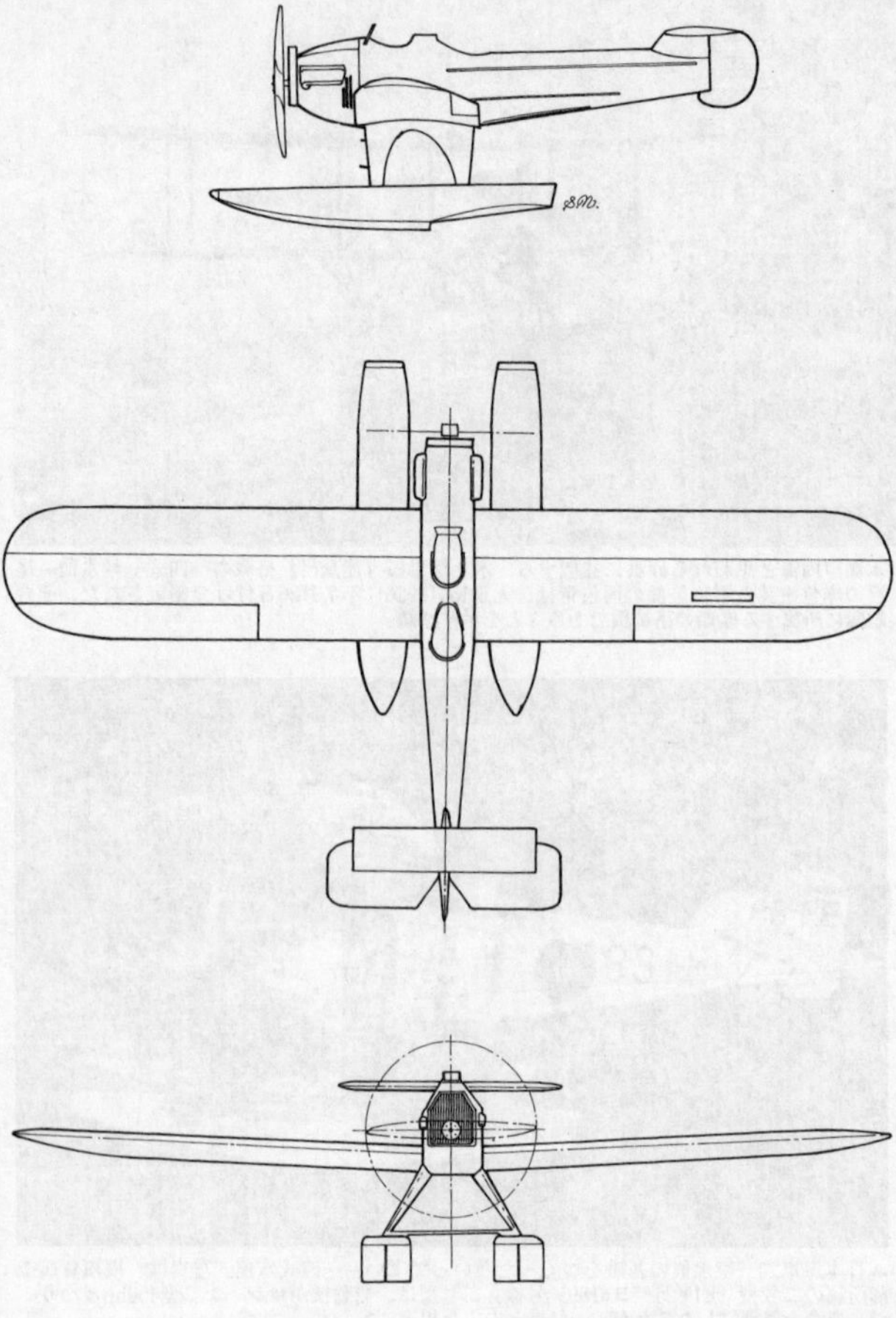

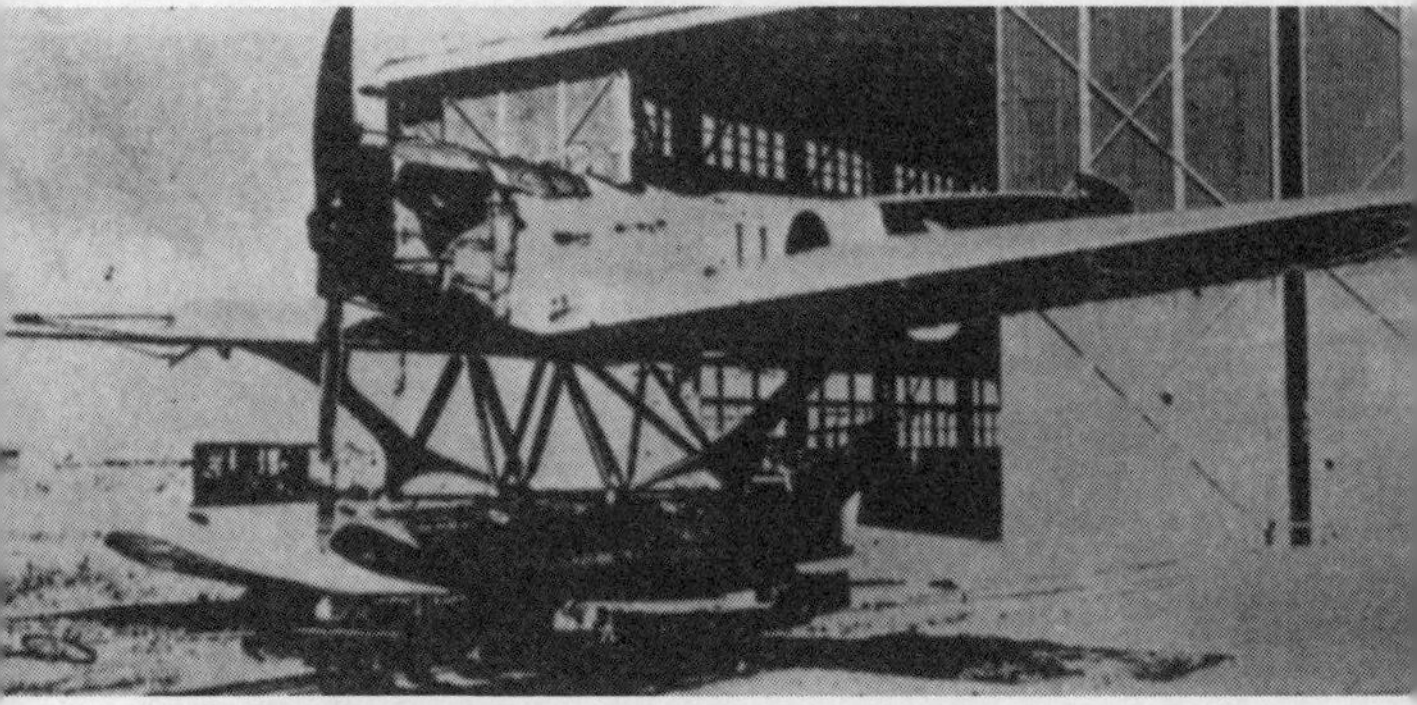

▲ハンザ式水偵の後継機を目指し、中島、横廠とともに競争試作に応じた、愛知の一五式甲型水偵。「巳号」と呼ばれ、ハンザ式に倣った単葉の進歩的形態が注目されたが、飛行中の安定性が悪いうえに、構造上の強度不足なども指摘されたため、不採用になった。

▲ハンザ式水偵の後継機を得るべく、大正13年に海軍・横廠、愛知、中島が競争試作した、一五式各型水偵のうち、横廠と愛知は世界のすう勢に従い、進歩的な全金属製構造を採用した。しかし、設計、製作技術が伴わず、双方とも失敗作になった。写真は、そのうちの横廠機。ぶ厚い単葉主翼と、アーチ型のフロート支柱が外観上の目立つ特徴。

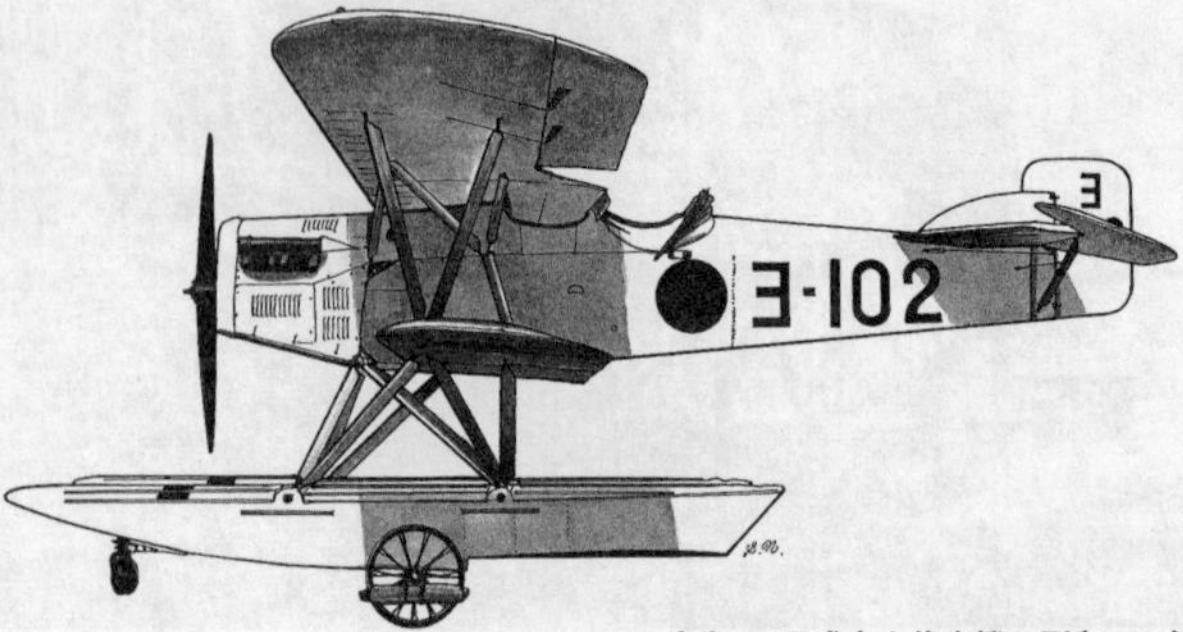

中島 一五式水上偵察機一型〔E2N1〕

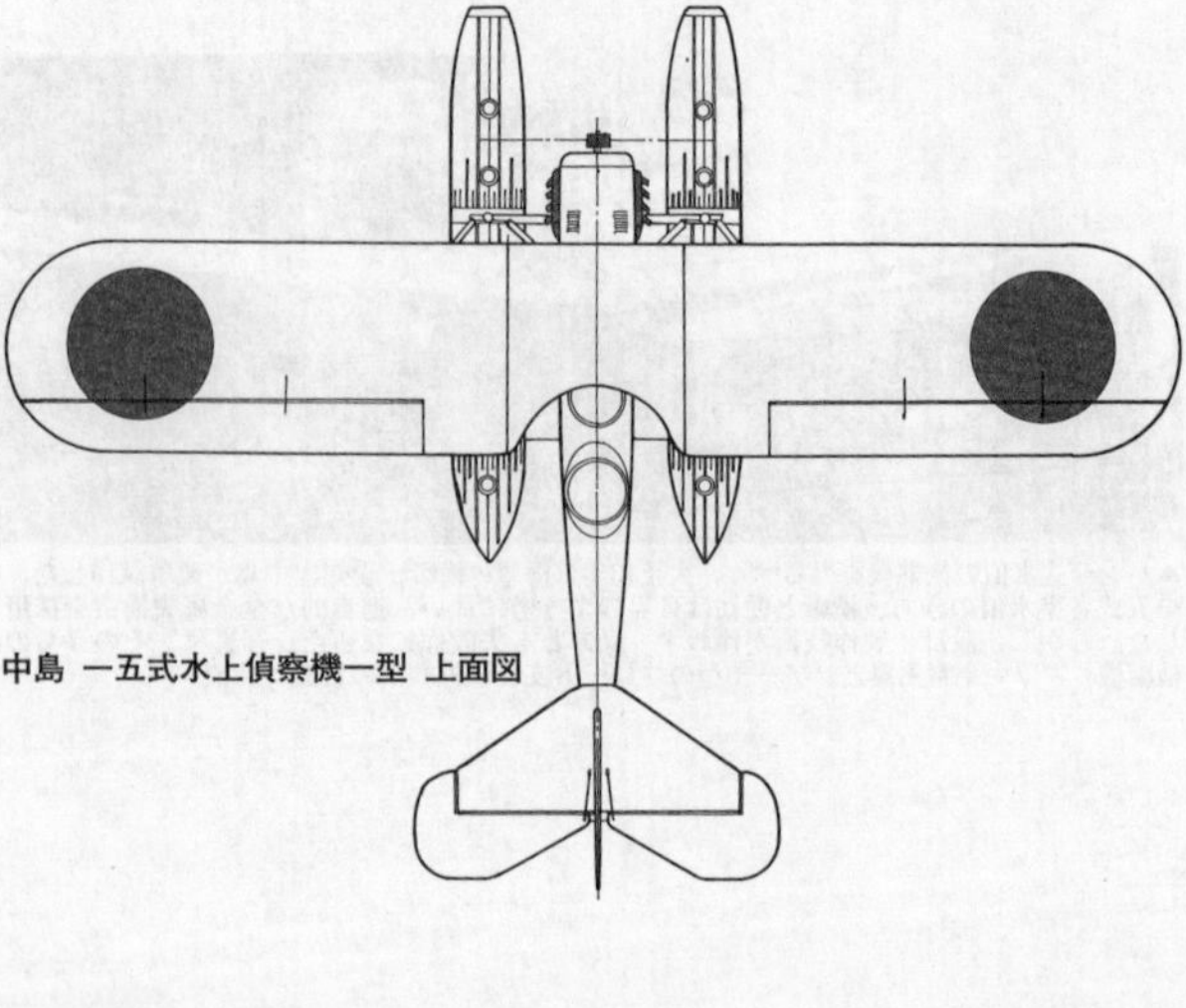

中島 一五式水上偵察機一型 上面図

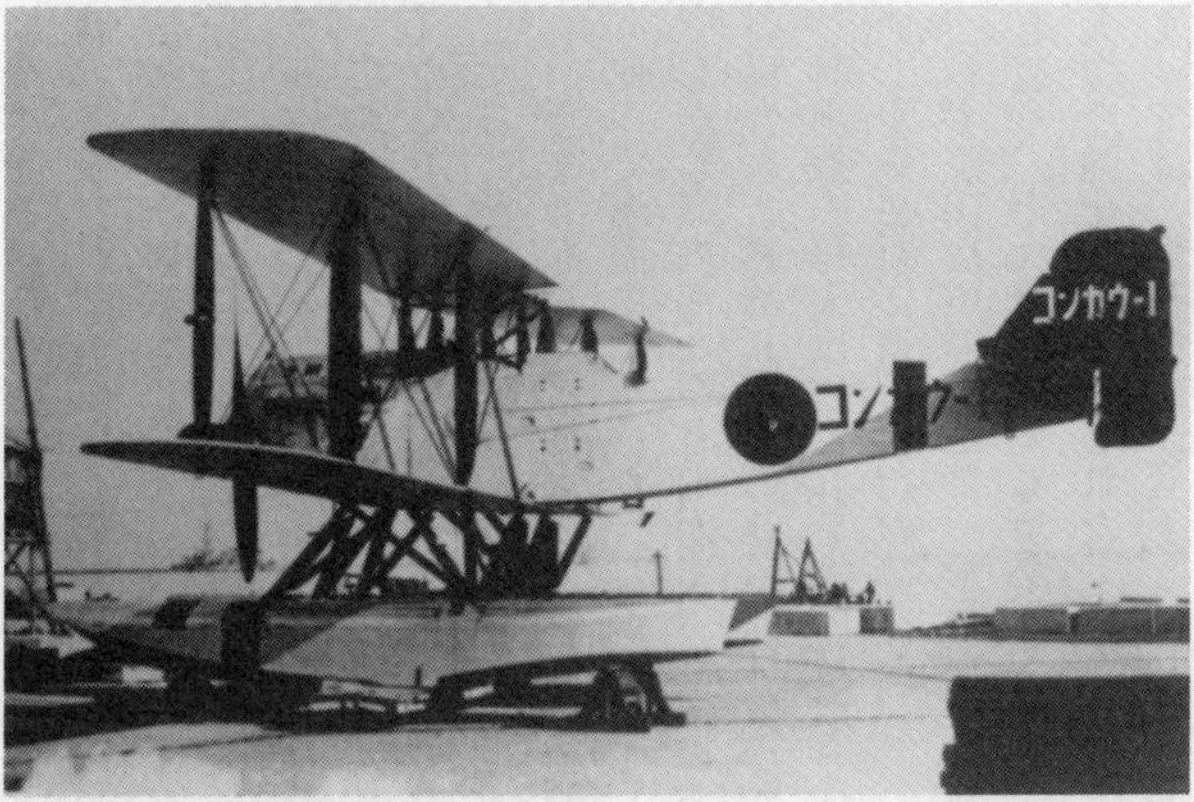

▲戦艦『金剛』に搭載された、一四式三号水偵。尾翼全体と胴体後部帯の赤色塗装は、連合艦隊所属を示す。三号型は、発動機が『ロレーン』三型450hpとなり、プロペラが木製4翅に変わったほか、尾翼も再設計されたことも二号型までとの大きな相違。

▲霞ヶ浦海軍航空隊所属の一五式二型水偵。昭和９（1934）年の撮影。射出機発進を可能とした最初の水偵だけに、構造的な強さが感じられる。

対潜哨戒などを本務とし、夜間偵察もこなす。これに対し、複座水偵は近距離偵察、弾着観測、爆撃、対潜哨戒などを本務とし、必要に迫られれば、軽快な運動性を生かし、敵側の同機種との空中戦もこなすこととされた。

大正13年（１９２４年）、海軍はこの複座水偵の分野で、旧式化したハンザ・ブランデンブルクW29型水偵に代わる後継機の試作を、横廠、愛知、中島に命じた。

この、次期複座水偵に対し、海軍が要求した項目のひとつとして注目されたのは、当時ようやく主要艦船に導入が検討され始めた射出機、すなわちカタパルトを使っての発進を可能とすることだった。

いうまでもなく、従来まで艦船に搭載された水偵は、艦上からクレーン、またはデリックを使って海面に降ろされ、自力で離水していた。

しかし、内海ならともかく、外洋においては波も高く、天候が悪くなると水上滑走できない場合もままあり、その運用には少なからず制限をうけた。

射出機の導入は、これを大幅に改善するのは明白で、今後の水偵は、必ずこの条件をクリアーする必要に迫られたのである。

わずか10数ｍの滑走で、飛行速度に達しなければならないので、射出速度は50～55㎞／ｈと速く、それだけ機体にかかる負荷も大きくなるので、従来までの水偵にはない、構造上の大幅な強化が必要とされた。かといって、それを理由に機体重量が額面どおり重くなってしまっては、飛行性能が低下してしまうので、事は簡単ではない。

その結果、横廠と愛知は、ハンザ・ブランデンブルクW29の基本設計をそのまま流用し、横廠機は思い切った全金属製構造、愛知機は機体は木製主材骨組みに合板、羽布張り外皮ながら、各部材の強度を高め、双浮舟と同支柱を金属製に変更するという手法を採った。

しかし、大正14年（1925年）に完成した両機をテストしたところ、飛行中の安定性がきわめて悪いうえ不馴れな金属製構造の強度にも問題があったため、折りからの全金属製実験機〝KB飛行艇〟の墜落事故が発生したこともあり、不採用になった。

いっぽう、中島機は胴体、浮舟の設計はW29に範を採ったものの、オーソドックスな一葉半の複葉型式として手堅くまとめた。

海軍のテストではこれが功を奏し、きわめて優れた安定性を示し、注目された射出機発進テストでもとくに大きな問題がなかったことから、昭和2年（1927年）5月、一五式水上偵察機〔E2N1〕の名称で制式兵器採用された。

生産数は、昭和5年（1930年）までに中島で50機、川西で30機の、計80機と少なかったが、射出機を備えた戦艦、巡洋艦などに搭載され、後継機九〇式二号水偵と交代するまで、近距離偵察任務に重用された。

なお、試作名称については、横廠機は横廠式全金属製水上偵察機〔辰号〕、愛知機は一五式甲型水上偵察機〔巳号〕、中島機は一五式乙型水上偵察機〔巳号〕と呼ばれていた。

この一五式水偵が試作されている頃、海軍内では、射出機の装備が充足するまでの暫定措置として、戦艦、巡洋艦の砲塔上に特設滑走台を取り付け、車輪付きの滑走車の上に水偵を載せ、風上に向かって全力航行する母艦の合成風力により、自力で滑走発艦する方法が検討された。そして、その実験機として、大正15年(1926年)にドイツのハインケル社からHD-25、-26、-28の3種の複葉水偵を、それぞれ2機、2機、1機、計5機購入してテストした。

とくに、HD-25は一四式水偵と同じ出力の、ネピアライオン液冷W型12気筒エンジン(450hp)を搭載しながら、速度、上昇性能ははるかに優れ、安定性も抜群であったことから、昭和2年(1927年)に二式複座水上偵察機の名称で制式兵器採用され、愛知がそのライセンス生産を担当することに決まった。

しかし、各艦船への射出機の導入が順調に進んだために、本機の存在価値は薄れ、昭和3年(1928年)までに14機造られたところで生産中止が命じられた。

ようやく国産軍用機が充足してきたとはいえ、この頃の日本航空機設計技術レベルは、欧米先進国に比べ、まだまだ低かった。

そのため、新型機が登場すると、海軍自身、各メーカーは、先を争ってこれらを購入して設計の参考とし、悪い言い方をすれば、物真似によって、労せずに次期制式機をモノにしようとした。

こうした典型的なパターンが垣間見えたのが、昭和5年前後に相次いで試作された、九〇式各号水偵である。

まず、昭和2年(1927年)に発注された、一四式水偵の後継機となる三座水偵では、愛知、中島、川西の民間3社とは別に、海軍みずから、横廠に命じて一四式二号水偵改一Cと呼ばれた機体を試作させた。

いちおう、佐波次郎機関少佐が主務者となって設計されたといわれるが、基本的には、先に輸入したハインケルHD–28がベースで、エンジンが中島／ジュピター（450hp）、または九一式液冷W型12気筒（500hp）に代わり、機首まわり、浮舟などに改良を加えたものである。

昭和3年（1928年）8月に試作機2機が完成してテストしたところ、細部艤装、運動性に問題があり、各動翼などに改修を加えた増加試作機が造られることになった。

民間3社は、複座水偵の試作のほうを重視して、三座水偵のほうは競争試作を辞退したため、横廠機を必然的に制式兵器採用せざるを得なくなり、昭和7年（1932年）4月、九〇式三号水上偵察機〔E5K1〕の名称で川西に生産が命じられた。

しかし、その経緯からして本機が真に満足すべき機体でないことは明らかで、実際に速度、上昇性能は一四式より劣っていた。したがって、採用されてわずか8ヵ月後の同年末には生産は打ち切られ、17機が完成したのみに終わった。

いっぽう、一五式水偵の後継機となる、射出可能な複座水偵では、昭和4年（1929年）に愛知が、ドイツのハインケル社から購入したHD–56を海軍に提示し、九〇式一号水上偵察機〔E3A1〕の名称により、ライセンス生産を受注した。

しかし、本機は発動機（九〇式空冷9気筒）の出力が小さい（300hp）うえ、機体も小

愛知 二式複座水上偵察機(ハインケルHD-25) 三面図

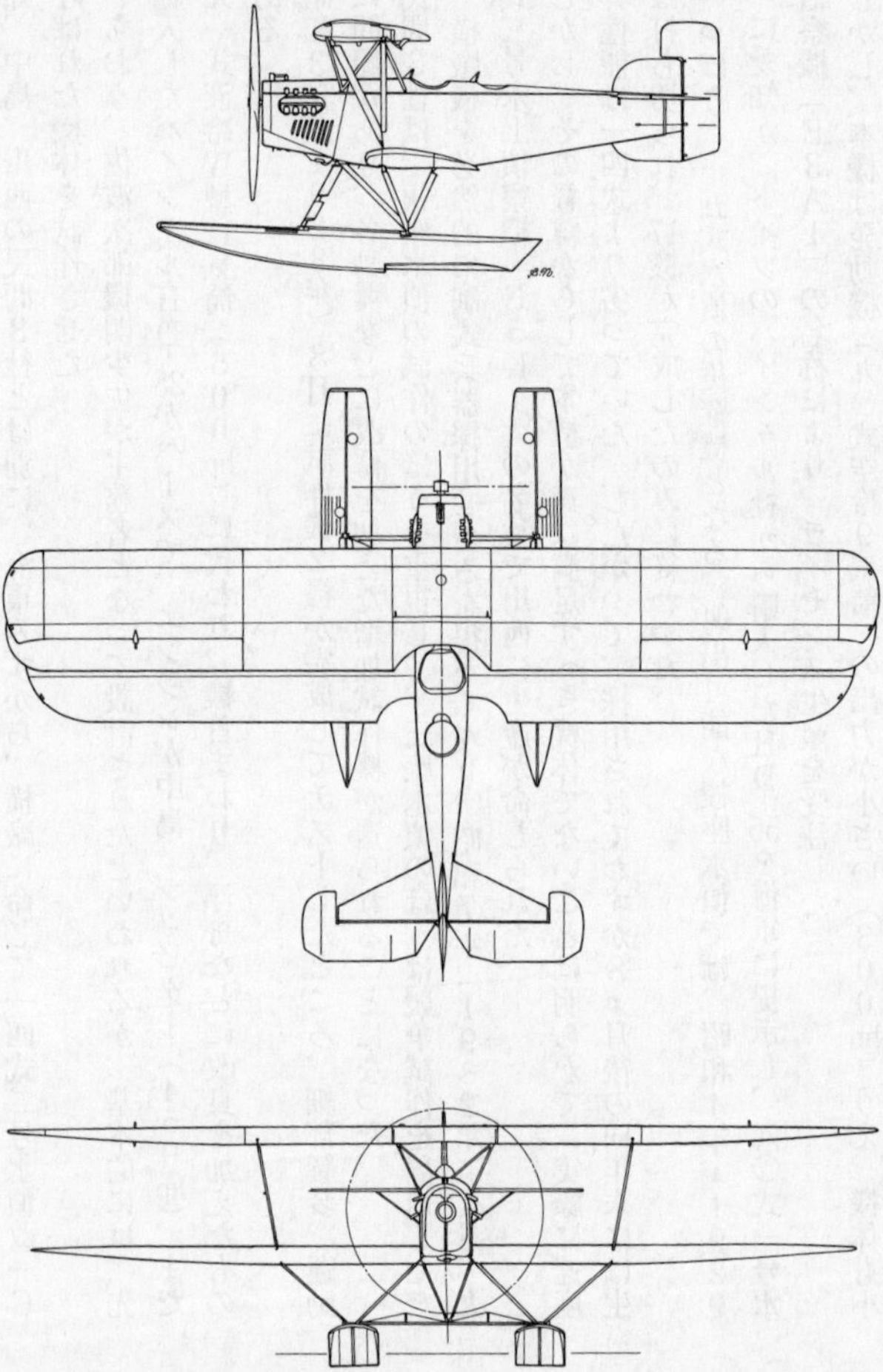

▲ドイツのハインケル社から購入したHD-25を愛知が国産化した二式複座水偵。性能優秀ではあったが、射出機（カタパルト）の普及で存在価値が薄れ、わずか14機の生産で打ち切られた。

▲一五式水偵に代わる、射出機発進が可能な二座水偵を得るため、愛知がドイツのハインケル社HD-56を輸入し、これを海軍に提示し、制式兵器採用された九〇式一号水偵。しかし、使ってみると実用性に乏しく、わずか12機で生産を打ち切られた。写真は、軽巡洋艦『神通』（じんつう）搭載機。

愛知 九〇式一号水上偵察機〔E3A1〕（ハインケルHD-56）三面図

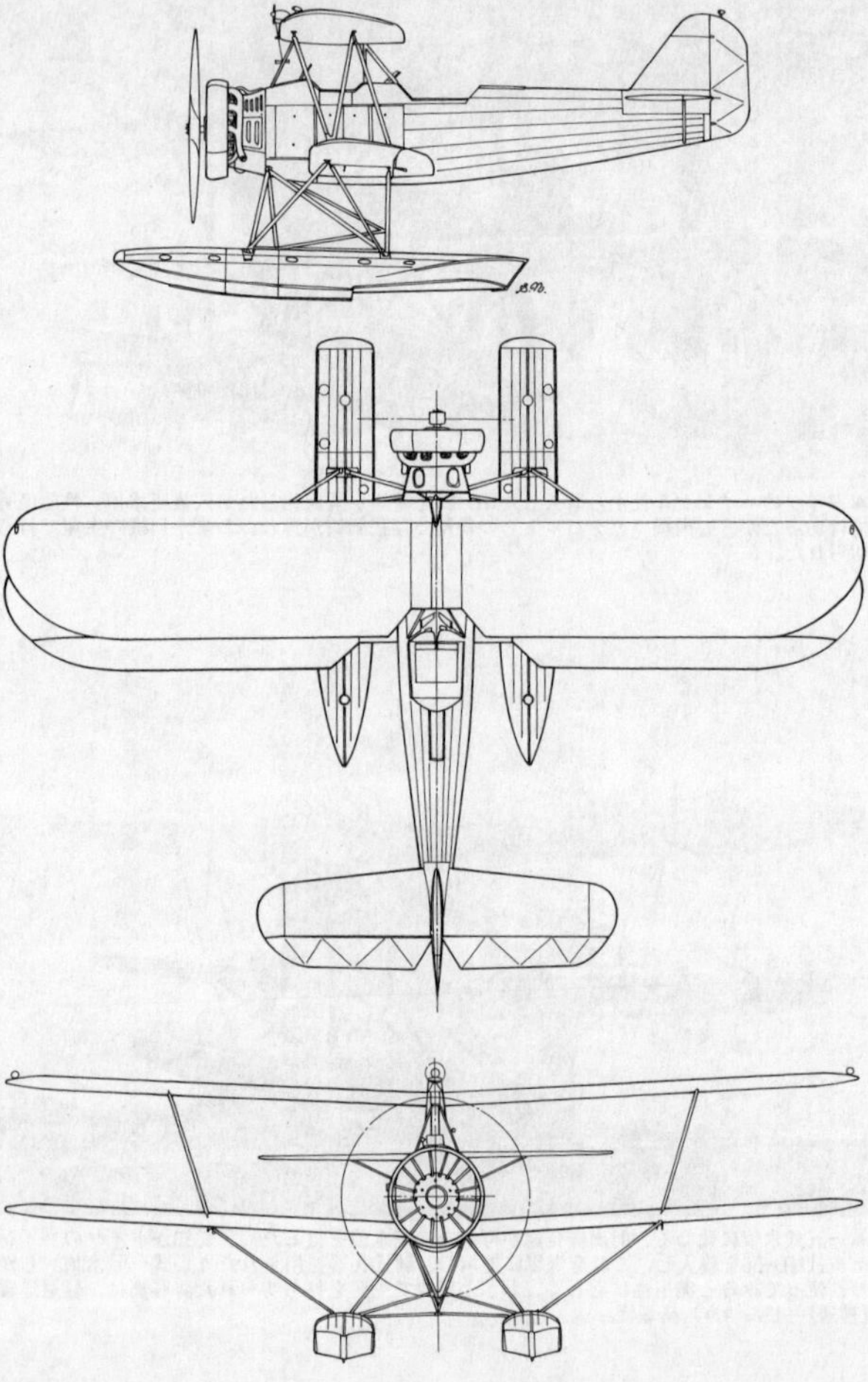

▲愛知の九〇式一号水偵と同じく、一五式水偵の後継機を狙って試作された、中島の九〇式二号水偵一型〔E4N1〕。しかし、双浮舟形態のせいもあって、同時に試作された中島の九〇式二号水偵二型に比較して一般性能が劣り、不採用となって２機の試作だけで終わった。写真は、民間に払い下げられ、輸送機として使われた１機。

▼昭和２年度に提示された、一四式水偵の後継機となる三座水偵の競争試作に際して、海軍・横廠が同機をベースにして改造設計を担当し、昭和７年４月に制式兵器採用された、九〇式三号水上偵察機。増加試作機以降の機体製作と改修は川西航空機が担当したこともあり、一般には川西製として知られた。写真は、中島/ジュピター450hp空冷星型９気筒発動機を搭載した、初期生産分の第１号機で、報國第１號として献納された機体。

横廠/川西 九〇式三号水上偵察機〔E5K1〕三面図
※九一式液冷W型12気筒500hp発動機搭載の後期生産機を示す。

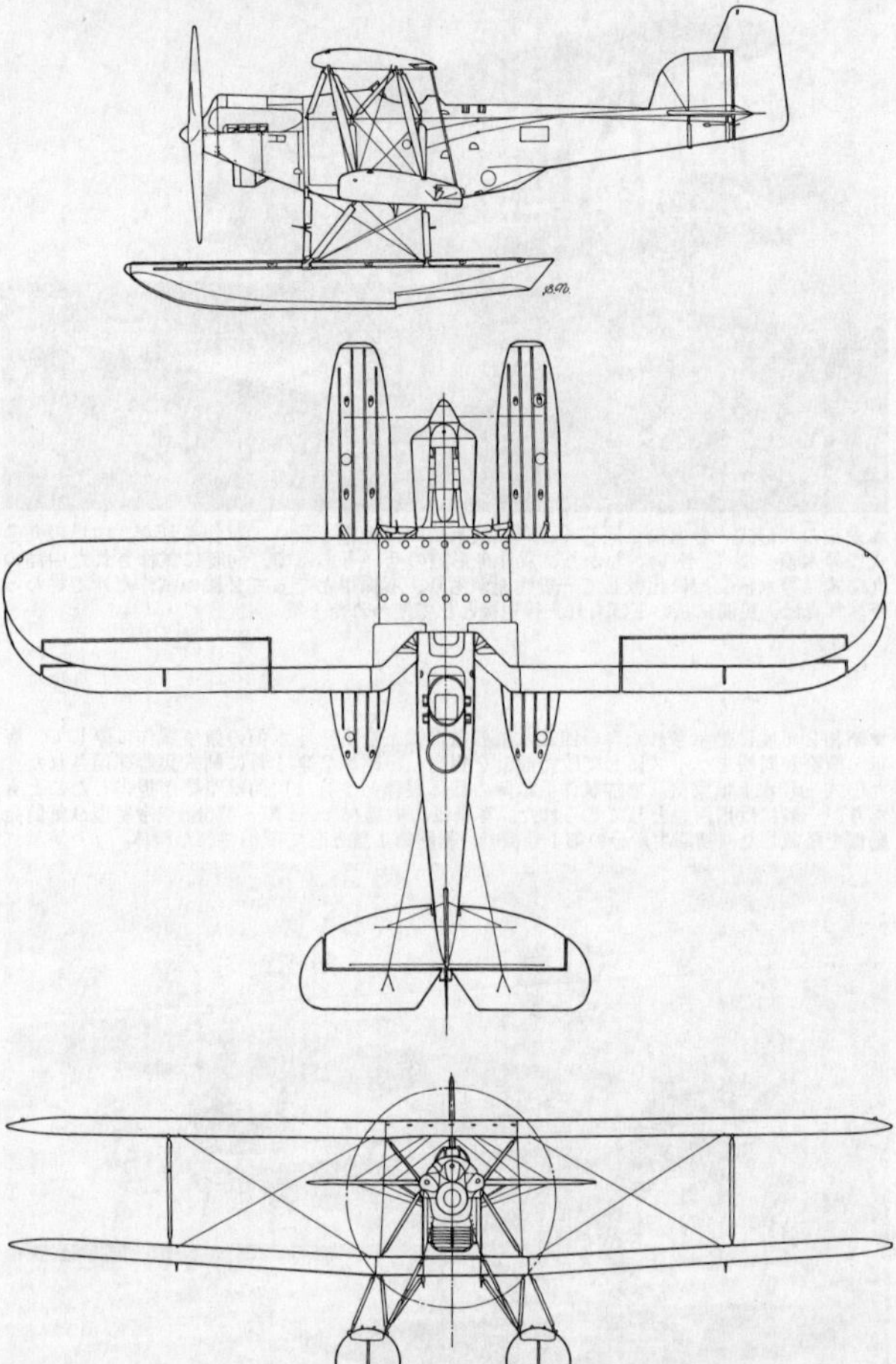

▲P.81下写真の報國１號と同じく、民間の献金によって調達された九〇式三号水偵で、報國２號（兵庫県民號）。昭和７年２月17日、川西工場のある兵庫県・鳴尾にて献納された。ちなみに、この空冷「ジュピター」発動機は初期生産機にのみ搭載され、後期生産機はP.82の三面図に示すごとく、液冷九一式（500hp）に変わった。

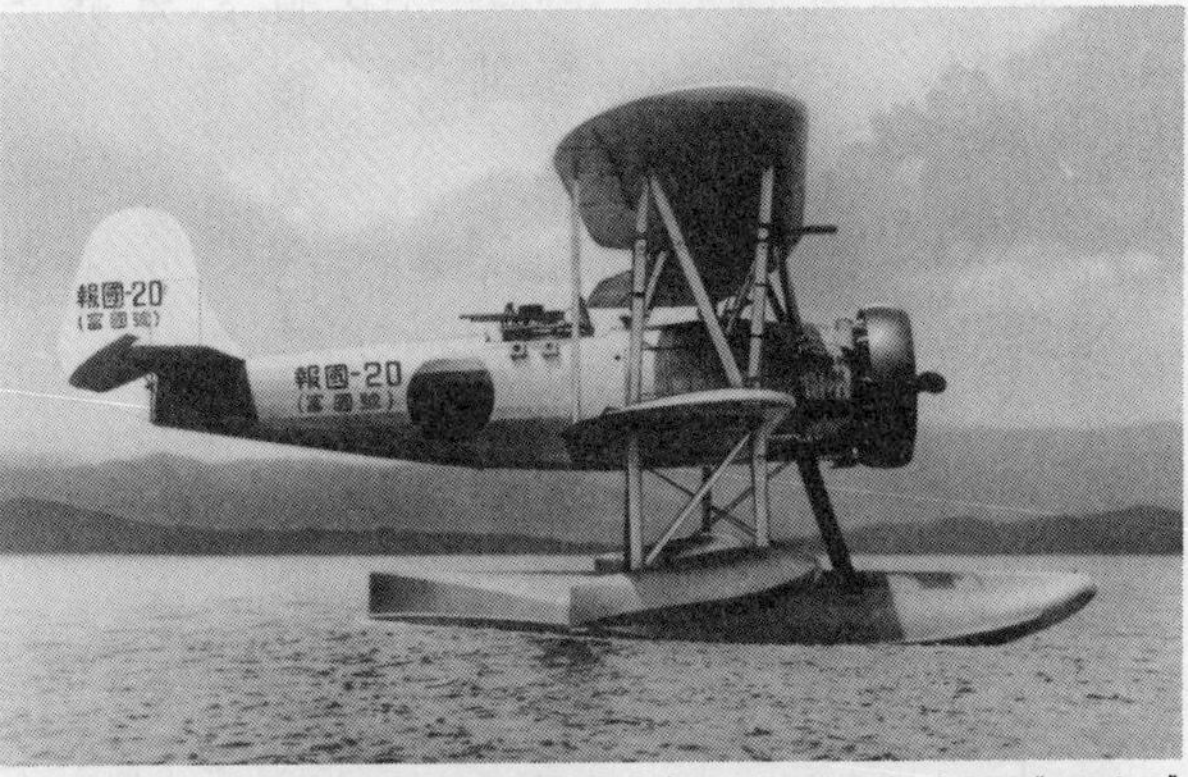

▲自社設計の九〇式二号水偵一型に先がけて、中島がアメリカのボートO2U“コルセア”観測機のライセンス生産権を得たうえで、ジュピター460hp空冷星型９気筒発動機搭載の二座水偵として完成させた、九〇式二号水偵二型〔E4N2〕。全体的に、洗練された非常に引き絞まったスタイルで、見るからに軽快そうな印象を与える。結局は、本機が制式兵器採用され、日中戦争初期まで広く実用される成功作になった。写真は、昭和８年３月に報國第20號（富國號）として献納された機体。

柄で凌波性に乏しく、実用性に欠けていたことから、昭和7年（1932年）までに12機造られただけで、ほとんど試作機扱いのまま終わった。

中島では、三竹忍技師を主務者にした、オーソドックスな複葉双浮舟型式の九〇式二号水上偵察機一型〔E4N1〕と、アメリカから輸入したヴォートO2U-1〝コルセア〟水上観測機の国産化品である、九〇式二号水上偵察機二型〔E4N2〕の2本立てで応募した。搭載した発動機は、どちらも中島／ジュピター六型空冷9気筒（520hp）であったから、重量が重い双浮舟型のE4N1は飛行性能がE4N2に劣り、不採用になった。

もっとも、E4N2のほうも、そのままでは強度上不安があったため、約1年を費して改修を施した結果、海軍の要求をほぼ満たし、昭和6年（1931年）12月、前記名称により、ようやく制式兵器採用になった。

生産機は、発動機を中島『寿』二型改一（580hp）に更新したこともあって、性能は少し向上し、軽快な運動性を生かし、空中戦、急降下爆撃も難なくこなし、艦隊の評価も高かった。現代でもそうだが、オリジナルは造れないが、それを改良してさらに良いものを造ることに関しては、日本人ほど得意な人種はいない。それを示したのが、この九〇式二号水偵の成功であろう。

九〇式二号水偵二型は、中島において、昭和11年までに80機、川西で67機、計147機造られ、その他、浮舟のかわりに車輪をつけた陸上型が、九〇式二号水偵三型の名称で5機造られている。

各艦船に搭載された九〇式二号水偵二型は、昭和7年の上海事変から昭和12年7月に勃発した日中戦争の初期まで、よくその任務を全うし、後継機九五式水偵の充足にともない、第一線を退いた。

●日本海軍式水偵の形を確立

前記したように、水偵もふくめて、なかなか航空自立を果たせないことに危機感をもった海軍は、昭和7年度から3ヵ年の間に、毎年機種ごとに競争試作を行ない、真の意味で、オリジナルに富んだ高性能機を実現するという目標を掲げ、『航空技術自立計画』を実践することとした。

そして、初年度の競争試作として5機種がピックアップされ、その中に三座水偵も含まれていた。

七試水上偵察機の計画名で呼ばれた、この競争試作に応じたのは、川西、愛知の2社で、海軍の指定は、ともに九一式液冷W型12気筒500hp発動機を搭載することになっていた。

川西は、それまで一三式水上練習機、一五式水上偵察機、三式初歩練習機、九〇式二号飛行艇、九〇式三号水上偵察機などの生産実績をもっていたが、そのいずれもが海軍、もしくは他社の設計であり、自社設計機で競争試作に参加するのは初めての経験であった。

関口英二技師を主務者とする川西の設計陣は、九〇式三号水偵の経験を踏まえ、七試水偵は、空気抵抗減少、重量軽減をキーポイントにして設計した。

胴体、主翼の骨組みは、もちろん鋼管、ジュラルミン材による金属製であったが、外皮は金属鈑の使用は胴体の一部にとどめ、他はすべて羽布張りとしたところに、重量軽減のポリシーがよく表われている。

外形的には、とくに際立った斬新さはないが、W型12気筒発動機にあわせた機首の絞り込み、引き込み式の冷却器、内部を中空にした鋼鈑製の流線形断面浮舟支柱、凌波性、空気抵抗両面で工夫をこらした浮舟（骨組み、外皮ともにジュラルミン製）など、可能な限りの空気力学的洗練は怠らなかった。

設計着手からわずか11ヵ月後という、当時の機体としても異例の短期間開発により、川西の七試水偵1号機は、昭和8年（1933年）2月はじめに完成、6日には初飛行に成功する素早さだった。

5月に海軍に納入されたのち、愛知のAB―6（社内名称）と比較テストが行なわれた結果、川西機は速度、上昇力、操縦、安定性、離着水性能など、あらゆる面でAB―6を凌ぎ、昭和9年（1934年）5月、九四式水上偵察機〔E7K1〕の名称で制式兵器採用された。

九四式水偵は、同時期のイギリス、アメリカ海軍の同種機体と比較してもまったく遜色はなく、むしろ航続性能、操縦、安定、実用性などは優れており、まさに、日本海軍が目指した航空自立を実現した機体であった。

それは、海軍が実験報告書に記した、〝本機ノ出現ハ航空作戦ニ寄与スルコト大ナリ〟という文面に端的に示されており、のちに、ドイツからライセンス生産の打診があったというくらい、海外での評価も高かった。

　ほとんど初めての、自社設計本格軍用機といってよい七試水偵が、これほどの成功作になったことは、川西設計陣の大いなる誇りとしてよい。

　九四式水偵の登場により、初めて満足のいく三座水偵を手にすることが出来た海軍は、本来の艦船だけではなく、陸上基地の水偵部隊のほとんどにも本機を配備し、昭和10年代前半期、九五式水偵とともに、水偵隊の主力機として重用した。

　昭和13年（1938年）8月には、発動機を空冷星型複列14気筒の三菱『瑞星』（870hp）に換装した、改良型の試作機が初飛行、一段と性能、実用性が向上したことから、同年11月、九四式二号水上偵察機〔E7K2〕の名称により制式兵器採用された。これにともない、九一式発動機搭載機は、九四式一号水上偵察機〔E7K1〕と改称された。

　生産は、川西で昭和16年（1941年）までに473機（うち183号機までがE7K1）、ほかに日本飛行機がE7K1、E7K2合わせて57機、合計530機の多数におよんだ。

　九四式水偵の活躍のピークは、なんといっても日中戦争における対地支援で、水上機母艦搭載機による、小型爆弾を使った精密爆撃が、地上軍の進攻を大いに助けた。

　太平洋戦争開戦当時には、さすがに性能的に旧式化していたが、後継機零式水偵とともに、緒戦の頃は一部がまだ戦艦、巡洋艦などに搭載されており、マレー沖海戦、フィリピン攻略戦、ラバウル攻略戦、蘭印攻略戦などに参加した。

　零式水偵の充足後は、内地の練習航空隊などに配転されたが、陸上基地部隊の一部では、

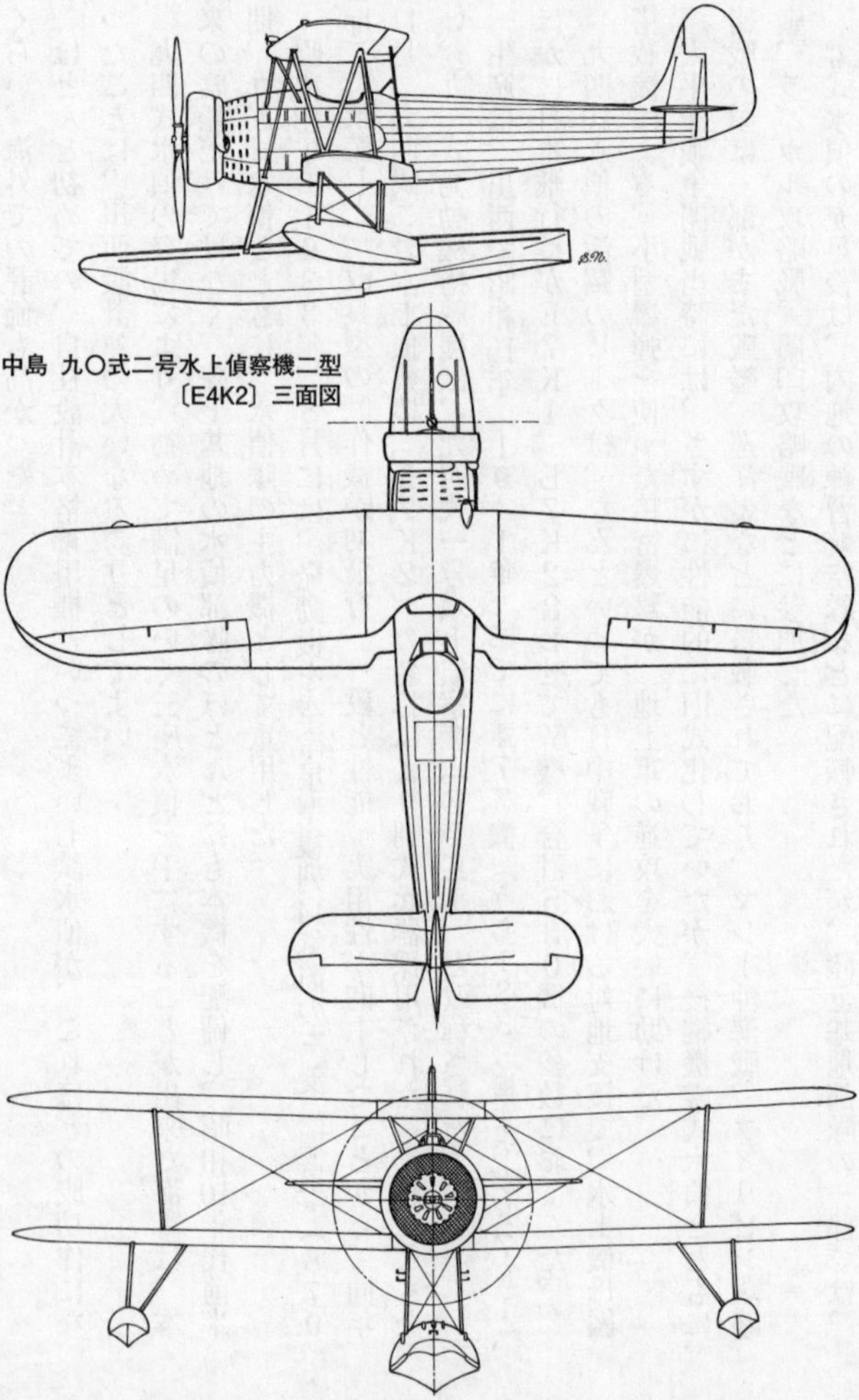

中島 九〇式二号水上偵察機二型
〔E4K2〕三面図

▲昭和9年7月8日、京都府・舞鶴市の同港要港部警備区の有志たちの献金で納入された、九〇式二号水偵二型「報國-65」(舞要號)。性能、実用性ともに申し分なく、のちの九五式水偵は、本機の改良型といってもよかった。

▲水偵の名称はついているが、その外観からわかるように、実際には陸上偵察機として使われた、九〇式二号水偵三型。二型の浮舟のかわりに、車輪式降着装置を付けた以外はとくに変更はない。しかし、生産数は5機にとどまり、実用試験機のような扱いにとどまった。

川西 九四式一号水上偵察機〔E7K1〕三面図

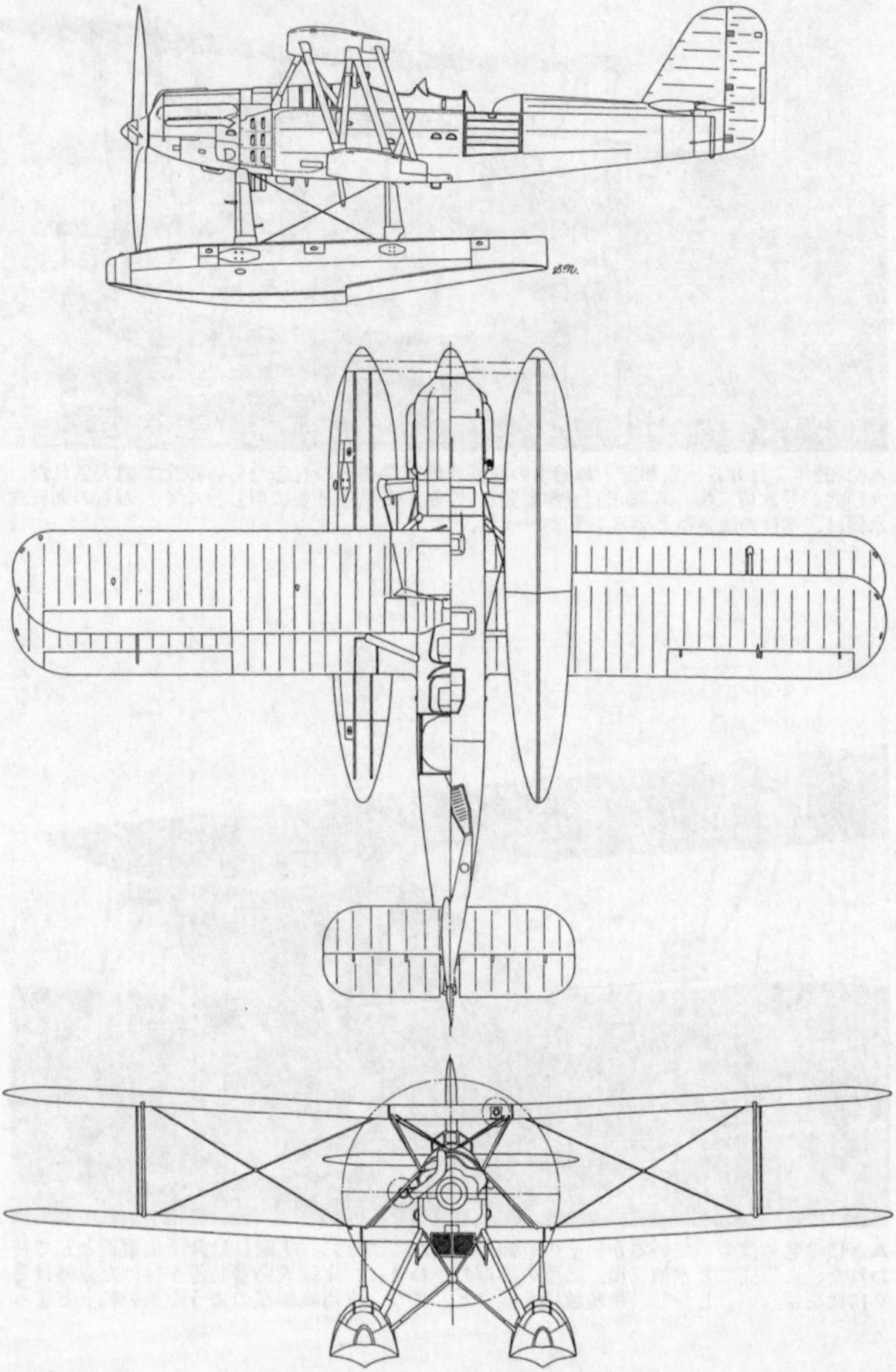

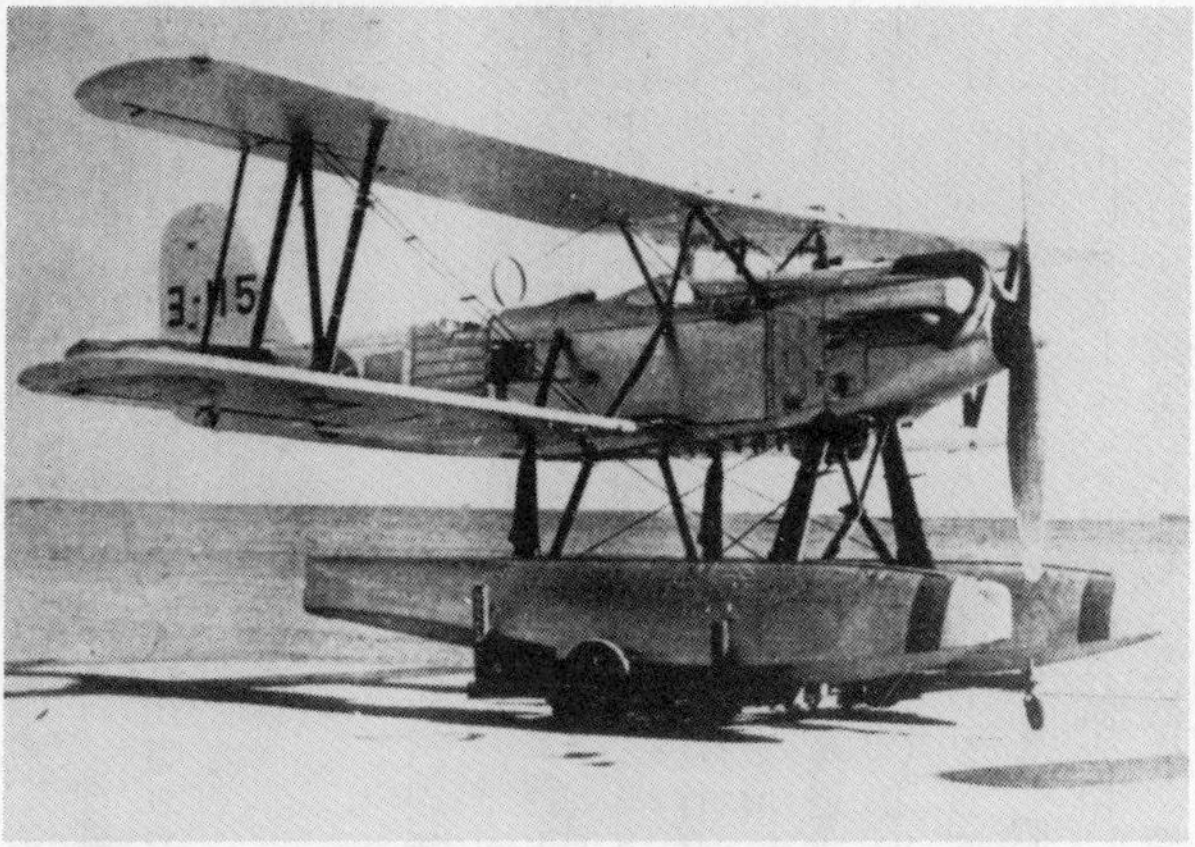

▲横須賀航空隊に配備された、九四式一号水偵初期生産機。当初は、この機のように、プロペラは木製２翅を付けていたが、ほどなく木製４翅に変更された。複葉三座水偵の最高傑作とも称されただけに、その外観も引き締まった無駄のないスタイルだ。

▼飛行中の九四式一号水偵後期生産機。回転するプロペラが、木製４翅になっていることがわかる。性能は申し分なかったのだが、唯一の弱点は、九一式W型12気筒液冷発動機の信頼性にやや難があったことで、これが、のちに空冷発動機への換装（二号型）につながった。

戦争末期まで本土周辺海域の対潜哨戒、連絡任務などに使われた。

昭和20年（1945年）4～5月、沖縄戦のさなかに詫間空、北浦空所属の九四式水偵が、250kg爆弾を抱いて特攻に駆り出されたのは、本機にとって、悲惨きわまる最後の戦歴だった。

●二座水偵の決定版

航空自立計画に基づく、複座水偵の刷新は、昭和8年（1933年）度に提示された、八試水上偵察機の競争試作に委ねられた。

この競争試作に応じたのは、中島、愛知、川西の3社で、発動機は、九〇式二号水偵と同系の中島『寿』二型空冷星型9気筒（580hp）が指定された。現用九〇式二号水偵の製造メーカーの中島では、同機に続いて三竹忍技師を主務者にした陣容で試作に臨んだ。

設計、構造の基本は、九〇式二号水偵に倣《なら》い、重量、サイズもほとんど同じ。いってみれば、各部を空力的に洗練し、上翼の後退角、上反角を強めにし、方向舵面積を大きくして運動性能向上に意を払ったのが主な違いといってよかった。

その割りには、中島八試水偵〔E8N〕の試作1号機の完成は、応募3社の中では最も遅い（といっても、設計着手から1年後）、昭和9年（1934年）3月となった。

前年中に完成していた川西の八試水偵〔E8K〕は、木金混成骨組みに羽布張り構造ながら、進歩的な単葉型式を採った意欲作、愛知八試水偵〔E8A〕は、複葉ながら各部は洗練

▲5500トン級軽巡洋艦の射出機上にセットされた、九四式一号水偵後期生産機。水雷戦隊旗艦として用いられる艦が多かった5500トン級軽巡には、『川内』型のように、通称〝夜偵〟と呼ばれた、飛行艇形態の九八式水偵を搭載した艦もあるが、九四、または九五式水偵を搭載する場合のほうが多かった。

川西 九四式二号水上偵察機〔E7K2〕三面図

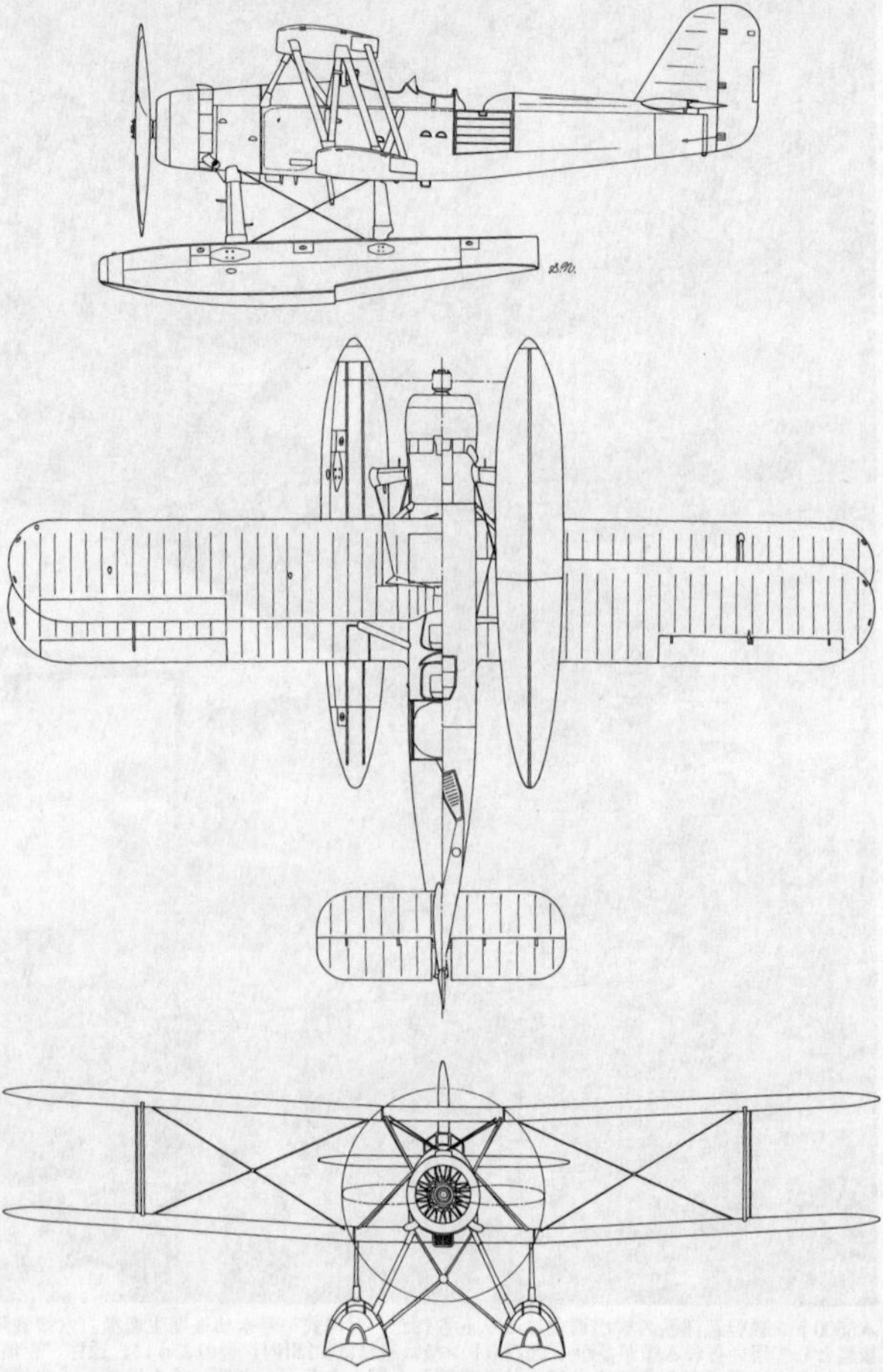

▲性能はともかく、実用性に難があった九一式液冷W型12気筒発動機にかわり、信頼性の高い三菱『瑞星』空冷星型複列14気筒（870hp）に換装した、九四式二号水偵。写真は、重巡洋艦と思われる射出機から発艦した直後のシーン。

▼太平洋戦争開戦直前の頃、軽巡洋艦『五十鈴』（いすず）に搭載されていた九四式二号水偵“U-1”号。公表写真のため、尾翼記号が修整して消されている。対潜哨戒任務から帰還したところで、胴体下面には、六番（60kg）対潜爆弾が懸吊されている。母艦収容に備え、偵察員が上翼に昇り、吊り上げ用索を手にして待機している。

▲荒涼たる風景の、北太平洋アリューシャン列島キスカ島の浜辺に駐機する、軽巡洋艦『阿武隈』（あぶくま）搭載の九四式二号水偵“DI–1”号。昭和17年前半の撮影で、当時、阿武隈は第一水雷戦隊旗艦として同方面を行動していた。胴体下面には六番（60kg）対潜爆弾を懸吊しており、これから哨戒任務に出発するのであろう。

▲昭和17年前半期、シンガポールのセレター軍港に停泊中の、第一南遣艦隊旗艦、練習巡洋艦『香椎』（かしい）の射出機上に載った、九四式二号水偵“UI–1”号。飛ばないときも、このように常に露天繋止のため、機体の保守が大変だった。乗員室にはキャンバスが被せられ、風でバタつかぬよう、各動翼は固定具でしっかり止められている。双浮舟機用滑走車、呉式二号五型射出機のディテールもよくわかる。

川西 八試水上偵察機〔E8K1〕三面図

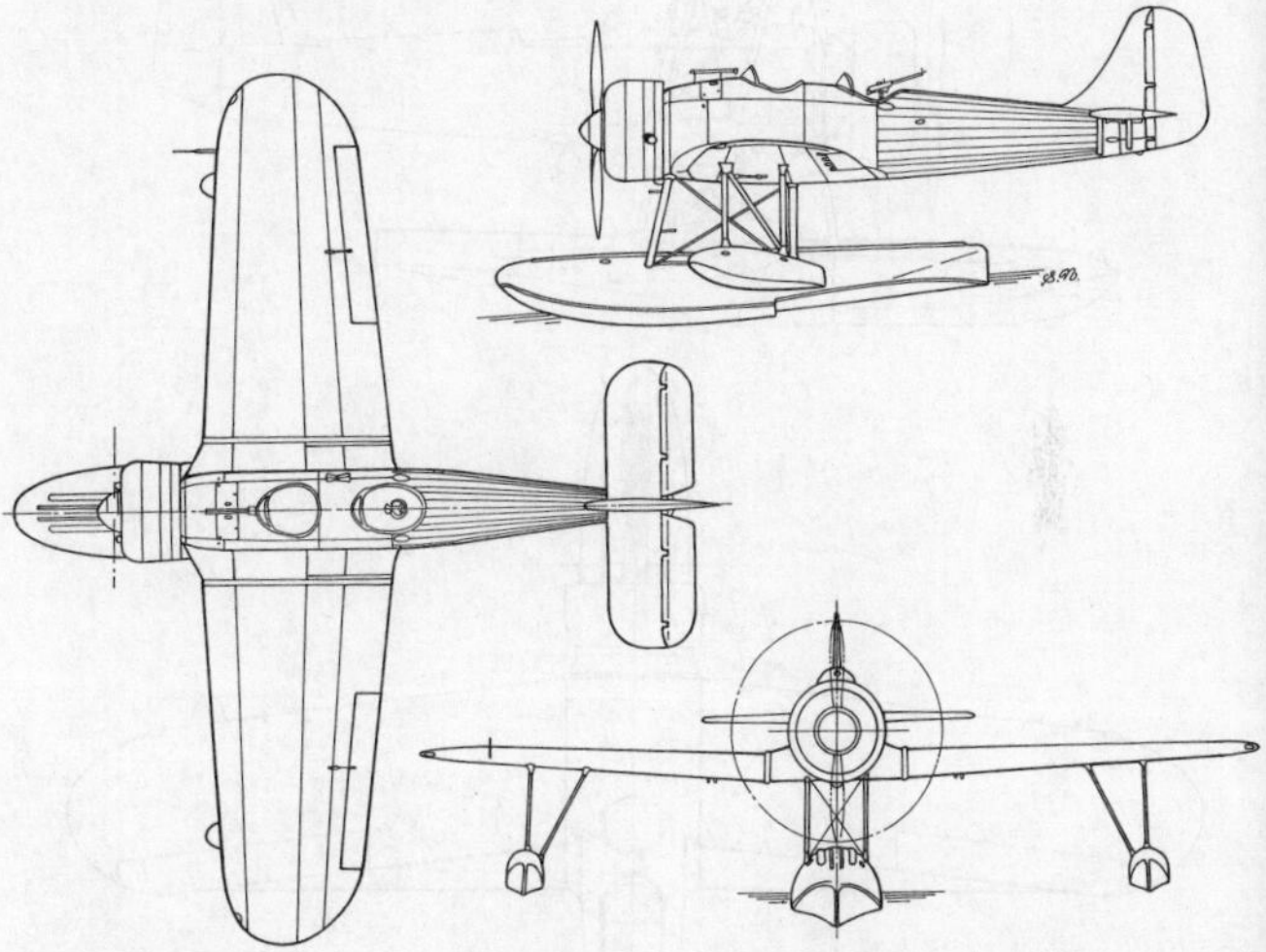

▼水上滑走する、川西八試水上偵察機〔E8K1〕。木金混成骨組みに羽布張り外皮構造ながら、思い切った単葉主翼とするなど、競争試作相手の中島機よりも進歩的設計といえたが、飛行性能は複葉の中島機に及ばず、実用性も劣ったことから、敢えなく不採用になった。

中島 九五式二号水上偵察機〔E8K2〕三面図

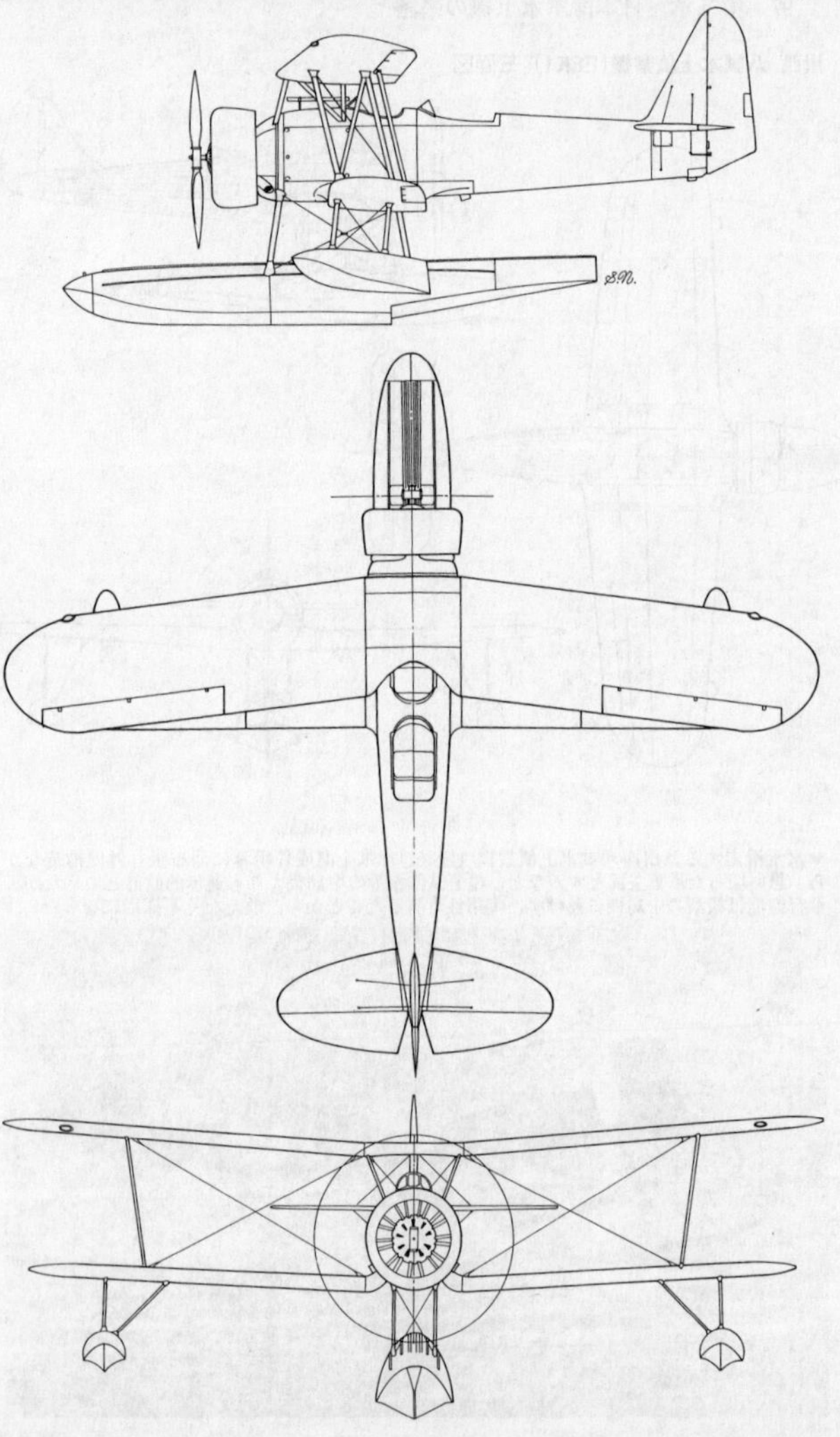

▲横須賀航空隊に配備された、九五式一号水偵“ヨ-189”号機。全面銀色ドープ仕上げの塗装がまばゆい。傑作、九〇式二号二型水偵が母胎だけに、本機は最初から成功を約束されていたようなものだった。とりわけ、戦闘機に匹敵する俊敏な運動性能は、のちに、水上戦闘機の出現を促すきっかけにもなった。

▲重巡洋艦『那智』（なち）搭載の九五式一号水偵“ナチ-4”号機が、傍に着水し、これから収容作業に入るところ。すでに、後席の偵察員が操縦席直後に立ち、クレーンのフックに引っ掛ける吊り上げ索を手にしている。遠方の艦は姉妹艦の『羽黒』（はぐろ）。昭和11年4月中旬、九州西方における戦技訓練時の撮影。

▲水上機母艦『神威』のデリックで海面に降ろされたのち、艦尾方向に向けて水しぶきを上げながら離水してゆく、九五式一号水偵２機。昭和13年６～７月頃、中国大陸での遡江作戦に参加した折りのショットで、射出機をもたない母艦での、水上機の出撃風景をよく示したショットである。

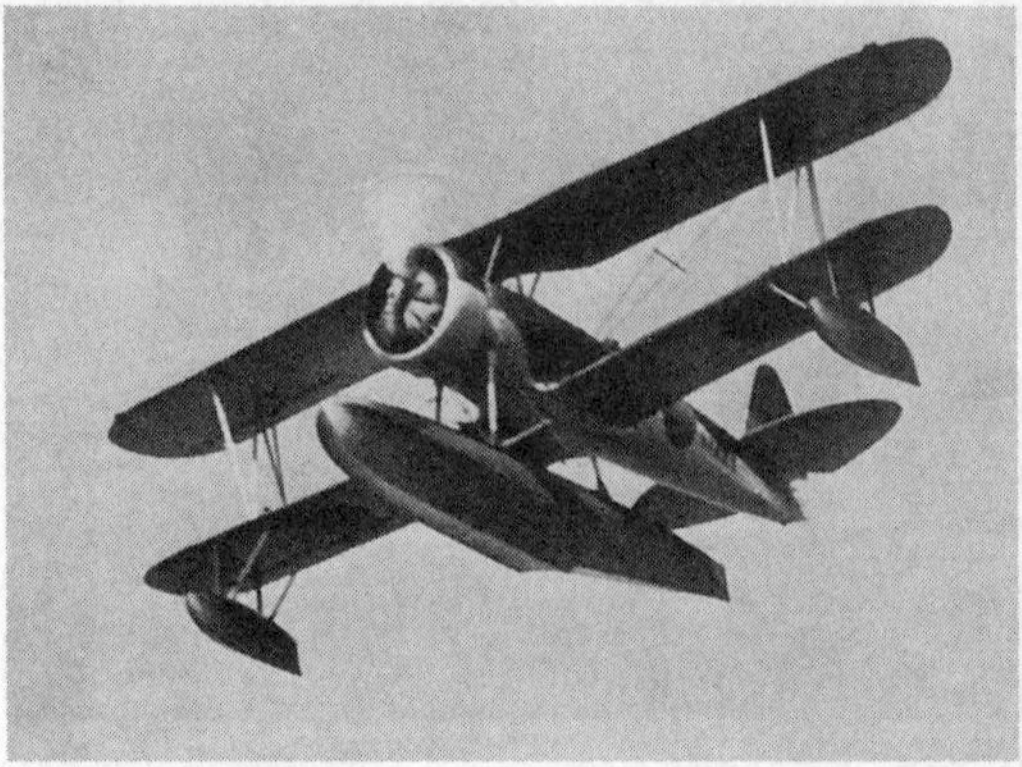

◀飛行中の九五式水偵を、下方から仰ぎ見た珍しいアングルの写真。シンプル、かつコンパクトにまとめられた、本機の外観をよく捉えている。プロペラ直後のカウリング開口部に見える、オワン状のものは、低温時の発動機過冷却を防ぐためのカバー。

▲日中戦争（支那事変）期、大陸沿岸に停泊中の5500トン級軽巡洋艦の射出機から、発艦した直後の九五式一号水偵。下翼下面には、三番（30kg）爆弾２発を懸吊しており、地上軍支援に赴くのであろう。九五式水偵は軽量なので、停泊中の母艦からでも、向かい風に向けてなら射出発艦が可能だった。画面右上の、マストにはためく“吹き流し”も、射出方向が風上に正しく向いていることを示している。

▲P.100上段写真と同じときの撮影と推定される、水上機母艦『神威』搭載九五式一号水偵の編隊飛行。中国大陸上空を、母艦に向けて帰投中と思われ、すでに下翼下面の小型爆弾は投下済みで、懸吊架のみが見える。後方の“5–8”号機の主浮舟後端に、水中舵がオプション装備されていることに注目。これは、日中戦争期の他艦搭載機の一部にも見受けられた。

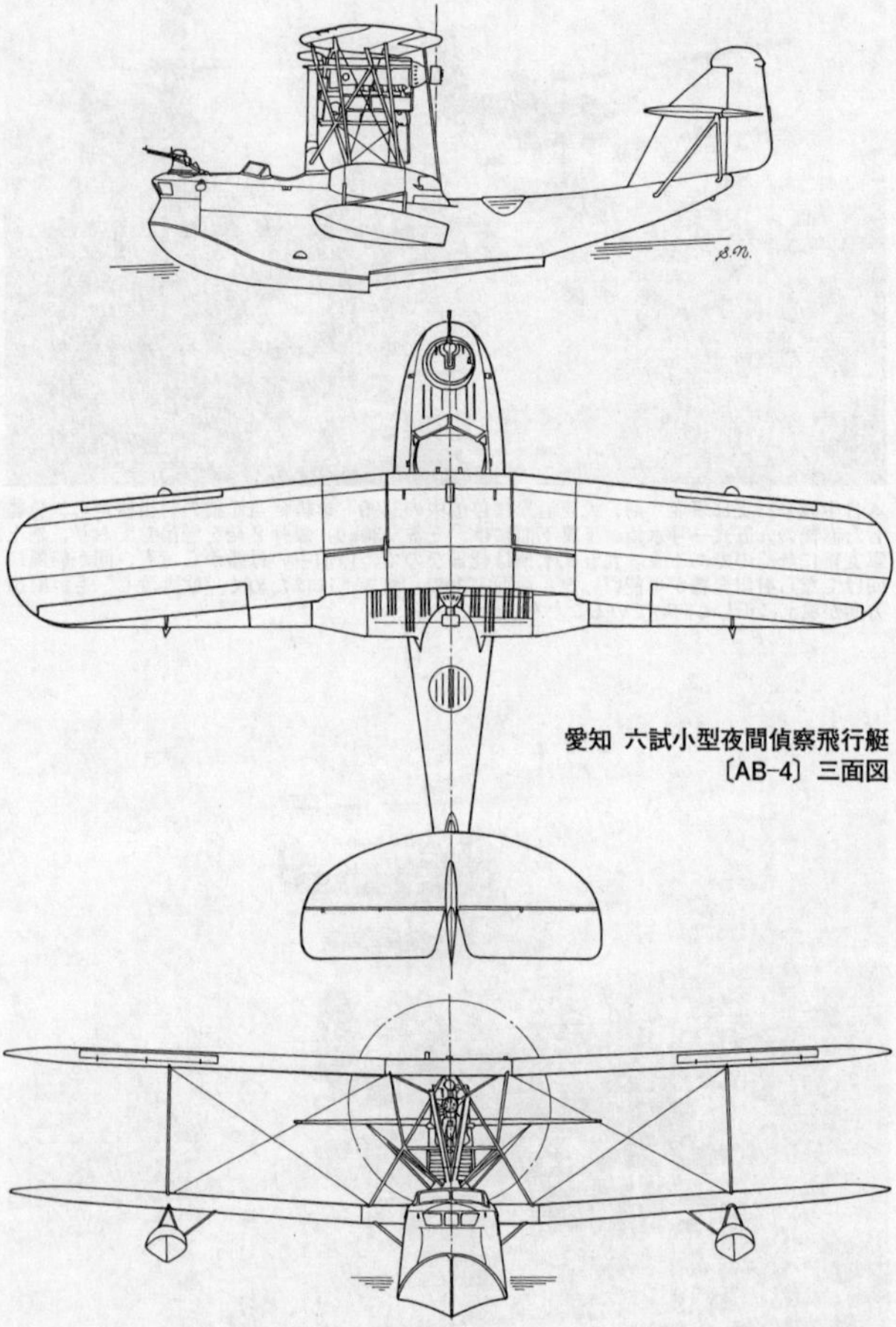

愛知 六試小型夜間偵察飛行艇
〔AB-4〕三面図

▲日本海軍独特の、夜偵なる特殊任務用に開発された最初の機体が、この六試小型夜間偵察飛行艇。設計的に不馴れの感は否めず、結局は不採用になった。写真は民間に払い下げられた１機で、艇首まわりを改造し、輸送機として使われた。

▲水雷戦隊旗艦を長く務めた、5500トン級軽巡洋艦の１隻、『川内』に搭載された九六式水偵。“夜偵”と呼ばれた九六式、九八式両水偵は、需要そのものが少ないこともあって、生産数は少なく、とくに九六式水偵の写真は極くわずかしか残っていない。本写真は、そのうちの貴重な１枚。夜偵に相応しく、全面黒塗装を施しており、その様から、“カラス”と仇名された。

されていて、手強い相手だった。

しかし、海軍の比較テストでは、速度、上昇性能などはほとんど同じだが、運動性は中島機が最も良く、操縦、安定、実用性では他の2機より明らかに勝っていたことから、本機をもって次期複座水偵とすることが決定、昭和10年（1935年）9月、九五式水上偵察機〔E8N1〕の名称で制式兵器採用された。

艦船、陸上の基地水偵部隊への配備が本格化した頃に日中戦争が勃発し、12年（1937年）8月14日には、水上機母艦『神威《かもい》』搭載機が、来襲した中華民国軍機を迎撃し、戦闘機顔負けの軽快な運動性を発揮して、2機撃墜する放れ業を演じた。

複座水偵本来の任務である、艦隊決戦時の近距離偵察、哨戒、索敵、弾着観測という場面は、日中戦争では起こり得なかったが、九四式水偵とともに、各艦船搭載機は、大陸沿岸を根拠地にして、敵地上軍の偵察、小型爆弾による急降下爆撃、防空などに大活躍した。

とくに、戦闘機ばりの空中戦能力は当局の絶賛を得、これがきっかけになって、のちに他国では例がない、水上戦闘機（現用の陸上戦闘機からの改造機は別）が開発されることになったのは有名な話である。

太平洋戦争開戦当時、九四式水偵と同様、本機も旧式化していたが、後継機零式観測機の配備が進んでいなかったため、戦艦、重巡洋艦、水上機母艦に搭載されていた計122機の複座水偵の大部分が本機であった。

昭和17年（1942年）6月のミッドウェー海戦当時、戦艦『榛名《はるな》』搭載の九五式水偵1

機が、索敵機の1機として参加したことはよく知られるが、すでにこの頃には零式観測機の配備も本格化し、間もなく第一線から退いた。

生産型には、発動機の違いにより、一号（『寿』二型改一）、二号（『寿』二型改二）の2種あり、中島では昭和15年までに約700機、他に川西でも58機が転換生産され、合計約758機に達した。戦前の実用機としてはかなりの数である。

●夜偵なる異端児

ワシントン（1922年）、ロンドン（1930年）での2度の軍縮条約により、主力艦の保有量を対米、英の6割に厳しく制限された日本海軍は、数の不足を質で補うために、ハード、ソフト両面の向上に非常な努力を注いだ。ソフト面で、それを象徴的に示したのが、いわゆる〝月月火水木金金〟と、歌にも謳われた、休みなしの猛訓練である。

そして、戦術面においては、米、英海軍がほとんど度外視した夜間戦闘に大きな比重をおき、敵主力艦が行動の自由がきかないところを、軽快な水雷部隊が襲い、決戦のまえにその戦力を漸減させて、戦いを一気に有利にしようと考えた。

この海上夜間戦闘においては、従来の艦載水偵では思うように活動できないのは明白で、専用の機体が必要とされた。

こうした背景から、昭和6年（1931年）、海軍は愛知に1社特命の形で、六試小型夜間偵察飛行艇の名称により、試作指示を出した。

夜間の離着水等の安全を考え、機体は浮舟式ではなく、飛行艇の形を採ることとされ、まず何よりも遅い速度で長時間、しかも安定して飛行できることが要求された。

三木鉄夫技師を主務者とする設計陣は、ドイツのハインケル社HD-55飛行艇を参考に、瓦斯電『浦風』液冷倒立直列6気筒発動機（300hp）を推進式に搭載する、小型の複葉飛行艇として、翌昭和7年（1932年）5月に1号機を完成させた。

艇体は、全金属製セミ・モノコック式構造、主、尾翼は、金属製骨組みに羽布張り外皮で、艦載を考慮し、主翼は左右を後方に折りたたみ可能とした。乗員3名は、艇体前部の開放式乗員室に座り、低速飛行時に失速しないよう、上翼前縁にハンドレーページ式スラットを設けるなど、苦心の跡がうかがえた。

しかし、海軍側のテストでは、性能はほぼ満足すべきものの、離着水時の各舵の効きが悪く、操縦席の視界が悪いうえ、乗員配置も不適切なことなどが指摘され、引き続き各部を改修した増加試作機を含めて6機が製作されたが、結局、採用は見送られた。

六試夜偵がモノにならなかったことをうけ、海軍は昭和9年（1934年）、改めて愛知、川西の2社に対し、九試夜間偵察機の名称により、試作指示を出した。

要求の骨子は、六試夜偵のときとほとんど同じだったが、搭載発動機の出力が大きくなったぶん、諸性能もそれに見合って、レベルアップされていた。

社内名称〝AB-12〟と呼ばれた愛知機は、機体設計の基本は六試夜偵にほぼ準じた、発動機の推進式装備、複葉飛行艇形式を採ったが、艇体、翼間支柱などに相応の洗練が加えられ、前回不評をかこった乗員配置を改めたうえで密閉風防で覆うなど、経験を生かしていた。

いっぽう、七試水偵を成功させ、本格的に競争試作に参加するようになった川西は、愛知機と同様、複葉形態ながら、発動機は空冷星型9気筒の『寿』一型（600hp）を搭載し、これを上翼中央前線に牽引式に取り付ける、奇抜な設計を採っていた。

難しい機種の割りに、川西機は7ヵ月（！）、愛知機は10ヵ月という超短期間でそれぞれ1号機の完成にこぎつけ、海軍に納入されて、比較テストを受けた。

その結果、奇抜な形態が災いしてか、川西機は水上滑走、飛行中、いずれの状況においても安定性に欠け、操縦性も悪いことから、早々と失格を通告された。

愛知機は、六試夜偵での教訓が効いて、性能もまずまず、なんとか実用になりそうだった。ただ、細部には改修すべき点が少なくなかったので、増加試作機を製作してこれらの問題をクリアーし、昭和11年（1936年）7月、ようやく九六式水上偵察機〔E10A1〕の名称で制式兵器採用された。

本機は、夜間水雷戦時に敵艦の動向をチェイスする、いわゆる触接が主要な任務だったので、水雷戦隊旗艦の軽巡洋艦に搭載されることを前提としたため、需要はそれほど多くなく、昭和12年までに試作機を含めてわずか15機生産されたのみにとどまり、コスト的には割高な機体になった。

九六式水偵の実用化までに時間がかかったこともあるが、海軍は、本機の制式兵器採用からわずか80日後の昭和11年（1936年）10月、愛知、川西の両社に対し、早くも後継機と

愛知 九六式水上偵察機〔E10A1〕基本三面図
(寸法単位mm)

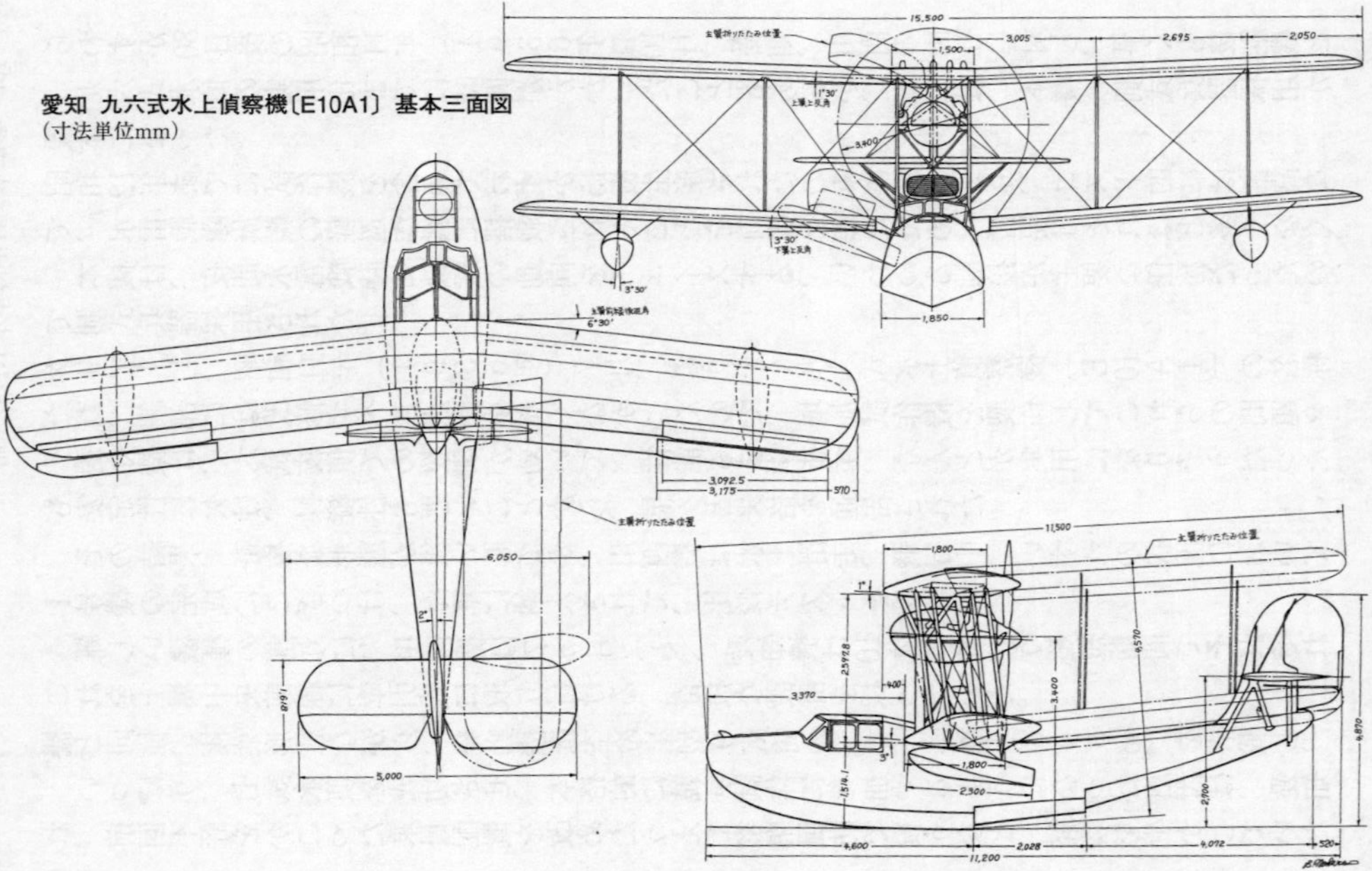

▲愛知の九六式水偵とともに競争試作に応募し、不採用になった川西九試夜間水偵〔E10K1〕。全金属製応力外皮構造はともかく、そのスタイリングは写真を見ればわかるように、とてもホメられたものではなく、操縦、安定性がひどく悪かった。斬新さと奇抜さもほどほどにせよという教訓である。

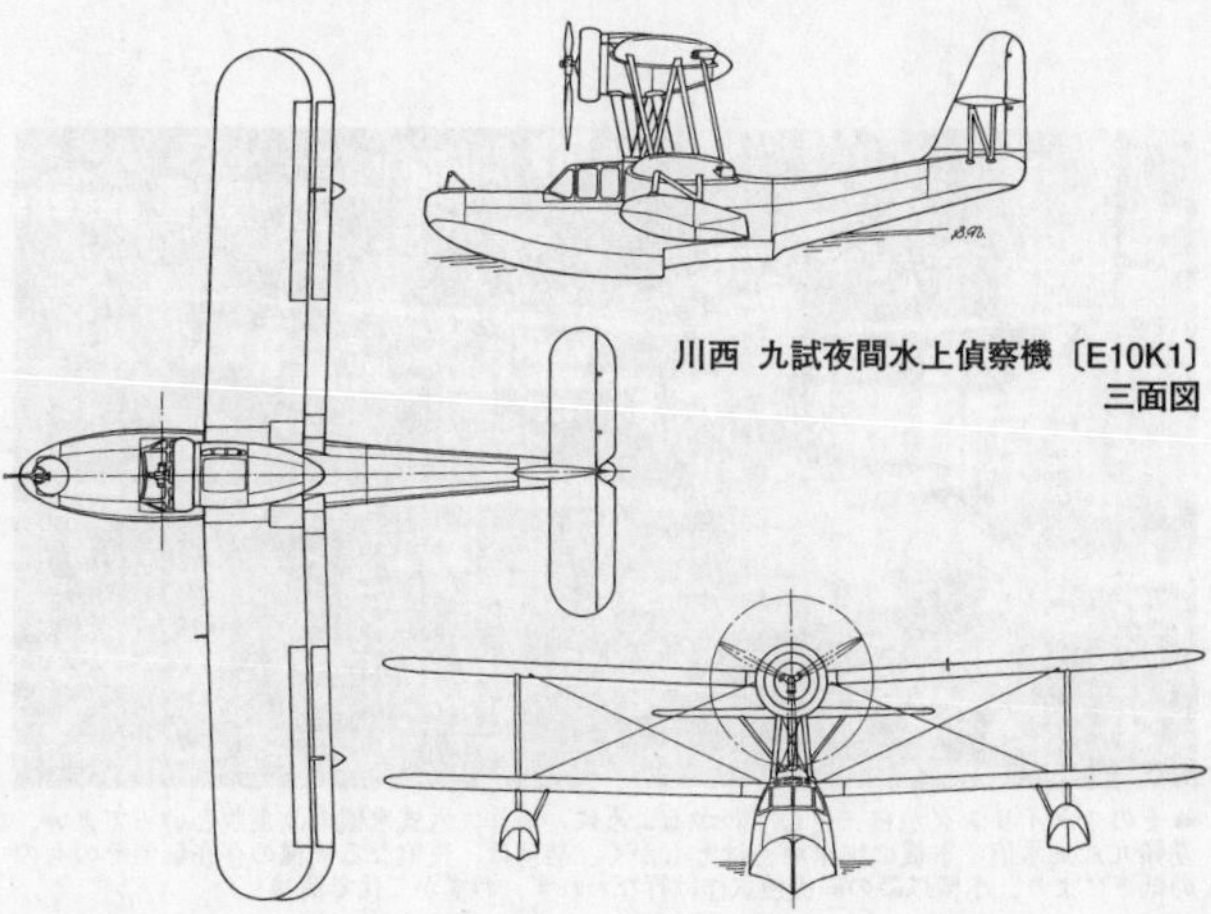

川西 九試夜間水上偵察機〔E10K1〕
三面図

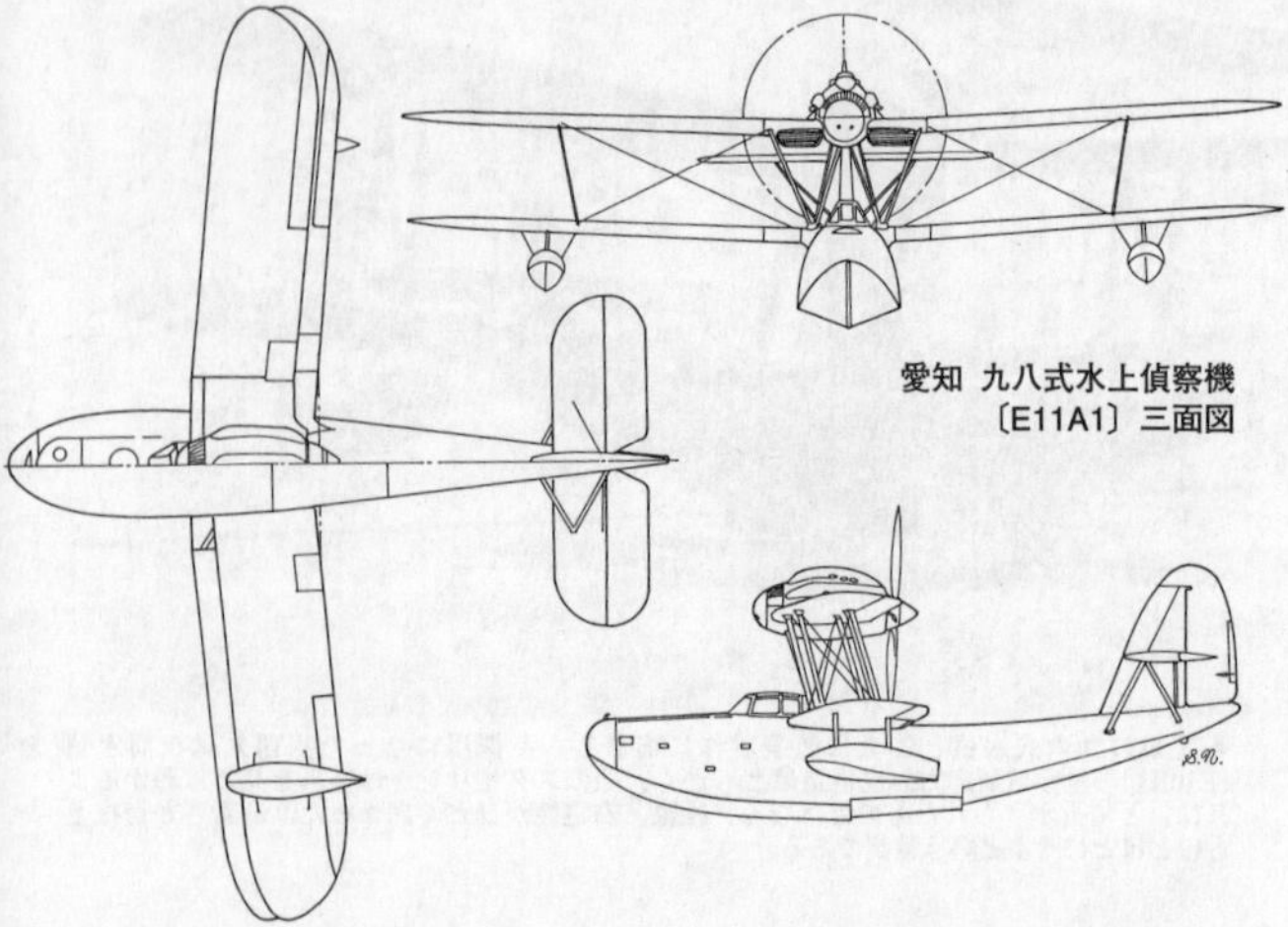

愛知 九八式水上偵察機
〔E11A1〕三面図

▲そのスタイリングから一見してわかるように、前作九六式水偵の改良版といってよい、愛知九八式水偵。本機の出来映えはともかく、結局は、夜偵なる機種の存在価値そのものの低下により、本機以降の同機種試作は行なわれず、わずか二代で消滅した。

▲前作九試夜間水偵の上をゆく奇抜な外観をもつ、川西十一試特種水偵〔E11K1〕。とても日本機とは思えず、ドイツやフランスあたりに出現しそうなスタイリングだ。発動機と単葉主翼がこんなに離れていたのでは、安定性が悪くなるのは素人目にもわかる。いずれにせよ、不採用は当然の帰結で、のちの世の日本機フリークを楽しませただけの存在だった。

なるべき機体の名称で試作を、十一試特種偵察機の名称で指示していた。

試作名称が夜間偵察機から特種偵察機に変わっているが、とくに性格が変わったというわけではない。

要求項目もほとんど同じで、強いて言えば、最大速度が120kt（222km／h）に引き上げられ、自動操縦装置などの艤装面で、新しい機器の導入が課せられたのが目立つくらいであった。裏を返すと、海軍は九六式水偵よりも、さらに実用性の高い夜偵を欲していたということである。

愛知では、九六式水偵と同じく、森盛重技師を主務者とする設計陣が担当し、出力を少しアップした

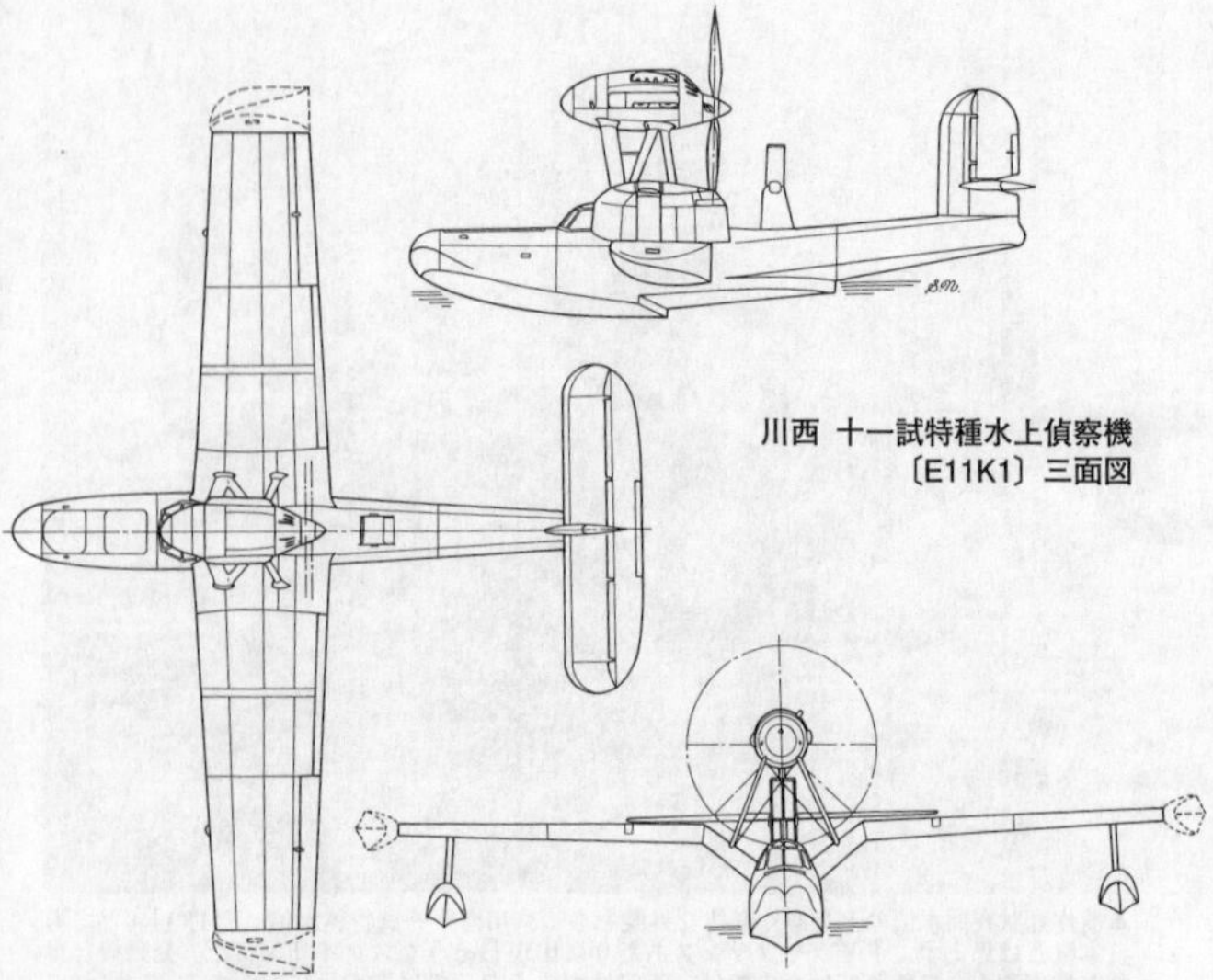

川西 十一試特種水上偵察機
〔E11K1〕三面図

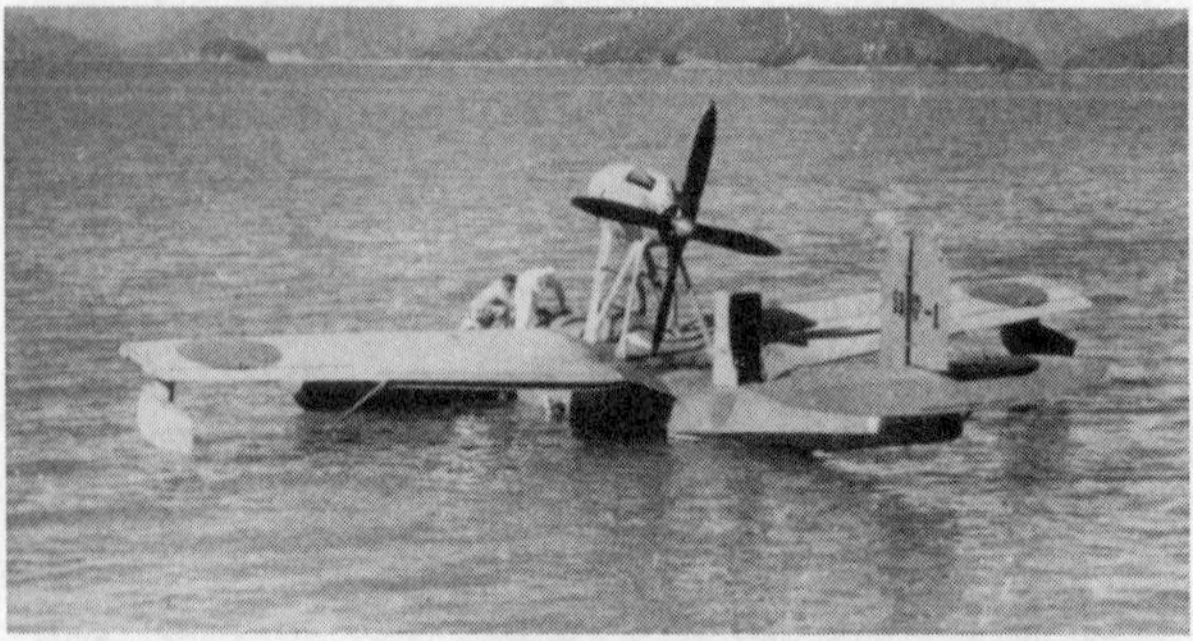

▲夜偵として不採用になったあと、発動機換装、地上移動用車輪を追加するなどの改良を施し、九七式輸送機の名称を付与されて海軍に領収された、川西の旧十一試特種水偵。写真は、朝鮮半島南部の鎮海要港部に配属後の1機。尾翼に“鎮要-1”と記入。

横廠式 一号水上偵察機

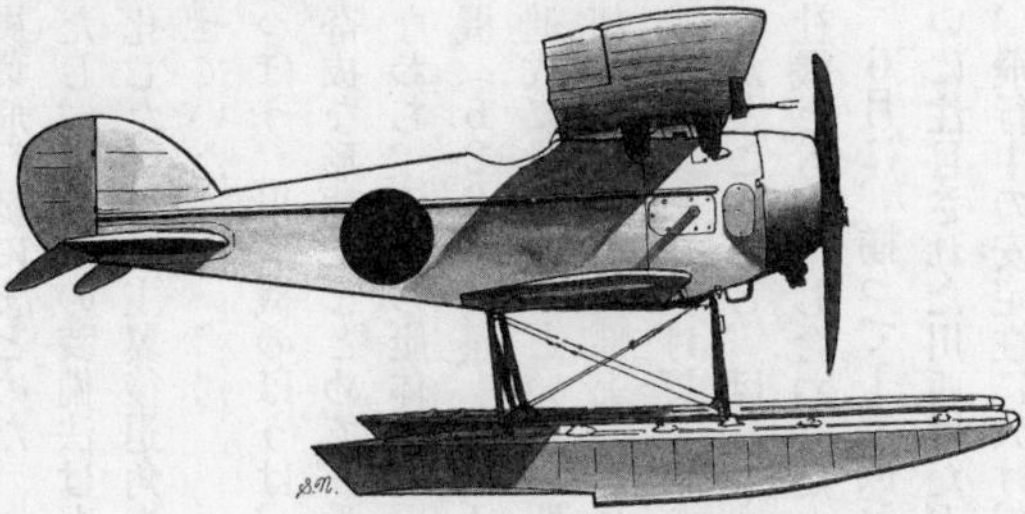

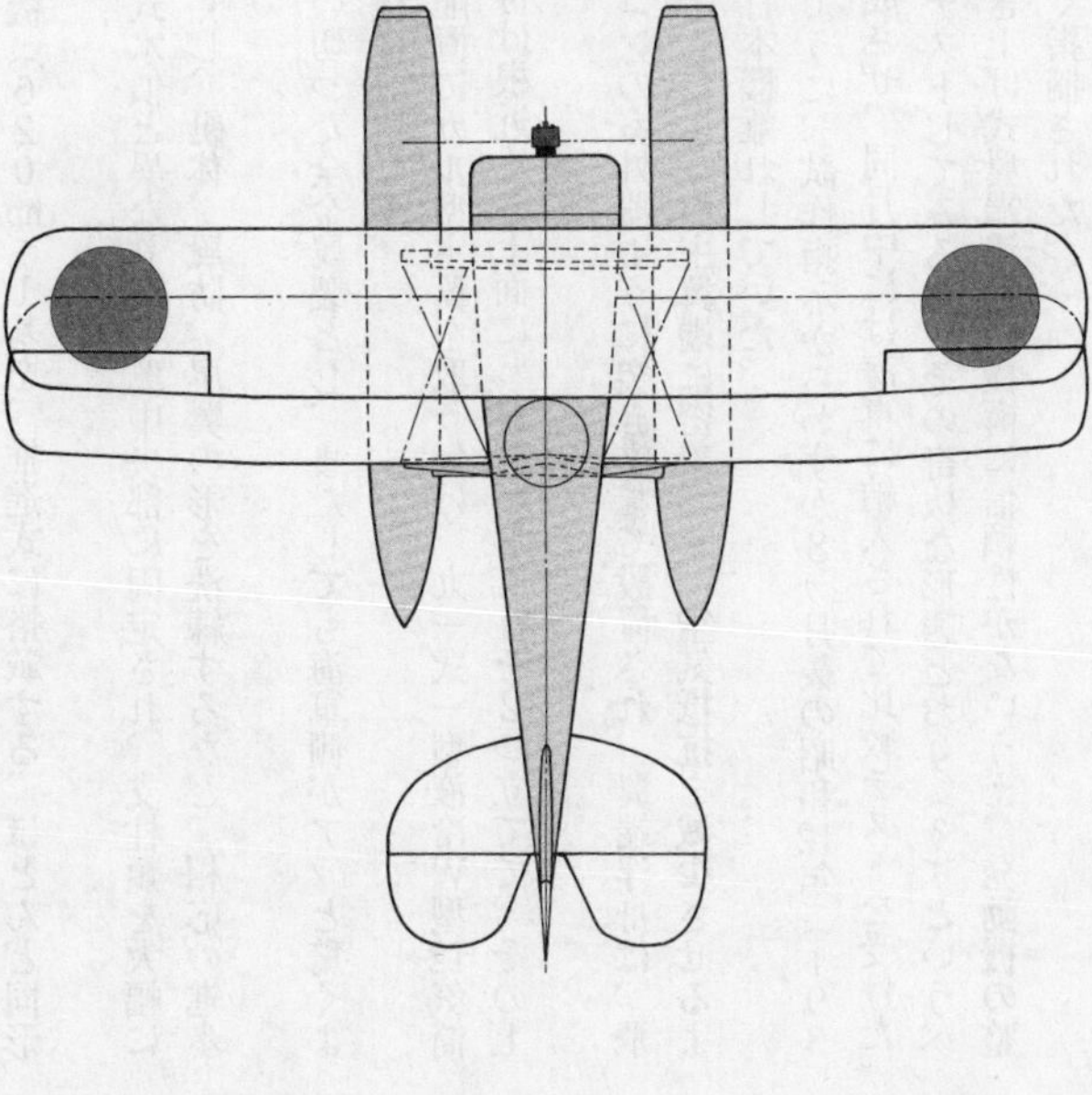

九一式二二型液冷W型12気筒発動機（620hp）1基を、推進式に搭載する、ほとんど同形態の複葉飛行艇にまとめた。

ただし、発動機の装備法は九六式水偵と異なり、上翼中央部に固定され、支柱類を大幅に簡略化したほか、主翼後退角を強くし、艇体、風防、尾翼の形を洗練するなど、相応の進歩はみせていた。

いっぽう、川西機のほうは、思い切った全金属製とし、またしても海軍側がアッと驚くような奇抜な形態にまとめて、愛知機に対抗した。

すなわち、細身の艇体に、肩翼配置にガル型主翼を取り付け、九一式一型液冷W型12気筒発動機（620hp）は、左右主翼付け根近くの上面に〝N〟字形支柱を2つ立てて、その上に推進式に設置するという大胆さ。

冷却器は、艇体後部上面にエアコンの室外器ように突き立てて設置され、翼端浮舟は、飛行中は外側に引き上げて、切り落としたような主翼端に密着させ、空気抵抗を減少させるようにしたところなど、ほんとうに日本機離れしていた。

両社機とも、申し合わせたかのように、試作指示からわずか8ヵ月後の昭和12年（1937年）6月に、揃って1号機を完成させ、同月中には海軍に納入されて比較テストを受けた。

大いに注目された川西機だが、テストしてみると、その奇抜な形態どおり（?）というべきか、飛行中の安定性に欠け、引き上げ式翼端浮舟の機構に信頼性がないうえ、発動機の整備も不便など、実用上の問題が多く指摘された。

これに対し、愛知機は九六式水偵をベースにしているため、離着水、操縦、安定性などに関しては問題なく、最大速度は要求値を少し下回ったものの、巡航速度、航続距離ともに九六式水偵に比べて向上しており、川西機を文句なく敗って、昭和13年（1938年）6月、九八式水上偵察機〔E11A1〕の名称で制式兵器採用された。

なお、不採用となった川西の試作機2機は、のちに発動機を九一式二型600hpに換装、地上移動用車輪を追加して九七式輸送機となり、うち1機は、朝鮮の鎮海要港部に配属されたことが確認されている。

九八式水偵は、水雷戦隊旗艦、水上機母艦に搭載され、太平洋戦争初期頃まで実用されたが、本来の夜偵として実戦で働く場面は巡ってこなかった。

日本海軍のみならず、各国海軍が共通して抱いていた、水上主力艦同士による艦隊決戦構想そのものが、非現実的になってしまったので、それも当然である。

むろん、敵の艦船を対象にした夜間偵察任務までがなくなったわけではないが、これらは、九四式水偵、零式水偵でも充分にこなせた。夜偵という機種そのものが、もはや必要でなくなったのである。

その結果、九八式水偵の後継機は開発されず、日本海軍独特の夜偵は、本機をもって消滅した。なお、九八式水偵の生産数は、試作機をふくめて、昭和15年（1940年）までに計17機。

●水中偵察機の登場

現代でもそうだが、海中深く潜航し、知らぬ間に敵国近海まで忍び寄り、核ミサイル攻撃を仕掛けられる潜水艦は、きわめて不気味な存在だ。

攻撃兵器としての価値は当然として、かつては、潜水艦にとって敵水上艦が停泊する港湾などの監視、偵察も重要な任務であった。

しかし、海面に浮上し、一定の距離をおいて、肉眼、双眼鏡などを使って状況をうかがう程度では限界があり、何か別の手段はないものかと思案した。

そして、各国の関係者が同じように思いついたのが、潜水艦に小型飛行機を搭載し、これを発進させて空中から偵察するというアイデア。

だが、これは言うは易し、行なうは難しで、簡単には実現できなかった。

というのも、もともと潜水艦は艦体そのものがきわめて小さいので、機体は超小型機、しかも分解収納できなければならない。ただ小さく造るのは簡単だが、波のある外洋で離発着でき、一定の航続力をもち、安定した飛行ができるなどの条件をクリアーするのは、並大抵ではない。

そのためか、第一次世界大戦中のドイツ、1920〜30年代にかけてフランス、アメリカ、イタリアなどで試みられた実験も、すべてモノにならず、実用化は放棄された。

日本海軍も、当然ながら潜水艦搭載航空機には注目し、大正12年（1923年）に、ドイツからハインケル式潜水艦用水上機を2機購入し、実験を行なった。

この実験でどのような判断が下されたのかわからないが、ともかく、大正14年にはハインケル機を参考に、横須賀海軍工廠が〝仮称潜水艦用飛行機〟の名称により、1機自作することに決まった。

昭和2年（1927年）に完成した機体は、乗員1名で、フランス製のル・ローン80hp空冷回転式星型9気筒エンジンを搭載し、全幅7m、全長6m、全備重量520kgの、木金混成骨組み、胴体は金属外皮、主、尾翼は羽布張り外皮の複葉、双浮舟という形態だった。

主翼と双浮舟が着脱式になっており、分解には整備員5人がかりで2分、組み立てには4分しかかからず、組み立て開始から発進までの所要時間は10数分とされた。最大速度は83kt（153.7km／h）、航続時間は2時間であった。

完成後、横廠式一号水上偵察機と命名された本機は、格納筒を特設した伊号第二十一潜水艦に搭載され、昭和3年（1928年）にかけて実験に使われた。

さらに、発動機を空冷星型5気筒のモングース（150hp）に変更し、胴体、主翼の設計を刷新した、一葉半複葉型式の横廠式二号水上偵察機が製作され、実験に加わった。

他国海軍が実用化を諦めた〝潜水艦用偵察機〟だが、前記横廠式水偵を使っての実験が予想以上に好成績だったことから、日本海軍はこれを実用化することに決定、昭和7年（1932年）1月、横廠式二号水偵は九一式水上偵察機〔E6Y1〕の名称で制式兵器採用された。生産は川西が担当し、昭和9年（1934年）にかけて計8機造られた。

潜水艦用偵察機を搭載することになったのは、巡洋潜水艦と呼ばれた大型潜水艦で、最初

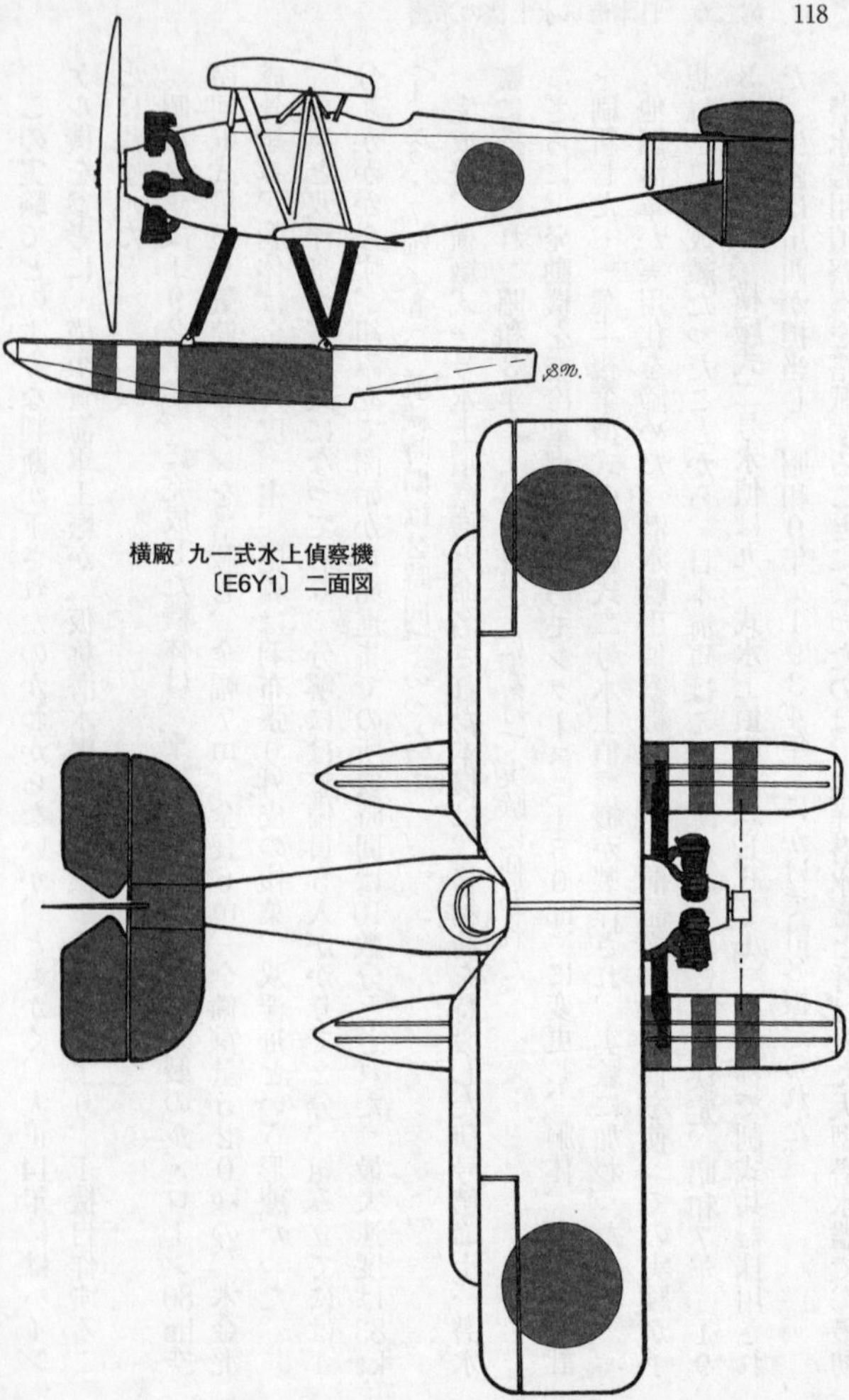

横廠 九一式水上偵察機
〔E6Y1〕二面図

▲製作数はわずか10機にすぎなかったが、日本海軍最初の実用潜水艦搭載偵察機として、運用上の基本的ノウハウの確立に貢献した、九一式水偵〔E6Y1〕。写真は、伊号第五潜水艦搭載機“ス-5”号で、昭和11年～12年にかけての撮影。銀色塗装に尾翼、浮舟の赤塗装が映える。

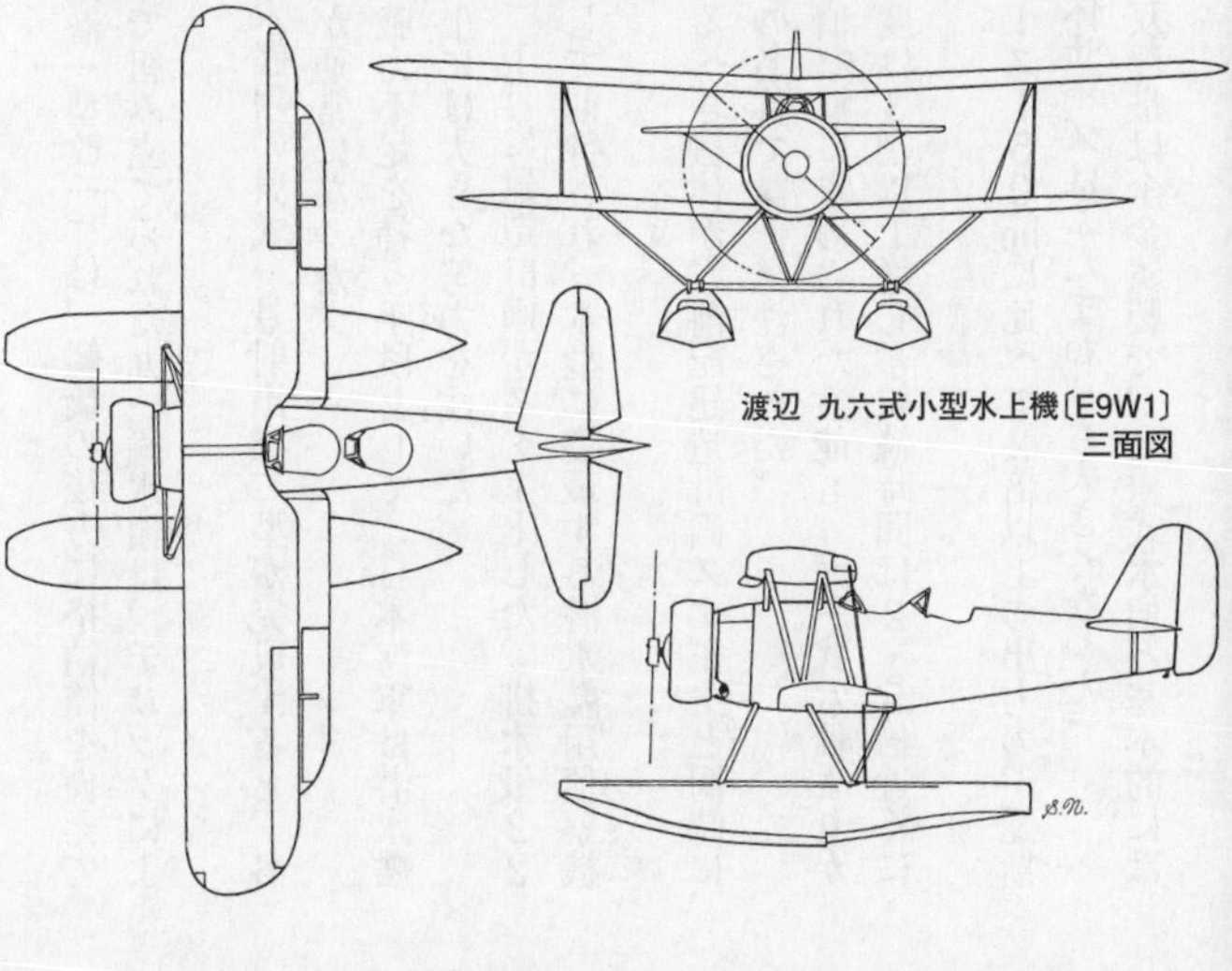

渡辺 九六式小型水上機〔E9W1〕
三面図

に九一式水偵を搭載した伊号第五潜水艦（巡潜一型改一）は、艦橋の後方に格納筒を備えていた。当初、射出機は装備しておらず、艦上で組み立てられた九一式水偵は、デリックにより海面に降ろされ、自力滑走して発進した。

しかし、昭和8年（1933年）以降、潜水艦用の呉式一号射出機二型が完成すると、各艦に順次装備され、九一式水偵も射出機発進が通常になった。

軍縮条約により、保有制限された主力艦の戦力不足を補う手段として、日本海軍は潜水艦による魚雷攻撃を重視したため、その性能向上には大きな努力を注いだ。

こうした背景から、昭和9年（1934年）1月に建造計画がスタートした、排水量2230tの巡潜三型は、将来の潜水艦隊旗艦として期待され、本型に搭載する潜水艦用偵察機も、それに見合う新型機が必要となった。

この方針に従い、九一式水偵の後継機となるべき機体が、前記建造計画スタートと同時に、渡辺鉄工所に対し、九試潜水艦用水上偵察機の名称で試作発注された。

母艦の性能向上にともない、九試潜水艦用偵察機に求められた性能も、九一式水偵よりかなりレベルアップし、乗員は2名となり、速度は3割以上増し、航続時間は2・5倍近くに引き上げられていた。

そのため、発動機は、九一式水偵のモングース150hpに比べて2倍以上の出力の、瓦斯電『天風』一一型（340hp）を搭載し、機体サイズはふたまわりも大きくなった。

構造は、木金混成骨組みに羽布張り外皮、双浮舟は全金属製で、九一式水偵と基本的には

▲昭和12年頃、広島県の呉水上機基地エプロン上にて、発動機試運転を行なう、伊号第六潜水艦搭載の九六式小型水上偵察機"ス-6"号機。迅速なる分解、組み立てが大前提とされたため、複雑な張り線をほとんど用いない、きわめてシンプルな外観である。地上における分解、組み立てに要した時間は、それぞれ1分30秒、2分30秒といわれる。

▲昭和14年、東京湾上空をテスト飛行する、十二試潜水艦用偵察機の試作1号機。カウリング上部、垂直尾翼形状などが、のちの生産機と異なっている。実用化までに予想以上の長期間を必要としたことからも、潜水艦用偵察機なる機種は、多くの制約をうけ、きわめて難しい機体だったことを物語る。

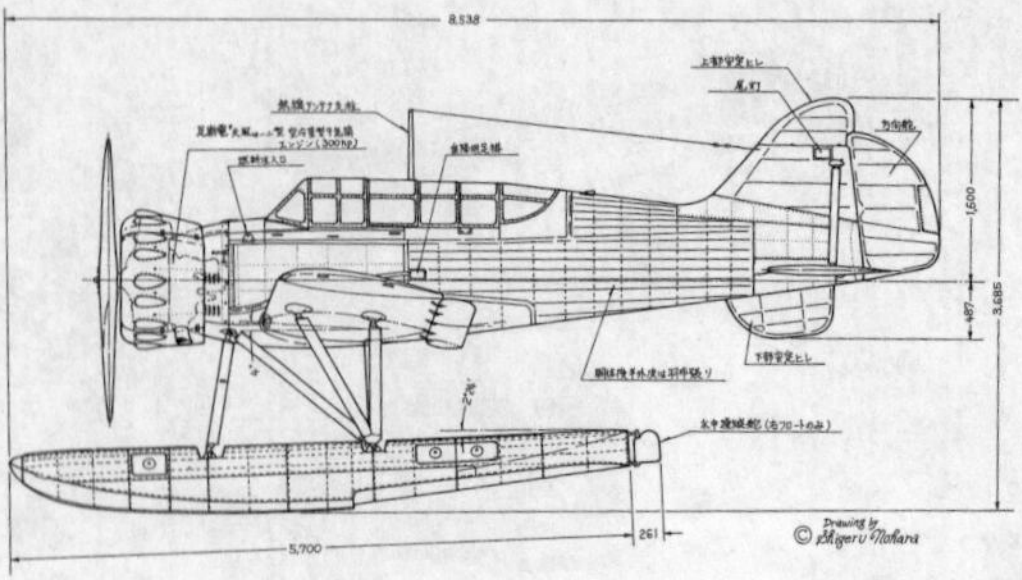

航空廠 零式小型水上機一一型〔E14Y1〕精密四面図

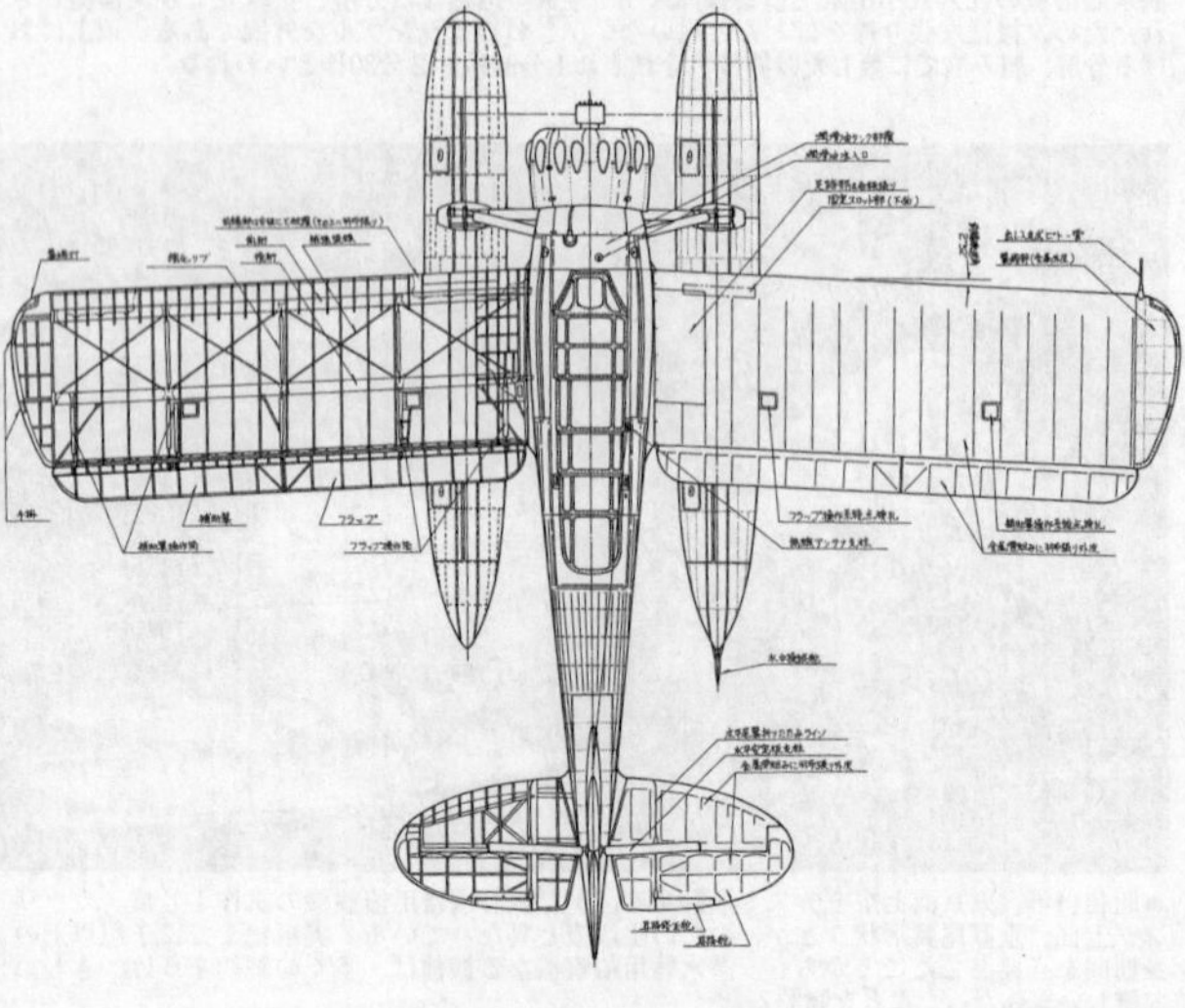

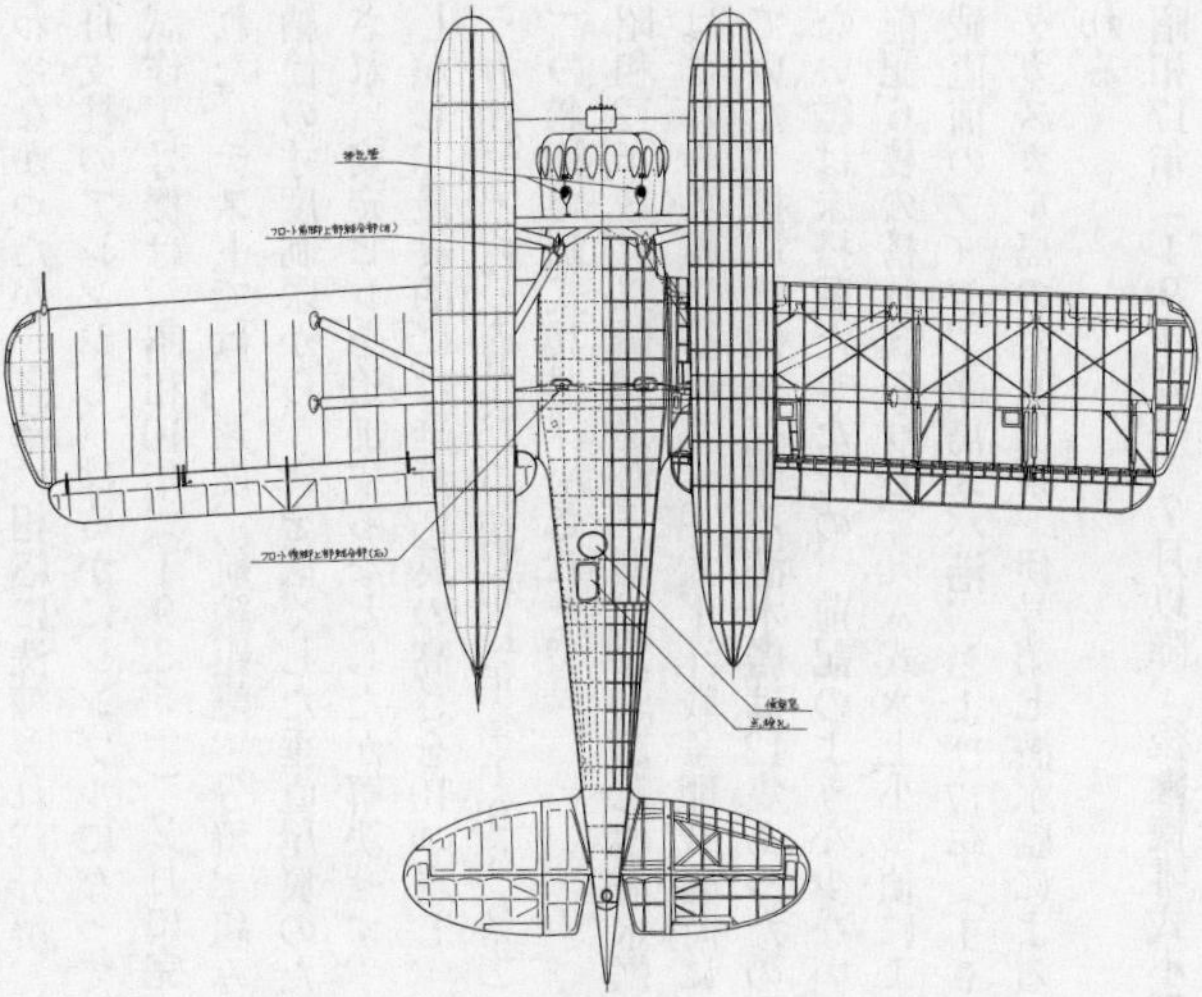

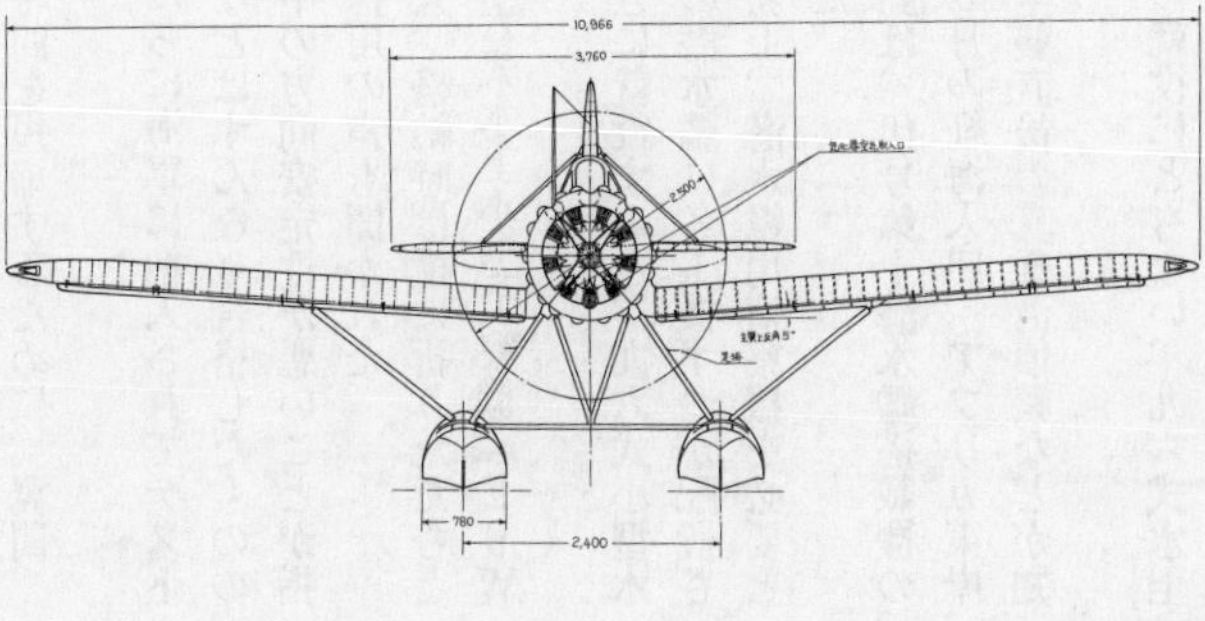
10,866
3,760
2,500
780
2,400

変わらなかったが、各部は相応に洗練され、分解、組み立て時間を短縮するために、翼間、浮舟支柱のアレンジも、はるかにシンプルになっている。

試作1号機は、昭和10年（1935年）2月に完成し、ただちに海軍に納入されてテストされた。テストでは、速度、航続距離、分解、組み立て時間などはすんなり合格したものの、格納筒の寸度制限から、背を低くした垂直尾翼のため、飛行中の方向安定性が悪いことが指摘され、安定ヒレを追加するなどしたが解決せず、一時は不採用の声も聞かれた。

しかし、最終的には垂直尾翼の高さを10cm増し、面積を拡大、格納時は横に折りたたむという方式でこれを解決し、昭和11年（1936年）7月、九六式水上小型偵察機〔E9W1〕の名称で制式兵器採用された。

昭和12年3月以降、巡潜三型、および乙型潜水艦がつぎつぎに就役すると、九六式小型水偵はこれら各艦に搭載され、太平洋戦争開戦当時には、6隻の潜水艦に各1機ずつが配置されていた。搭載設備を有する潜水艦は12隻あったのだが、任務上、潜水艦用偵察機を必要としない艦は未搭載だったため、前記のような少ない数になった。

前記6隻の搭載艦のうち、九六式水上小型偵による偵察活動は、伊号第十潜水艦搭載機の、開戦直前のフィジー諸島スバ港、および17年（1942年）5月の紅海入口、アフリカ東岸、マダガスカル島の隠密偵察、伊号第七潜水艦による、ハワイ空襲直後の真珠湾偵察などが知られる。

昭和17年（1942年）7月以降、後継機零式小型水上機の就役にともない、九六式水上小型偵は第一線を退いた。生産数は、昭和15年までに計33機である。なお、昭和17年末の機体名称基準変更にともない、本機は九六式小型水上機と改称された。

昭和12年（1937年）、軍縮条約を脱退したのにともない、日本海軍は制限をうけずに自由に軍艦建造を進めることになり、潜水艦についても、巡潜三型よりもさらに排水量の大きい甲型を計画した。

そして、この甲型に搭載する潜水艦用偵察機として、海軍航空廠みずから試作着手したのが、十二試潜水艦用偵察機〔E14Y〕である。

発動機は、九六式小型水偵と同じ『天風』一二型340hpということからして、海軍が次期潜水艦用偵察機に求めたのは、性能の大幅向上よりも、むしろ機体の分解、組み立て、射出機発進、揚収、格納など、実用面の改善だったことが察せられる。

航空廠では、加藤啓技師を主務者として設計に着手、当時のすう勢に従って、単葉型式を採用したが、構造は軽量化を重視して従来どおり木金混成骨組みに羽布張り外皮とした。主翼は付け根から取り外し式にしたほか、補助翼、フラップを180度回転して翼下面に密着、弦長を減らすなど、分解、格納、組み立ての便を図っている。

浮舟支柱のアレンジは九六式小型水偵と同じだが、着脱のいっそうの簡易化を図り、結合金具などが工夫され、個別の用具を使わずに済む特殊ピンも考案された。

試作1号機は、翌昭和13年に完成したが、軽量化に充分留意したにもかかわらず、自重が計画より180kgも超過して1130kgに達してしまい、燃料、その他の装備品を完備すると、全備重量は射出機の射出可能限度1500kgもオーバーし、1600kgになってしまった。

さらに、九六式水偵のときと同様に、格納筒の高さの制限から、背を低くせざるを得なかった垂直尾翼のせいで、方向安定が不足したうえ、横スベリ、機首下げの悪癖も指摘された。そのため、増加試作機が10機も製作されて必死の改修が繰り返され、実用化には意外なほど長期間を要した。

母艦側でも、射出機の能力を高めて最大1600kgまでを射出可能にしたこと、機体側でも構造材の軽量化をさらに徹底して正規全備重量を1450kgまで引き下げたこと、垂直尾翼を上方に増積し、格納時は上部を折り曲げるようにし、尾部下面にも着脱式の安定ヒレを、主翼付け根にフィレットを追加するなどの改修が功を奏し、どうにか問題をクリアーすることができた。

そして、昭和15年（1940年）12月、ようやく零式一号小型飛行機一型〔E14Y1〕の名称により制式兵器採用され、生産は九州飛行機（旧渡辺鉄工所）が担当することになった。試作着手からじつに3年近くが経っており、潜水艦用偵察機という機種がいかに難しい機体であったかを実感させる。

零式一号小型飛行機は、昭和17年（1942年）なかば頃から九六式小型水偵に代わって、甲、乙型潜水艦に搭載され、北はアリューシャン列島、東はアメリカ本土西海岸、南はオーストラリア、ニュージーランド、西はアフリカまで翼を延ばし、貴重な情報をもたらした。

なかでも、伊号第二十五潜水艦搭載機による、昭和17年（1942年）9月9日、29日の2度にわたる、アメリカ・オレゴン州の山林に対する焼夷弾投下は、史上唯一のアメリカ本土爆撃として知られ、わずか70kgの小型爆弾で、山火事を発生させた程度の〝戦果〟でしかなかったが、アメリカにとって、日本機に本土が爆撃されたという、かなりの心理的打撃を与えた点で特筆される。なお、同年末の名称基準改訂により、零式小型水上機一一型と改称した。

しかし、他国に例をみない潜水艦用偵察機の運用も、昭和18年（1943年）に入ると、敵側のレーダー警戒網、陸上哨戒機の充実などによってほとんど困難になり、事実上その存在価値はなくなった。夜間偵察機と同様、潜水艦用偵察機もまた、時代の波に呑まれ、消えゆく運命にあったのである。

零式小型水上機の、九州飛行機における生産数は、昭和18年（1943年）までに126機、空技廠の試作機2機、増加試作機10機を合わせると138機となり、その性格からいえばかなりの〝多数生産機〟であった。

●大艦巨砲主義の申し子

二座（複座）水偵の主要な任務のひとつに弾着観測がある。レーダー照準など夢物語りだった昭和ひと桁時代、主力艦同士の砲撃戦の際、敵艦隊近くの上空を飛行しながら、着弾のズレを確認し、無線で〝もーちょい右、左、手前、後方〟と味方艦に無線連絡し、命中弾を

▲昭和18年4月末～5月はじめ、インド洋上を航行する伊号第二十九潜水艦の射出機上で、発進準備が整った零式小型水上機。小さな機体とはいえ、潜水艦のその艦幅の狭さからして、これを収納するのは容易なことではなかったことが実感出来よう。

▼太平洋戦争も敗色が濃くなった昭和19年、瀬戸内海上空を編隊飛行する、第六艦隊付属飛行機隊所属の零式小型水上機。手前は“671-15”、後方は“671-05”号機。この当時、すでに潜水艦用偵察機としての本機の存在意義はなくなっており、残存機の大半が上記飛行隊――広島県の呉水上機基地――に集められ、主として本土決戦に備えた、夜間隠密飛行訓練に従事していた。

▲飛行テストに向かうため、海面を静かに滑り出した、三菱十試水上観測機。『光』一型発動機を収めた、イボ付きタイプのカウリング、見るからに面積不足が感じられる小さな垂直尾翼など、のちの生産機とはだいぶ趣きが異なっている。このあと、制式兵器採用まで実に4年もの長期間を要し、必死の改修が続けられることになる。

導くのである。

しかし、当然のことながら、敵側の観測機も同じようなことをしようとするわけで、場合によっては空母搭載機が出現し、これを妨害することも充分に予想された。

そこで、日本海軍はこうした事態を予測し、二座水偵とは別に、空中戦能力を重視した専用機が必要になると考え、昭和10年（1935年）3月、水上偵察機という呼称ではなく、十試水上観測機の新名称で、三菱、愛知、川西の3社に試作指示した。

三菱は、佐野栄太郎技師を主務者とする布陣により、中島『光』一型660hp発動機を搭載する、近代的な全金属製骨組み、外皮（ただし、主翼の後半分は軽量化のため羽布張り）の、複葉、単浮舟形態にまとめ、昭和11年（1936年）6月、試作1号機を完成させた。

いっぽう、愛知では、六試夜偵を手掛けた三木鉄夫技師が主務者となり、三菱機と同じような複葉、単浮

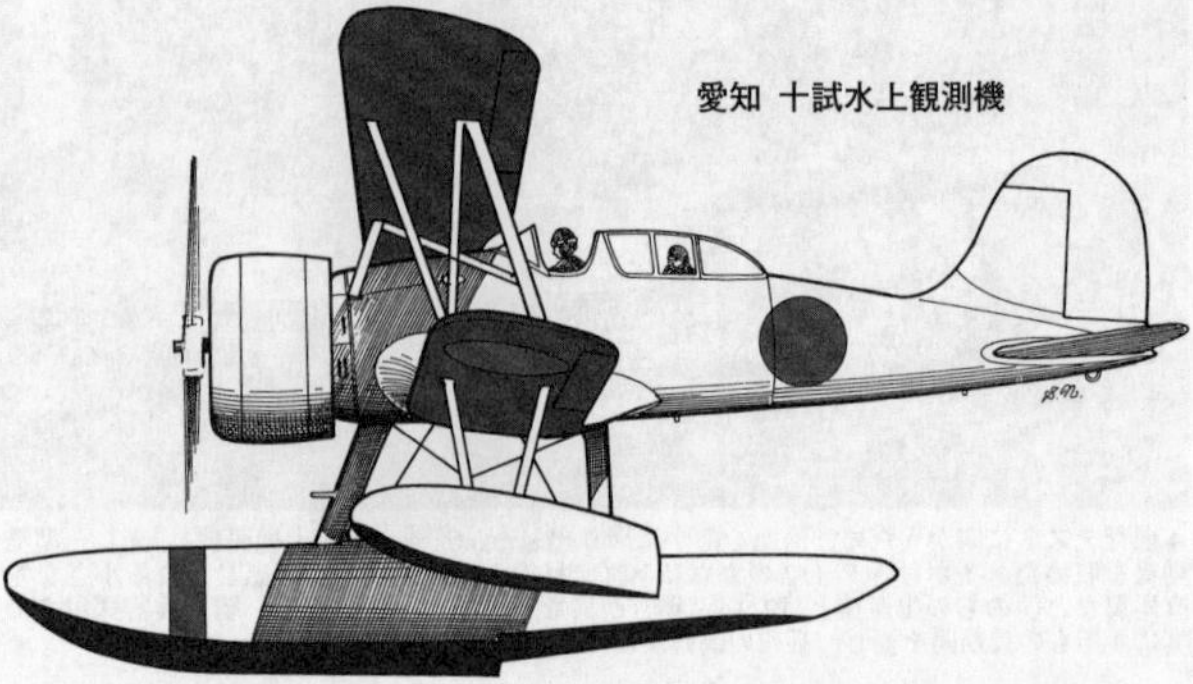

愛知 十試水上観測機

愛知 十試水上観測機〔AB-13〕三面図

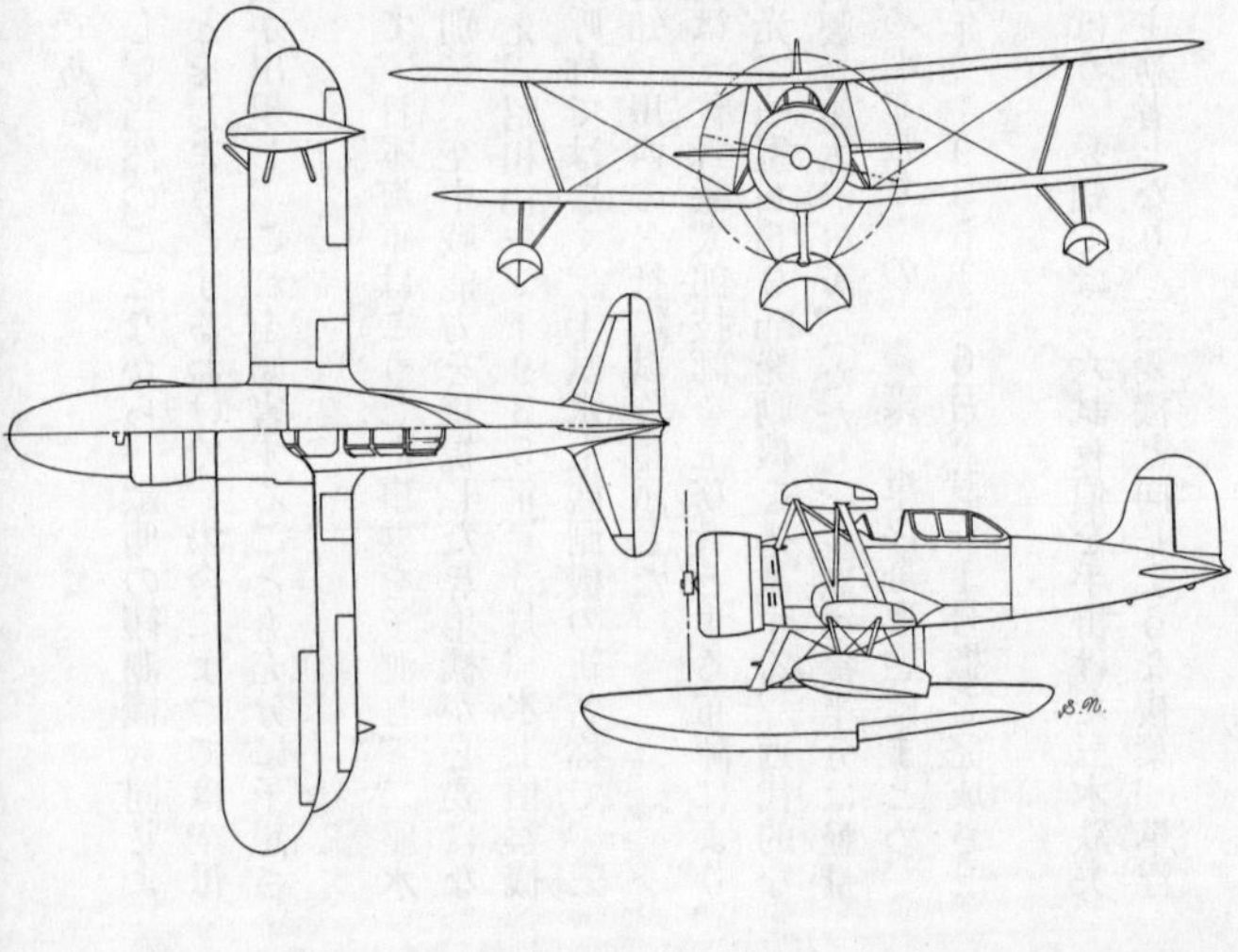

▲太平洋戦争緒戦期、南太平洋マーシャル諸島の、ヤルート島イミエジ水上機基地のエプロンに待機する、第十九航空隊所属の零観。十九空は、陸上基地部隊のなかでは、もっとも早く零観を配備された一隊で、クェゼリン、マーシャル方面での対潜哨戒任務などに従事した。写真の各機も、翼下に対潜爆弾を懸吊済み。

舟形態にまとめ、やはり11年6月に試作1号機を完成させた。川西は、途中で競争試作を辞退している。

海軍における比較テストでは、三菱、愛知機ともに革新的設計で性能は良く、とくに愛知機の最大速度は394km／hにも達し、当時の水上機の常識を破る高速で、海軍を驚かせた。

しかし、愛知機の主翼は骨組み、外皮とも木製であり、防水措置を施してあるとはいえ、常に飛沫を浴びる水上機にとっては不安材料と指摘され、失格した。

もっとも、三菱機とて問題は多々あり、そのまますんなり制

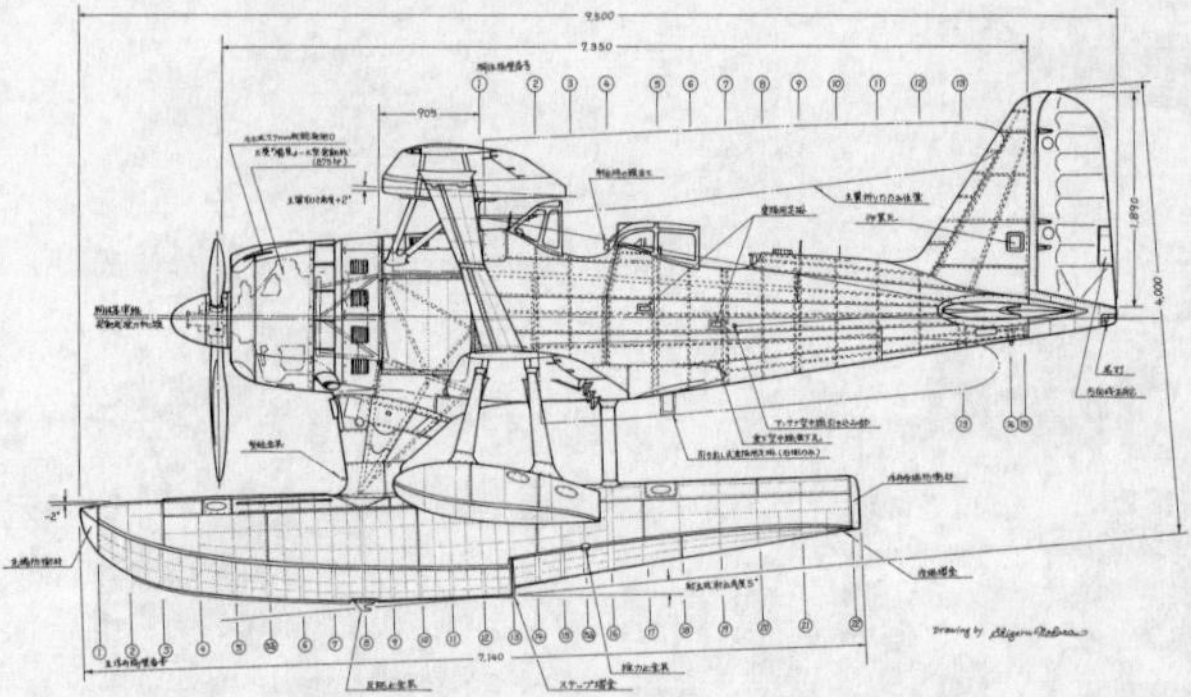

三菱 零式観測機一一型
〔F1M2〕精密四面図

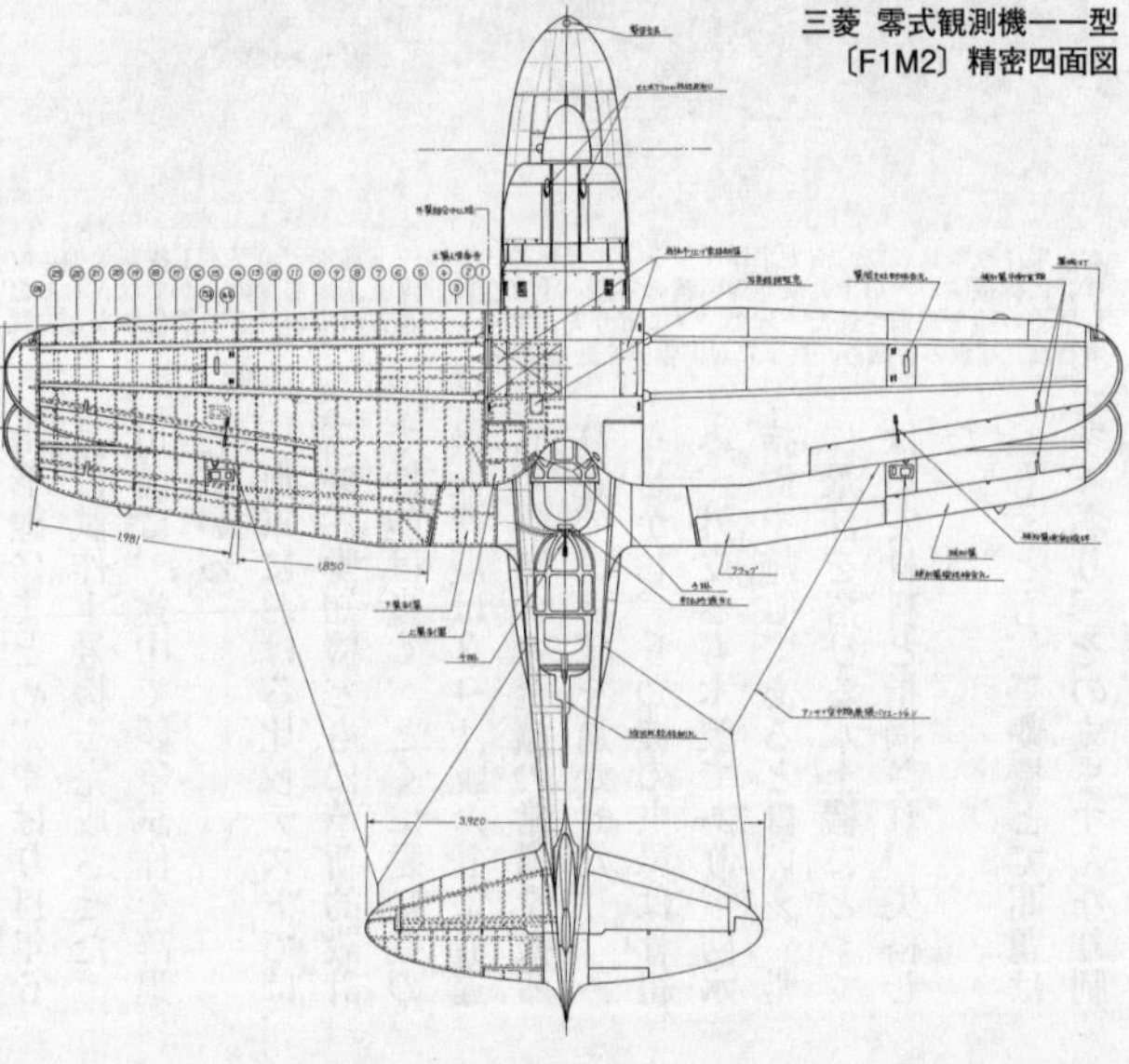

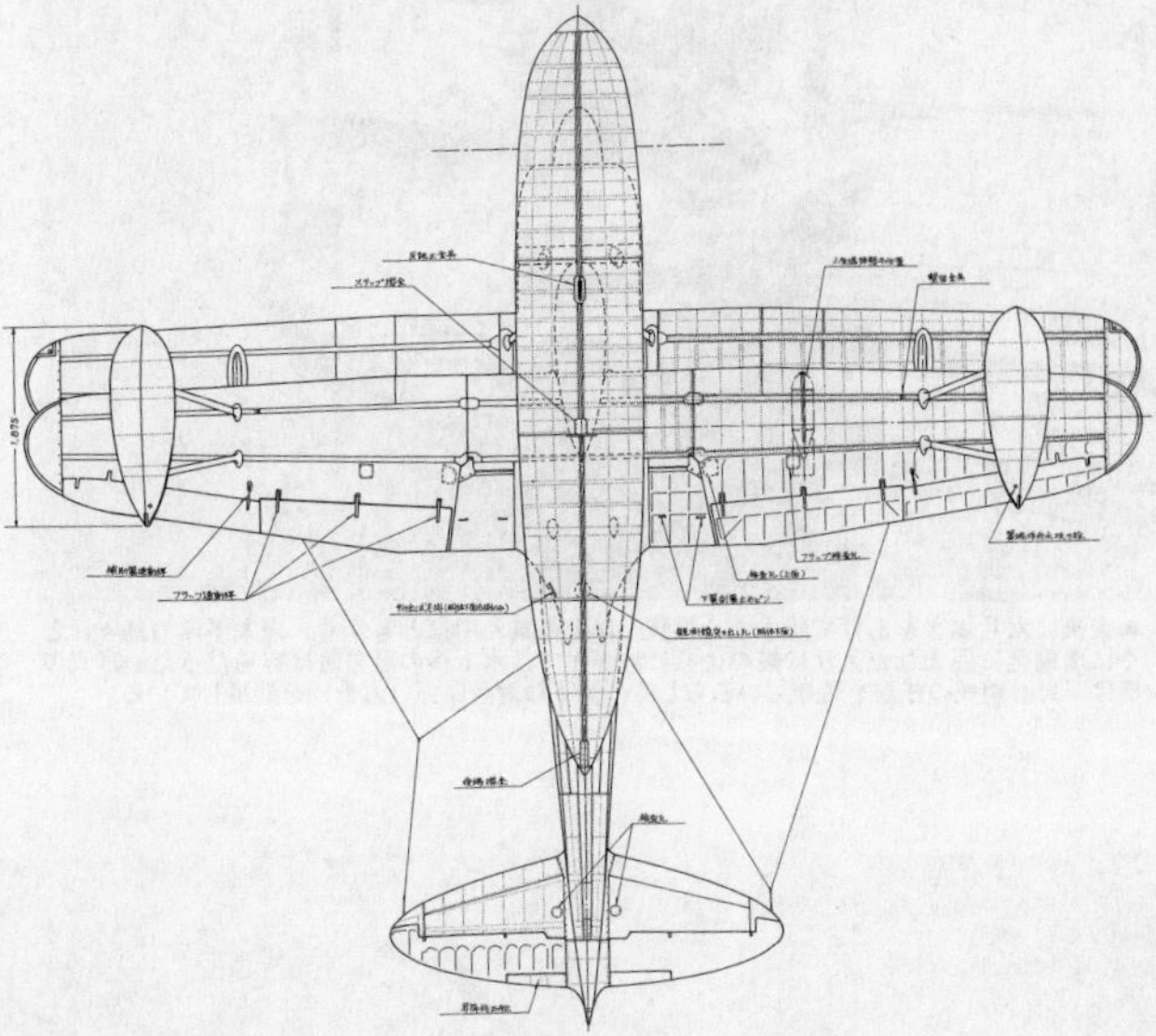
1,675

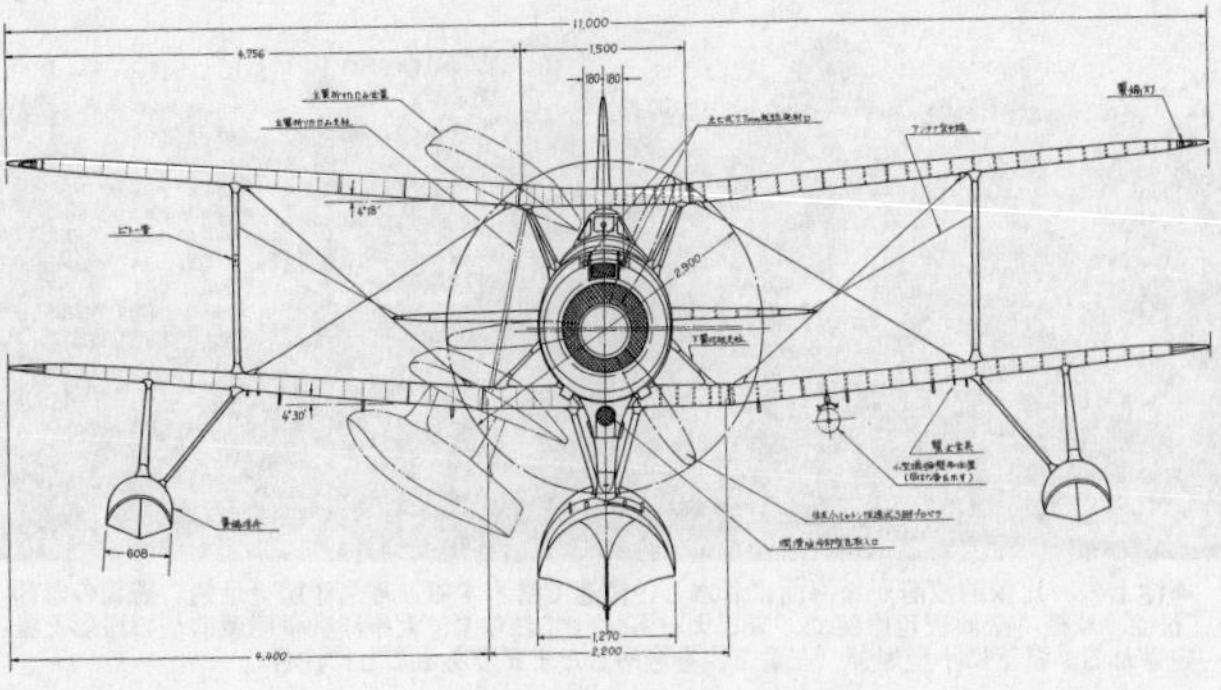
11,000
6,756
1,500
180
180
2,900
4°15'
4°30'
608
1,270
2,200
4,400

▲豪快に水しぶきをあげて離水する零観。洋上の真ん中はともかく、南太平洋の島々、とくに珊瑚礁に囲まれた入江は鏡のように波静かで、水上機の離発着は容易だった。写真の機は、対潜哨戒の任務を帯びているらしく、翼下に対潜爆弾（六番）を懸吊している。

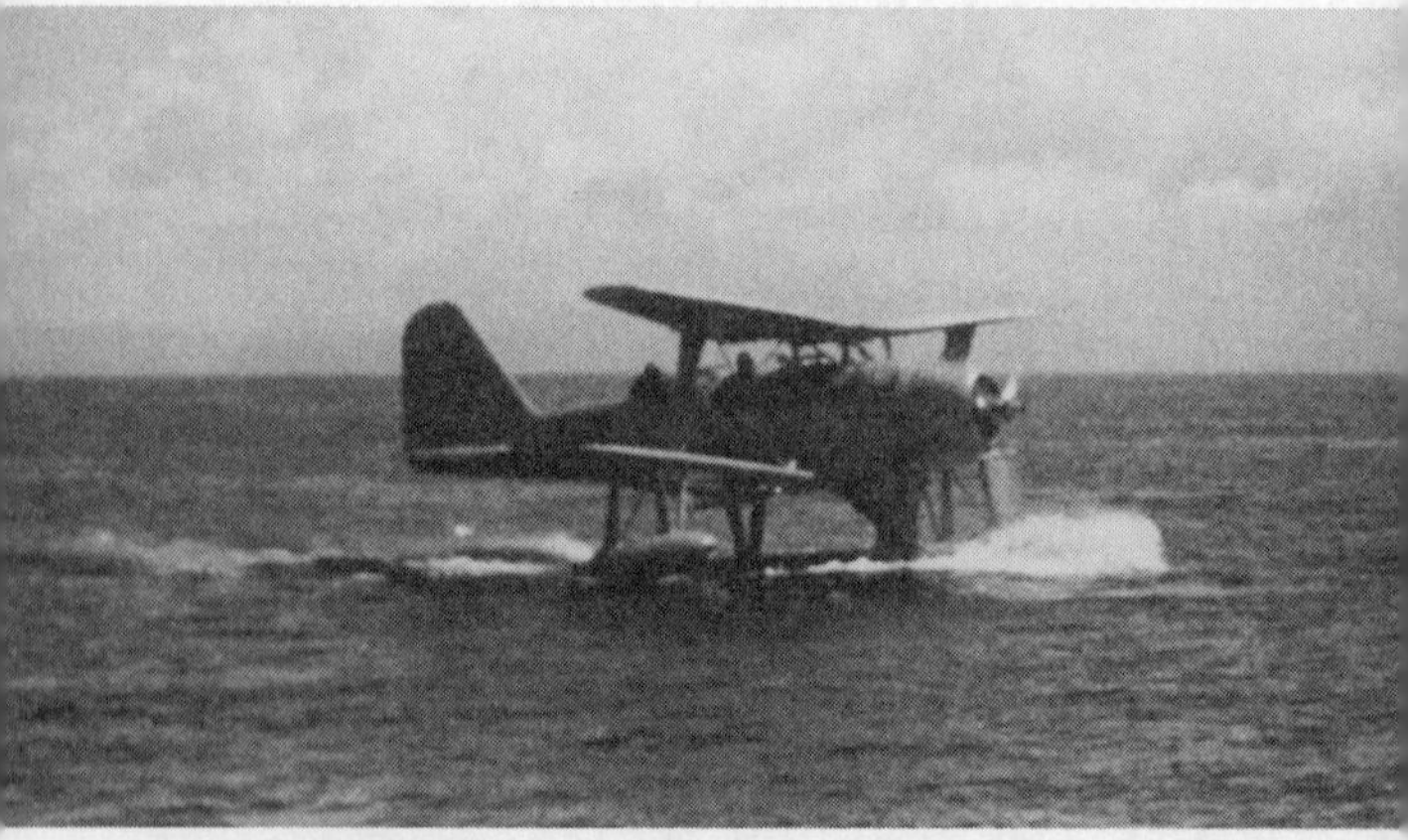

▲洋上の、比較的波静かな海面に着水し、微速で滑水する、重巡洋艦『足柄』搭載の零観“N-2”号機。全面灰色塗装で、スピナーも付けておらず、太平洋戦争開戦前後の撮影と推定される。翼下に小型爆弾（三番？）を懸吊したままであることに注目。

◀特設水上機母艦『神川丸』の、後部デッキ右舷側に設置された、呉式二号五型射出機上にセットされ、射出される寸前の零観。すでに発動機はフル回転している。少々ピントが甘いスナップだが、射出機、滑走車などのディテールは把握できよう。胴体後部の白帯2本と、尾翼の〝YII〟の符号が、昭和17年7月～11月の間、神川丸搭載機に割り当てられた標識。

▲夕闇が迫った、ソロモン諸島ショートランド島の水上機基地で、照明に照らされつつ整備・点検をうける、特設水上機母艦『國川丸』搭載の零観。水上機整備員たちの苦労ぶりがよくわかるスナップ。

式兵器採用とはいかなかった。

海軍がいちばん問題にしたのは、面積が小さい垂直尾翼に起因する、飛行中の方向安定不足と、水上滑走中における横方向の安定不足であった。

垂直尾翼、主、補助浮舟の面積を増積してなんとかこれは収まったものの、今度は垂直旋回、および宙返り中に不意自転が発生することがわかった。空中戦能力を重視する本機にとって、この欠陥は重大事である。

三菱は、主翼前縁に捩り下げ角2度をつけ、上反角も増したほか、平面形も楕円テーパーから直線テーパーに改めるなど、必死の大改修を加えてなんとか改善を図ろうとした。

しかし、それでも効果がなかったため、垂直尾翼形状をとっかえひっかえ20種以上も試すという苦闘の末、ようやく一応の解決をみた。本機の外観上目立つ特徴である、大きな垂直尾翼は、この自転現象を解決するための、キーポイントだったのである。

最終的に落ち着いた垂直尾翼面積は、安定板が原設計の85%増、方向舵は30%増になっており、見積りが甘かったと言わざるを得ない。素人目にみても、本機の胴体後部は細く絞り過ぎで、この側面積不足もかなり影響があったと思われる。

改修作業の長期化は、いっぽうではプラスに作用し、昭和13年（1938年）に入ると、三菱の発動機部門が、新しい空冷星型複列14気筒発動機『瑞星』（875hp）の実用化にこぎつけ、早速、試作2号機が本発動機に換装された。

『光』に比べ、わずか55hpではあるがパワーアップしたことにより、速度は35km／h、上昇性能は、高度5000mまでで約2分短縮されるなど、全体に向上した。

その結果、海軍はこの『瑞星』発動機搭載型をもって実用可とし、昭和15年（1940年）12月、零式一号観測機一型（F1M2）の名称で制式兵器採用した。

昭和16年、零観はまず水上機母艦を皮切りに配備され、太平洋戦争開戦直後は、これら各機がフィリピン、マレー半島、南西諸島攻略作戦などに参加し、船団掩護、哨戒、索敵、防空などの任務に大活躍した。

とくに、その最大の持ち味である空中戦能力は大いに光り、敵の飛行艇や大型機、はては戦闘機までもと渡り合い、水上機母艦『千歳』『瑞穂』、特設水上機母艦『讃岐丸』の3隻で構成された第十一航空戦隊は、開戦から約5ヵ月間に、撃墜11機、撃破26機の戦果を報じている。これに対し、零観の損失は1機にすぎなかった。

昭和17年（1942年）8月7日、アメリカ軍がソロモン諸島の南東端に位置するガダルカナル島に上陸し、本格的な対日反攻作戦に打って出たのを契機に、この方面の戦況はにわかに重大化した。

陸上基地設営能力が貧弱な日本軍は、早急に飛行場を増設できない。いきおい、静かな入江があればどこでも基地として活動できる水上機が頼りとされ、各水上機母艦の搭載機は、ショートランド島基地を中心に集中配備されることになり、R方面航空部隊を編制して統一運用されることになった。

むろん、零観もふくまれており、9月14日のガダルカナル島に対する薄暮攻撃を皮切りに、

▲鏡のように波静かな、茨城県の霞ヶ浦に着水し、湖岸に設けられた“スベリ”と称する離発着場に近づいてきた、鹿島航空隊所属の零観“カシ-45”号機。このあと、主浮舟の下に、地上移動用運搬台車を差し込み、それをトラクター、またはウインチでエプロンまで引っ張り揚げて収容する。

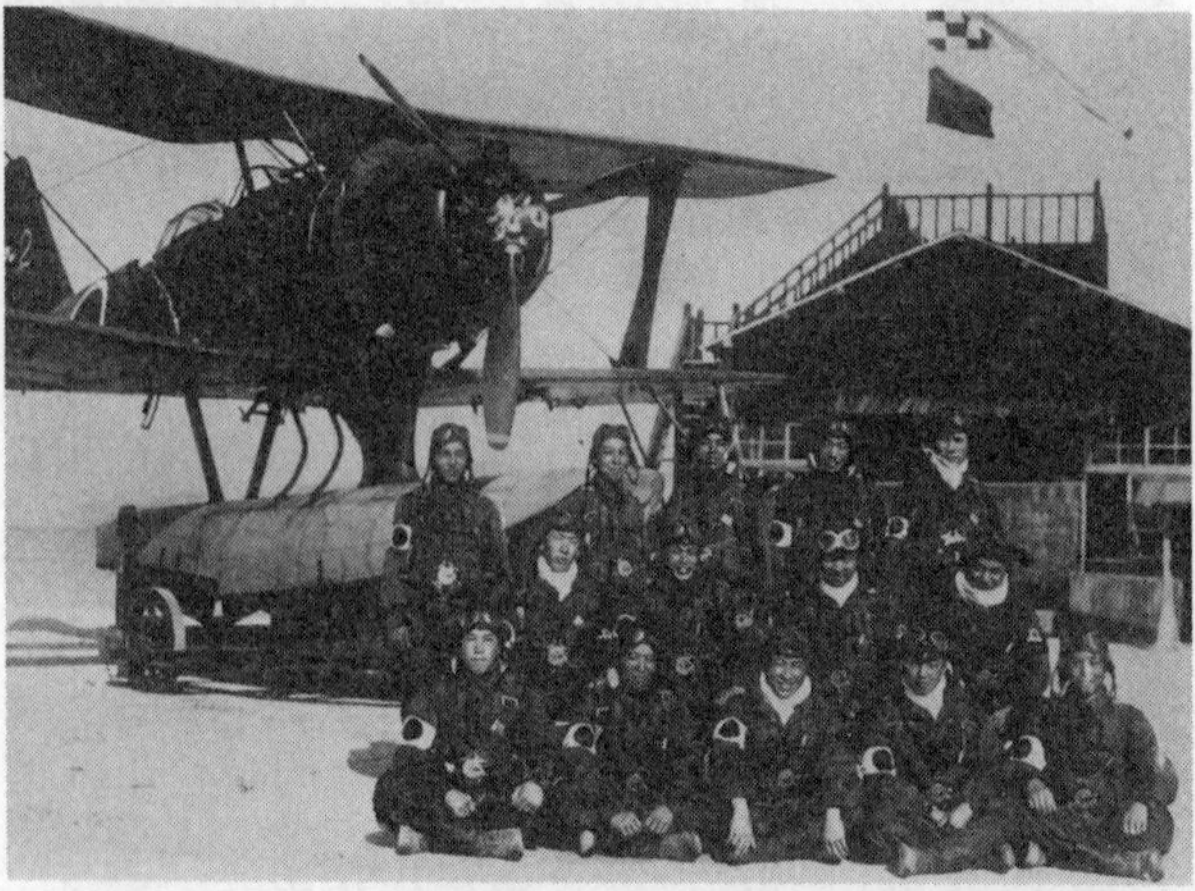

▲昭和20年２月、九州の天草（あまくさ）航空隊内に編制された、神風特別攻撃隊『第十二航空戦隊二座水偵隊』隊員と、使用機の１機、零観“アマ-２”号機の記念スナップ。特攻用陸上機が不足し、ついには“ゲタ履き”の水上機まで駆り出さねばならなくなった、海軍航空作戦の末期症状を示す痛ましい情景である。主浮舟支柱のすぐ右横の下翼下面に、二五番（250kg）爆弾懸吊架が見える。

激戦の輪に加わった。

この日の攻撃では、零観隊は、小型爆弾により飛行場を爆撃したあと、迎撃に上がってきたグラマンF４F戦闘機７機と空中戦を交え、その５機を撃墜する放れ業を演じたが、味方も二式水戦をふくめ３機が未帰還、２機が着水時に水没する損害を出した。

その後、ガダルカナル島への水上機による攻撃は、米軍側の防空態勢が強化されたため中止され、R方面部隊の主任務は、ガダルカナル島に対する物資補給を行なう味方船団の、往復路掩護、周辺地域の哨戒、索敵が中心となり、連日のように出動した。

しかし、昭和18年（１９４３年）に入ると、敵のレーダー警戒網の充実、陸上機による哨戒、防空態勢の強化などにより、水上機の、最前線における行動はきわめて困難になり、零観も戦線後方における哨戒、連絡などが主な任務となった。

本機誕生の背景である、主力艦同士の艦隊決戦は、太平洋戦争では昔日の夢物語と化し、いわば、零観はアテが外れた恰好になった。

しかし、その持ち味は、緒戦の進攻作戦と、ソロモン方面の戦いで充分発揮され、戦争末期には本土周辺海域の対潜哨戒機として重宝されるなど、存在価値はなくならなかった。

生産数は、昭和18年（１９４３年）までに三菱で５２４機、海軍第二十一航空廠にて５９４機、合わせて１１１８機にも達しており、いかに海軍が本機を高く評価していたかがわかる。日本海軍複葉水上機の最後を飾るにふさわしい機体だった。なお、17年末の名称基準改訂により零式観測機一一型と改称していた。

●三座水偵の決定版

昭和12年（1937年）は、海軍航空にひとつの転機をもたらした年であった。すなわち、のちに太平洋戦争開戦当時、航空部隊の中核を成す零戦、一式陸攻が設計着手され、練習機、水偵の分野でも矢継ぎ早に競争試作が指示され、技術向上が一段と加速した年であったからだ。

この気運にのり、九五式水偵の後継機となるべき機体を得るため、昭和12年6月、十二試二座水上偵察機〔E12〕の名称で、愛知、川西、中島の3社に試作指示が出された。

時代のすう勢に沿い、十二試二座水偵は、全金属製応力外皮構造の単葉形態を採ることが要求され、愛知では松尾喜四郎技師を主務者として設計に着手した。

基本形は、技術提携していたドイツのハインケル社の影響が色濃く出た、楕円テーパーの主、尾翼と、細身の胴体、双浮舟の組み合わせ。発動機は、3社機とも三菱『瑞星』（875hp）が指定された。

主翼、尾翼は支柱を用いない完全な片持ち式で、双浮舟の取り付け法も、それぞれ2本の支柱と張り線で簡潔にまとめるなど、従来までの水上機のイメージを一新する内容だった。

中島は、井上真六技師を主務者に配して設計をすすめ、水上機としては初めての、スロッテッド・フラップを装備するなどした、直線テーパー片持ち式、双浮舟の進歩的な機体で、愛知機に勝るとも劣らない内容だった。

▲十二試三座水偵、すなわち、のちの零式水偵とほとんど同時進行で設計が進められた、愛知十二試二座水偵。その外観を見れば明らかなように、基本設計はほとんど同一である。しかし、なぜか本機は操縦、安定性が悪く、ライバルの中島機ともども不採用になった。

愛知 十二試二座水上偵察機〔E12A1〕三面図

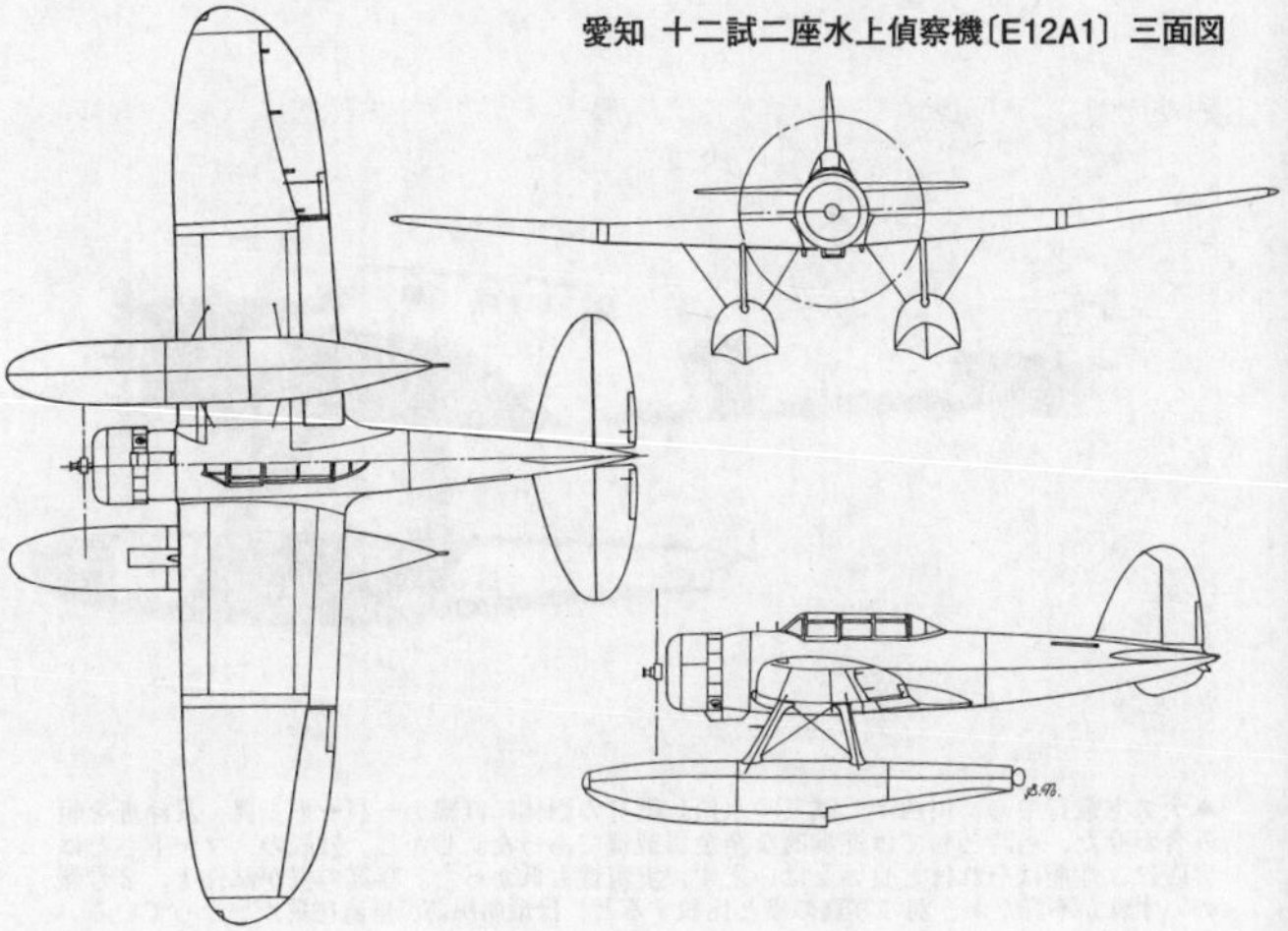

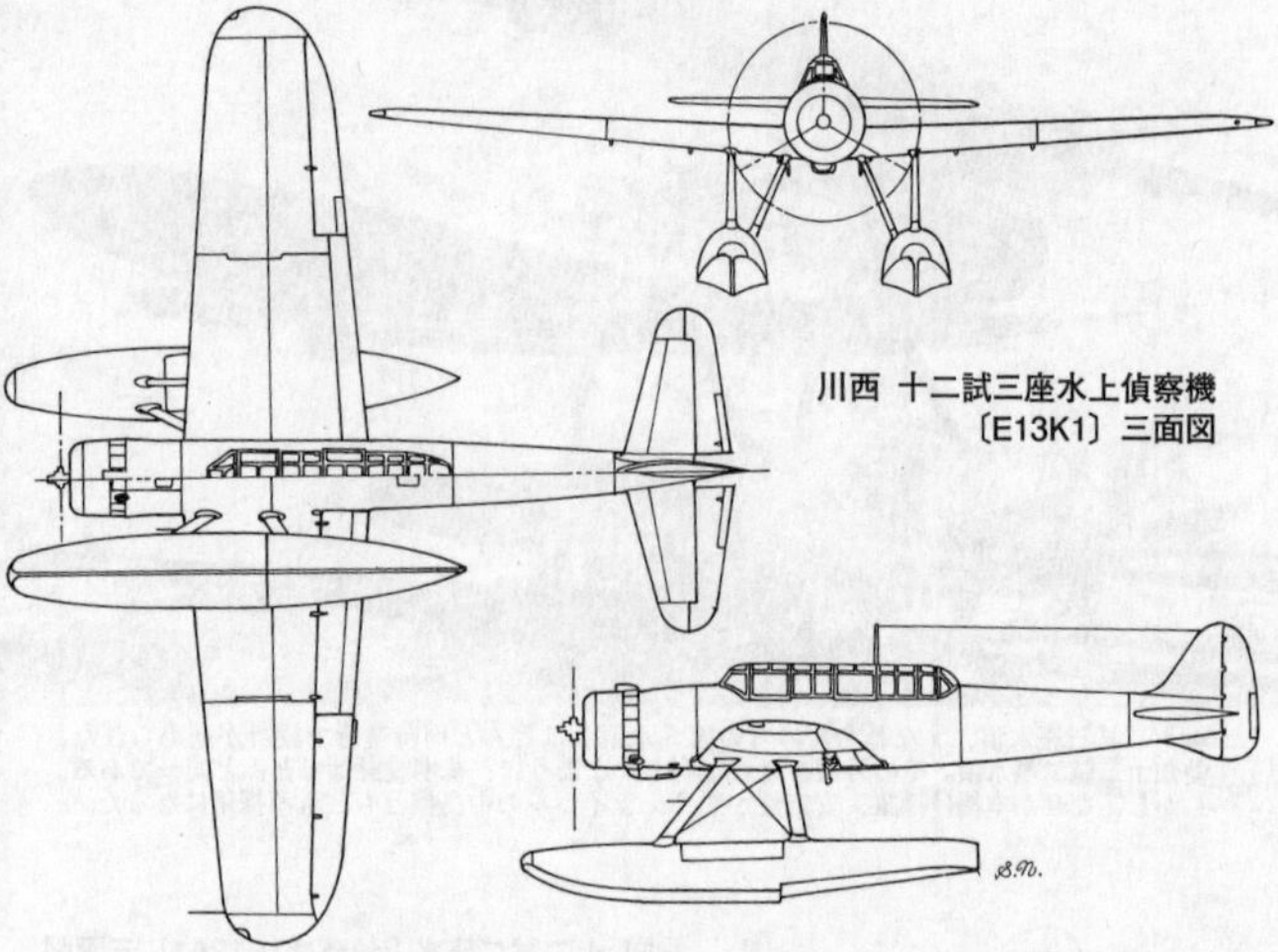

川西 十二試三座水上偵察機
〔E13K1〕三面図

▲テスト飛行中の、川西十二試三座水偵。細身の胴体に直線テーパー形主翼、双浮舟を組み合わせた、当時としては進歩的な全金属製機であった。しかし、外観のスマートさとは裏腹に、性能はそれほど良いとはいえず、実用性も低かった。写真の機が試作1、2号機のいずれか不詳だが、別の写真の機と比較すると、操縦席風防、垂直尾翼が異なっている。

▲海軍航空技術廠・飛行実験部に領収され、実用テストを受けた、零式一号水偵一型初期生産機“コ−A−33”号機。本機は、夜間飛行用の消焔排気管のテストに用いられた機と思われ、機首下方の両側に、それを取り付けている。旧夜間偵察機の任務も兼務する本機にとって、この装備は必須であった。

◀零式水偵は、設計元の愛知に量産余力がなかったため、その多くは、九州の渡辺鉄工所（のちの九州飛行機）が受け請った。写真は、その渡辺製零式水偵に付けられていた銘板で、製造番号“1139”が読み取れる。渡辺における量産は、昭和17年4月に始まっており、銘板の下欄に記入された検査年月日、“2−11−16”からして、同年11月16日前後の製造ということがわかる。

川西は、前記2社とは少し趣きを異にする、単浮舟、引き上げ収納式翼端浮舟付きの形態を採ることにしたが、他の試作機との兼ね合いもあって、途中で辞退した。

昭和13年（1938年）末、相次いで試作機が完成した愛知、中島機は、海軍に納入されて比較テストをうけた。洗練された外形により、両社機とも速度、上昇、航続性能などは申し分なかったが、操縦、安定性に欠け、早期実用化は難しいと判断し、海軍は不採用を通告した。

▲太平洋戦争開戦直後の昭和17年１～２月、厳寒の千島列島北部海域に進出し、アリューシャン列島方面の偵察活動に従事した、特設水上機母艦『君川丸』搭載の零式一号水偵一型。写真は、偵察飛行を終えて母艦の近くに着水したのち、デリックで吊り上げられ収容されるところ。海面の無数の氷紋が示すように、零下20℃近くにも気温が下がるこの時期、母艦、搭載機いずれの乗員にとっても、その作業は大変だったに違いない。機体は、全面灰色の初期塗装で、尾翼記号“X-5”は赤。写真で明らかなように、この時の君川丸搭載機は、胴体日の丸標識を灰色で塗り潰していた。これは、不可侵条約を締結していたソ連を刺激しないための措置。

▶上写真と同じく、君川丸の後部左舷側に繋止され、発動機試運転を行なう零式一号水偵一型。17年5月下旬頃の撮影で、各機は緑黒色迷彩を施している。後部甲板は、左、右両舷に沿って運搬軌条が通っており、写真にも、その一部が写っている。主翼前縁に記入された白線は、偵察時の方向指示目安。

▲青森県の下北半島に所在した、大湊（おおみなと）水上機基地を本拠地に、同方面の哨戒任務を担当した、大湊航空隊所属の零式水偵一一型（旧一号一型を17年に改称）。尾翼の“オミ”が大湊空を示す符号。写真は、分遣隊として岩手県の山田湾内に駐留した機体の活動状況で、いましも遠方の“オミ-1”号機が、哨戒に出発するべく滑水を始めている。手前の、木製桟橋が、いかにも僻地の基地施設を思わせる。

▼茨城県の霞ヶ浦と思われる湖面に浮かぶ、横須賀航空隊所属の零式水偵一一甲型“ヨ-21”号、および一一乙型“ヨ-15”号（右端に尾翼の一部のみ写っている）機。甲型は、三式空六号無線電信機、すなわち機上レーダーを搭載した型で、右主翼前縁にそのアンテナが付いている。わかりにくいが、ヨ-21の機番号に交差するように、レーダー装備機を示す赤の斜帯が記入されている。一一乙型のヨ-15号のほうは、磁器探知機を搭載しており、機番号に交差する斜帯は黄である。

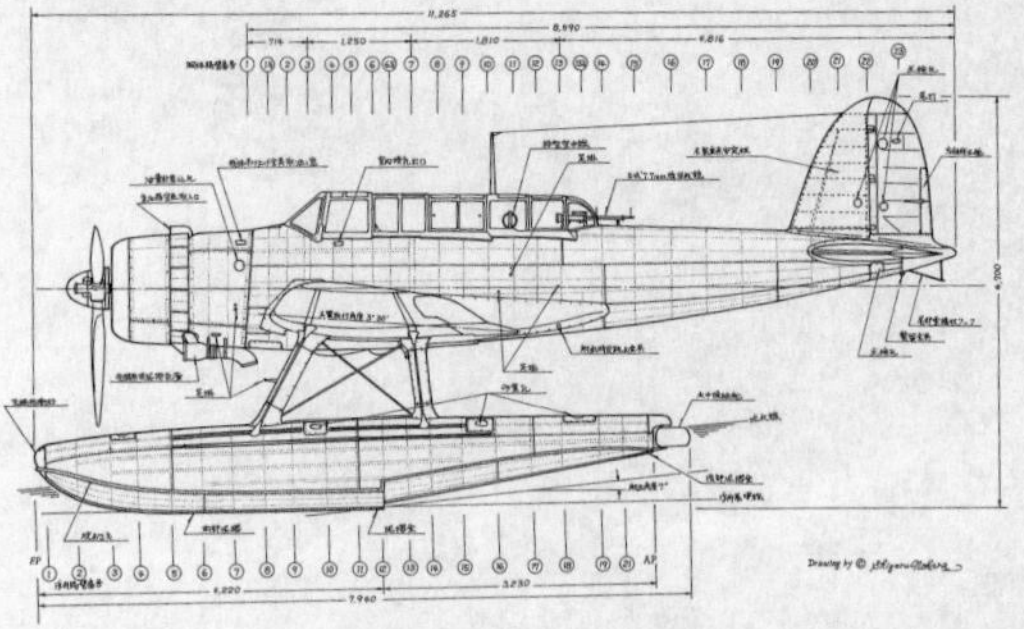

愛知 零式水上偵察機一一型〔E13A1〕精密四面図

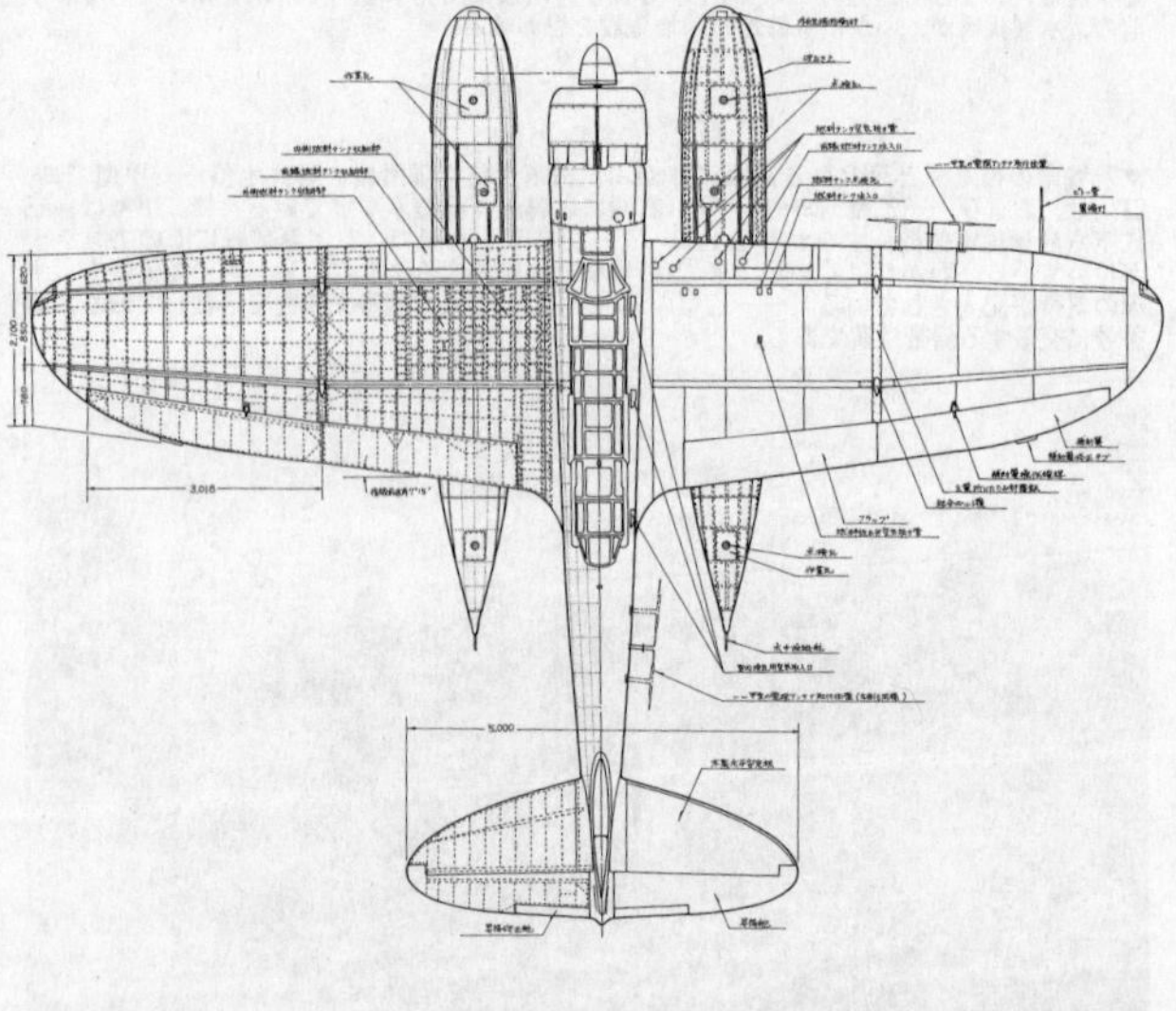

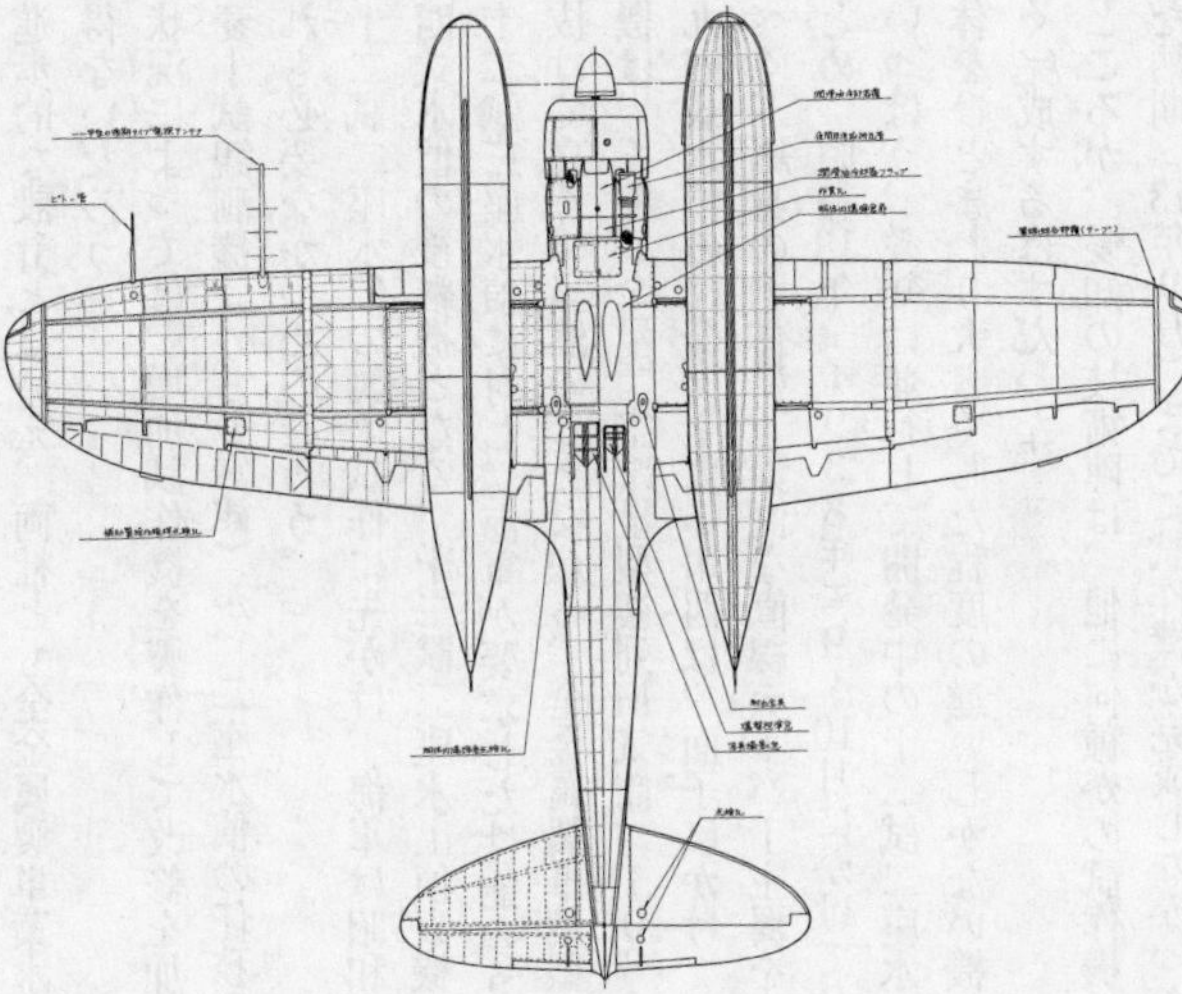

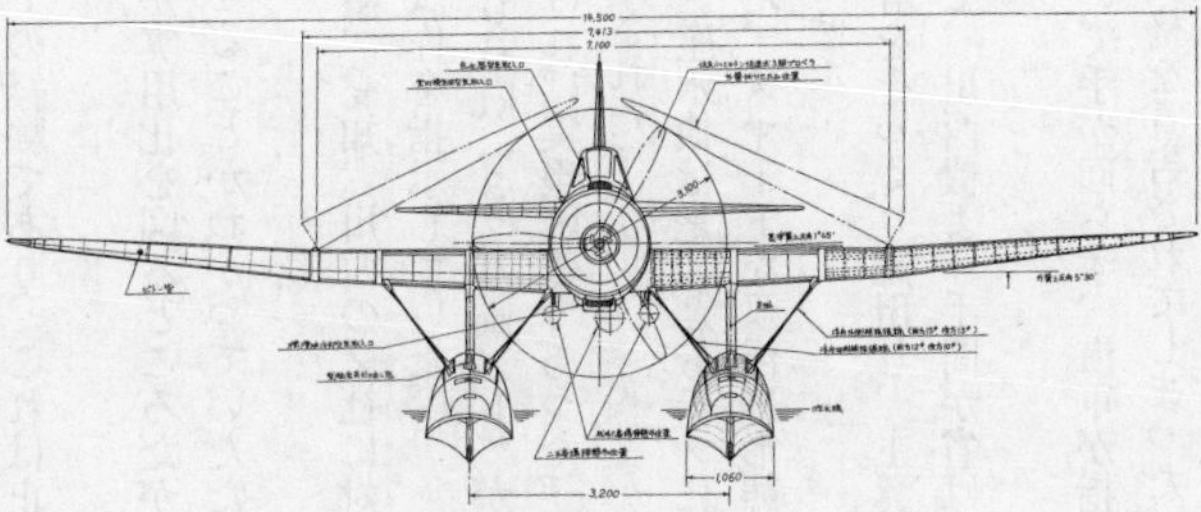
14,500
7,413
7,100
3,100
3,200
1,060

進歩的な設計とはいえ、両社とも全金属製単葉水上機は初めての経験であり、これは止むを得ないだろう。

状況によっては、増加試作機を製作して改修を加え、なんとか実用化を図るところだが、三菱十試観測機（のちの零観）が、二座水偵の任務も充分こなせることがわかっていたため、それも必要なかったのだろう。

十二試二座水偵の競争試作に先がけ、海軍は昭和12年はじめ頃、愛知、川西の2社に対し、九四式水偵の後継機となる、十二試三座水上偵察機〔E13〕の試作を指示していた。

十二試三座水偵に対し、海軍が要求した性能のうち、速度２００kt（３７０km／h）が飛び抜けて高く、当然のことながら、全金属製単葉型式を採らなければ実現困難であった。発動機は、三菱『金星』空冷星型複列14気筒（１０３０hp）が指定された。

九四式水偵の開発メーカー川西は、面子《メンツ》にかけても、十二試三座水偵は是非《ぜひ》ともモノにするべく、細身の胴体に、素直な直線テーパー主翼を組み合わせた、スマートな双浮舟形態にまとめ、昭和13年（１９３８年）9～10月にかけて2機を完成させた。

いっぽう、愛知は並行して開発中の十二試二座水偵の基本設計をそっくり流用し、主翼、胴体をひとまわり大きくした程度の違いしかない機体としたので、川西機より手間が省けて早く完成するはずだった。

ところが、愛知の技術陣は、他に何種かの試作機をかかえていて手が回らず、海軍が指定した納期（13年9月）までに試作機が完成しなかったために、失格を宣告されてしまった。

本来ならば、これで愛知の十二試三座水偵はオクラ入りになるはずだったのだが、会社は、将来のための社内研究資料にする名目で作業続行を決め、昭和14年（1939年）1月、6月にそれぞれ1機ずつ完成させた。

愛知機の失格により、川西機は労せず勝利者になる権利を得たが、海軍におけるテストでは、速度が要求値に満たなかったほか、機体そのものにも構造強度、取り扱い面で問題があることが判明。折りしも1号機がフラッター事故で破壊、2号機も飛行テスト中に墜落して行方不明となり、あえなく審査中止に追い込まれた。

こうした事態に、いちばん慌てたのは海軍だが、愛知が前記のように、十二試三座水偵を自主的に完成させていたことで救われた。

ただちに、2機の試作機は海軍に領収され、テストを受けることになった。

十二試二座水偵と基本設計は同じだが、同機で問題となった安定不足は、機体が大型化したせいもあってとくにみられず、完成後の社内テストにおいてわずかな欠点は修正済みであった。そのため、海軍のテストでもとくに難点は指摘されず、操縦、安定性など申し分なしとの評価をうけた。

性能も、要求値をほぼ満たしていたことから、海軍は愛知に対して量産を指示するとともに、昭和15年（1940年）12月、零式一号水上偵察機一型（E13A1）の名称で制式兵器採用した。

太平洋戦争開戦当時、水上機母艦、重、軽巡洋艦、陸上基地部隊などをふくめ、外戦部隊には計109機の三座水偵が配備されていたが、そのほとんどが零式水偵で、一部に九四式水偵が残っている程度であった。

本機にとって、まず最初の大きな任務は、開戦劈頭のハワイ・真珠湾攻撃に先立つ事前偵察で、重巡『利根』『筑摩』の搭載機が、攻撃隊より30分先行して発進。筑摩機が真珠湾に停泊中のアメリカ海軍艦船、および天候などの状況を詳細に報告、奇襲攻撃成功に大きく貢献した。

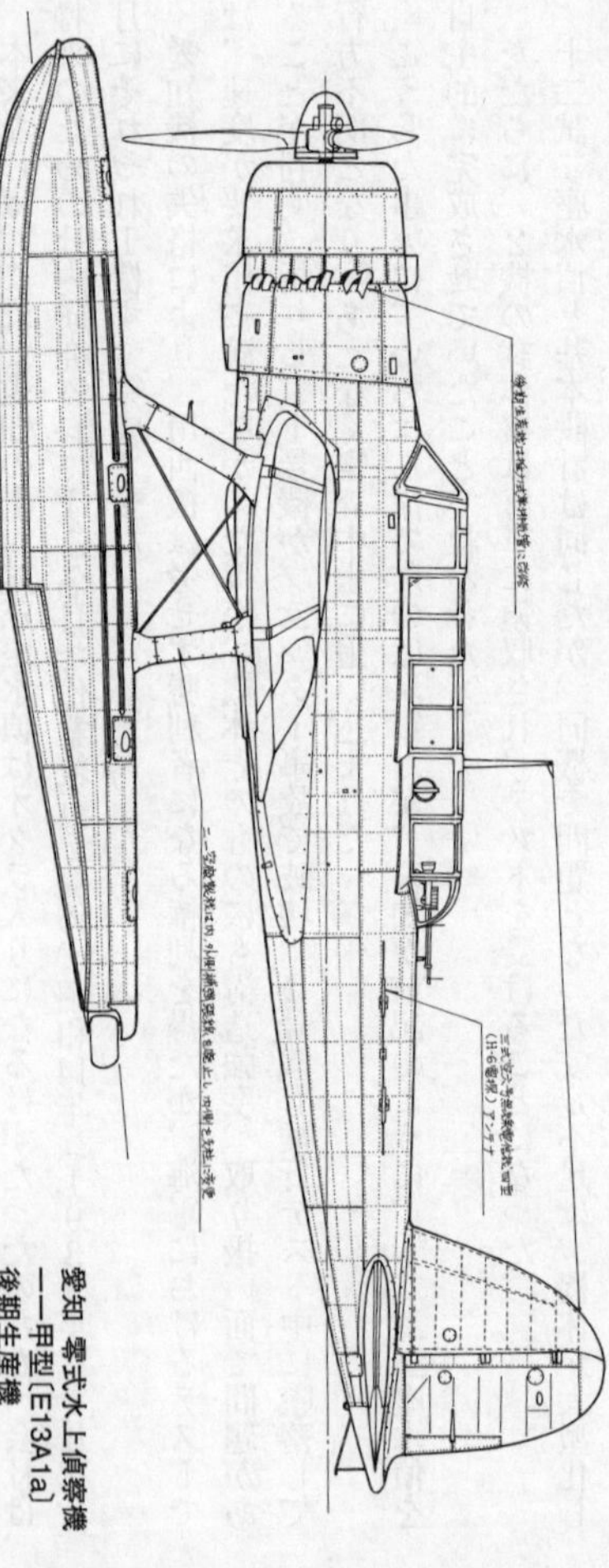

愛知 零式水上偵察機
一一甲型〔E13A1a〕
後期生産機

▲昭和18年5～6月頃、ソロモン諸島ニューブリテン島ラバウルの砂浜で、整備・点検をうける第九五八航空隊の零式水偵一一型。画面右奥の機体も含め、九五八空の零式水偵は、乗員室後部の射撃兵装を、七粍七機銃から二十粍機銃に強化しており、これは、ソロモン諸島を跳梁する、アメリカ海軍の魚雷艇に対処した装備だった。黎明、薄暮時を利して“魚雷艇狩り”を行なうことが多く、写真の機が排気管に消焔ダンパーを追加しているのも、そのためである。

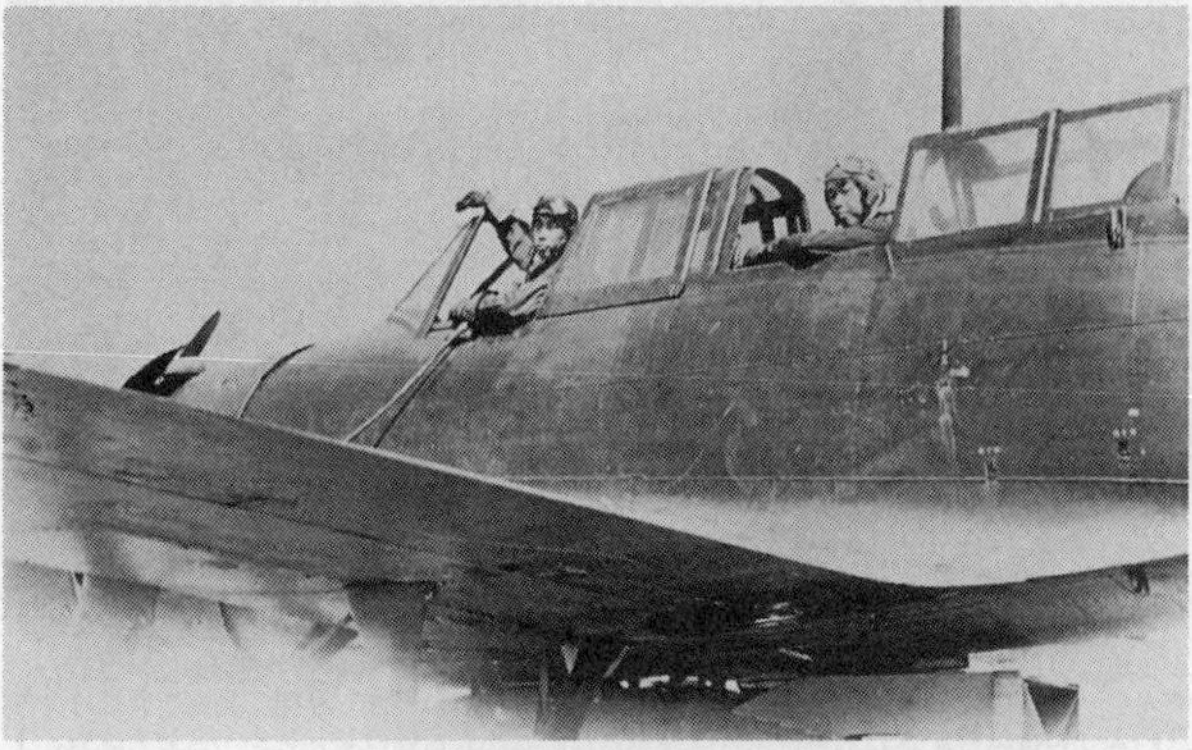

▲昭和20年4月、前掲の天草空零観と同様、茨城県の北浦（きたうら）航空隊内で編制された、水上機による神風特攻、『第一魁（さきがけ）隊』の1機として九州に向けて出発する直前の零式水偵一一型。カメラを凝視する搭乗員の表情も、心なしか悲愴感が漂う。胴体下面には、常装備ではあり得ない、大型の五〇番（500kg）爆弾がくくり付けられている。

▲昭和19年６月、残雪が山肌に白い紋様を描く、千島列島・阿頼渡（あらいと）島の上空を哨戒飛行する、第四五二航空隊所属の零式水偵一一甲型“52-026”号機。一一甲型は、三式空六号無線電信機四型、すなわち機上レーダーを搭載した型で、正式な兵器採用年月は昭和19年11月だが、すでにそれよりかなり以前に実用されていた。四五二空は、アリューシャン列島・キスカ島を根拠地に活動していた、旧第五航空隊を改称した陸上基地展開の水上機隊で、同島撤退後は千島列島の幌筵（ぱらむしる）島、占守（しむしゅ）島、択捉（えとろふ）島と移動しつつ、昭和19年夏まで北辺の防備を担当した。

▲長崎県佐世保の水上機基地において敗戦を迎え、プロペラを外して“武装解除”された。第九〇一航空隊所属の零式水偵一一甲型後期生産機“KEA-222”号機。後期生産機は、写真のように排気管が推力式単排気に改修された。右主翼前縁のレーダー・アンテナも、１本の棒状タイプとなっている。レーダー搭載機は、垂直尾翼に斜めの赤い帯を記入して区別したが、写真でもそれが確認出来る。海上護衛総隊麾下の中心部隊だった九〇一空は、配備された機種（20種近い）、機数（20年３月１日現在の定数で計358機!!）もきわめて多く、写真の機も、本来なら爆撃機を示す、200番台の３桁数字を機番号にしている。

太平洋戦争の戦局逆転のきっかけになった、昭和17年（1942年）6月5日のミッドウェー海戦では、敵艦隊の所在を知るために、空母搭載の艦攻と重巡、戦艦搭載の水偵計7機を索敵機として放ったが、『利根』の零式水偵2番機が発進に手間どったうえ、予定コースを外れ、発見した敵艦隊の位置を間違って報告する重大ミスを犯した。結果的に日本側は敵艦上機の奇襲を許し、主力空母3隻を一挙に失い、大敗を招いたのである。

これは、海上戦闘に際し、事前の索敵の成否が、戦いの結果を大きく左右すると同時に、水偵の役割りがいかに重要であるかを改めて認識させる一件だった。

しかし、以後の太平洋戦争は、航空戦力のぶつかり合いで雌雄が決する方向に推移し、水偵本来の働き場である、主力艦同士の砲撃戦は過去の夢と化し、大勢的には重要度の低い機種に〝格落ち〟していった。

むろん、水偵が必要とされなくなったというのではない。零式水偵も、以後、ソロモン、アリューシャン、中部太平洋、本土方面などで、索敵、偵察、船団掩護、対潜哨戒、連絡などに大いに働き、その存在感を示した。しかし、これらは戦況を左右するような場面ではなかったのである。

昭和20年（1945年）4月〜5月にかけての沖縄戦では、内地の練習航空隊から抽出された零式水偵7機が、五〇番（500kg）の重い爆弾を括り付けられ、体当り特別攻撃機として突入、生涯の最後のページに悲惨な記録を刻んだ。

本機の生産は、九州飛行機が主に担当し、昭和17年から20年にかけて1127機造ったほ

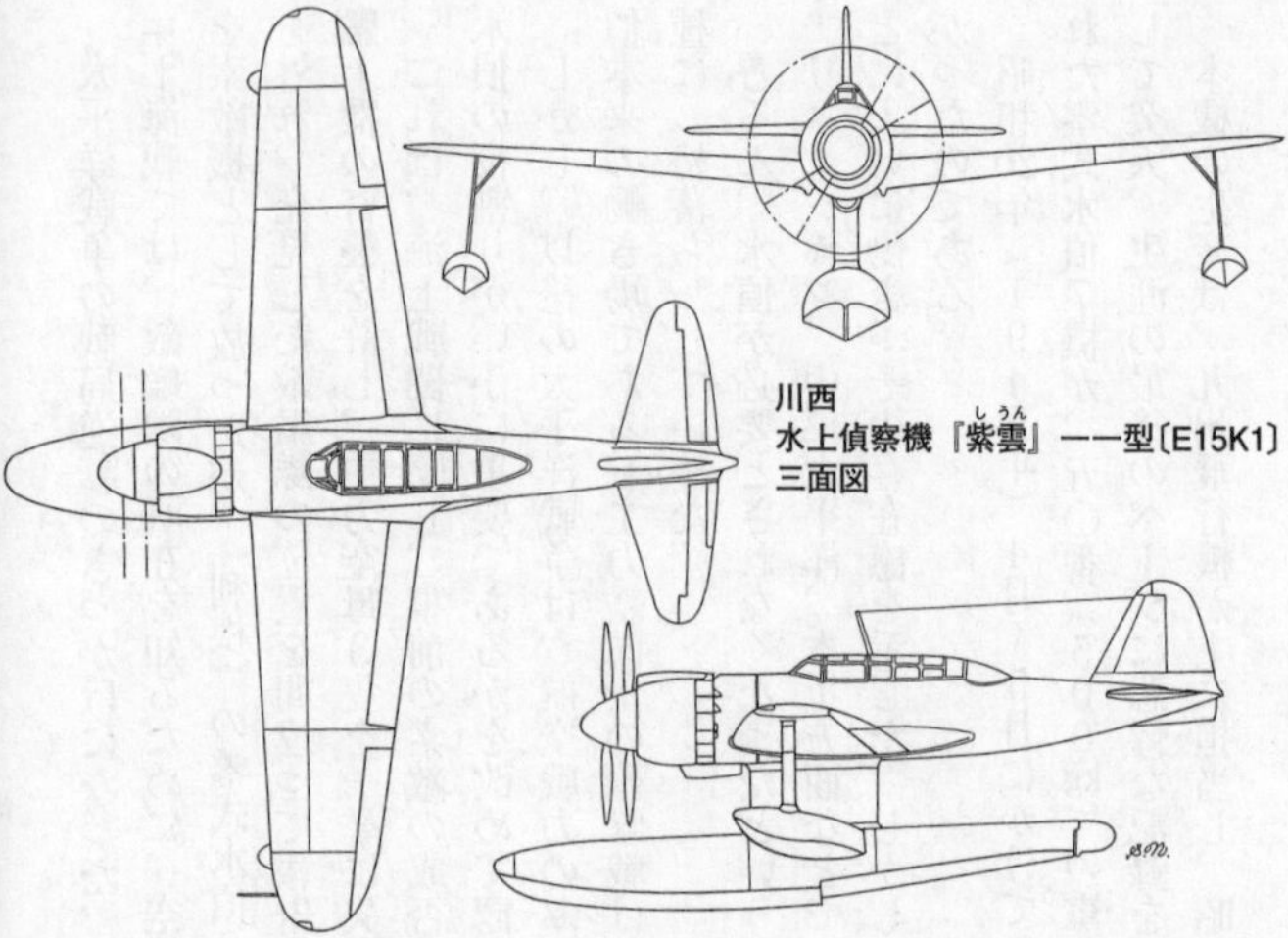

川西
水上偵察機『紫雲《しうん》』一一型〔E15K1〕
三面図

▼敵戦闘機の制空権下を強行突破できる、高速水偵なる構想に基づいて開発された、水偵『紫雲』の試作機、十四試高速水上偵察機。強大なトルク作用を打ち消すための二重反転式プロペラ、大きな板状支柱に取り付けられた、非常時投棄可能な主浮舟、引き込み式翼端補助浮舟など、従来の水偵とは一線を画す、野心的なスタイリングである。

▲海上に浮かぶ水偵『紫雲』一一型。川西技術陣が、苦心の末に考案したいくつかの斬新なアイデアも、結局は“高速水偵”を実現する力とはなり得ず、制式兵器採用されたとはいうものの、生産数15機では、ほとんど試作機に毛が生えたような存在感しかなかった。

▼〔2枚とも〕川西航空機・甲南工場沖合の大阪湾にて、テスト飛行のために離水滑走する、十四試高速水偵の試作機。主浮舟から長く曳いた、真っ白なウエーキが高速を実感させる。

愛知 水上偵察機『瑞雲《ずいうん》』一一型〔E16A1〕四面図

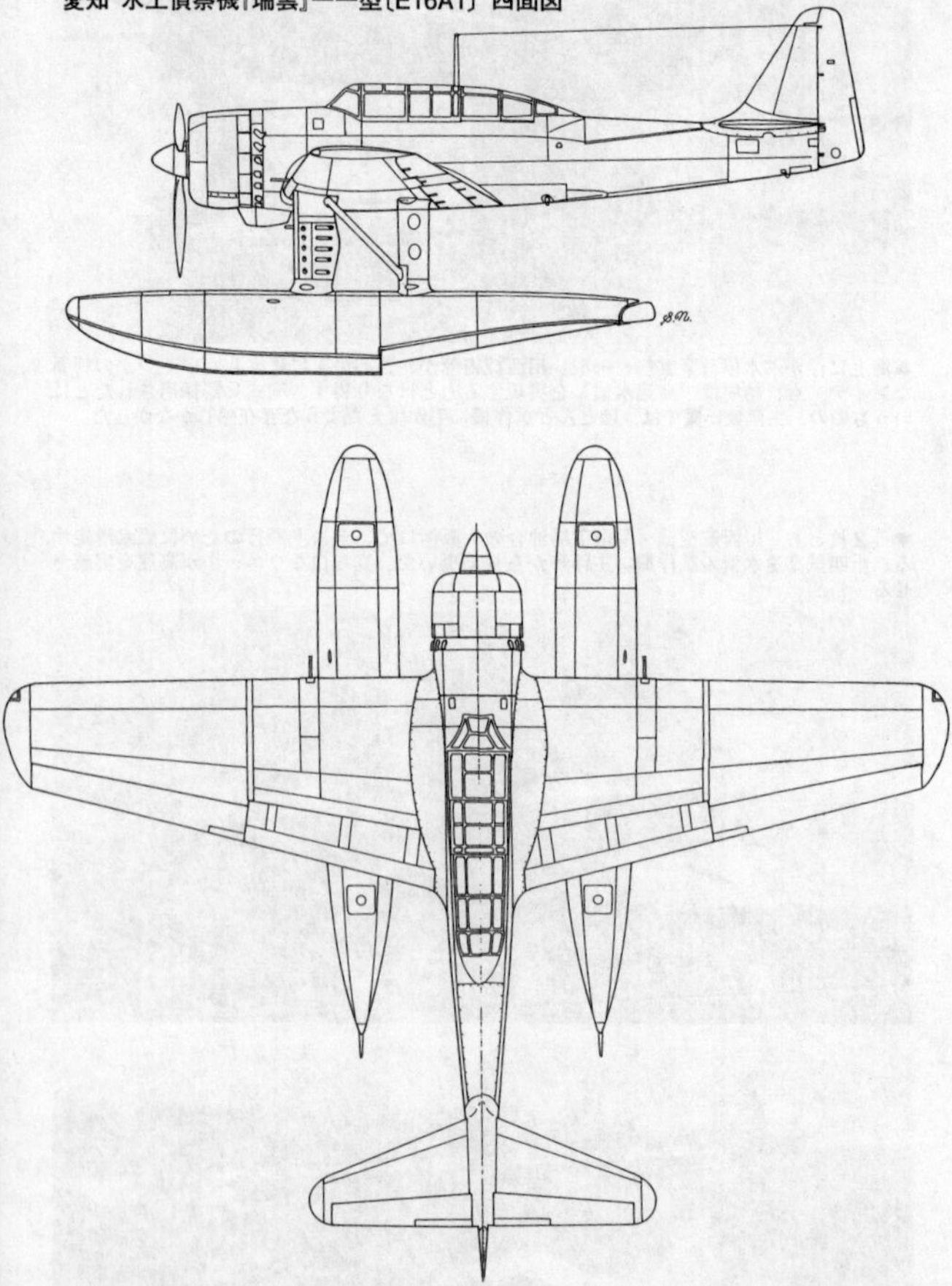

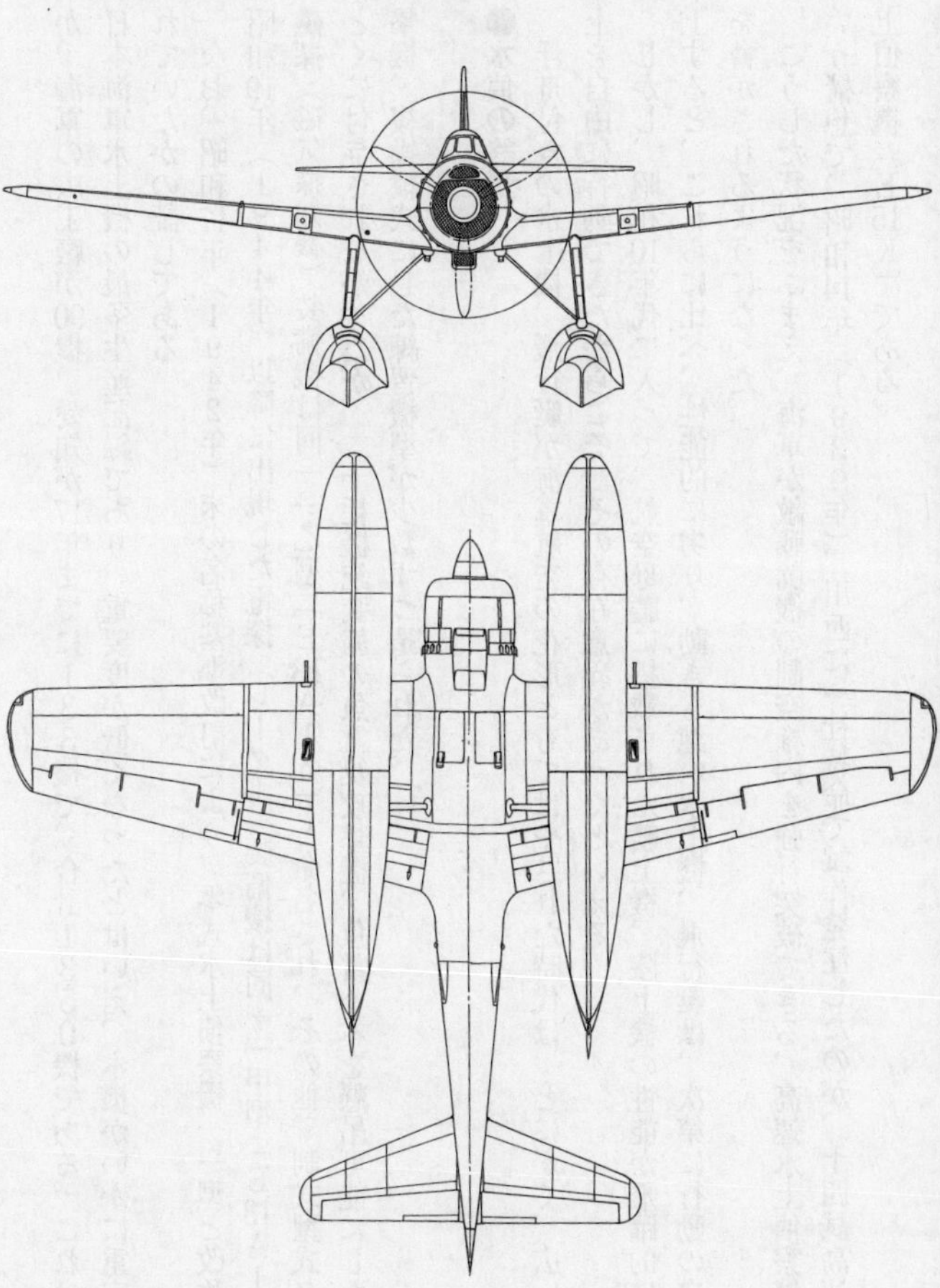

か、海軍の広工廠が90機、愛知が17年までに133機で、合計1350機である。これは、日本海軍水上機の最多生産記録であり、重要度が低くなったとはいえ、本機がいかに重宝されていたかの証しである。

なお、昭和17年(1942年)末の名称基準改訂により、零式水上偵察機一一型と改称し、昭和19年(1944年)以降に出現した電探(レーダー)装備機は同一一甲型〔E13A1a〕、磁探(磁気探知機)装備機は同一一乙型〔E13A1b〕と命名され、その他、制式型式名はとくに付与されなかったが、二十粍機銃装備の魚雷艇攻撃機、魚雷1本を懸吊可能にした雷撃機、複操縦式にした練習機型が少数ずつ造られた。

●水偵の終焉

浮舟付きの水上機、飛行艇が海軍航空の花形ともてはやされた時代は、とにかく、広い洋上を自由に行動できたからこそ、その存在意義があったといえる。

しかし、昭和10年代に入って、航空母艦に搭載された艦上機、陸上機の性能が飛躍的に向上すると、これらに比べ、性能的に劣り、動きも鈍い水上機、飛行艇は、次第に行動の自由を脅かされるようになった。

こうした状況をふまえ、海軍が敵戦闘機の制空権内を強行突破できる、高速水上偵察機という構想で、昭和14年(1939年)、川西に一社特命で試作発注したのが、十四試高速水上偵察機〔E15K〕である。

その性格上、搭載発動機は、現在入手可能な最大出力のものが求められ、三菱『火星』一三型空冷星型複列14気筒（１４６０hp）に決まった。高出力にともなう、強いプロペラ・トルク作用を打ち消すため、わが国最初の二重反転式プロペラを採用した。

機体は、むろん全金属製応力外皮構造で、空気抵抗減少には最大の努力を払い、主翼断面に、わが国最初のＬＢ翼型（層流翼型）を用い、単浮舟支柱は薄い1枚板形式に、非常時は投棄可能とした。

翼端浮舟も、離水後は内側に引き上げられ、上部が空気袋式のズック製気嚢になっている浮舟は、主翼下面に密着し、空気抵抗を最小限に押さえるという、世界でも例がない斬新な手法を採っている。

前例がない新機構を多く採り入れたため、作業はきわめて難航し、試作1号機が完成したのは、設計着手から2年5ヵ月後の昭和16年（１９４１年）12月5日、まさに太平洋戦争開戦3日前であった。

しかし、海軍におけるテストでは、主浮舟の投棄がうまくいかない、翼端浮舟が不意に引っ込んでしまう、空気袋のエア抜き、エア注入が上手く作動しないなど、新機構のトラブルが頻発し、注目された最大速度も２５３kt（４６８km／h）にとどまり、５００km／h以上が常識となっていた、敵の単発戦闘機の追撃を逃れるのはほとんど困難であった。

それでも、海軍は必死の改修をつづける川西の熱意に動かされたのか、昭和18年（１９４

3年）8月、水上偵察機『紫雲』一一型（Ｅ15Ｋ1）の名称により制式兵器採用、計15機造られた試作、増加試作機のうち6機を、実用試験を兼ねて内南洋のパラオ島に配備した。

これらは、昭和19年（１９４４年）6月のマリアナ諸島をめぐる戦い、『あ』号作戦に投入されたものの、敵戦闘機につかまり全滅したといわれる。

いずれにせよ、日本海軍が思い描いた〝高速水偵〟なる機種は、現実には実現不可能なものであり、紫雲搭載を前提に建造された航空巡洋艦『大淀』とあわせ、膨大な予算、資材、労力の無駄と批判されても仕方のないところだ。

この紫雲と同様、昭和14年度の実用機試製計画に基づいて開発されたもうひとつの水偵が、十四試二座水上偵察機（Ｅ16Ａ）で、昭和15年（１９４０年）8月に、愛知に正式に計画要求書が出された。

もっとも、この十四試二座水偵は、従来の複座水偵とは性格がまったく異なり、空中戦能力を重視したうえ、二五番（２５０kg）爆弾1発を懸吊し、急降下爆撃がこなせることと明記されており、実質的には〝偵察にも使える水上攻撃／爆撃機〟というべき機体であった。

もちろん、このような性格の水上機は外国には例がなく、日本海軍独特のものだが、その根底には、艦隊決戦時に本機をもって、敵の補助艦艇を叩いておき、主力艦の砲撃戦を少しでも有利にしようという、いわゆる〝漸減作戦〟の思想が働いていた。

したがって、純粋な意味で水上偵察機と呼べる機体の開発は、十二試二座、および三座水偵をもって、事実上、終焉していたのである。

ともかく、十四試二座水偵に要求された性能は、最大速度250kt（463km／h）以上、上昇力高度5000mまで8分30秒以内、航続力最大2590kmときわめて高度であり、急降下爆撃能力とあわせ、愛知の設計陣にとっては苛酷なものだった。

その結果、三菱『金星』五一型（のちの生産機は五四型）1300hp発動機を搭載した機体は、戦闘機なみに細く絞り込まれた胴体と、小面積の直線テーパー主翼、簡潔な支柱で固定された双浮舟という、非常に引き締まったスタイルにまとめられた。

急降下爆撃の際に、エアブレーキとして使える浮舟支柱、高翼面荷重の機体に相応の離着水性能を与え、空中戦の際に、空戦フラップとしても使える親子式スロッテッド・フラップなど、機構的にも、独創的アイデアが盛り込まれていた。

試作1号機は、設計着手から1年7ヵ月後の、昭和17年（1942年）3月に完成し、同年中に3機造られ、海軍に領収されてテストを受けた。

速度、上昇力は要求値を下回ったものの、操縦、安定性は良好、急降下時の〝座り〟も概ね良好と判定された。ただし、急降下エアブレーキを開くと、途端に激しい振動を発生したため、ブレーキ板に〝風穴〟を開けるなどの対策を施した結果、これもほぼ解決されている。

その他、細々とした要改修点はあったが、昭和18年夏頃には実用可となり、8月、水上偵察機『瑞雲』一一型〔E16A1〕の名称で制式兵器採用された。

しかし、この頃すでに太平洋戦争は後半期に入りつつあり、水上機が最前線を昼間行動することで自体、きわめて困難な状況になっていた。瑞雲が編隊を組んで敵艦の攻撃に向かうこ

▲海軍航空技術廠・飛行実験部に領収され、実用テストに使われた、十四試二座水偵、もしくは水偵『瑞雲』一一型の初期生産機“コ−A25”号機。右後方からのショットでは、特徴的な親子式フラップ、および、浮舟前部支柱の外鈑を利用した、急降下エアブレーキ（開状態）がよくわかって興味深い。戦闘機並みに細く絞り込まれた胴体、小面積主翼など、本機が、その複雑な性格ゆえに、従来の水偵とはまったくイメージが異なるスタイリングであったことが、実感出来る。ただ、主翼付け根を覆う大きなフィレットは、空力的にいささか野暮ったい。

◀急降下訓練中の、第六三四航空隊所属の『瑞雲』一一型。設計陣が苦心して持たせた急降下性能も、実戦では夜間の水平爆撃しか活動の場が無く、〝宝の持ち腐れ〟になった。

▲日本の敗戦が間近に迫った昭和20年6～7月、鹿児島県の桜島水上機基地の一週で、竹や木枝を使って厳重な対空偽装を施し、日常的に跳梁する米軍機から身を守る、偵察第三〇二飛行隊の『瑞雲』一一型。向こう側の機体は、発動機試運転中。この頃、すでに本機の昼間行動はほとんど困難になっていた。

となど、到底不可能になっていたのである。

それでも、海軍は昭和19年5月、航空戦艦『伊勢』『日向』に搭載する目的で、第六三四航空隊を編制、『彗星《すいせい》』とともに瑞雲も配備した。

だが、結局は航空戦艦そのものの使い道がなく、六三四空は陸上基地隊に改編され、瑞雲隊はフィリピンに移動し、新たに編制した偵察第三〇一飛行隊（実質的には水上爆撃機隊）の所属機とともに、アメリカ軍占領下のレイテ島、ミンドロ島などに対する、ゲリラ的な夜間爆撃を実施した。

また、レイテ島やミンドロ島周辺では、日本側の輸送船団を狙って出没する、アメリカ海軍魚雷艇や、駆逐艦、輸送船などに対しても夜間攻撃を敢行し、かなりの戦果を収めている。

しかし、アメリカ側の対空防御火器、夜間戦闘機の哨戒網にかかって撃墜される例も少なくなく、昭和20年（１９４５年）1月9日には、六三四空・瑞雲隊（偵察第三〇一飛行隊も編入）の可動機は1機を残すのみとなり、事実上、壊滅した。

その後、台湾で再建された六三四空、および、偵察第三〇二飛行隊の瑞雲は、昭和20年（１９４５年）3月末から沖縄戦に参加し、夜間、薄暮を利用し、周辺海域のアメリカ軍艦船、占領下の飛行場、物資集積所などに対する爆撃、索敵、連絡などの諸任務に奮闘し、6月末までに、のべ出撃数約80回、同出撃機数約２５０機をもって、駆逐艦、輸送船など計12隻撃沈、5隻撃破の戦果を報じた。

体当り特別攻撃が、唯一の効果的攻撃手段とされた当時、正規の攻撃法でこれだけ戦果を

▲広島県の呉水上機基地格納庫前に置かれた、第六三四航空隊の『瑞雲』一一型“634-77”号機。このアングルから見ると、いかにも“水上爆撃機”に相応しい精悍さが感じられる。この機体は、浮舟前部支柱の急降下エアブレーキに“風抜き穴”が開いているが、その穴は小さい円形で、後期の長円形とは異なっている。

報じた日本機はほかにほとんどなく、その意味では、当初の目的とは違ったといえ、瑞雲の存在感はそれなりに大きかったといえる。

ただ、2~3機ずつの瑞雲が250kg爆弾で与えられる損害はたかが知れており、大勢的には焼け石に水であった。

沖縄の陥落とともに、残存の瑞雲隊は九州北部の玄界基地に後退し、本土決戦に備えつつ敗戦の日を迎えた。

結果論だが、水上爆撃機という機種も、太平洋戦争では真に有効な兵器にはなり得ない存在だった。海軍航空本部は、本機の開発を早い段階で中止し、他の急を要する機種に、予算、資材、労力を回すべきだったと思う。

瑞雲の生産数は、愛知で197機(試作機3機をふくむ)、日本飛行機で59機の計256機で、需要の面からいっても、制式機としては少ない数である。

●前代未聞の水中攻撃機

太平洋戦争開戦直後の作戦が予想以上に成功し、大いに意気が上がった日本海軍は、他の列強国海軍が夢想だにしないような、壮大なスケールの作戦を計画した。

当時、潜水艦に小型水上機を搭載し、偵察に使っていたのは日本海軍だけであったが、前記計画はこれを拡大、発展させ、超大型潜水艦に2機ずつ、空母艦上機に匹敵するような、本格的な攻撃機を搭載し、アメリカ海軍艦船の重要な交通路であるパナマ運河を攻撃し、大西洋と太平洋間の移動を困難にしてしまおうというものである。

もっとも、パナマ運河が使用不可能になっても、日数は何倍も要するが、南アメリカのマゼラン、ドレーク海峡迂回で太平洋に入ることはできたので、日本海軍が考えたほどの大きな効果があったかどうかはわからないが……。ともかく、奇想天外、ある意味ではきわめてバクチ的な計画であった。

具体的な動きとして昭和17年（1942年）早々、まず、艦政本部（軍艦建造の実際を司る海軍行政機関）に対して〝800kgの航空魚雷1本、または爆弾1発を携行できる攻撃機を搭載して、4万浬（74000km）を航行できる潜水艦の建造は可能か？〟と諮問した。いちおう可能との返答をうけて同年4月、軍令部は改めて艦政本部に対して、以下に示した概要の特型潜水艦（潜特）を要求した。

基準排水量：3500t、水上速力：20kt、水中速力：7kt、航続力：水上速力16ktにて33000km、水中3ktにて35時間、兵装：十四糎砲2門、二十五粍3連装機銃2基、五十三糎魚雷発射管8門、魚雷27本、攻撃機2機、射出機1基。

この当時、実用していた九六式／零式潜水艦用偵察機1機搭載の、一等潜水艦乙型などが2200t前後、同時期の各国通常型潜水艦が1500t前後であったことからみれば、潜特が空前の巨大潜水艦であったことが理解できよう。

艦型が大きいだけではなく、大規模な航空機格納筒の完全水密化、九六式／零式潜水艦用偵察機とは比較にならぬ、大重量の攻撃機を射出できる大型射出機、さらにこれを揚収するための大型クレーン（3・5t）の開発、そして巨大な艦自身の水中性能（浮上時から潜航までに要する時間、および水中速力、旋回性能、操縦性、損傷時の復元力など）の維持など、その実現には想像を超える高度な技術力を要した。

結果的に、これを見事にクリアーした日本海軍の造艦技術は、当時、世界でも最高水準にあったことは大いに誇れる。戦艦『大和』『武蔵』を生んだ技術力が潜特にも充分活かされたのである。

ちなみに、潜特の一大特徴である航続力は、14ktの経済速力なら最大74000㎞に達し、地球上のいかなる場所へも無補給で到達できる能力があった。これは、1950年代に米・ソの原子力潜水艦が登場するまで破られなかった記録である。

ともあれ、従来の偵察を主任務とした運用法と異なり、本格的な攻撃機を搭載し、積極的に敵側後方を叩くという大胆な発想であり、いうなれば〝水中空母〟ともいうべき性格の潜水艦であった。

特型潜水艦は、伊号第四〇〇級と命名され、昭和17年（1942年）6月のミッドウェー海戦直後に立案された改⑤計画に基づいて、都合18隻建造されることになり、第1番艦伊号第四〇〇は昭和18年（1943年）1月、呉工廠において起工、引き続き佐世保工廠、川崎重工でも伊号第四〇一～四〇五までが起工された。本級の建造は、その性格上、超極秘扱いとされ、搭載機の開発ともども、関係者への検閲は戦艦『大和』建造時に匹敵するほど厳しかったといわれる。

▲愛知航空機・永徳工場で完成したばかりの、『試製晴嵐』３号機。全面を黄色の試作機塗装にしている。全幅12m、全長10m、全備重量4t、最大速度480km/hという、まさに航空母艦搭載機に匹敵する規模の、堂々たる攻撃機であった。

特型潜水艦の設計、起工と併行して攻撃機の開発も進められ、当初は艦上爆撃機『彗星』の改造型を予定していたが、もっとも大事な、格納のための主翼折りたたみ化が困難なことに加え、水上機ではないので訓練に支障をきたすなどの理由から、新規設計機とするように変更された。そして、水上機に経験の深い愛知時計電機に、この特殊攻撃機の開発が命じられたのである。試作名称は十七試攻撃機〔M６A〕であった。

愛知では尾崎紀男技師を設計主務者に、森盛重、小沢泰代技師らを補佐に配して、昭和17年（１９４２年）６月に基礎研究着手、18年（１９４３年）１月～６月に試

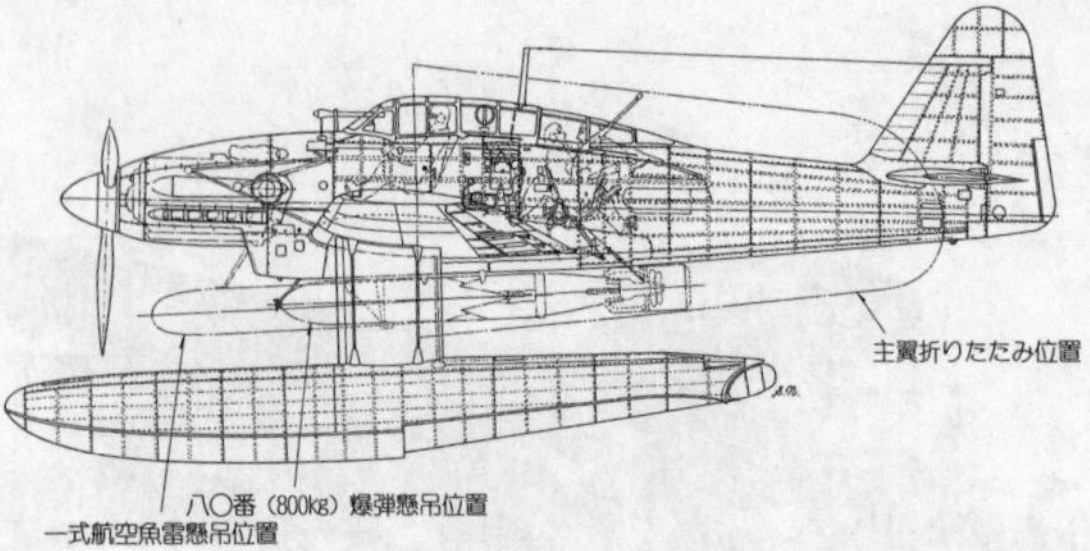

愛知 十七試攻撃機『試製晴嵐《せいらん》』〔M6A1〕精密四面図

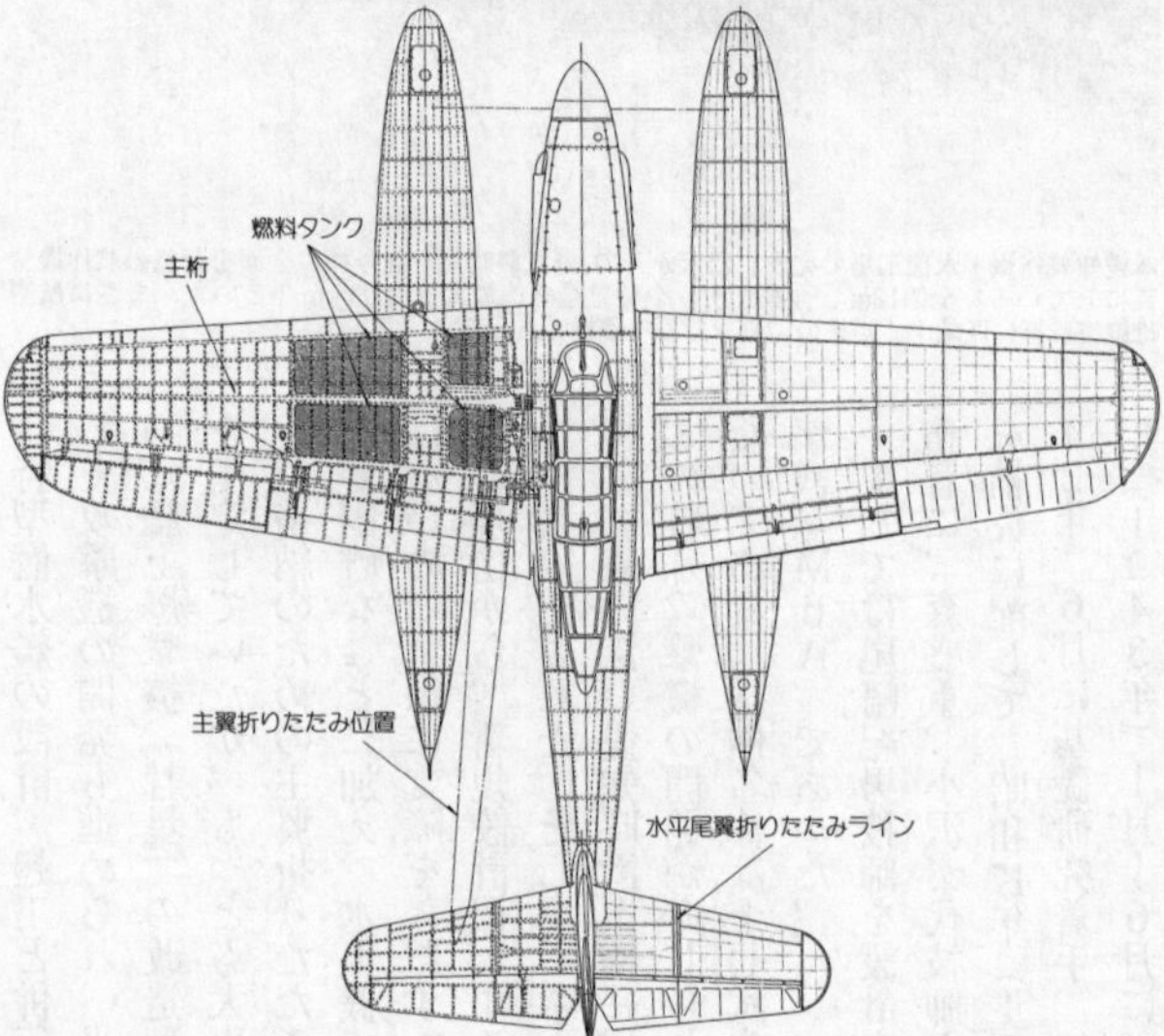

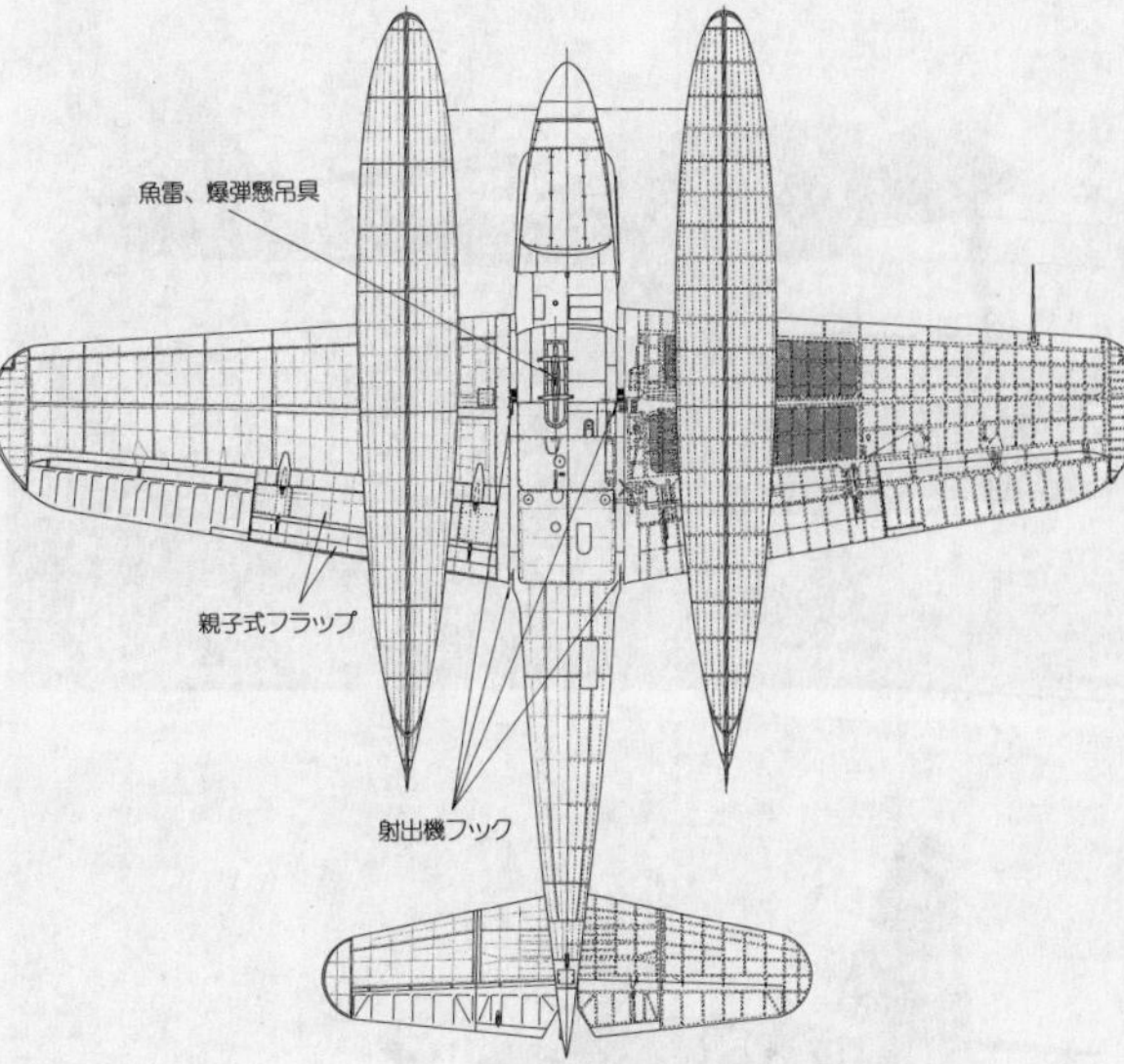
魚雷、爆弾懸吊具
親子式フラップ
射出機フック

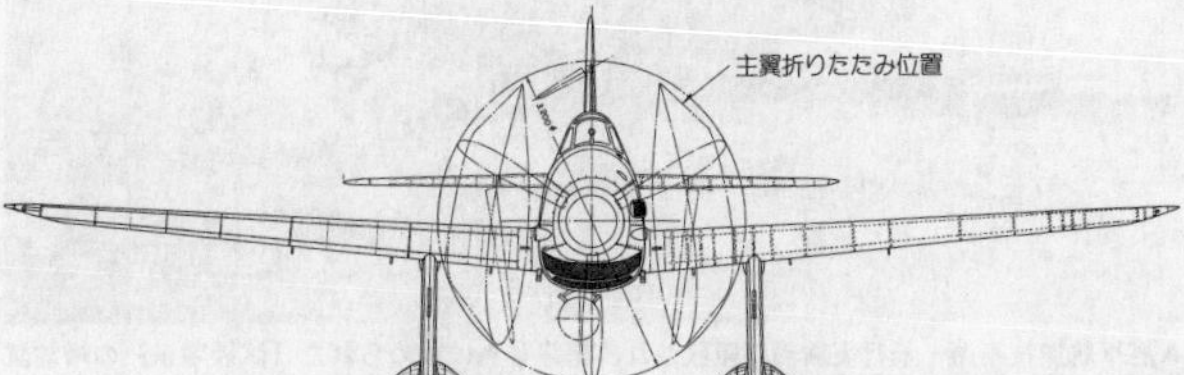
主翼折りたたみ位置

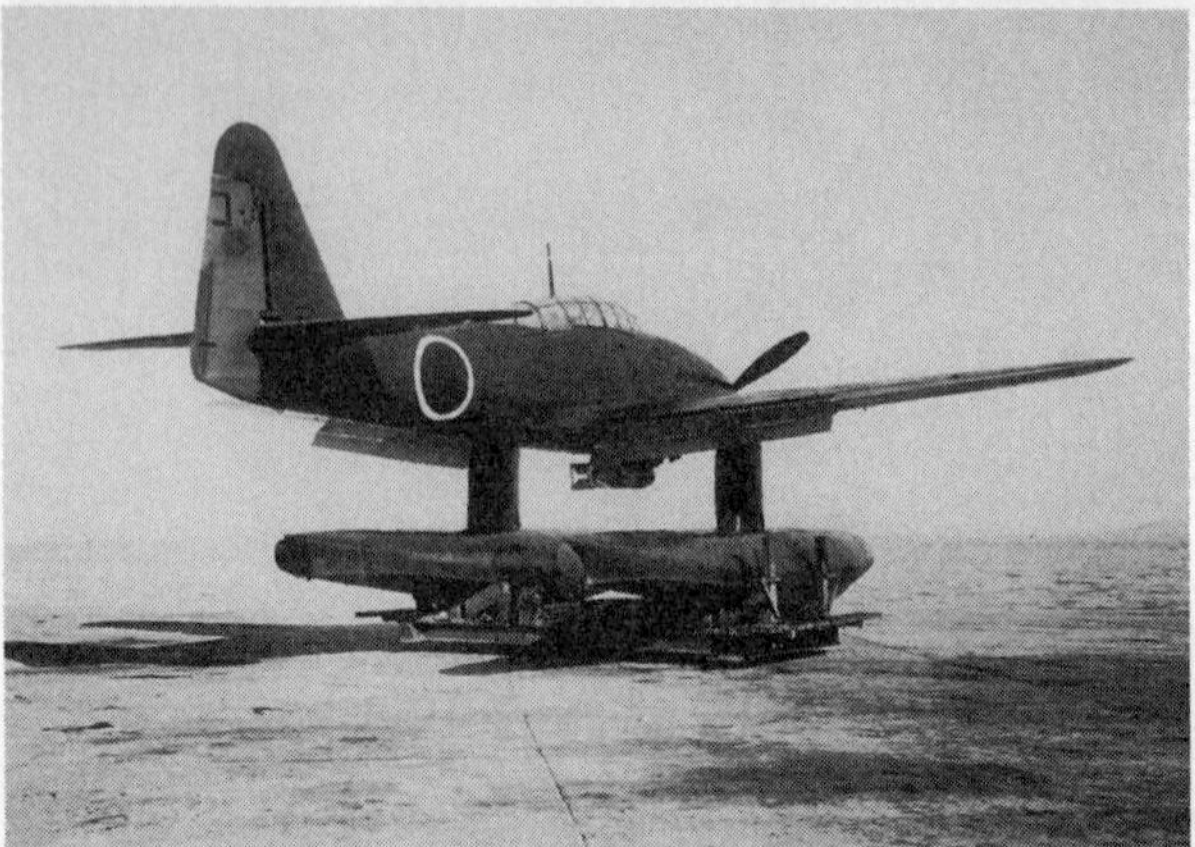

▲海軍航空技術廠・飛行実験部に領収され、記録写真に収められた『試製晴嵐』の増加試作機の1機、“コ-A-15”号機。戦後に米軍が撮影した、別の増加試作機と思われる写真から判断すると、本機も上面が緑黒色、下面が黄色（方向舵も？）のようだ。上写真は本機の側面形を完璧に捉えている。胴体下面に懸吊しているのは二五番（250kg）爆弾だが、実戦においては特別攻撃が前提とされたため、五〇番（500kg）か八〇番（800kg）爆弾、もしくは魚雷1本の懸吊が標準だった。

▲浮舟のかわりに、車輪式降着装置（『彗星』のそれを流用）を取り付け、晴嵐搭乗員の訓練用機にあてられた、『試製晴嵐改』。通算6、7号機の2機が改造されて造られたが、写真の“コ-M6-6”号機は、6号機のほう。潜水艦の格納筒に収める必要がないので、垂直尾翼上部の折り曲げ部分は撤去してある。なお、この陸上機型は、当初攻撃機として使う計画で、航空機名称付与基準に従い、『南山』（なんざん）と命名されたともいわれている。

作設計、同年11月に試作1号機完成という、複雑、高度な機体にしては異例のスピード開発を実現した。

搭載発動機は、実用性に難点があることを承知で、自社製の『熱田《あつた》』三二型液冷倒立V型12気筒（1400hp）とした。

本発動機は、よく知られるように、陸軍の川崎『ハ40』系と同じく、ドイツのダイムラーベンツDB601Aを国産化したものだが、当時のわが国の技術では複雑、高度な設計、構造、材質を同一レベルでこなせず、故障、トラブルが頻発して実用性が非常に低く、評判が悪かった。

しかし、潜水艦の格納筒内では暖機運転はできず、発進命令が急に出された場合は、空冷発動機ではこれが不可能であること、海軍が要求する性能を実現するには、空気抵抗面で有利な液冷が望ましいとの理由から、熱田に決まったのである。

この熱田発動機を包む機首まわりのアレンジは、艦爆『彗星』のそれをほぼ踏襲し、設計上の時間を節約した。

胴体、主翼ともに全金属製応力外皮構造で、胴体後部、尾翼の設計は、前作『瑞雲』とほとんど同じとした。

十七試攻撃機の、成否のカギを握っていたと言っても過言ではない、格納のための分解、および組み立て法は、各技術者たちが最も苦心したところである。

乙型潜水艦に比べれば、伊号第四〇〇級の格納筒ははるかに大きい（内径3・5m、長さ

30・5m）とはいえ、搭載する機体も、九六式／零式潜水艦用偵察機とは比較にならない大型機（全幅12・2m、全長11・6m、全高4・58m、自重3300kg）だから、条件の厳しさはむしろ増していた。

愛知技術陣は、左右主翼を付け根で下方に90°回転したのち、後方に折りたたむようにし、水平尾翼は、胴体中心線から90cmのところで下方に、垂直尾翼は上部を右側に62°折り曲げるという、苦心の方法でこれをクリアーした。

九六式／零式潜水艦用偵察機の分解、組み立ては、軽いのですべて人力であったが、十七試攻撃機は、さすがにそうはいかず、主翼の折りたたみ、展張は、母艦の油圧を使い、機体に備え付けた作動筒によって行なうこととされた。

双浮舟は、1枚の板状支柱によって主翼下面に取り付けられるが、実戦出撃の際は装着せず、訓練のときだけの使用が原則だった。つまり、出撃から戻った機体は母艦の傍に不時着水し、乗員だけを収容する、いわば使い捨ての運用を原則にしたのである。

いかに奇襲攻撃とはいえ、機体の収容に手間取ってまごまごしていれば、敵の航空機が反撃してきて、母艦もろとも撃沈されてしまう危険があるから、これも当然だったろう。

射出機発進による急速浮揚を助けるため、揚力の大きい親子式フラップ（二重スロッテッド・フラップ）の採用をはじめとし、その他機体各部のアレンジ、および艤装に関しては、『瑞雲』のそれが多く踏襲された。

海軍におけるテストでは、性能、操縦安定性など、ほぼ満足できるもので、射出機発進、分解、組み立てに関しても、とくに問題がなかったことから、『試製晴嵐』〔M6A1〕の名称で、昭和19年度に100機生産することが決まった。

いっぽう、母艦となる伊号第四〇〇級潜水艦のほうは、第1番艦伊号第四〇〇が昭和19年（1944年）1月に進水、同年12月30日に竣工、2番艦伊号第四〇一は20年（1945年）1月に竣工したが、計画よりも大幅に遅れ、この間、戦況が悪化し、〝水中空母〟そのものの構想にも変化が生じていた。

絶対国防圏と定めたマリアナ諸島、フィリピンまでもが陥落し、アメリカ軍の次の上陸作戦の鉾先が、沖縄、千島列島、もしくは直接、日本本土かと予測されているような状況下、パナマ運河攻撃どころではなくなっていたのだ。

その結果、伊号第四〇〇級の建造隻数は、当初の18隻から5隻に減らされ、計画そのものが大幅に縮小されてしまった。

建造隻数の減少を補うために、伊号第十三級（甲型改二）の2隻、伊号第十三、十四が、晴嵐2機搭載できるよう改造されたほか、伊号第四〇〇級も格納筒を後方に少し延長し、3機搭載可能にされた。

伊号第十三は19年（1944年）12月、同十四は20年（1945年）3月に竣工したのをうけ、海軍はとりあえず、伊号第四〇〇、四〇一をあわせ、4隻をもって20年3月に第一潜水隊を編制し、当面の攻撃目標を、南太平洋のアメリカ海軍根拠基地ということにし、計画を進めることとした。

なお、晴嵐の運用部隊としては、19年（1944年）12月、横須賀航空隊を基幹にして、第六三一航空隊を編制しており、空襲を避けるため、20年4月以降は主として石川県の能登半島七尾湾を根拠地にして、母艦との共同訓練を行なった。

奇襲攻撃を信条とするだけに、晴嵐の運用は夜間が主となり、急速浮上から射出までの時間を、できるだけ縮めることに重点をおいて進められた。夜間、ウネリのある海上での発艦は想像以上に困難をともない、陸上機のようにやり直しがきかないから、全員必死であった。小さなミスさえも大事故に結びついてしまう。

この間、伊号第四〇一が伊予灘で触雷し、1ヵ月半の損傷修理を予儀なくされ、国内燃料事情の悪化により、伊号第四〇〇が大連（中国・遼東半島）伊号第十三、十四が鎮海（朝鮮半島南端）へそれぞれ燃料補給に回航するなど思うように訓練がはかどらなかった。

第一潜水隊が七尾湾で訓練に明け暮れていた20年6月中旬、海軍首脳部は当時の戦況を考慮して〝水中機動部隊〟の攻撃目標は、ウルシー環礁とすることに決定。6月25日、海軍総隊司令部長官小沢治三郎中将より第一潜水隊に対して作戦命令が発せられた。それによれば、第一潜水隊は、まず敵状偵察のために伊号第十三、十四の両艦の晴嵐を艦上偵察機『彩雲』に変更し、同機をそれぞれ2機ずつ計4機を分解、収容、これを米軍非占領下のトラック島へ隠密輸送する。本作戦は「光作戦」と呼称し、7月下旬、トラック島着を目途とする。

先遣隊の敵状偵察に基づき、攻撃本隊の伊号第四〇〇、同四〇一は、搭載する計6機の晴嵐をもって、7月下旬～8月上旬の月明期間内に攻撃を実施する。本作戦は「嵐作戦」と呼

▲晴嵐の搭載母艦となった“潜特”、すなわち特型潜水艦伊号第四〇〇級の１番艦として建造された、伊号第四〇〇。写真は、敗戦後に米軍の管轄下に置かれ、ウルシー方面から横須賀港に帰還する途中のもので、本級の側面形がよくわかる。艦橋と一体造りの格納筒、艦首に向けてせり上がった四式一号射出機に注目。

▲伊号第四〇〇潜水艦の、格納筒先端に取り付けられた、巨大な水密扉を開いたところ。格納筒内部の、狭い間隔で配置された耐圧フレームが目を引く。『晴嵐』は、母艦が潜航中にこの中ですべての準備を整え、浮上と同時に扉を開いて画面左下に一部が見える射出機上に移動、素早く主、尾翼を展張して射出される。２機射出し終わるまでの所要時間は約20分とされたが、３番機はこのあと15分を要しないと射出出来なかった。これは、途中から３機搭載に増えたため、収納法に無理が生じたせいである。

称する、というものであった。

命令をうけた第一潜水隊は、まず伊号第十三、十四の両艦が七尾湾にて晴嵐を降ろし、一度舞鶴へ回航して出撃準備をしたのち、７月４日に出撃基地である、青森県下北半島の大湊に入港、ここで彩雲を搭載した。

当初は伊号第十四が７月７日、伊号第十三が９日にそれぞれ出港する予定だったが、伊号第十四が出港直前になって機関故障をおこしたため、伊号第十三が７月11日午後３時にトラック島へ向けて出港した。10日間の修理を終えた伊号第十四も７月17日には出港した。

いっぽう、攻撃本隊の伊号第四〇〇、四〇一の両艦は、６月いっぱいを七尾湾での訓練にあて、７月13日に舞鶴に回航して弾薬、糧食を補給したのち20日には出港、翌21日に大湊へ入港した。

これに先立って、舞鶴港では晴嵐搭乗員に対して、有泉龍之介第一潜水隊司令官より短刀授与式が行なわれ、本攻撃が当初の想定と異なり、体当たり攻撃を前提とした特別攻撃であること、攻撃隊の名称を『神龍特別攻撃隊』と呼称する旨、伝えられた。前年10月のフィリピン決戦に端を発した神風特攻が恒常化し、昭和20年に入って行なわれた航空作戦がほとんど特攻だけだったことからも、これは当然の成り行きだった。

晴嵐6機を搭載した伊号第四〇〇、四〇一の2隻は、7月24日午後、相次いで大湊を出港、それぞれが東へ大きく迂回する針路をとって、ウルシー泊地を目指した。というのも、すでに本州正面の太平洋側は、制空／制海権ともに米軍によって握られ、水上艦船はおろか、航空機さえも安全に飛べない状況だったから、隠密性のある潜水艦といえども、ずっと潜航したまま航行するわけではないので、こうした迂回は当然だった。出撃港が大湊になったのも同様の理由からである。

予想したとおり、トラック、ウルシーへの到達は容易でなく、早くも先遣隊の伊号第十三が消息を絶った。米軍側の記録では、7月16日、北緯34度28分、東経１５０度55分の地点で、護衛空母『アンツィオ』搭載機が日本潜水艦1隻を撃沈したとあり、これが伊号第十三と思われる。それでも伊号第十四は米軍哨戒艇の執拗な追跡をかわして、8月4日、無事トラック島へ到着した。

攻撃本隊の伊号第四〇〇、四〇一は8月14日に北緯3度、東経１６０度付近の会合点で合流し、17日の3時にウルシー泊地南方海上で再会合して攻撃隊を発艦させる予定だった。しかし、伊号第四〇〇より東へ大きく迂回した伊号第四〇一が、途中、台風に遭遇して長時間の潜航を強いられるなどで遅れ、会合ができないまま個別にウルシーへ向かった。

そして、翌8月15日に敗戦。伊号第四〇〇はウルシー南方のほぼ発艦予定地点付近、伊号第四〇一は北緯3度、東経150度付近、伊号第十四はトラック島から内地へ回航する途中でそれぞれ、本土からの無電によって敗戦を知らされ、命令によって本土帰還を指示された。

ここに、前代未聞の水中機動部隊は、ついに実戦において威力を示すことなく終わったのである。本土への回航途中、伊号第四〇〇、四〇一とも、搭載していた魚雷、弾薬を海へ投棄し、晴嵐は発動機も始動されず、無人のまま射出機から射ち出され、空しく海中に没していった。

結果的に、多大の労力、資材を投じて開発された伊号第四〇〇級と晴嵐は、戦局には何ら貢献せずに終わったわけだが、実際、当時の状況を考えれば本計画はもっと早期に中止し、通常型潜水艦、航空機の開発、生産にその能力を振り向けるべきであった。〝水中機動部隊〟構想は、日本海軍行政の大きな誤りだったといえよう。たとえ、晴嵐6機による特別攻撃が成功したところで、米軍にとっては5~6隻の艦艇喪失など何ら問題にならないほど戦力は充実していたのだから……。

なお、晴嵐の生産数は、計画そのものの縮少によって大幅に減らされ、試作、増加試作機8機、生産機20機、合計28機が造られたのみに終わった。きわめてコストが高くついたこと

日本海軍歴代水上機性能／諸元一覧表

機体名／項目	ロ号甲型水上偵察機	十四式水上偵察機〔E1Y〕	十五式水上偵察機〔E2N〕	二式複座水上偵察機〔HD−25〕	九〇式一号水上偵察機〔E3A〕	九〇式二号水上偵察機二型〔E4N2〕	九〇式三号水上偵察機〔E5K〕	九一式水上偵察機〔E6Y〕	九四式二号水上偵察機〔E7K2〕	九五式水上偵察機〔E8N〕
全幅(m)	15.692	14.232	13.54	14.856	11.00	10.976	14.46	8.00	14.00	10.98
全長(m)	10.16	10.735	9.565	9.684	8.45	8.869	10.812	6.69	10.50	8.81
全高(m)	3.666	4.194	3.688	4.268	3.67	3.967	4.74	2.87	4.55	3.84
主翼面積(m²)	48.22	54.79	44.0	54.93	34.50	29.66	55.0	—	43.6	26.50
自重(kg)	1,070	1,930	1,409	1,601	1,118	1,252	1,850	570	2,100	1,320
全備重量(kg)	1,628	2,800	1,950	2,343	1,600	1,800	3,000	750	3,300	1,900
発動機名称	三菱「ヒ」式液冷 V型8気筒(生産型)	ロレーン三型液冷 W型12気筒	三菱「ヒ」式液冷 V型8気筒	ネピアライオン 液冷W型12気筒	瓦斯電「天風」 空冷星型9気筒	中島「寿」二型改一 空冷星型9気筒	中島／ジュピター 空冷星型9気筒	三菱／モングース 空冷星型5気筒	三菱「瑞星」一一型 空冷星型複列14気筒	中島「寿」二型改二 空冷星型9気筒
発動機出力(hp)	220	485	340	450	340	580	520	150	870	630
プロペラ	木製固定ピッチ2翅	木製固定ピッチ4翅	木製固定ピッチ2翅	木製固定ピッチ2翅	木製固定ピッチ2翅	金属製固定ピッチ2翅	木製固定ピッチ2翅	木製固定ピッチ2翅	木製固定ピッチ2翅	金属製固定ピッチ2翅
プロペラ直径(m)	2.832	3.20	2.70	3.60	2.60	2.743	3.35	—	3.20	2.70
最大速度(km/h)	156	189	172.2	204	199	232	178	168	277	299
巡航速度(km/h)	—	139	—	—	116〜125	148	129	—	—	185
着水速度(km/h)	—	—	—	90	—	96.3	83	—	107	97.2
上昇力(m/分・秒)	500/4′00″	3,000/20′00″	3,000/31′37″	3,000/15′14″	3,000/18′18″	3,000/10′34″	3,000/33′20″	3,000/17′55″	3,000/9′06″	3,000/6′31″
実用上昇限度(m)	—	4,000	—	—	3,270〜4,710	5,740	4,050	—	6,250	7,270
航続距離(km)	778	1,156	5.0時間	917	754	1,019	6.5時間	4.4時間	2,463(最大)	1,681(最大)
武装	七粍七機銃×1	七粍七機銃×1 爆弾30kg×4 または110kg×2	七粍七機銃×1	七粍七機銃×1 爆弾30kg×4	七粍七機銃×2 爆弾30kg×2	七粍七機銃×2 爆弾30kg×2	七粍七機銃×4 爆弾60kg×3 または125kg×2	— なし	七粍七機銃×3 爆弾30kg×4 または60kg×2	七粍七機銃×2 爆弾30kg×2
乗員数	2	3	2	2	2	2	2	1	3	2

機体名／項目	九六式小型水上機〔E9W〕	九六式水上偵察機〔E10A〕	九八式水上偵察機〔E11A〕	愛知十二試二座水上偵察機〔E12A〕	零式観測機〔F1M〕	零式水上偵察機〔E13A〕	零式小型水上機〔E14Y〕	水上偵察機「紫雲」〔E15K〕	水上偵察機「瑞雲」〔E16A〕	十七試攻撃機「試製晴嵐」〔M6A〕
全幅(m)	9.98	15.50	14.49	13.00	11.00	14.50	10.98	14.00	12.80	12.262
全長(m)	7.64	11.219	10.71	10.44	9.50	11.49	8.538	11.587	10.84	10.655
全高(m)	2.29	4.50	4.52	3.45	4.00	4.70	3.385	4.95	4.74	4.580
主翼面積(m²)	22.08	52.10	46.4	30.8	29.54	36.0	19.0	30.0	28.0	27.0
自重(kg)	847	2,100	1,927	2,100	1,928	2,642	1,072	3,165	2,713	3,362
全備重量(kg)	1,210	3,300	3,300	2,850	2,550	3,640	1,450	4,100	3,800	4,250
発動機名称	瓦斯電「天風」一一、または一二型空冷星型9気筒	愛知九一式500hp液冷W型12気筒	愛知九一式二二型液冷W型12気筒	三菱「瑞星」空冷星型複列14気筒	三菱「瑞星」一三型空冷星型複列14気筒	三菱「金星」四三型空冷星型複列14気筒	瓦斯電「天風」一二型空冷星型9気筒	三菱「火星」二四型空冷星型複列14気筒	三菱「金星」五四型空冷星型複列14気筒	愛知「熱田」三二型液冷倒立V型12気筒
発動機出力(hp)	340	650	620	870	875	1,080	340	1,500	1,300	1,400
プロペラ	木製固定ピッチ2翅	木製固定ピッチ4翅	木製固定ピッチ4翅	金属製可変ピッチ2翅	金属製可変ピッチ3翅	金属製定速可変ピッチ3翅	木製固定ピッチ2翅	金属製定速可変ピッチ二重反転4翅	金属製定速可変ピッチ3翅	金属製定速可変ピッチ3翅
プロペラ直径(m)	2.60	3.60	3.40	3.20	3.00	3.10	2.50	3.10	3.20	3.20
最大速度(km/h)	233	206	217	361	370	376	246	468	448	474
巡航速度(km/h)	148	106	130	278	203	222	157	269	352	296
着水速度(km/h)	92.6	93	93	93	110	111	89		111	126
上昇力(m/分・秒)	3,000/9'41"	3,000/17'42"	3,000/18'35"	3,000/5'00"	5,000/9'36"	3,000/6'05"	3,000/10'11"	3,000/10'00"	5,000/9'59"	3,000/5'48"
実用上昇限度(m)	6,740	4,120	4,425	8,150	9,440	8,730	5,420	9,830	10,280	9,900
航続距離(km)	732	1,852	1,945	1,065	740	3,326(最大)	982	3,370(最大)	2.535(最大)	2,000(最大)
武装	七粍七機銃×1	七粍七機銃×1	七粍七機銃×1	七粍七機銃×3 爆弾60kg×2 または250kg×1	七粍七機銃×3 爆弾30～60kg×2	七粍七機銃×1 爆弾60kg×4 または250kg×1	七粍七機銃×1 爆弾30kg×2	七粍七機銃×1 爆弾60kg×2	二十粍機銃×1 七粍七機銃×1 爆弾60kg×2 または250kg×2	十三粍機銃×1 800kg魚雷×1 または800kg、もしくは250kg爆弾×1
乗員数	2	3	3	2	2	3	2	2	2	2

になる。

このうち、第6、7号機は浮舟のかわりに車輪式降着装置（『彗星』のそれを流用）をもつ、陸上機に改造され、搭乗員の訓練機とされた。

ちなみに、海軍の公式書類では、晴嵐は制式兵器採用機扱いにはなっていなかったらしく、敗戦直前の昭和20年（1945年）7月に作製された、『海軍現用機性能要目表』でも、名称は〝試製晴嵐〟のままになっており、陸上機は〝試製晴嵐改〟〔M6A1-K〕とされていた。

この名称に関しては、陸上機を〝南山〟と命名したとする説もあり、真相はいまひとつはっきりしない。

いっぽう、母艦の伊号四〇〇級の後続艦については、伊号第四〇二が昭和20年（1945年）7月24日に佐世保で竣工したが、晴嵐を搭載することもないまま、輸送任務などに従事して敗戦を迎え、伊号第四〇三は建造中止。伊号第四〇四は、19年（1944年）7月、進水後に呉で空襲をうけて被爆大破、28日に自沈処分され、伊号第四〇五は18年（1943年）9月27日、呉工廠で起工直後に建造中止された。

伊号第十三、伊号第十四と同じく、甲型改造の準潜特ともいうべき艦として伊号第十五、伊号第一が予定されたが、両艦とも進水後の工事を中断して未完成のままに終わっている。

第三章　九四式水偵／零式観測機／零式水偵／零式小型水偵／『試製晴嵐』の機体構造

第一節　九四式水上偵察機

本機の機体構造は、木金混成骨組みに、ジュラルミン、および羽布を用いた外皮により成る。以下に示した図は、『瑞星』発動機搭載の二号型〔E7K2〕のものだが、機体関係は一号型〔E7K1〕もまったく同じ。

1　胴体

骨格は、クロームモリブデン鋼管をガス熔接し、円形断面張り線によって緊張したもの。発動機架は、取り付け管に8本の支柱を配し、胴体第1番骨格の四隅に、傾斜ボルトを使って取り付けられる。主体はクロームモリブデン鋼管で、振動吸収のための緩衝装置を有する、7本のボルトにて発動機を取り付けた。

胴体前部の外皮は、カウリングをふくめてジュラルミン鈑製だが、後部は羽布張り。無線／電信員席上部には、開閉式のセルロイド製滑戸《すべりど》（シャッター）があり、とくに用のない時にはこれを閉じて、無駄な空気抵抗源をつくらないよう、工夫してあった。この無線／電信員席下部には、爆撃照準孔が設けてある。

第2番骨格部には、石綿をジュラルミン鈑でサンドイッチした防火壁が取り付けられ、発動機が被弾して火災を発生した場合に、後方への延焼を防止するようにしてある。

この防火壁と操縦室との間が、燃料タンクの収納スペースになっており、上部、主、後部の3つのタンクに、合計1085ℓの燃料を収容した。ちなみに、零戦二一型のそれは、増槽をふくめても850ℓであるから、かなりの量である。

操縦、偵察、無線／電信員各席の床には、10㎜、または12㎜厚の合板（バルサ、および樺の合板）が張ってあり、乗員の疲労を少なくする配慮がうかがえる。

2　主翼

主翼は、すべてジュラルミン製管桁と木製小骨にて骨格を構成し、外皮は羽布張り。

上翼は中央翼に、下翼は基準翼にそれぞれ接続され、上、下翼間は鋼管、および流線形断面鋼管の支柱で固定され、流線形断面の張り線にて緊張してある。

上、下翼の外翼は、後桁付け根部を中心にして、後方に折りたたむことが可能だが、この際は外翼の内端に、上、下翼を固定する専用のV字形支柱を用いる。

上翼中央翼は、6本の支柱、および4本の流線形断面張り線により胴体に固定され、前後桁間は燃料タンク（重力タンク――容量75ℓ）の収容スペースになっている。後部には、副

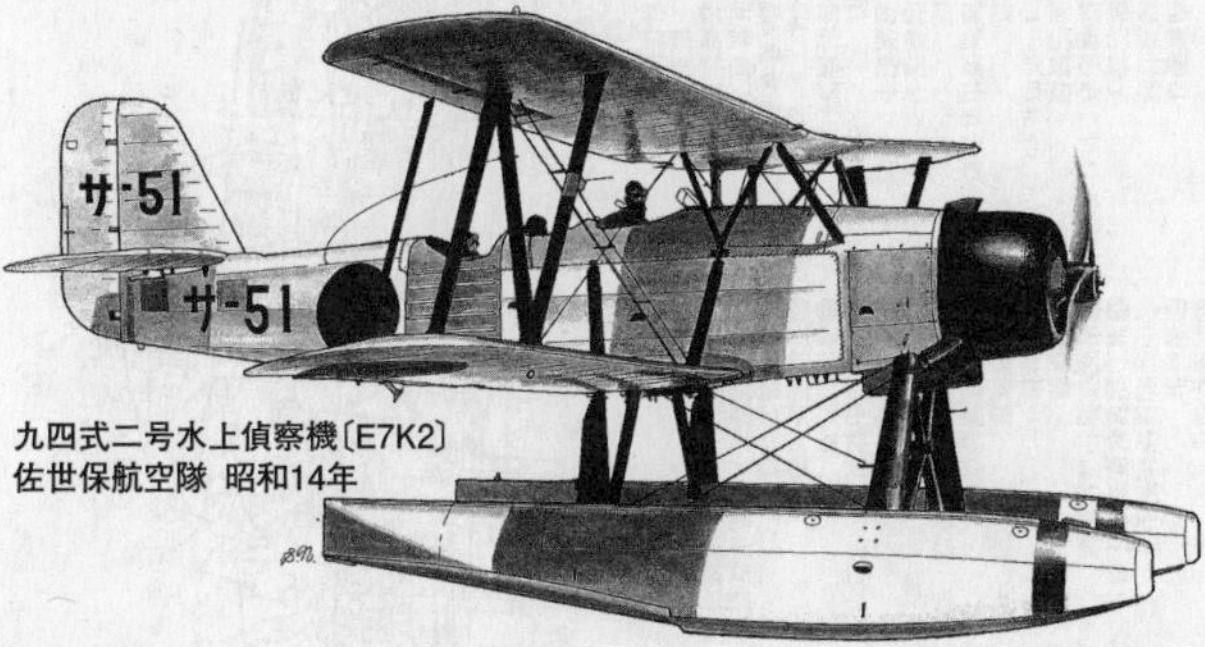

九四式二号水上偵察機〔E7K2〕
佐世保航空隊 昭和14年

翼と称する小さな分割部があり、折りたたみの際はこれを取り外すようになっている。燃料タンク部の上面覆は、樺合板製で、吊り上げ作業などの際に、乗員の足場となる。タンク後方上面部分には、機体吊り上げ用索、および環の格納箱が設けてある。

下翼を取り付ける基準翼は、胴体と一体造りになっていて、桁はクロームモリブデン製鋼管、木製小骨によって骨格を構成し、後部には上翼中央翼と同様の副翼が設けてある。上面には、乗員乗降のためにアルミニウム鈑が張ってあり、歩行可能としている。

上、下翼外翼には補助翼があり、連結桿によって接続している。右下翼の補助翼にのみ、幅52㎜、長さ258㎜の修整装置（釣合いタブ）を有する。

なお、本機はフラップは持っていない。

3　尾翼

尾翼の構造も、基本的には主翼と同じで、ジュラルミン製管桁に木製小骨を配した骨格に、羽布を張ってある。

二号〔E7K2〕胴体内部艤装図（右側）

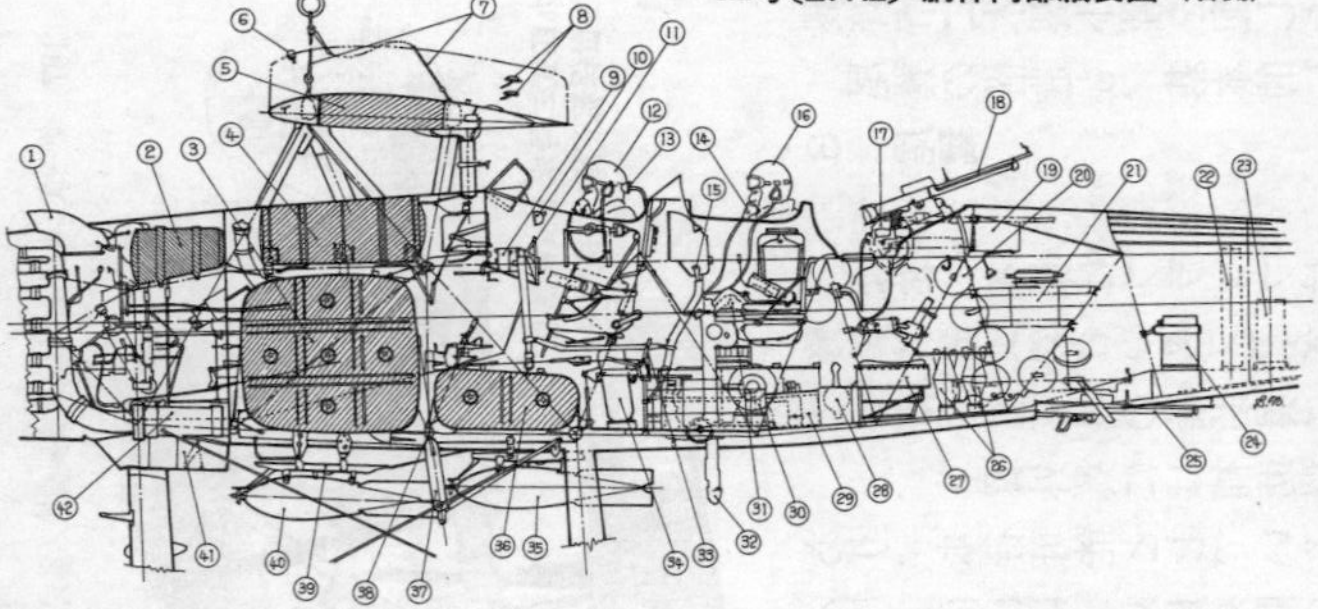

❶気化器空気取り入れ口
❷潤滑油タンク
❸主燃料タンク
❹上部燃料タンク
❺重力/清浄タンク
❻翼舷灯
❼機体吊り上げ索
❽編隊灯
❾起動用配電盤
❿室内灯
⓫操縦桿
⓬操縦員
⓭頭当て
⓮伝声管
⓯偵察員用操縦桿
⓰偵察員
⓱電信（無線）員/銃手
⓲上方七粍七旋回機銃
⓳用具箱
⓴予備弾倉
㉑主配電盤
㉒吊光投弾二型
㉓着水照明炬
㉔蓄電池
㉕下方七粍七旋回機銃
㉖着水照明炬
㉗電信/機銃手席
㉘大型携帯電気信号灯
㉙吊光投弾/航法目標灯予備格納箱
㉚標的吹き流し巻き取り器
㉛信号弾発射拳銃収納部
㉜九一式機上観測鏡
㉝偵察員用方向舵踏棒
㉞消火用炭酸ガス・ボンベ
㉟60kg爆弾
㊱後部燃料タンク
㊲射出機滑走車用取り付け金具
㊳方向舵踏棒
㊴小型爆弾架
㊵60kg爆弾
㊶潤滑油冷却器
㊷消焔排気管

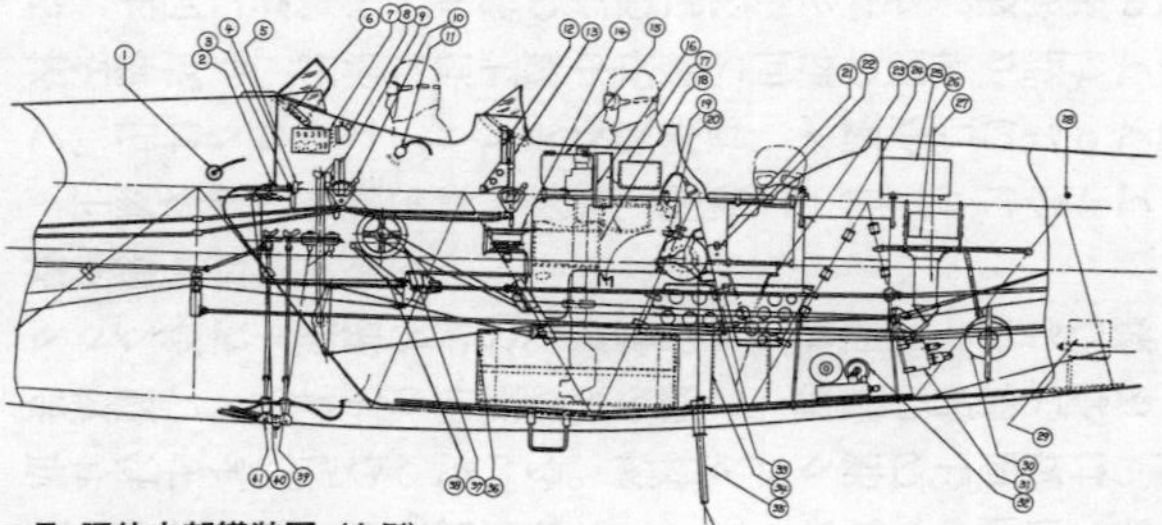

二号 胴体内部艤装図（左側）

❶昇降度計保温槽
❷爆弾投下把手
❸方向修整操作把手
❹操縦席計器板
❺吊光投弾/着水照明炬投下把手
❻紫外線灯
❼操縦席接断器筺
❽紫外線灯
❾気化器調整把手
❿高度弁調整把手
⓫座席灯
⓬偵察員席訓練用計器盤
⓭航法図板
⓮羅針儀（一型改）
⓯偵察員席記録板
⓰偏流方位測定取り付け支基
⓱偵察員席記録入
⓲偵察員席要具嚢
⓳偵察員席移動灯
⓴絡車
㉑偵察員席掲示板
㉒電鍵
㉓無線席テーブル、電鍵台
㉔九六式空三号無線電信機
㉕無線席要具筺
㉖長波延長線輪
㉗短波測波器
㉘固定空中線引き込み口
㉙発電動機
㉚機銃弾倉
㉛無線機用接続要具筺
㉜電動直流発電機
㉝操縦索覆
㉞要具筺
㉟絶縁管
㊱吊光投弾一型格納筺
㊲水平尾翼角度変更手輪
㊳手動喞筒操作把手
㊴燃料計
㊵嘴操作把手
㊶燃料集合管

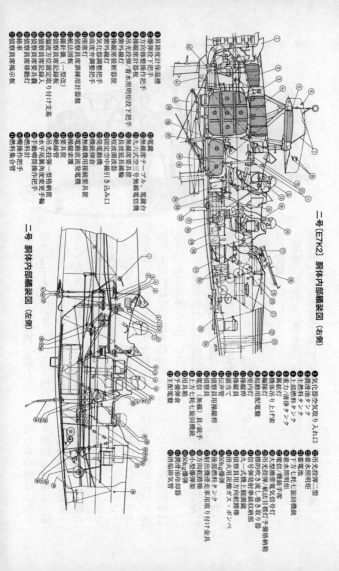

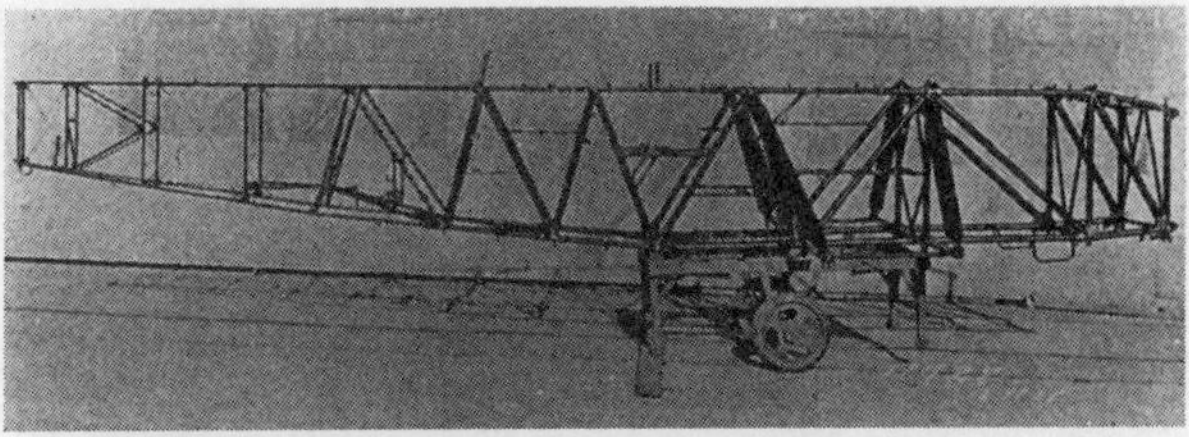

▲胴体骨格（右側より見る）。

▲胴体組み立て状態（右前方より見る）。

▼主翼骨組み（左外翼を上面側より見る）。

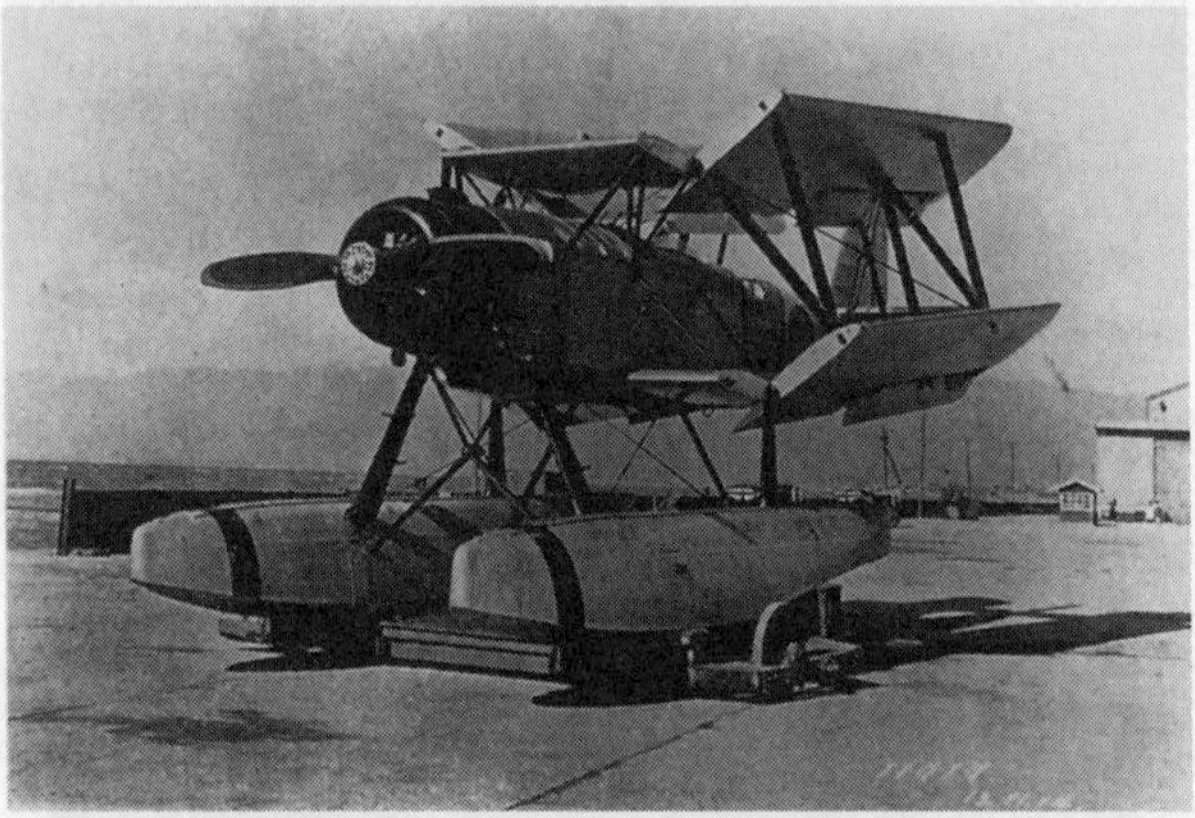

主翼を折りたたんだ状態の
九四式二号水上偵察機。

主翼翼組み基本図

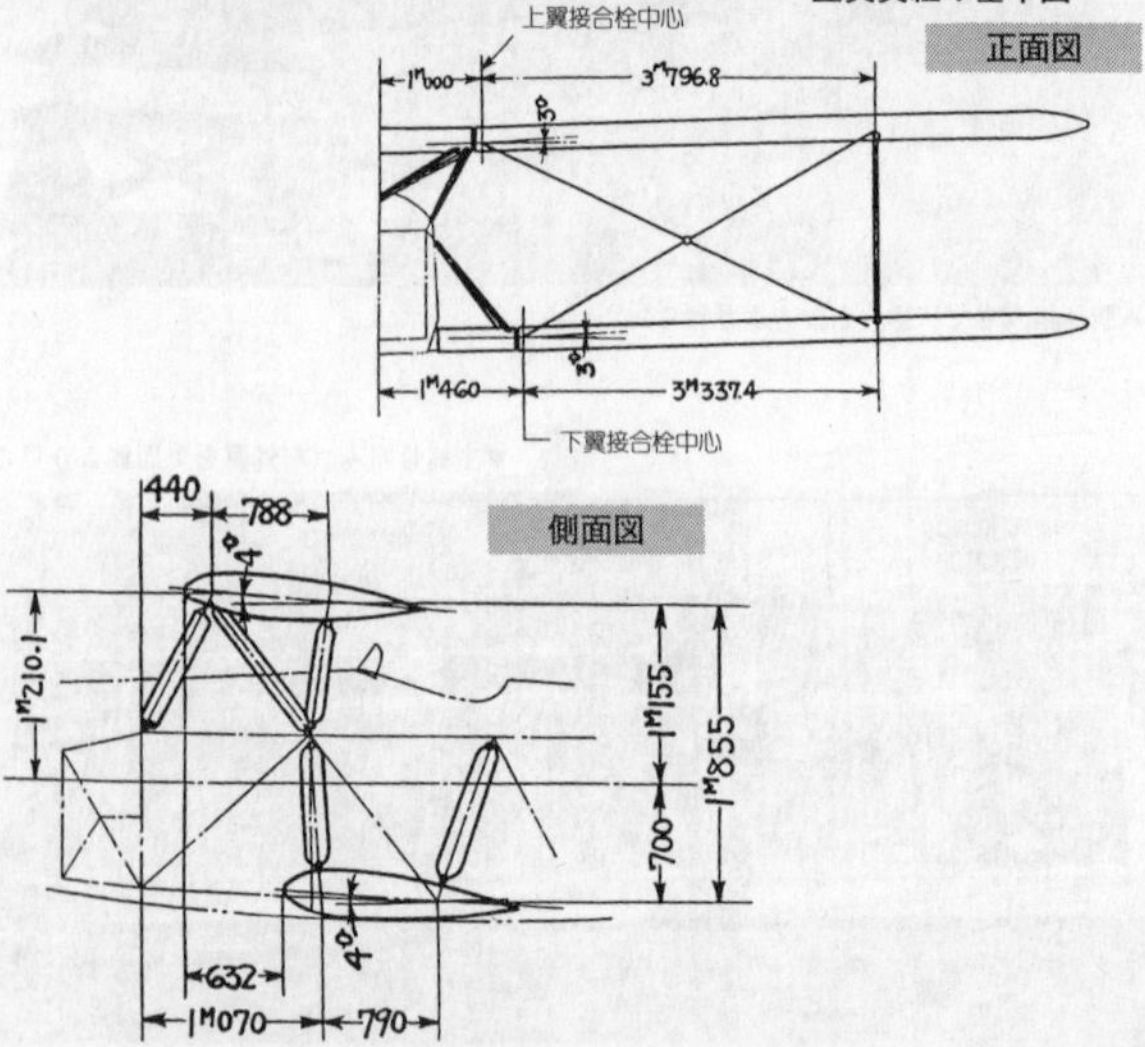

補助翼骨組み（右翼のもの）。

翼断面（M-12）

主翼一般小骨（リブ）

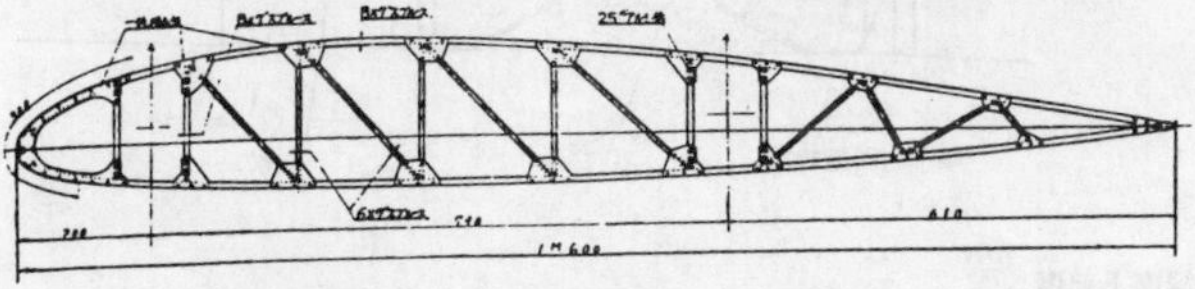

補助翼部小骨

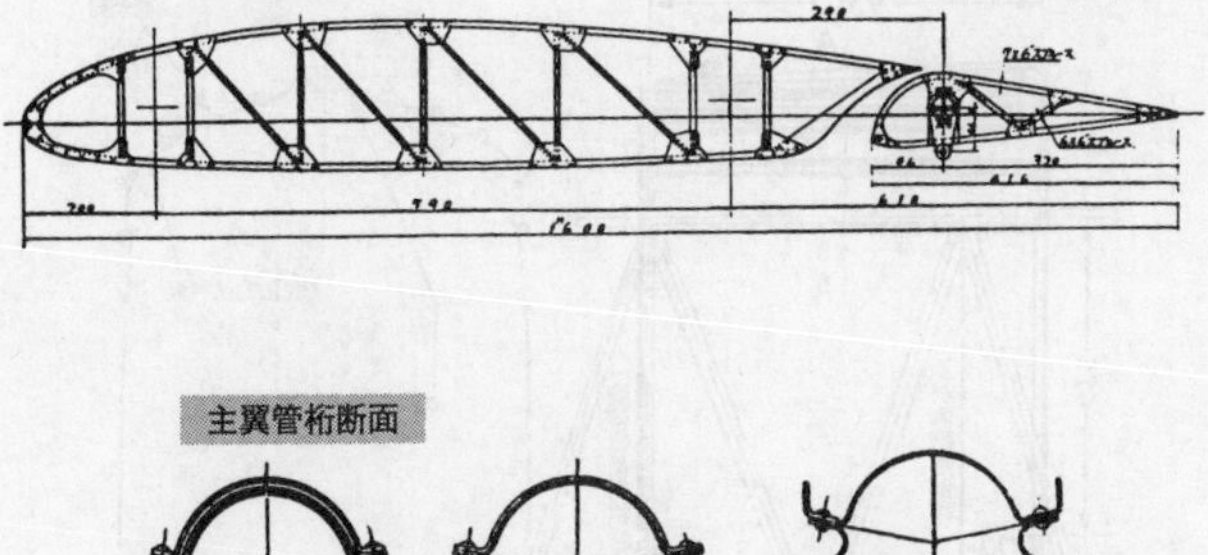

主翼管桁断面

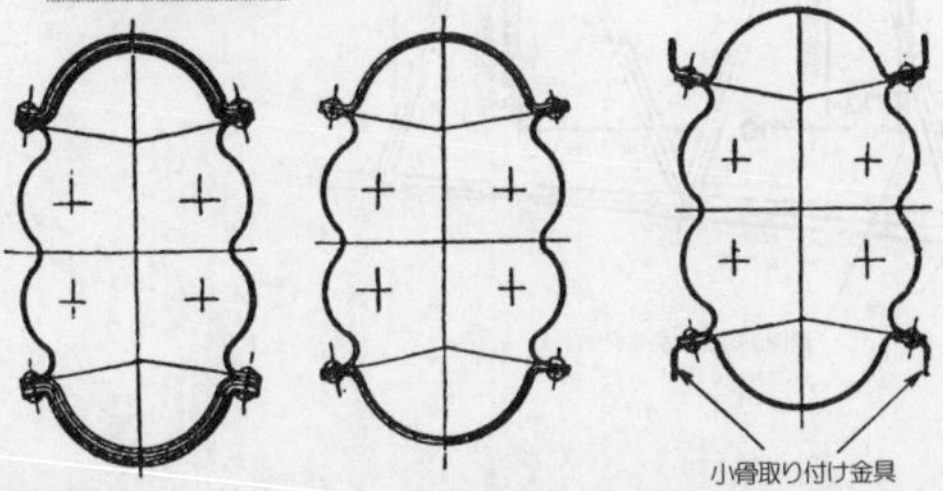

胴体昇降装置配置図
（手掛，足掛）

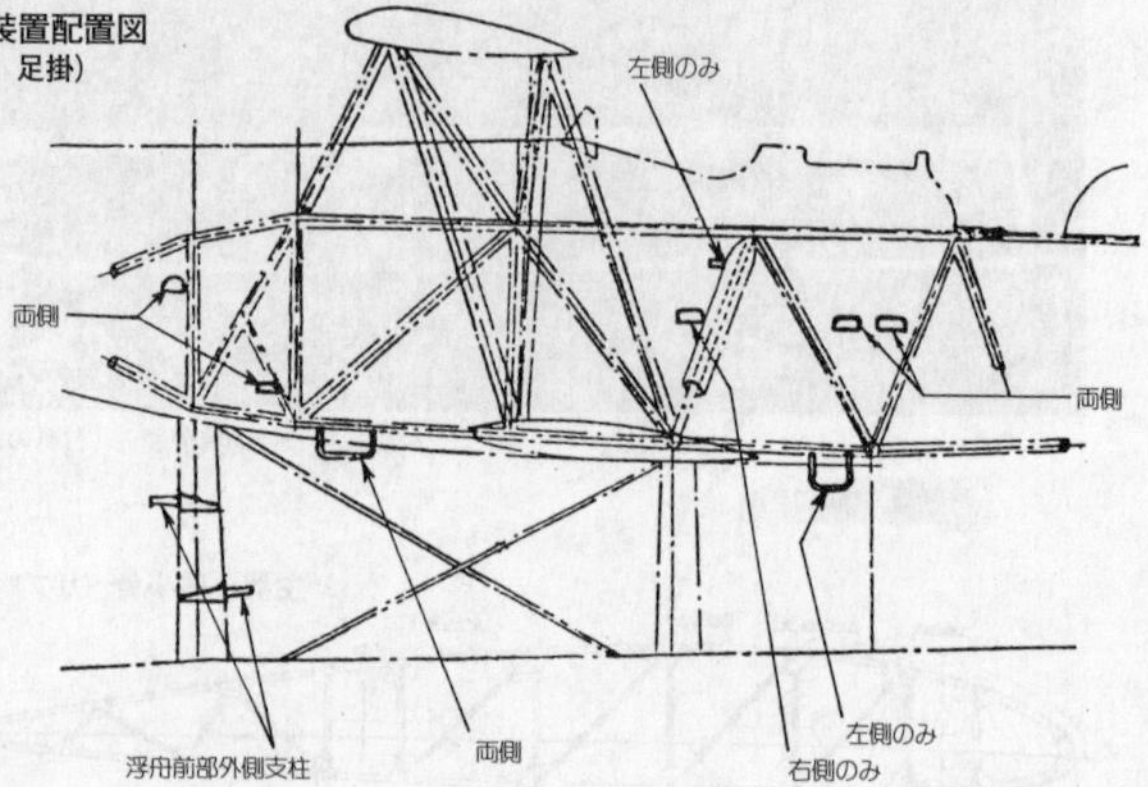

無線席上部覆

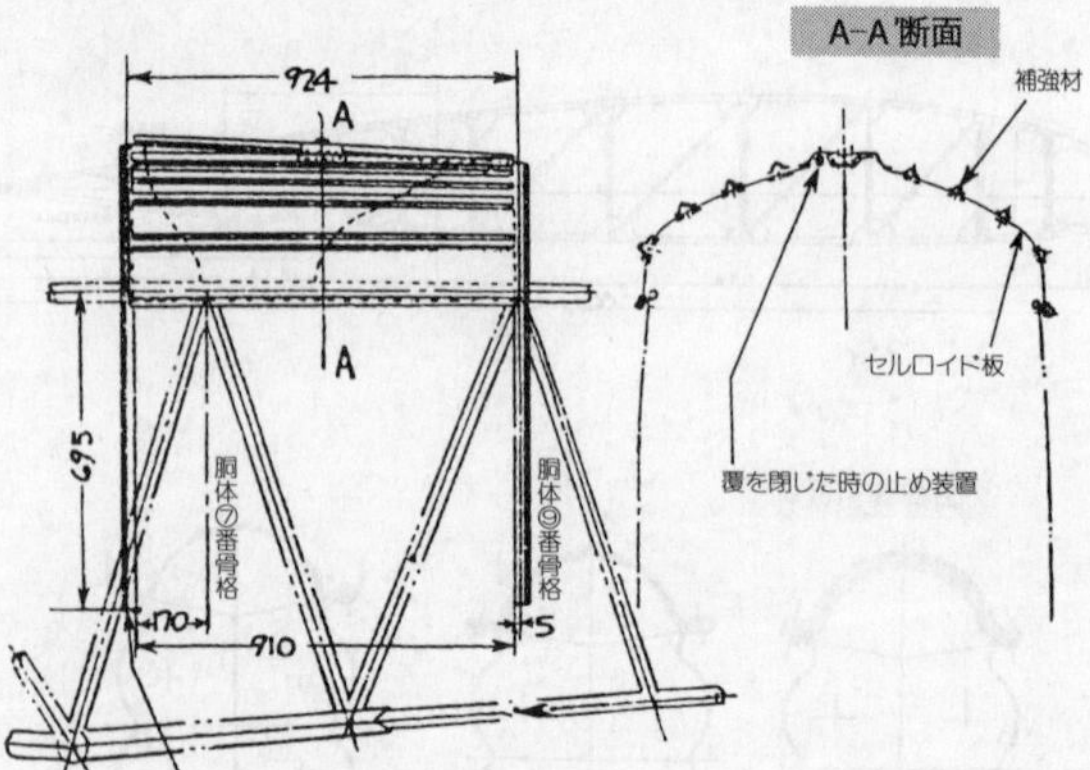

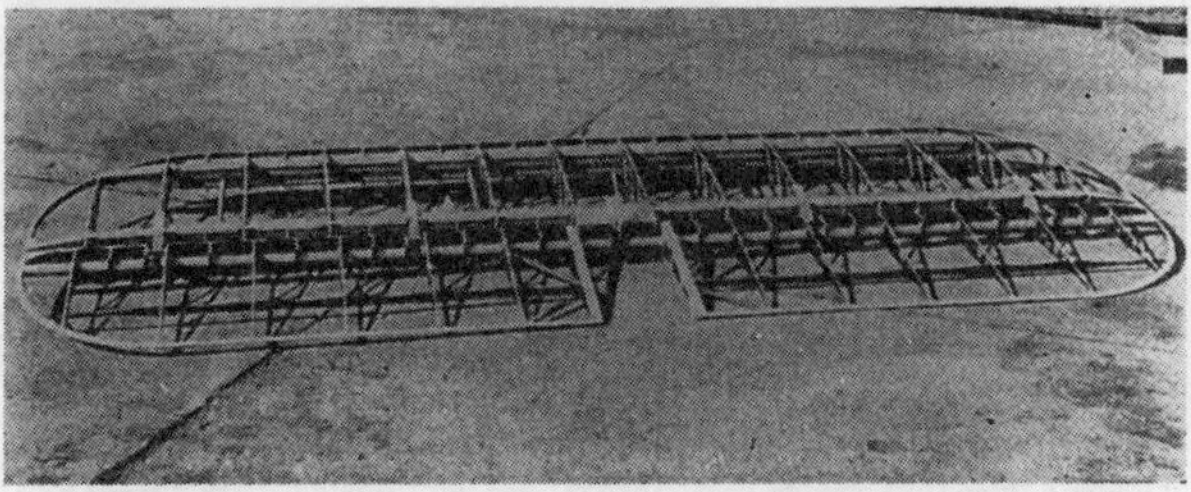

水平尾翼骨組み。

水平尾翼角度変更装置

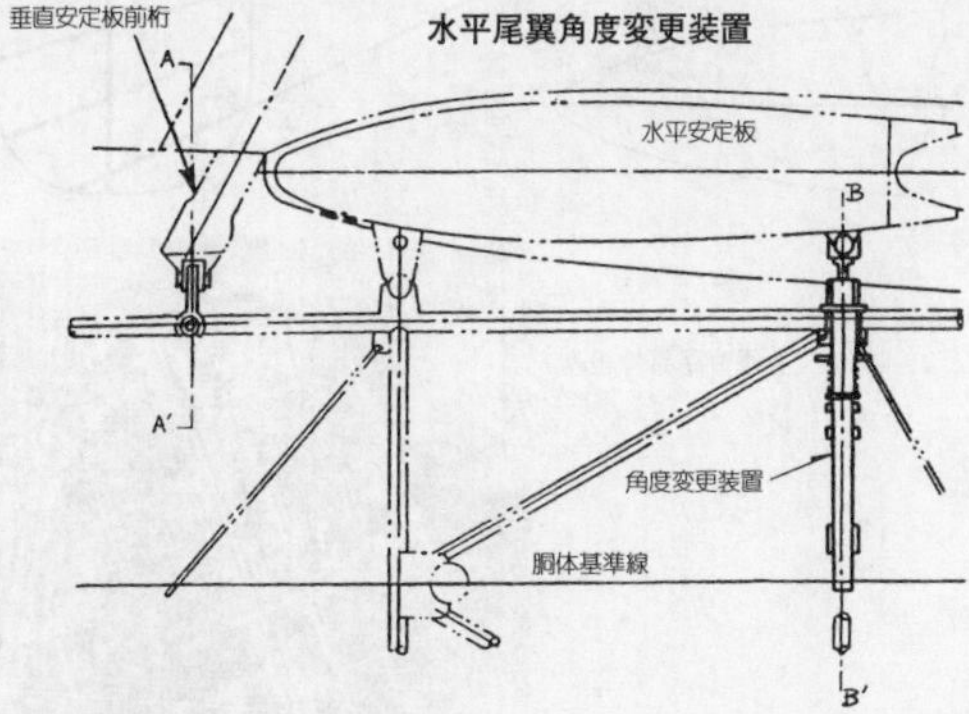

平面図 A-A'部

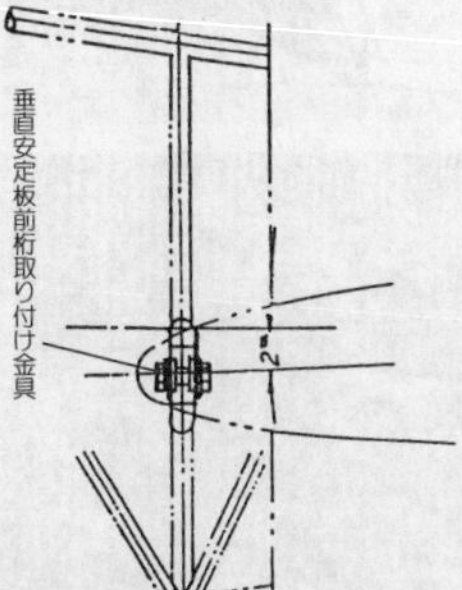

正面図 B-B'部

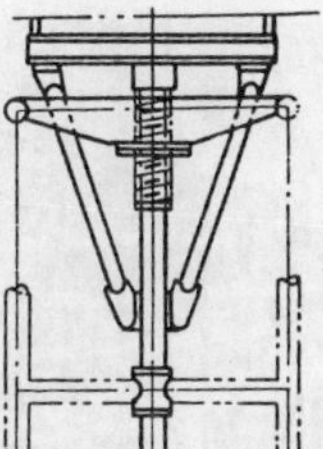

偏流測定用目盛線記入要領(水平尾翼上面)　※銀色，灰色塗装機は赤，迷彩機は白で記入

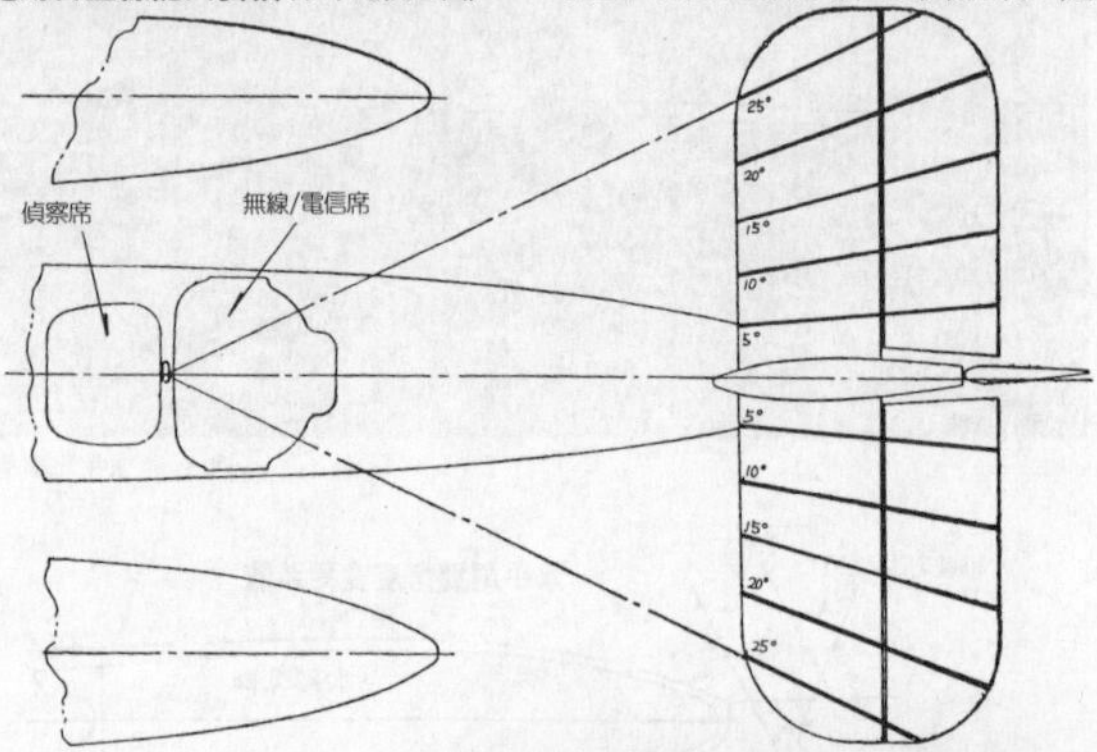

▶垂直尾翼骨組み。

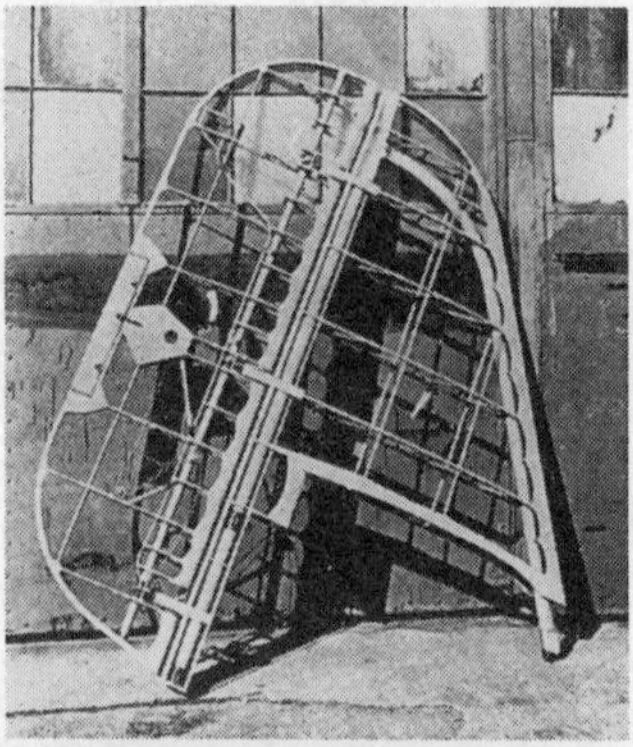

▼浮舟（フロート）骨組み。
上、下逆に置いた状態で左舷方より見る。

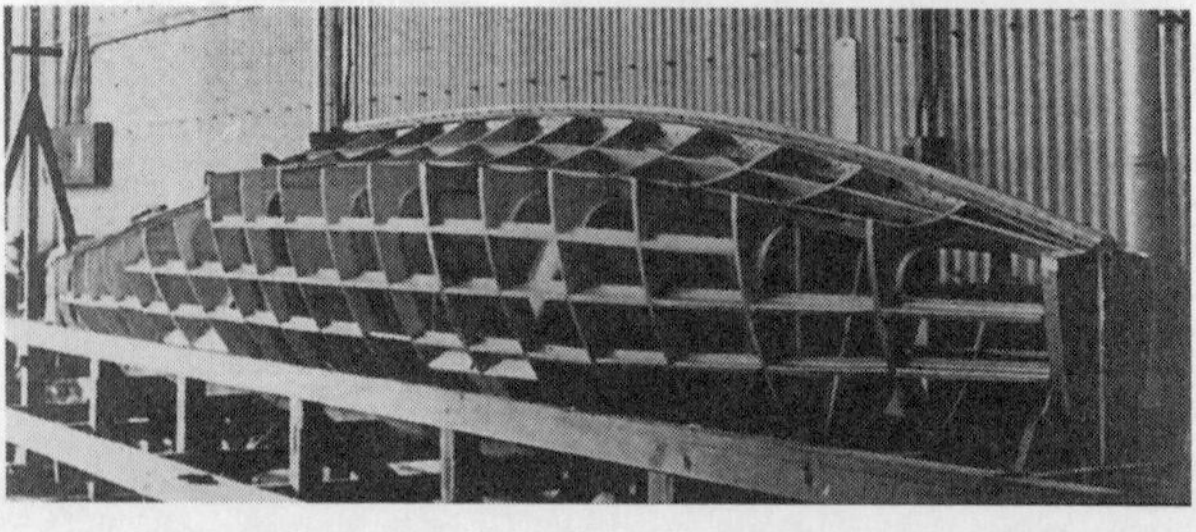

浮舟脚部取り付け詳細図

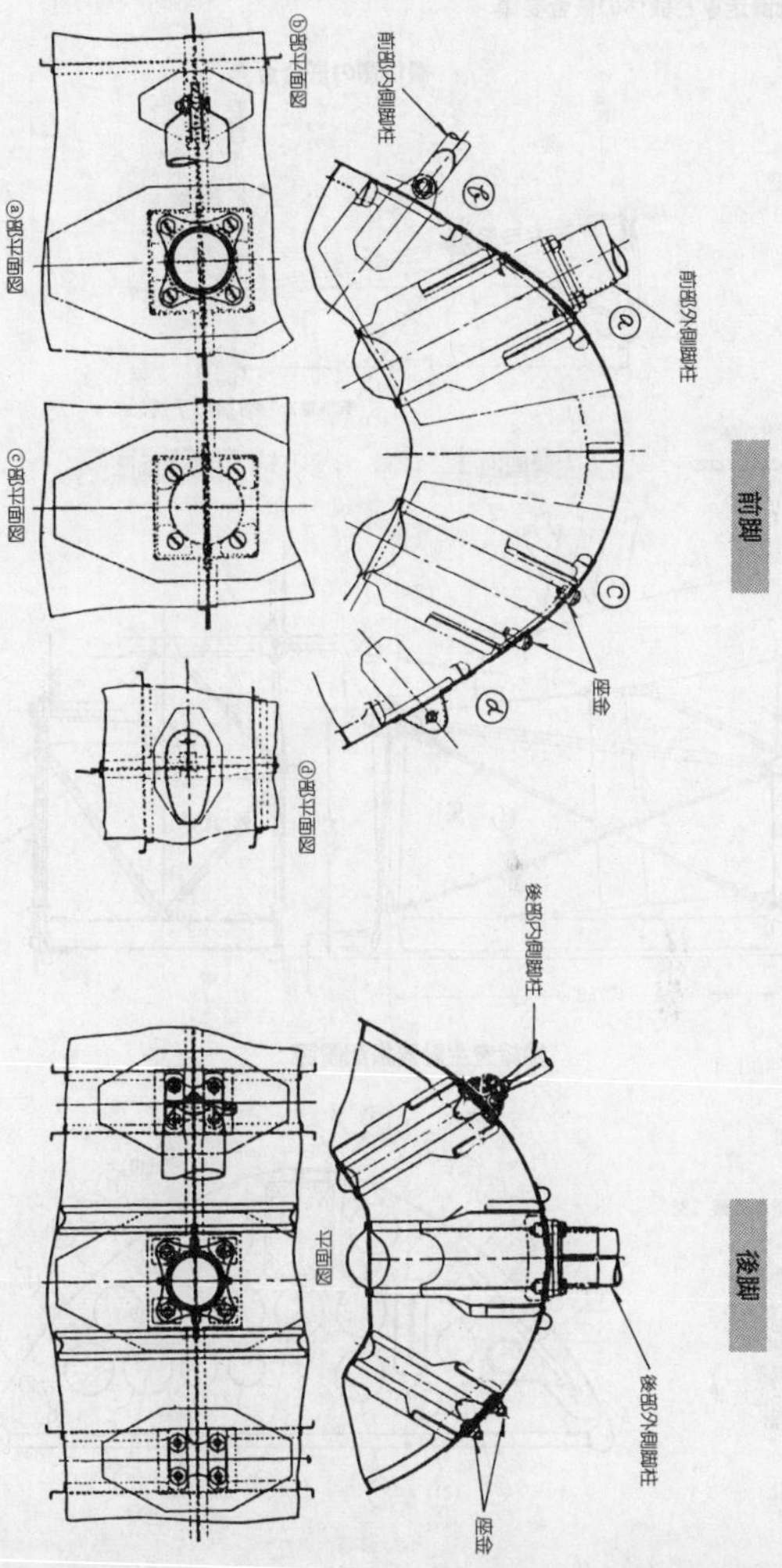

射出機滑走車と機体の嵌合要領

機体側の嵌合金具

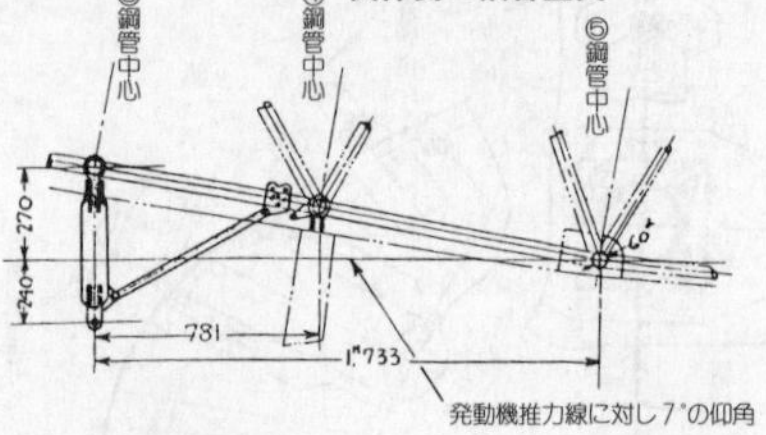

射出方向

左側面図

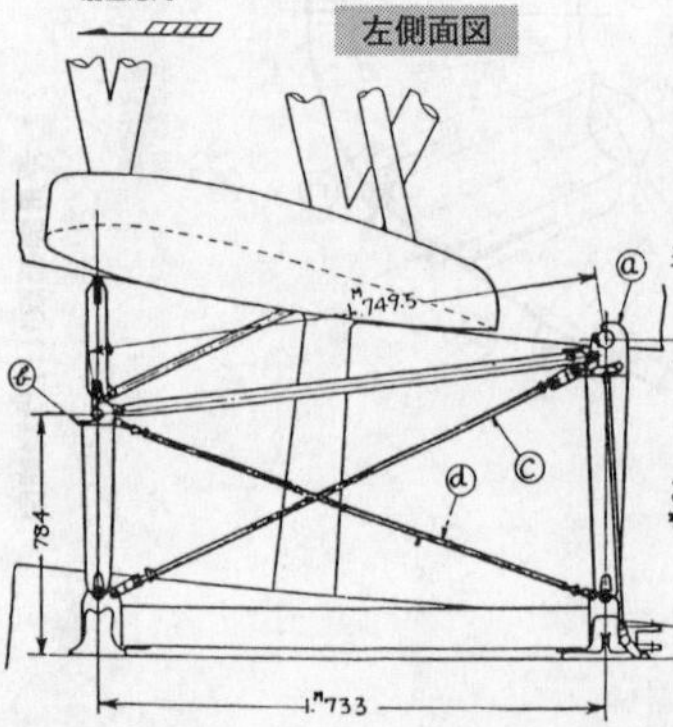

正面図

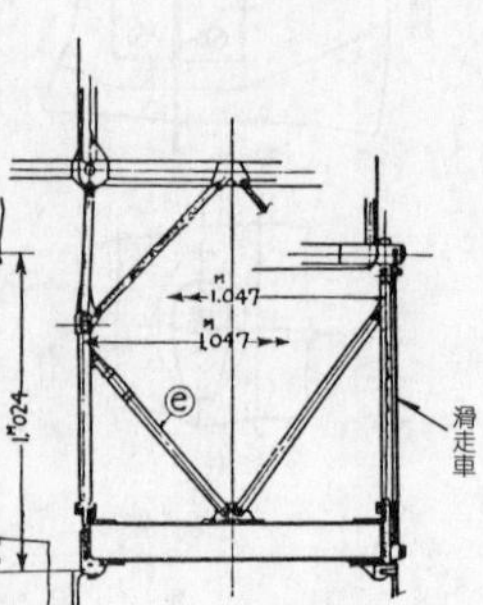

操縦室主計器板配置図

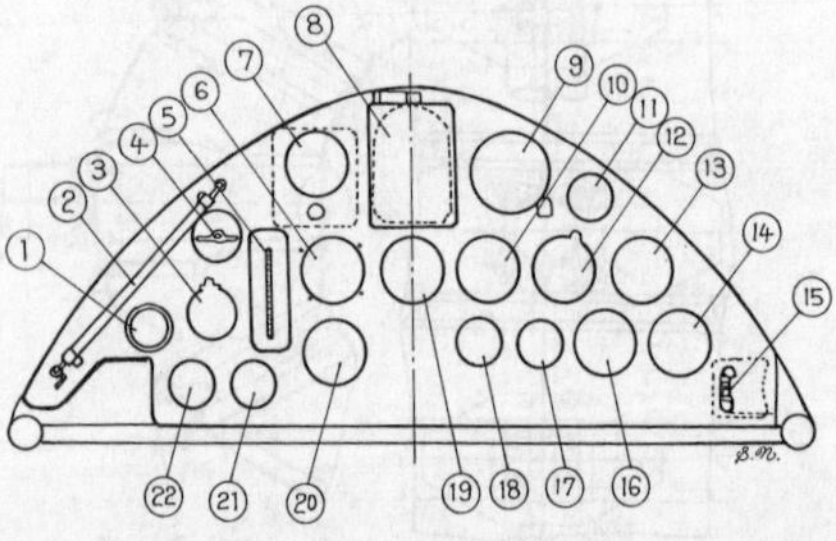

❶注射ポンプ
❷上部タンク油圧計
❸時計
❹燃料コック
❺前後傾斜計
❻速度計
❼定針儀
❽九二式航空羅針儀二型
❾水平儀
❿昇降計
⓫着水高度警報灯
⓬高度計
⓭発動機回転計
⓮ブースト計
⓯メモ用鉛筆差し
⓰シリンダー温度計
⓱油圧/燃圧計
⓲油温計
⓳旋回計
⓴排気温度計
㉑主スイッチ
㉒真空計

操縦員席

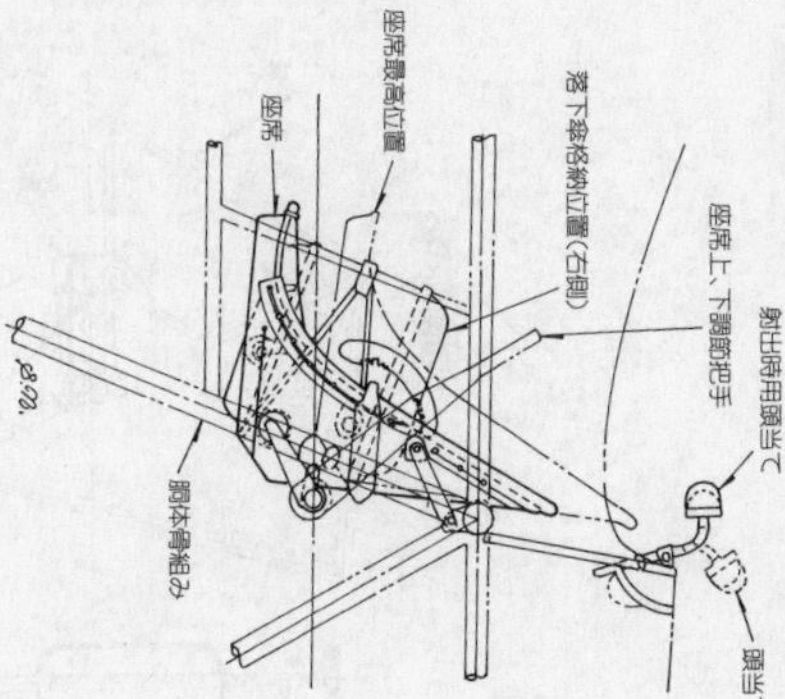

操縦桿、および方向舵踏棒詳細

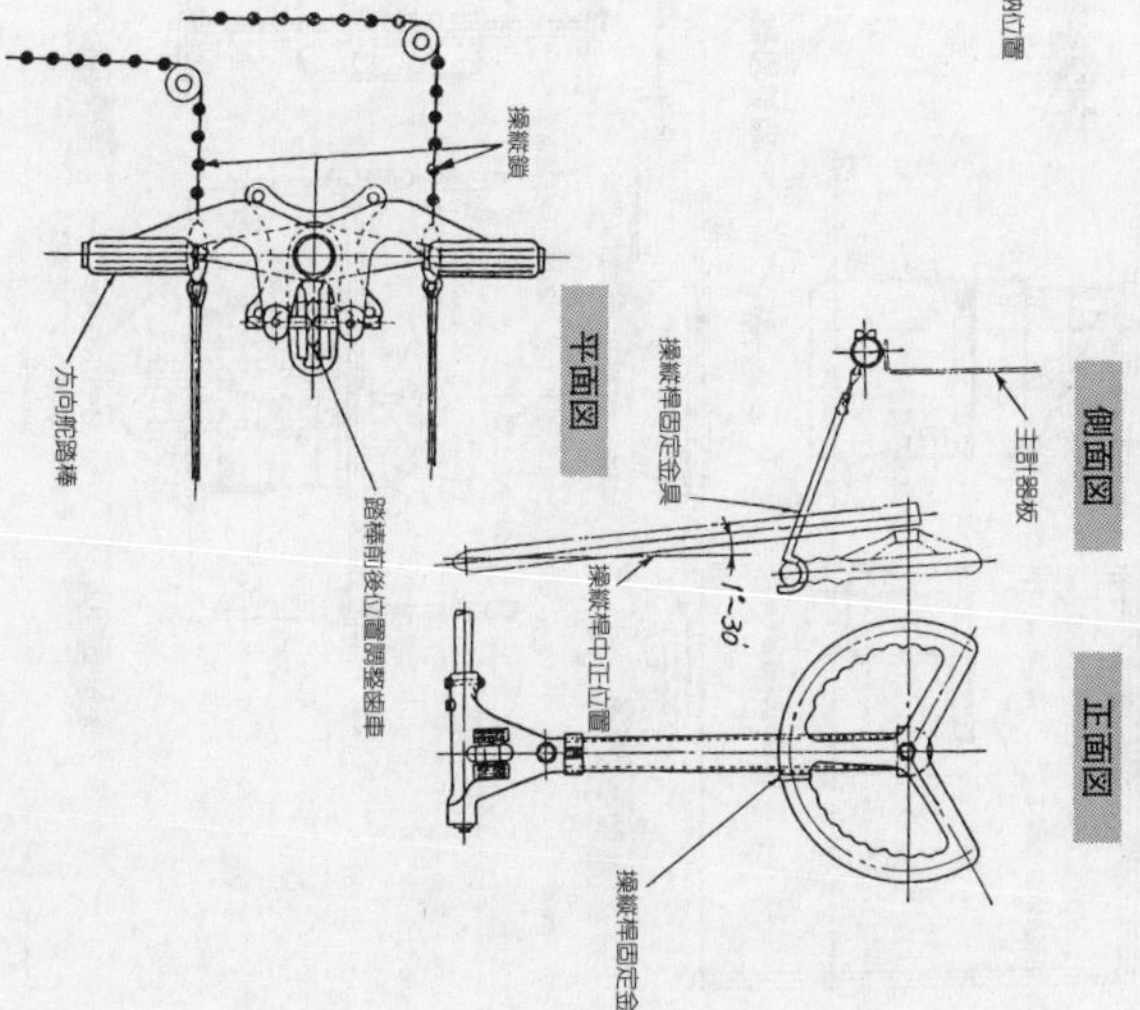

偵察員席

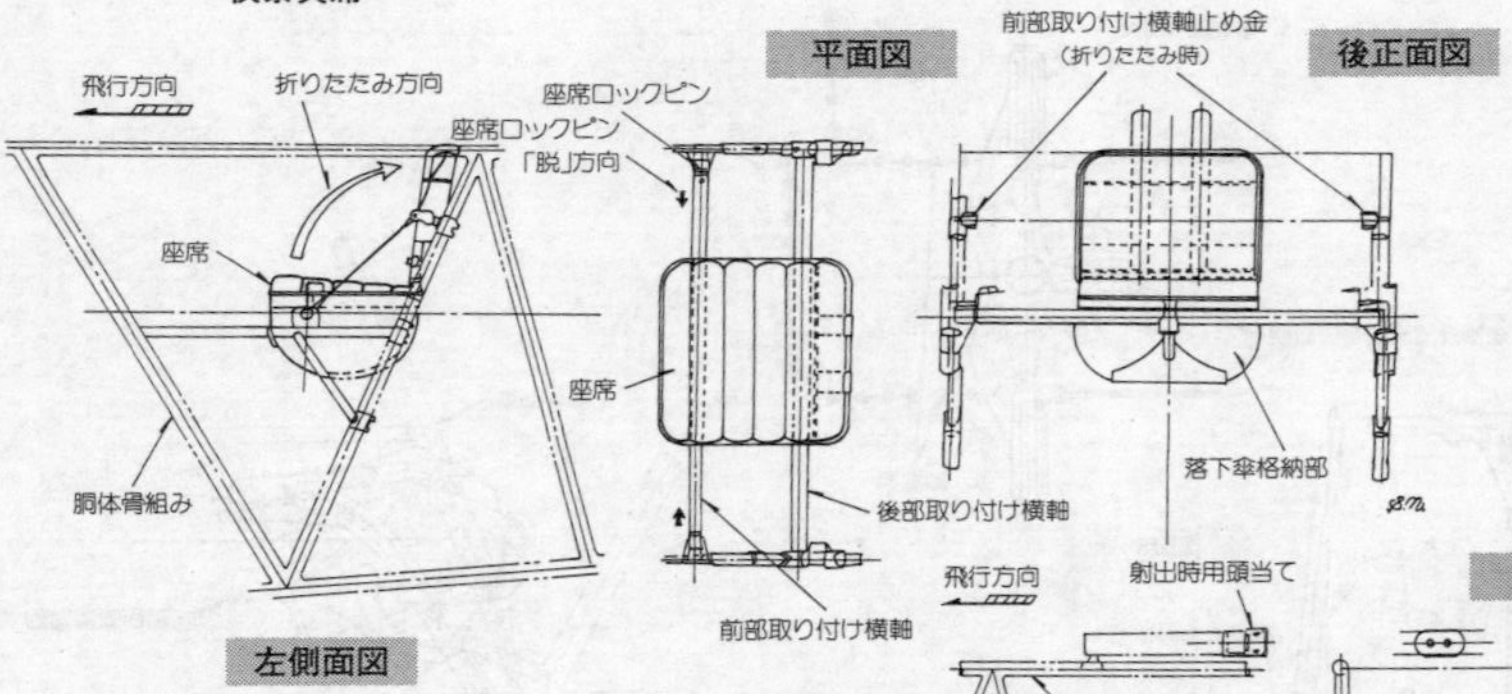
飛行方向
折りたたみ方向
座席ロックピン
座席ロックピン
「脱」方向
座席
胴体骨組み
左側面図
平面図
座席
後部取り付け横軸
前部取り付け横軸
前部取り付け横軸止め金
(折りたたみ時)
後正面図
落下傘格納部

無線/電信員席

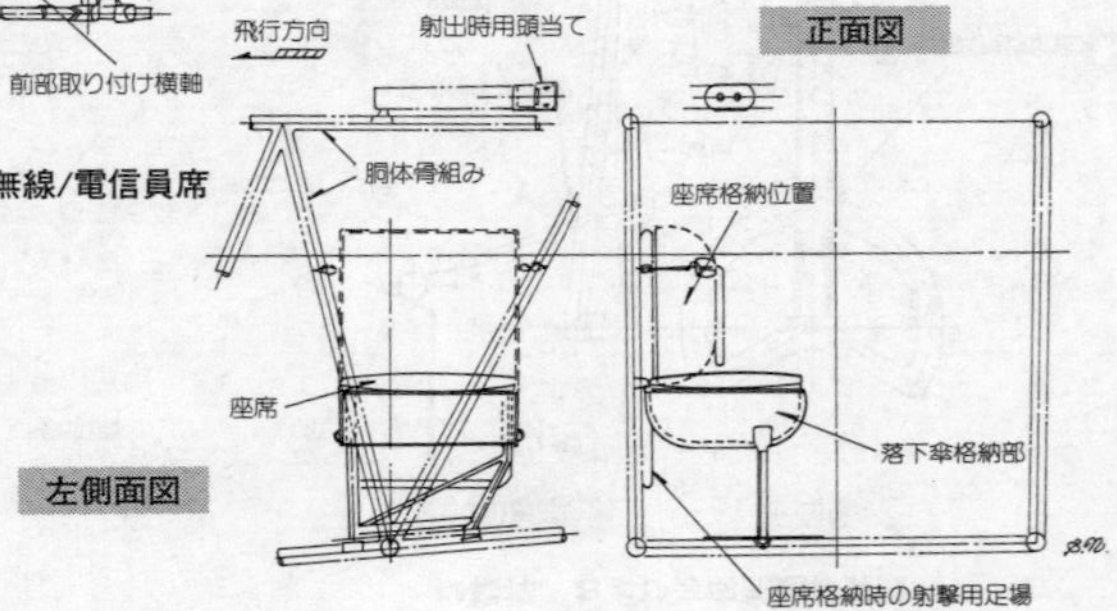
飛行方向
射出時用頭当て
胴体骨組み
座席
左側面図
正面図
座席格納位置
落下傘格納部
座席格納時の射撃用足場

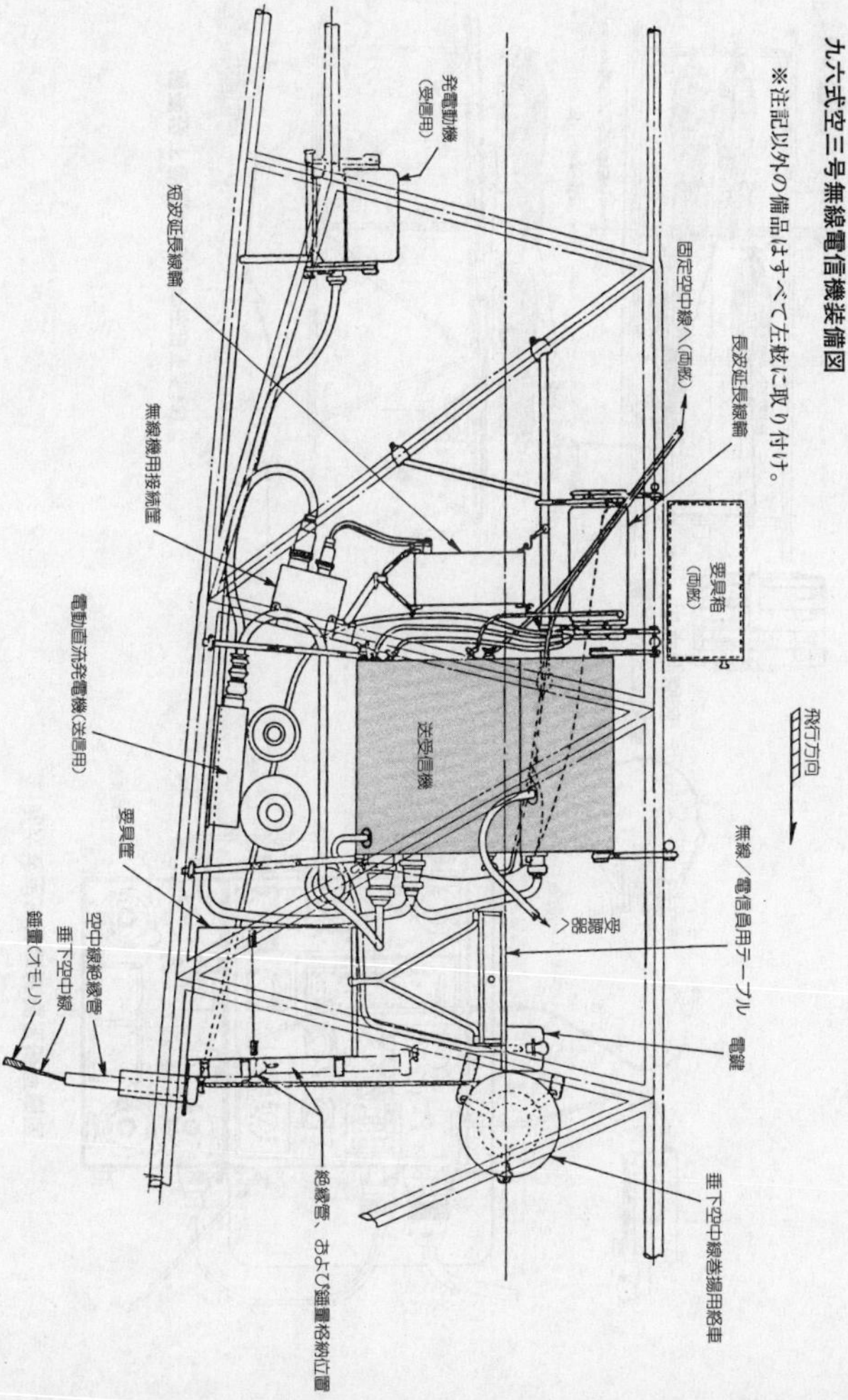
九六式空三号無線電信機装備図
※注記以外の備品はすべて左舷に取り付け。
飛行方向
発電動機（受信用）
短波延長線輪
固定空中線へ（両舷）
長波延長線輪
要具箱（両舷）
無線機用接続筐
送受信機
電動直流発電機（送信用）
要具筐
受聴器へ
無線／電信員用テーブル
電鍵
空中線絶縁管
垂下空中線
錘量（オモリ）
絶縁管、および錘量格納位置
垂下空中線巻揚用絞車

爆弾投下装置(偵察員席床投下系統)

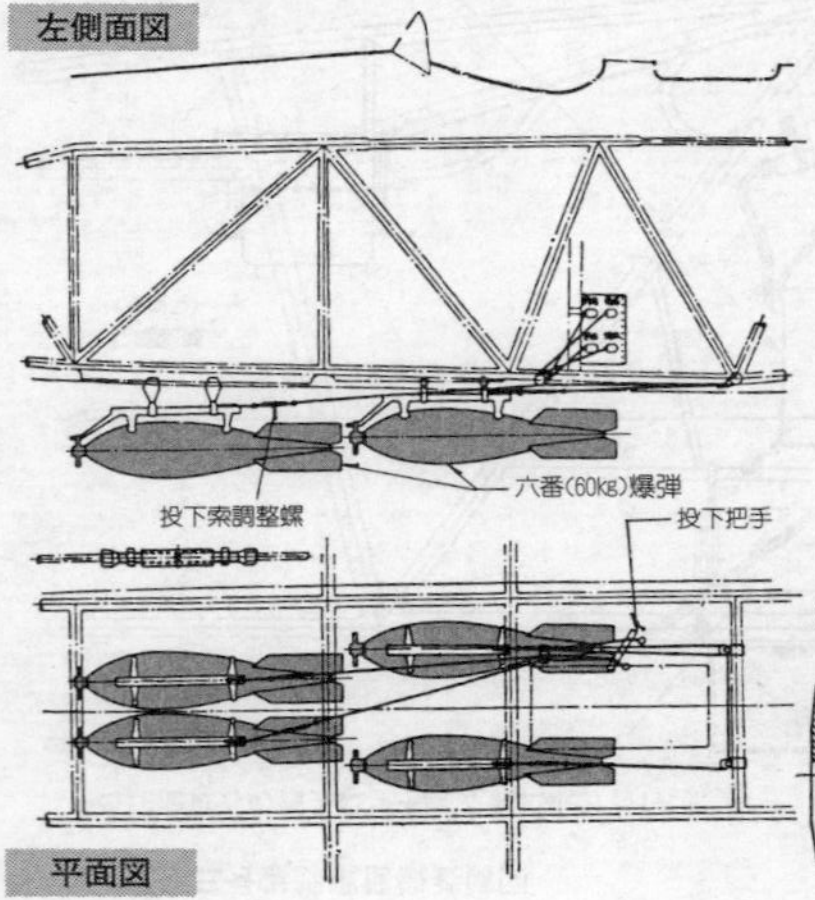

爆弾投下索誘導
滑車詳細図

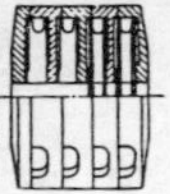

九六式空三号無線電信機詳細図

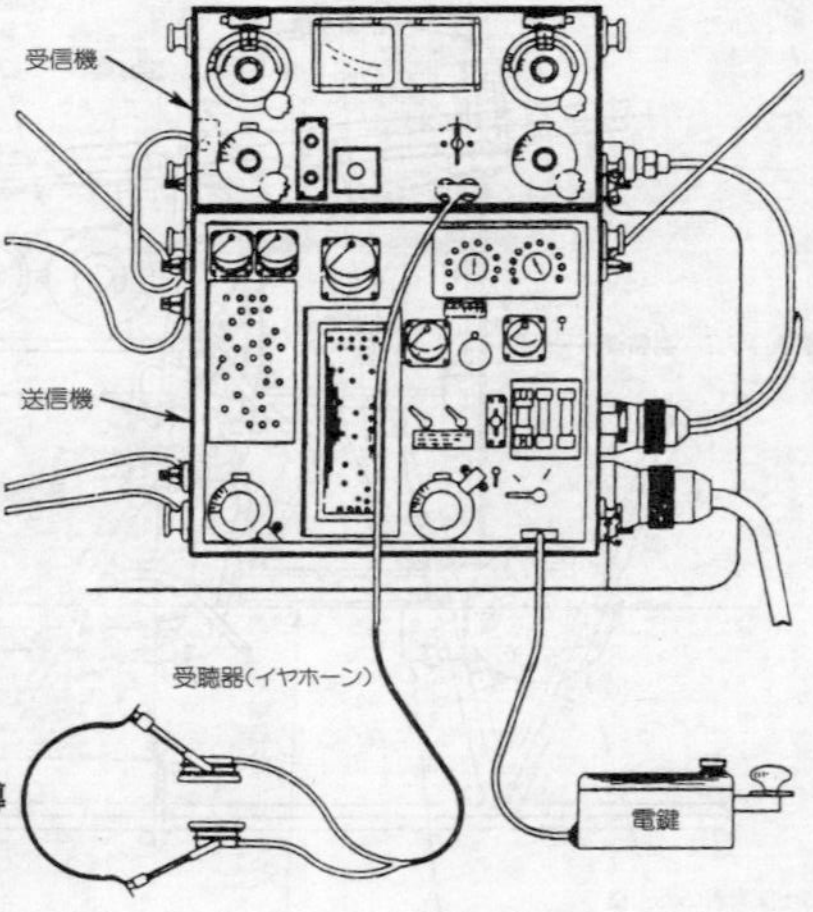

電気関係装備品配置図

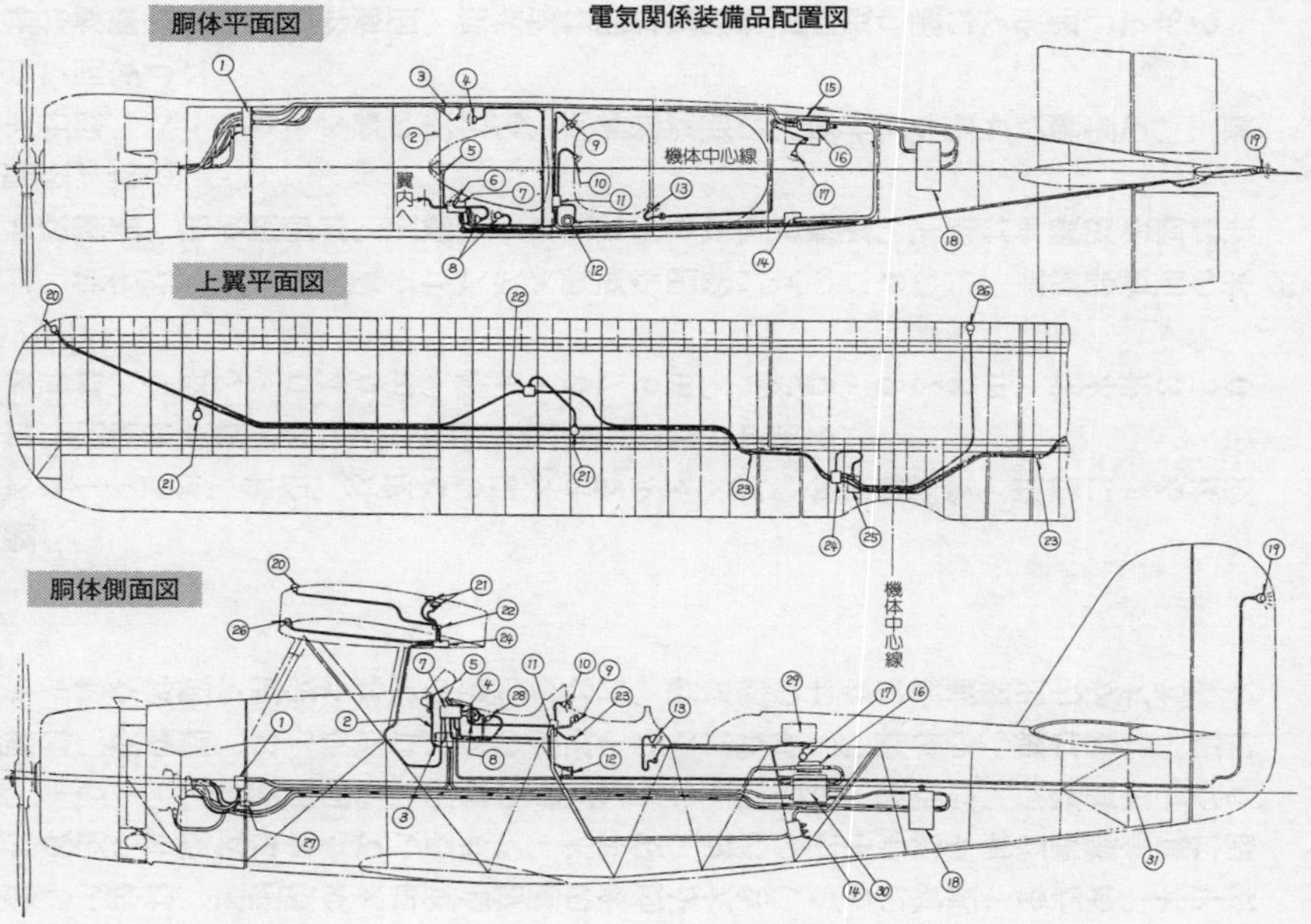

❶発動機部電機接続筐
❷操縦員席主計器板
❸起動用配電盤
❹紫外線灯（側灯）
❺羅針儀灯
❻紫外線灯（中央灯）
❼操縦員席電路接断器筐
❽紫外線灯（側灯）
❾偵察員席計器灯
❿偵察員席移動灯
⓫偵察員席電路接断器筐
⓬羅針儀灯
⓭無線/電信員席移動灯
⓮無線機用接続筐
⓯主配電盤
⓰電圧調整器
⓱無線/電信員席移動灯
⓲電池筐
⓳機尾灯
⓴舷灯
㉑編隊灯
㉒接続筐
㉓接栓
㉔接続筐
㉕操縦員席電路接断器筐
㉖機首灯
㉗発電機用接栓
㉘室内灯
㉙無線/電信員席要具箱
㉚主配電盤
㉛尾部接栓

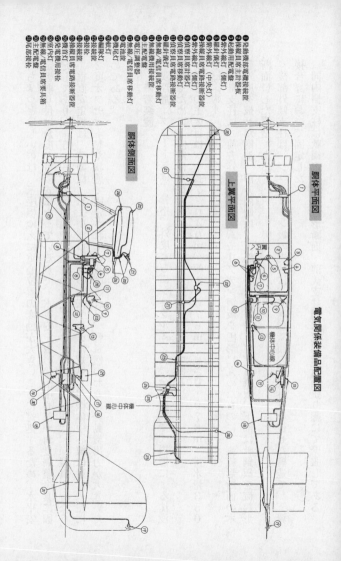

ちょっと珍しいのは、三座機ゆえに重心位置の変動が大きいことに対処するため、水平安定板取り付け角度が可変式になっている点で、水平安定板の後桁中心部が角度調整金具に固定してあり、+5°〜−1°の範囲内で、任意の角度にセットできた。操作は、操縦員が行なう。

垂直安定板は、発動機、およびプロペラの回転トルクに対処し、機体中心線に対し、左に2度オフセットした状態で固定されている。これは、軽量機のわりに発動機出力が大きいためである。

4 降着装置

双浮舟（フロート）は、骨格、外皮ともにジュラルミン鈑の全金属製で、損傷による沈没を防ぐために、内部は前後方向に5つの防水区画に仕切ってある。

浮舟の主要目は、全長7・040m、幅1・076m、高さ0・978m、排水量3500kg（海水にて）。

浮舟支柱は、前方外側がクロームモリブデン鋼鈑を円形に丸めたものに、流線形断面の木製外皮を被せた構造、前方内側は、上部がクロームモリブデン鋼鈑、下部は軟鋼鈑を流線形断面にした構造である。

後部外側支柱は、ジュラルミン鈑の支柱に、流線形断面の木製外皮を被せた構造で、下翼接合部において固定した。

同内側支柱は軟鋼鈑製の流線形断面、前後支柱間は流線形断面張り線にて緊張してある。

九四式二号水上偵察機〔E7K2〕詳細諸元表

型式			複葉単発双浮舟
乗員数			3
主要寸度(m)	全幅	展張時	13.990
		折りたたみ時	4.900
	全長		10.500
	全高	展張時	4.735
		折りたたみ時	5.220
重量(kg)	正規全備		3,000
	自重		1,984
	搭載量		1,016
	過荷重状態		3,300
	特別過荷重状態		3,350
荷重	翼面荷重(kg/m²)		68.8
	馬力荷重(kg/hp)		3.85
発動機	名称		「瑞星」一一型
		数	1
	馬力	公称	780
		許容最大	870
	回転数	公称	2,450
		許容最大	2,540
	吸気圧力(m)	公称	+60
		許容最大	+120
	標準高度(m)		2,300
	減速比		0.727
	使用燃料	比重	0.74
		種類	航空八七揮発油
プロペラ	名称型式		木製被包式一型
	直径(m)		3.200
	節(m)		2.700
	重量(kg)		29.600
燃料容量(ℓ)	燃料タンク	主	680
		後部	205
		上部	200
		重力	75
		清浄	50
	合計		1,210
潤滑油容量(ℓ)			85
主翼	翼幅(m)	上翼	5.995
		下翼	5.535
		中央翼	2.000
	翼弦(m)		1.600
	面積(m²)	上翼	21.85
		下翼	21.75
		合計	43.60

主翼	取り付け角(度)		上下翼共　4°〜0′
	上反角(度)		上下翼共　3°〜0′
	後退角(度)	上翼	0°〜12′
		下翼	0°〜08′
	翼間隔(m)		1.855
	食い違い(mm)		632
	縦横比		
補助翼	幅(m)		2.978
	弦長(m)		0.416
	面積(m²)		4.190
	平衡比		
	運動角(度)		上下翼共上下　24°〜0′
尾部	水平尾翼	幅(m)	4.000
		弦長(m)	0.747
		面積(m²)	3.338
		取り付け角(度)	2°〜0′
		迎角調整範囲(度)	+5°〜0′　−1°〜0′
	昇降舵	幅(m)	4.000
		弦長(m)	0.650
		面積(修整舵を含む)(m²)	2.705
		平衡比	
		運動角(度)	上19°〜0′　下16°〜0′
	垂直尾翼	全幅(m)	1.334
		全高(m)	2.265
		面積(m²)	1.440
		取り付け角(度)	左へ2°〜0′
	方向舵	全幅(m)	0.651
		全高(m)	2.250
		面積(修整舵を含む)(m²)	1.00
		平衡比	
		運動角(度)	左右共30°〜0°
胴体	全長(発動機架を含む)(m)		8.127
	全幅(基準翼を含む)(m)		2.960
	全長(m)		1.584
降着装置	主浮舟(フロート)	長さ×幅(m)	7.000×1.030
		取り付け角(度)	−2°〜0′
		重量(kg)	
		排水量(kg)	3,500×2
		浮舟間隔(m)	2.800

第二節　零式観測機

本機が試作発注された昭和10年（1935年）は、ちょうど複葉羽布張りから、全金属製半張殻（セミ・モノコック）式、および応力外皮構造への移行時期にあたり、三菱の設計陣も、当然ながらこれに沿う方針で臨んだ。

もっとも、艦載用の観測機という特殊な性格から、陸上機のように一気に刷新を図るというわけにはいかず、複葉型式もさることながら、骨組みは全金属製だが、重量軽減のため、上、下翼とも、後桁より後方の外皮は羽布張りとするなど、旧来方式を残した部分もある。

機体構造材の大部分は、規格記号チ

▲ラバウル上空を哨戒飛行する、第九五八航空隊所属の零式観測機一一型〔FIM2〕"P3-18"号機。

232乙、232丙、201、272と呼ばれた超ジュラルミンを使用している。

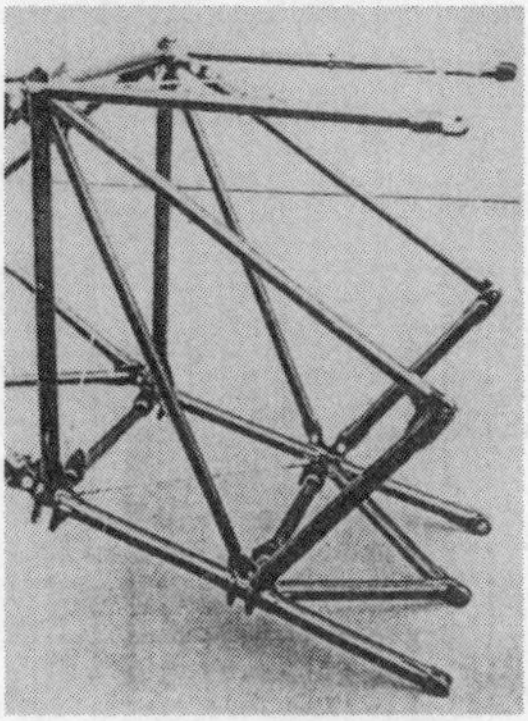

◀胴体前部骨格を左後方より見る。クロームモリブデン鋼管をガス熔接して組み立てたもの。内部は燃料タンクのスペースに充てられた。画面上に少しだけ見えているのが、発動機取り付け架。

胴体骨組み図(寸法単位mm)

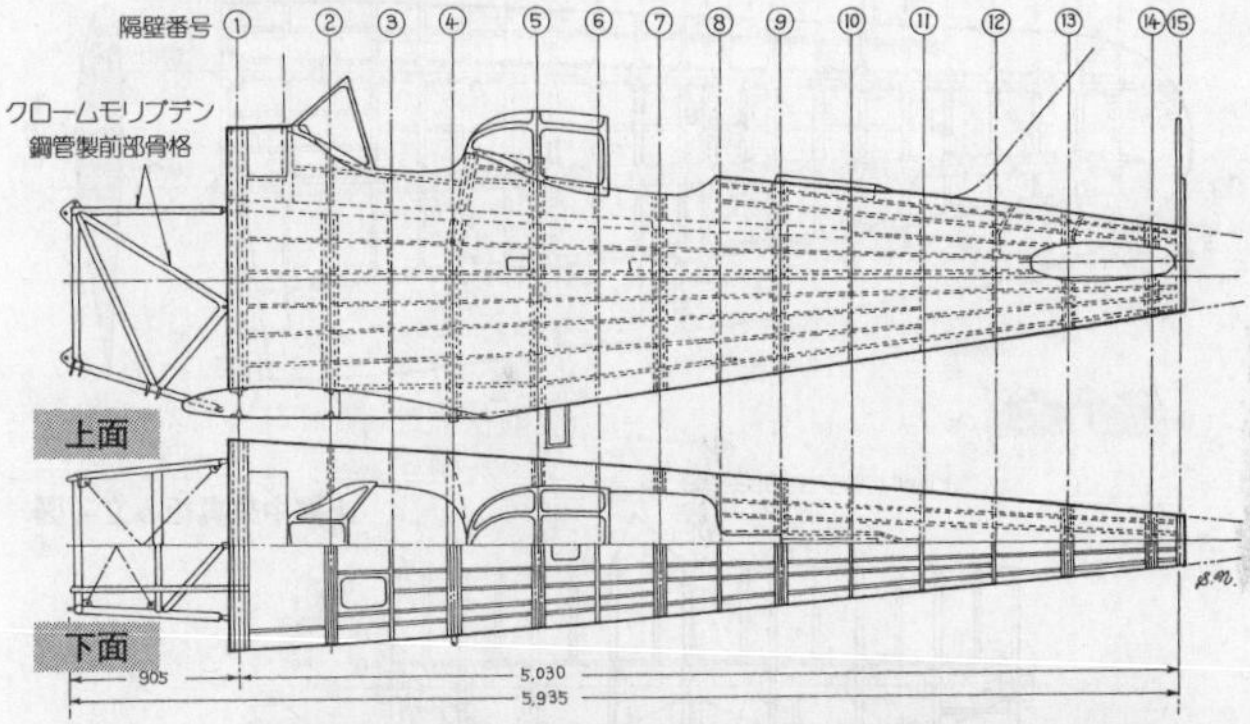

▶胴体後部骨組みを左後方より見る。楕円形断面の隔壁に縦通材を通した、一般的な半張殻(セミ・モノコック)式構造である。

主翼骨組み図

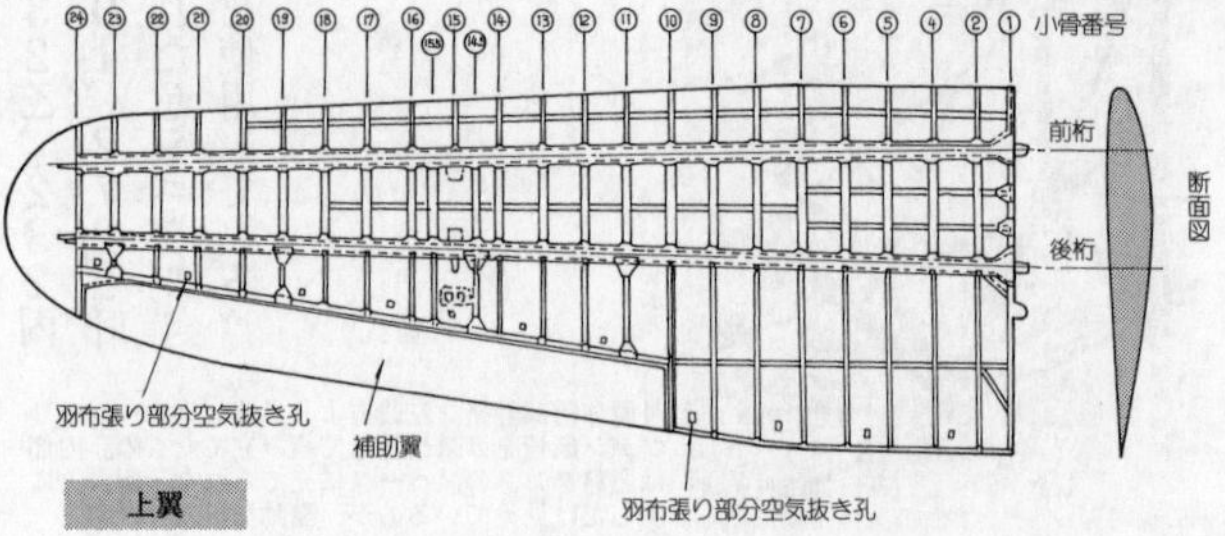
24 23 22 21 20 19 18 17 16 15.5 15 14.5 14 13 12 11 10 9 8 7 6 5 4 2 1
小骨番号
前桁
後桁
断面図
羽布張り部分空気抜き孔
補助翼
羽布張り部分空気抜き孔

上翼

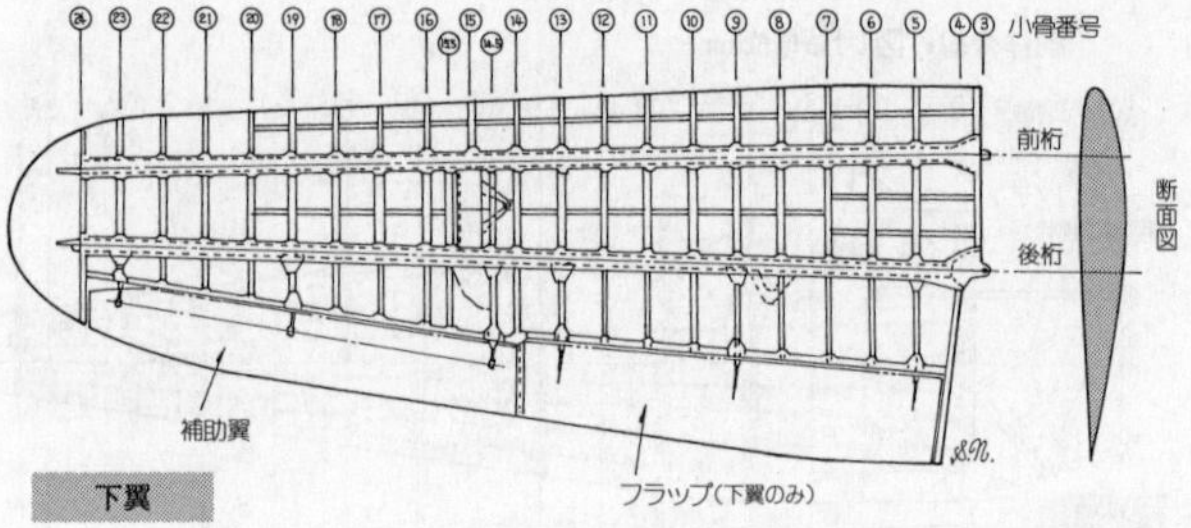
24 23 22 21 20 19 18 17 16 15.5 15 14.5 14 13 12 11 10 9 8 7 6 5 4 3
小骨番号
前桁
後桁
断面図
補助翼
フラップ(下翼のみ)

下翼

上翼中央翼組み立て図

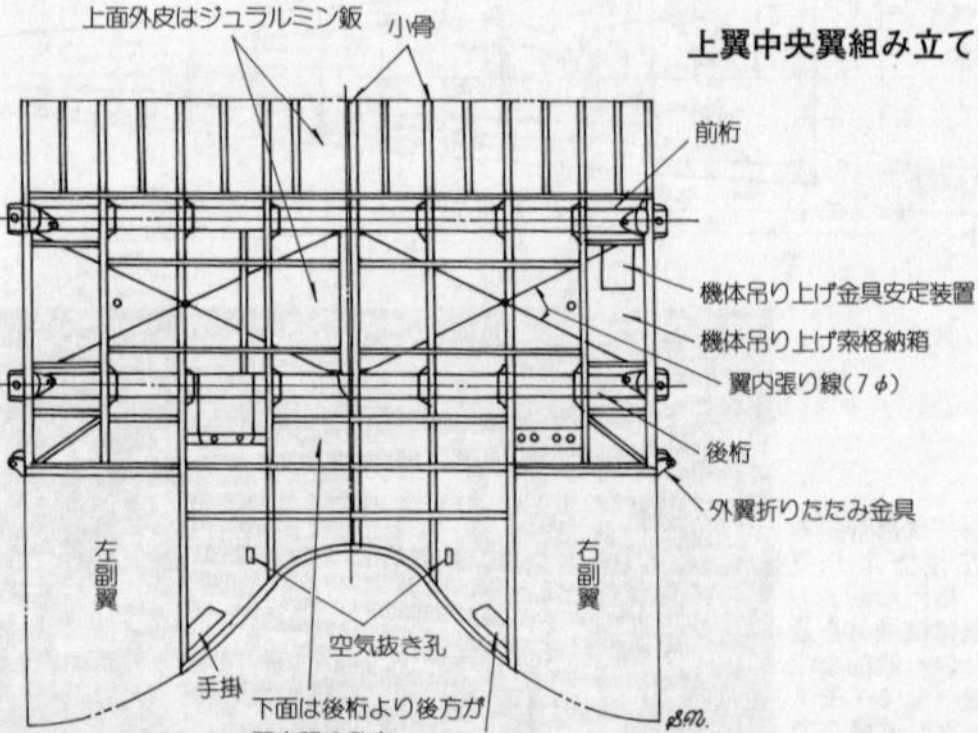
上面外皮はジュラルミン鈑
小骨
前桁
機体吊り上げ金具安定装置
機体吊り上げ索格納箱
翼内張り線(7φ)
後桁
外翼折りたたみ金具
左副翼
右副翼
空気抜き孔
手掛
下面は後桁より後方が
羽布張り外皮
手掛

中央翼桁、および小骨構造

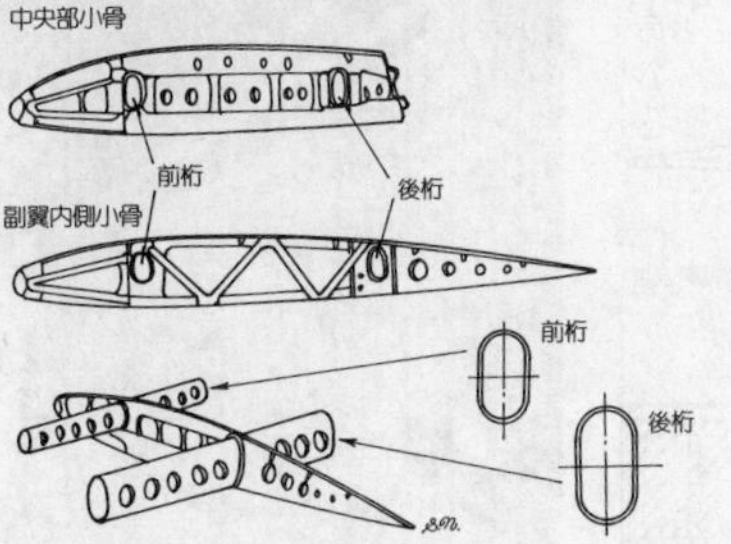

下翼小骨組み立て図

※構造材はジュラルミン鈑

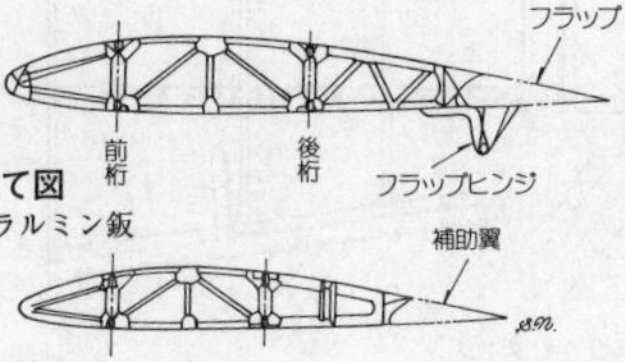

上翼補助翼骨組み図

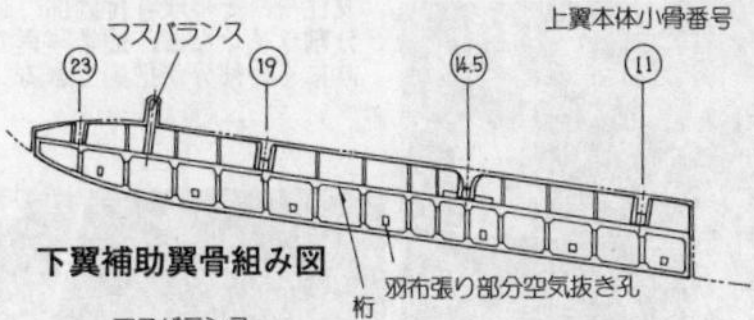

下翼補助翼骨組み図

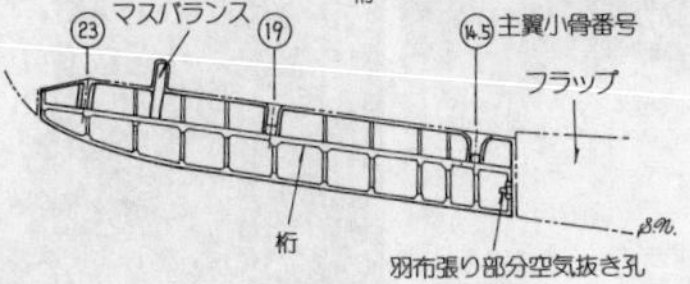

フラップ組み立て図

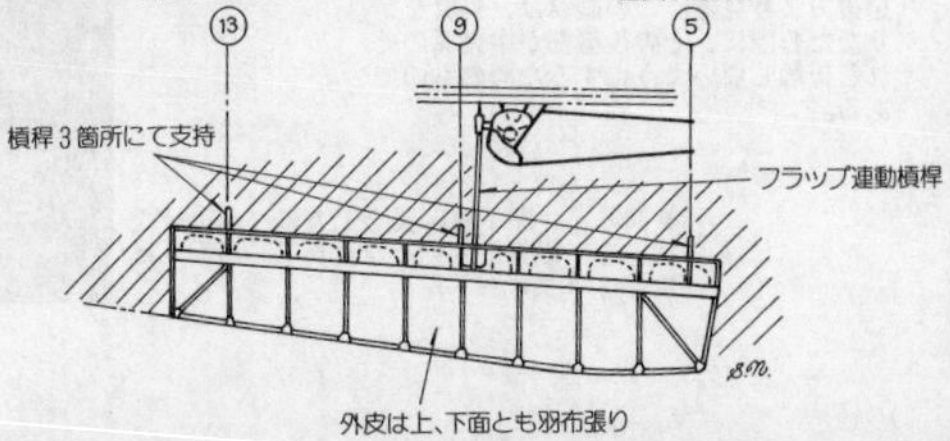

下翼副翼組み立て図(左翼を示す)

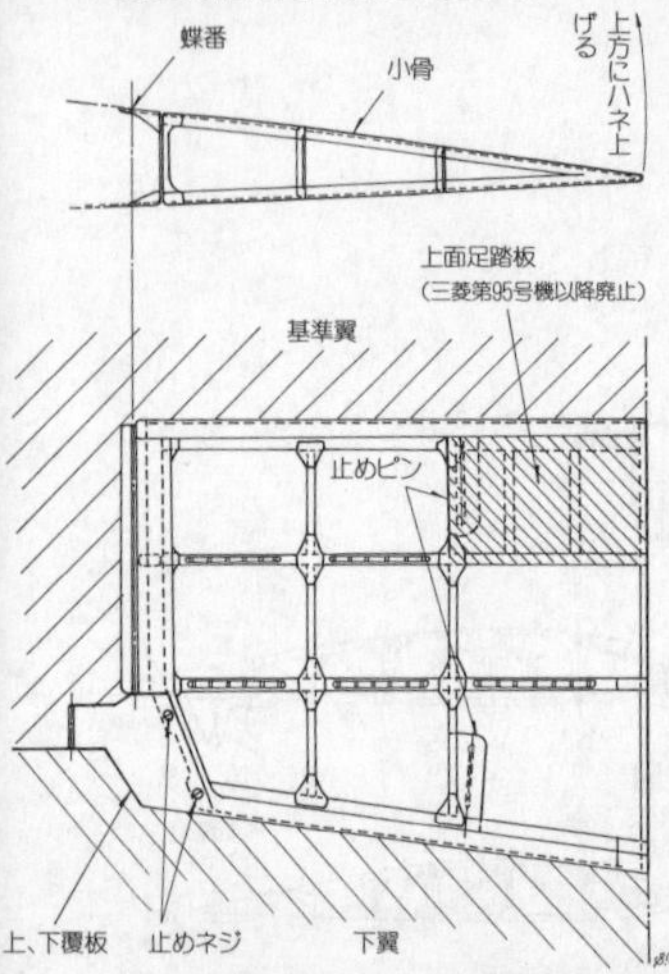

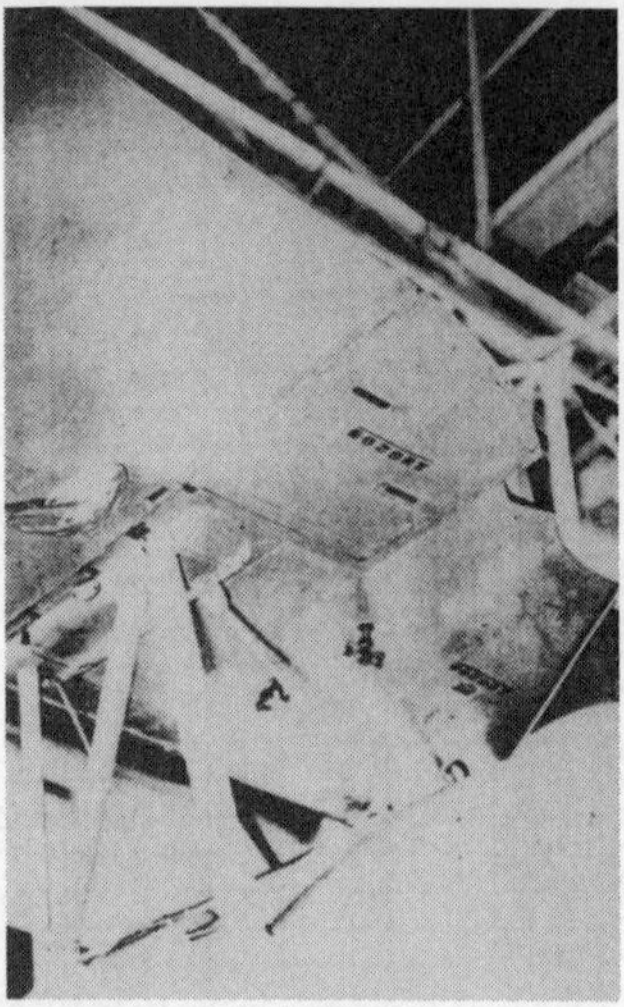

▲上翼中央部下面を左下方向から見上げたショット。逆“N”字形支柱や、その取り付け部、副翼の分割ラインなど、通常写真でわかりにくい部分が把握できる。

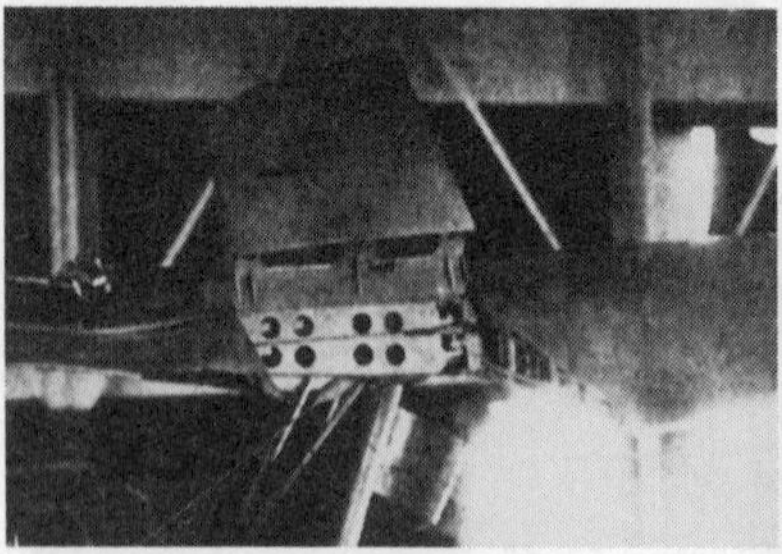

▲上翼の右副翼を上方にハネ上げた状態を後方より見る。この副翼は、外翼を折りたたむ際に、その後縁部が中央翼のそれと接触しないようにするためのものである。

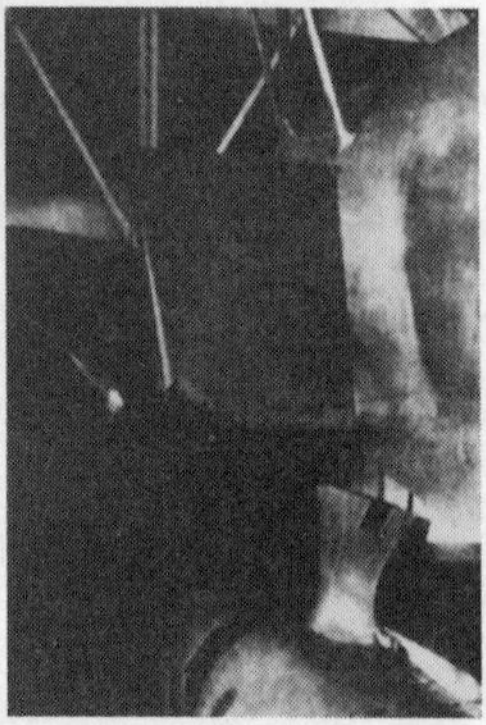

▶同じく、左下翼副翼を上方にハネ上げた状態を、後方より見たショット。画面下は主浮舟（フロート）。

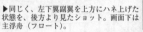

上下翼間支柱組み立て図

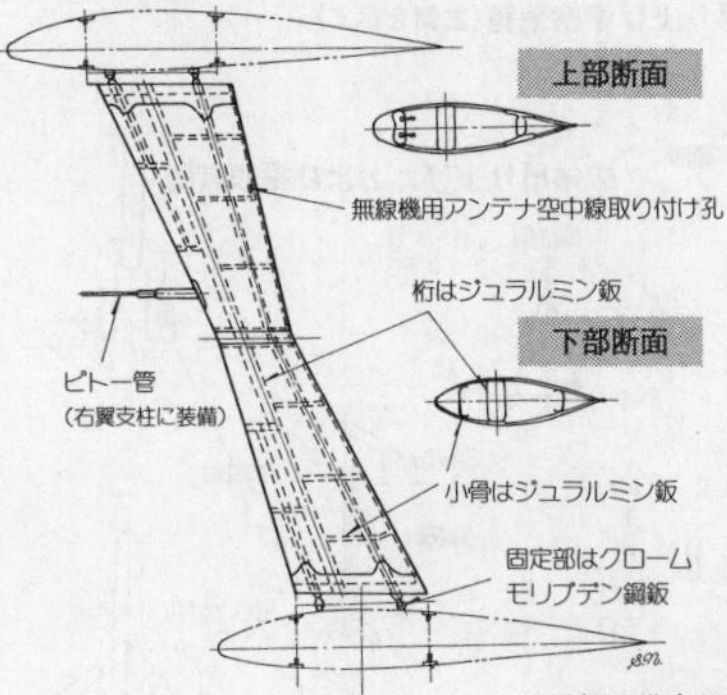

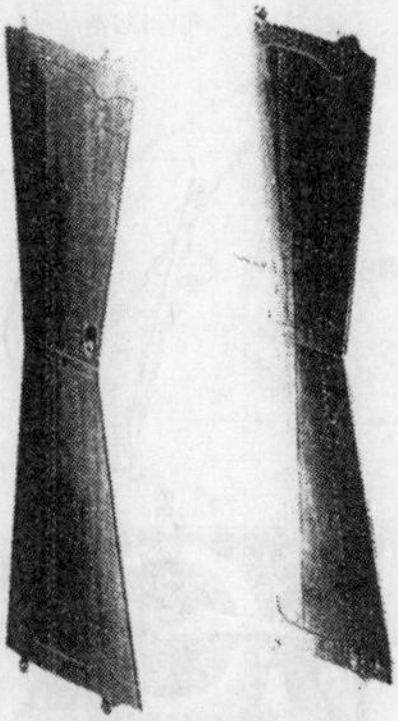

▼零観の進歩的設計を象徴している部分のひとつ、薄い流線形断面をしたシンプルな翼間支柱。左は左翼、右は右翼のもので、後者の前縁にはピトー管が付いている。この支柱の内部には、上、下翼の補助翼を連動して操作するための索が通る。

翼間張り線、および支柱

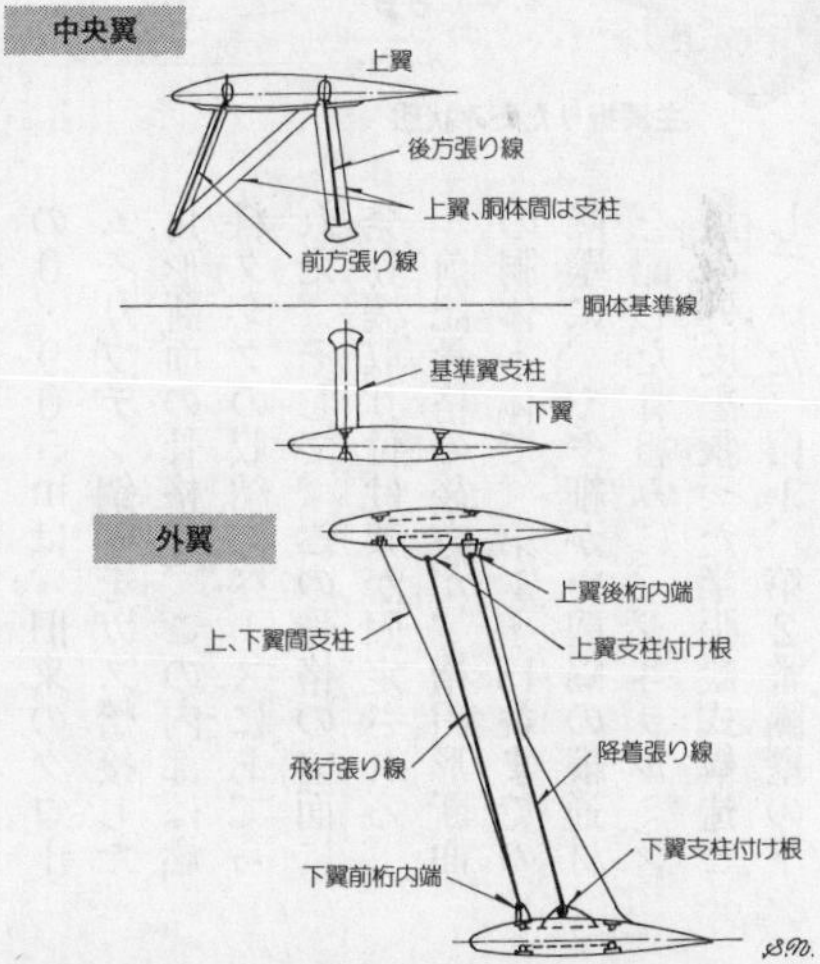

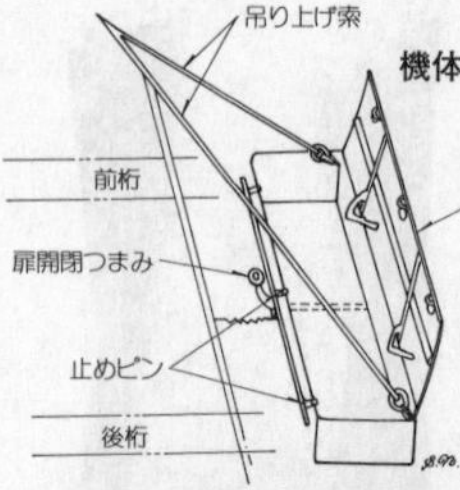

機体吊り上げ索格納箱（右側を示す）

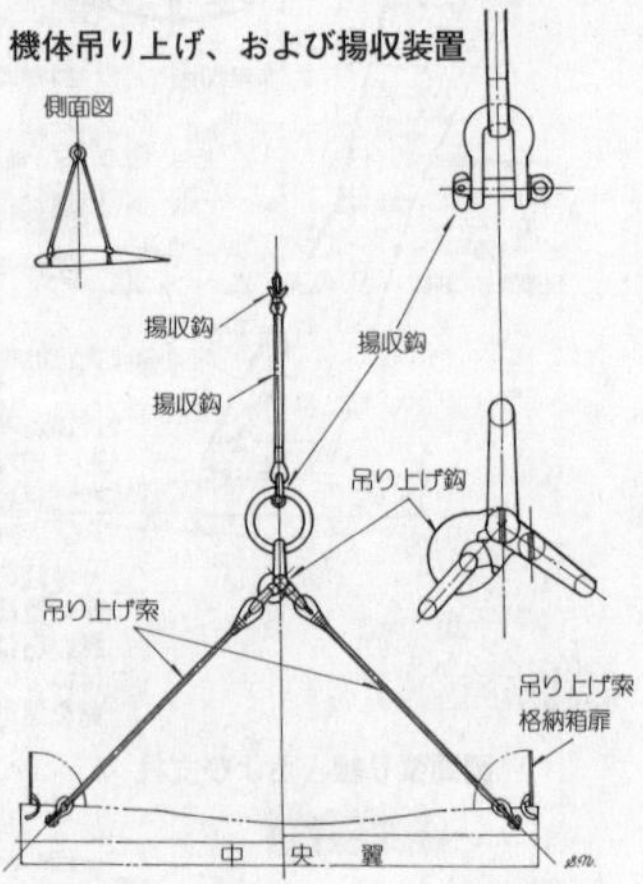

機体吊り上げ、および揚収装置

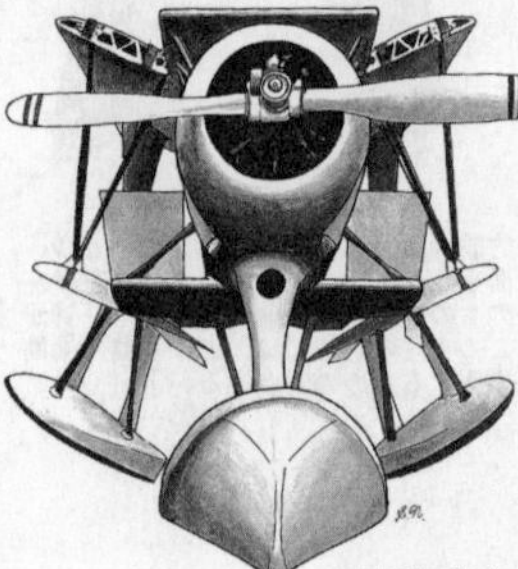

主翼折りたたみ状態

1　胴体

全長5・935mのうち、前部の0・905mは、旧来のクロームモリブデン鋼管をガス熔接した角形断面の骨格で、この内部は燃料タンクの収納スペースにあてられた。そして、この骨格の前面に発動機取り付け架が固定される。

前記骨格の後方が、第1～15番までの楕円形断面の胴体本体で、やや細かい間隔の縦通材を配した骨組みに、ジュラルミン鈑の外皮を張った半張殻式構造としていた。第1、第2番隔壁の下部が、下翼の前、後桁結合部になっている。

主翼折りたたみ順序

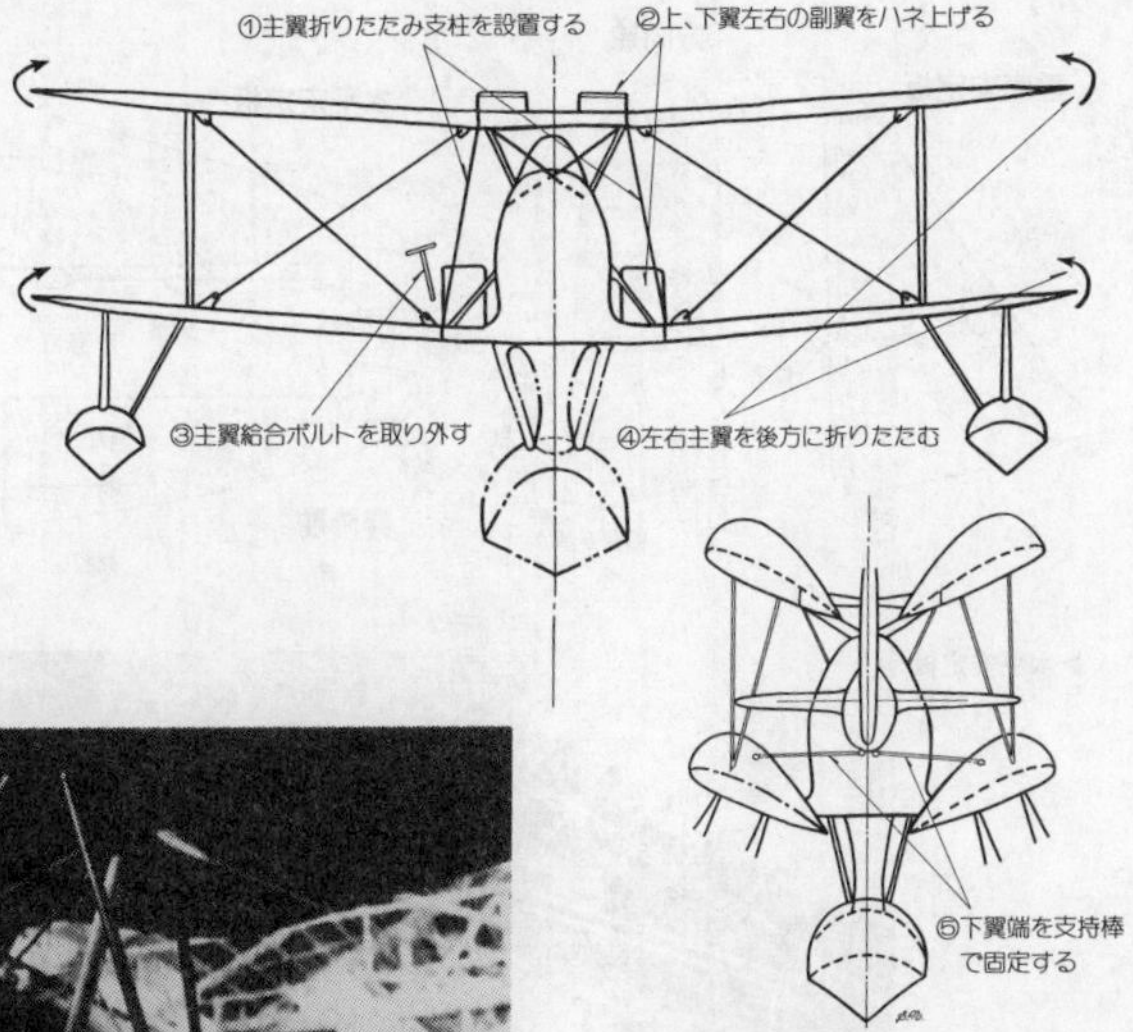

①主翼折りたたみ支柱を設置する
②上、下翼左右の副翼をハネ上げる
③主翼結合ボルトを取り外す
④左右主翼を後方に折りたたむ
⑤下翼端を支持棒
で固定する

▲外翼折りたたみの際に、上、下翼のガタを防止するために、その内端に取り付ける、"V"字形の支柱。写真は左翼に取り付けた状態を前方より見たショット。

▶右外翼を折りたたんだ状態を前方より仰ぎ見たショット。翼断面、V字形折りたたみ支柱、ハネ上げた左翼副翼などがよくわかる。

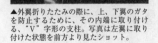

垂直尾翼骨組み図

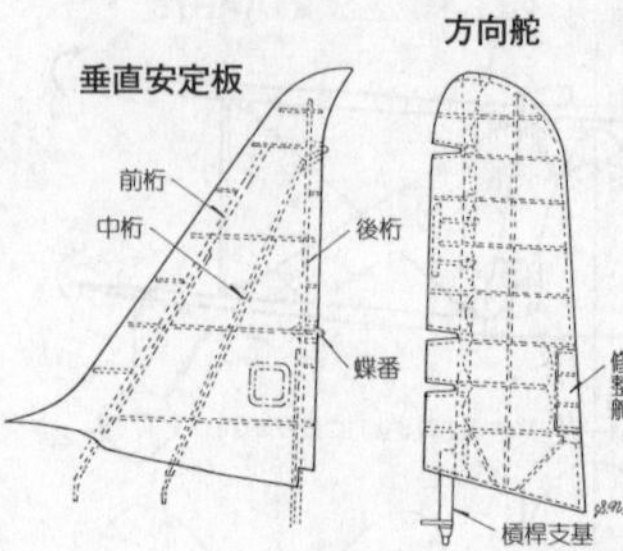

水平尾翼骨組み図

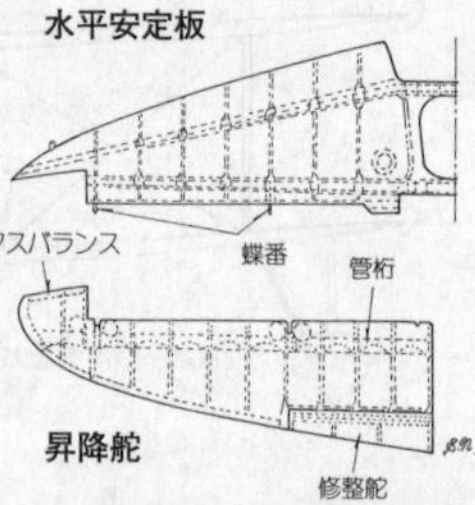

▶水平安定板骨組み。

2 主翼

上、下翼とも全幅は零戦五二型と同じ11mだが、複葉のため、それぞれの面積は14・6、および14・9㎡しかなく、かなり細い主翼である。前、後主桁の間隔が異様に狭いのは、翼間支柱をシンプルな〝I〟型にするためで、可能な限りの空気力学的洗練を追求しようという、設計陣の意図が明確に出ている。

上、下翼とも、中央、左、右外翼の3部分に分割して組み立てられ、外翼を後方に折りたたむ。補助翼は上、下双方にあるが、フラップは下翼にのみ付く。動翼もふくめて、骨組みはすべて金属製だが、重量軽減のため、後桁より後

▲主浮舟の骨組みを左前方より見る。損傷による浸水を最小限に抑えるために、内部が隔壁3～5本ごとに防水壁で仕切られていることがわかる。

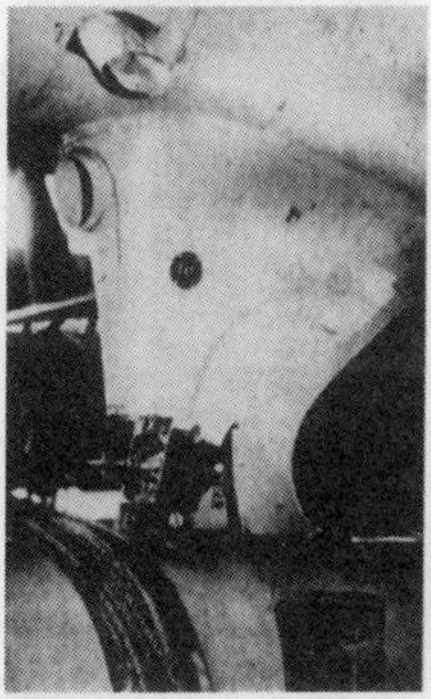

主浮舟（フロート）支柱組み立て図

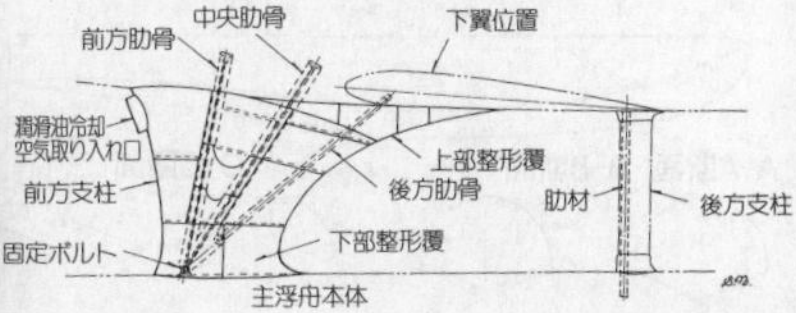

◀主浮舟（フロート）支柱のクローズアップ。下部の前方覆が外されていて、内部の骨組みが見えている。前縁上部の丸い筒は、内部に組み込んだ潤滑油冷却器のための空気取り入れ口。その上方、下向きに突き出た筒が排気管。

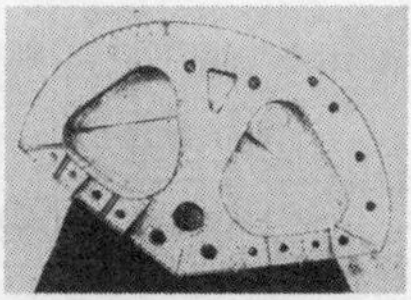

▲主浮舟の後方支柱取り付け部にあたる、第16番隔壁。

主浮舟(フロート)骨組み図

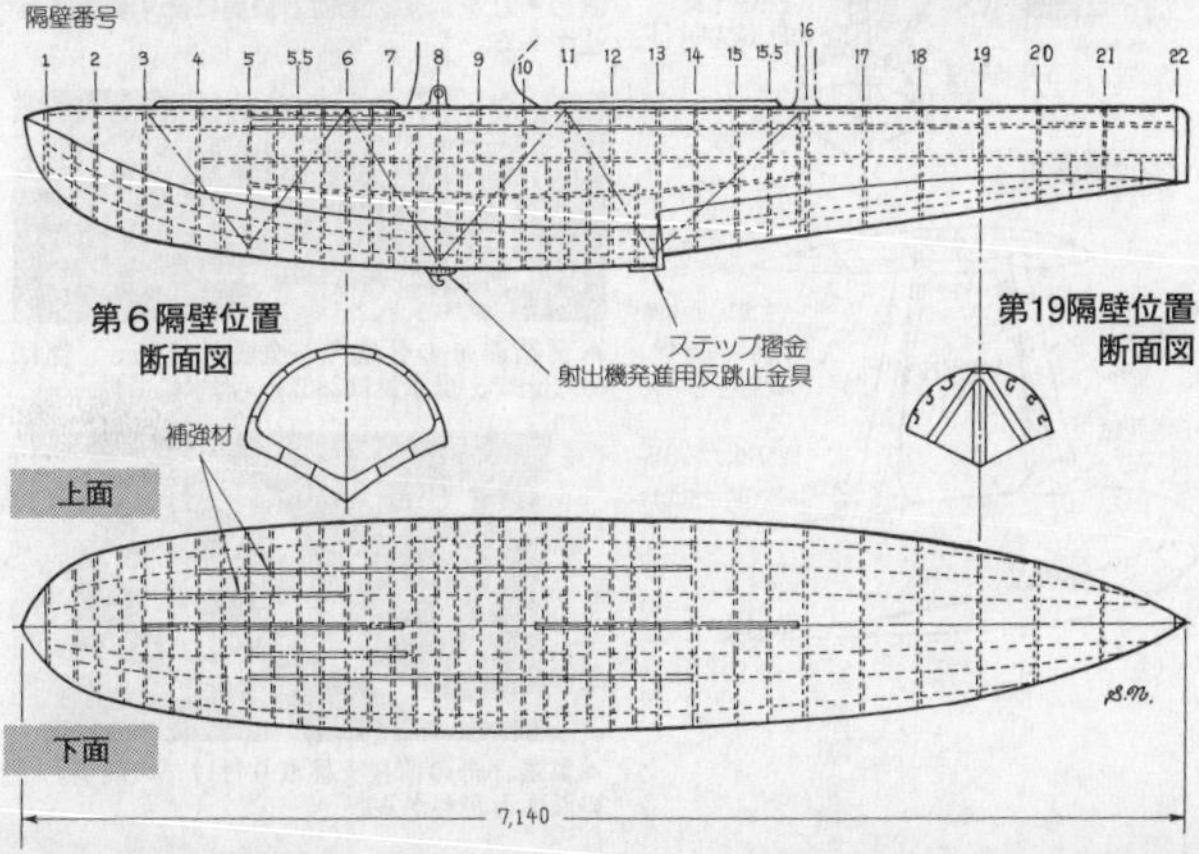

▶主浮舟の下面につく、
射出用反跳止金具。

射出装置

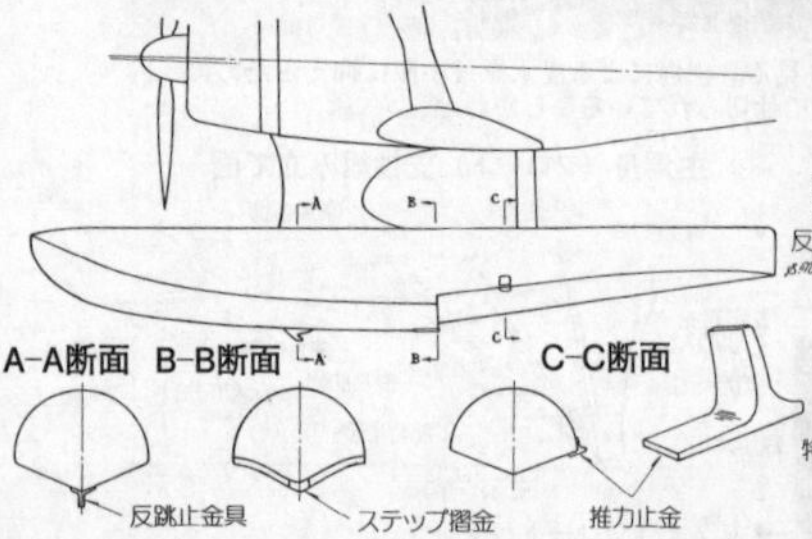

反跳止金具詳細図

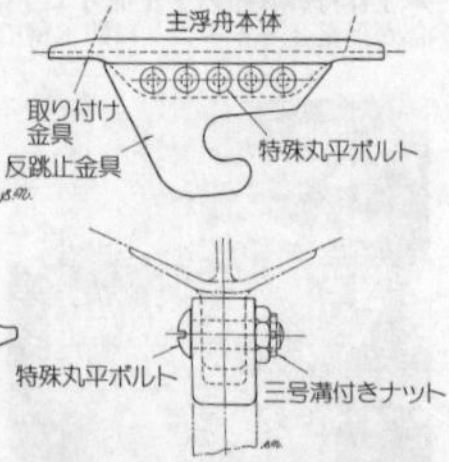

翼端浮舟（補助フロート）組み立て図
（左を示す）

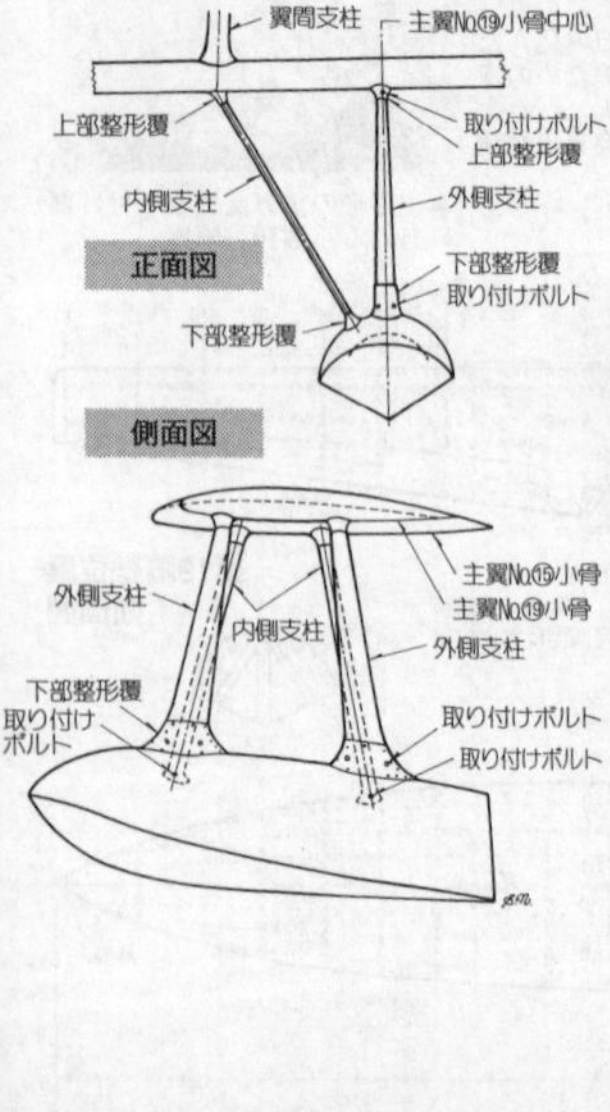

▲翼端浮舟（補助フロート）全体。写真は右側のそれを示す。上面と側面に計４個の点検孔がある。

▲翼端浮舟の骨組み。全長は1.875m、幅は0.608mで、排水量は283kg（海水にて）。

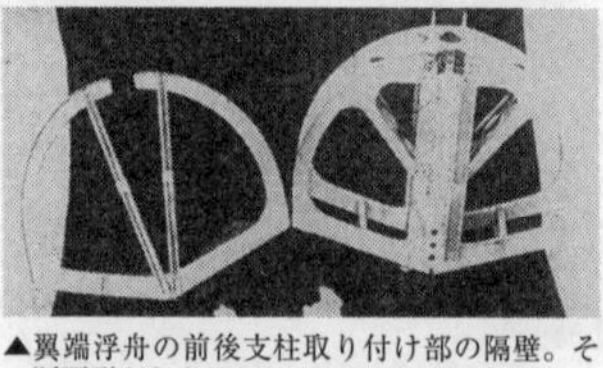

▲翼端浮舟の前後支柱取り付け部の隔壁。その断面形がわかる。

翼端浮舟(補助フロート)折りたたみ要領

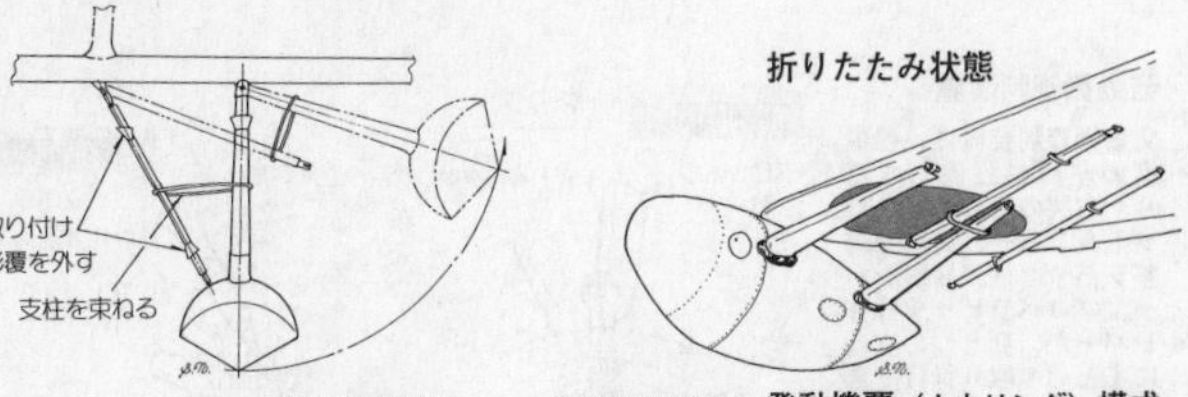

発動機覆（カウリング）構成

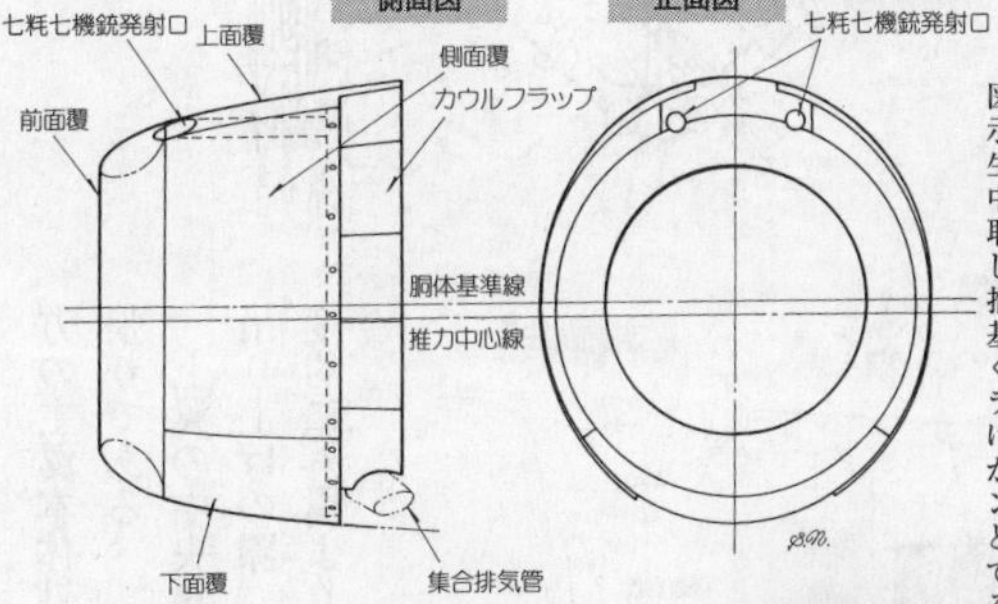

図は初期生産機を示しており、後期生産機では、上部中央に気化器空気取り入れ口が突出して設けられた。推力中心線が胴体基準線よりも下にくるため、プロペラ・スピナーを付けた機体は、正面から見るとカウリング前面開口部縁との間隔が、上方では広くなっている。

三菱『瑞星』一三型発動機

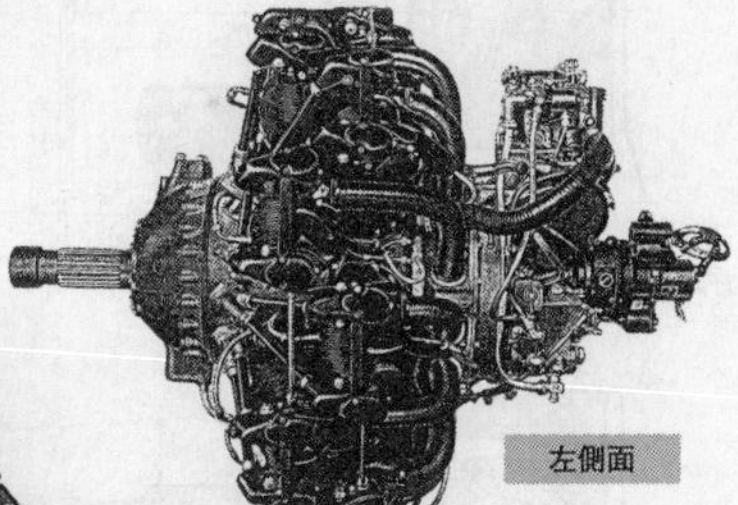

左側面

正面

零観が搭載した、空冷星型複列14気筒の『瑞星』発動機は、同じ三菱の発動機部門が開発したもので、傑作といわれた『金星』をコンパクト化した、単発機、および小型双発機用の発動機であった。零観が搭載したのは、最初の一〇型シリーズのうち、三番目のバージョンの一三型で公称出力900HP、離昇出力850HPであった。本機の成功は、まさに『瑞星』発動機に負うところ大であったといってもよい。

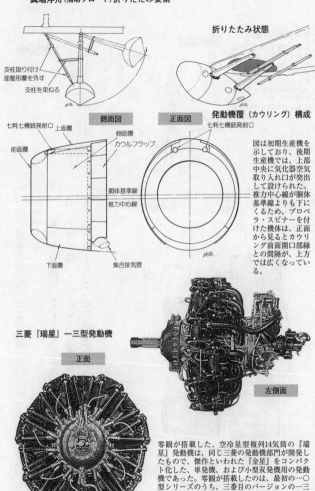

発動機管制装置

発動機管制装置は、操縦室の左側に設置してあり、右図のように、スロットルレバー、高度弁調整レバー、機銃発射レバー、プロペラピッチ操作レバーが、ひとつの支基にまとめて取り付けてあった。

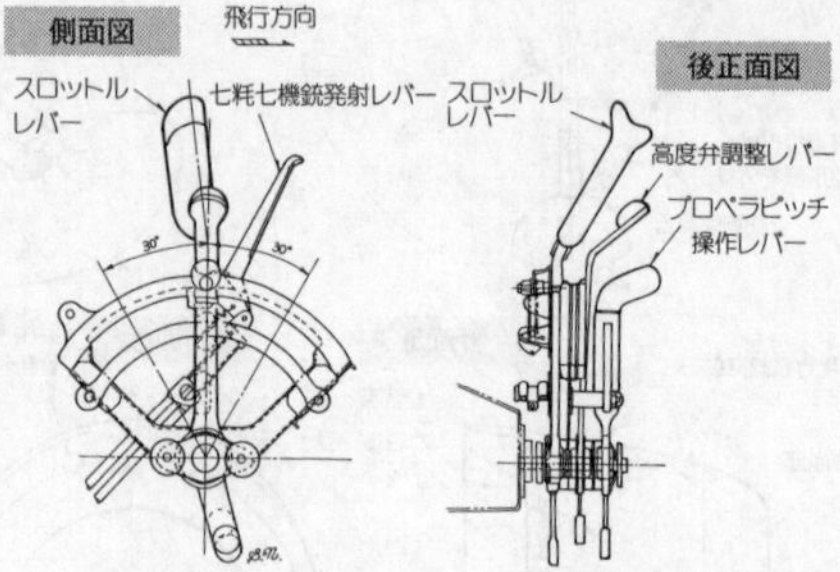

燃料タンク配置図

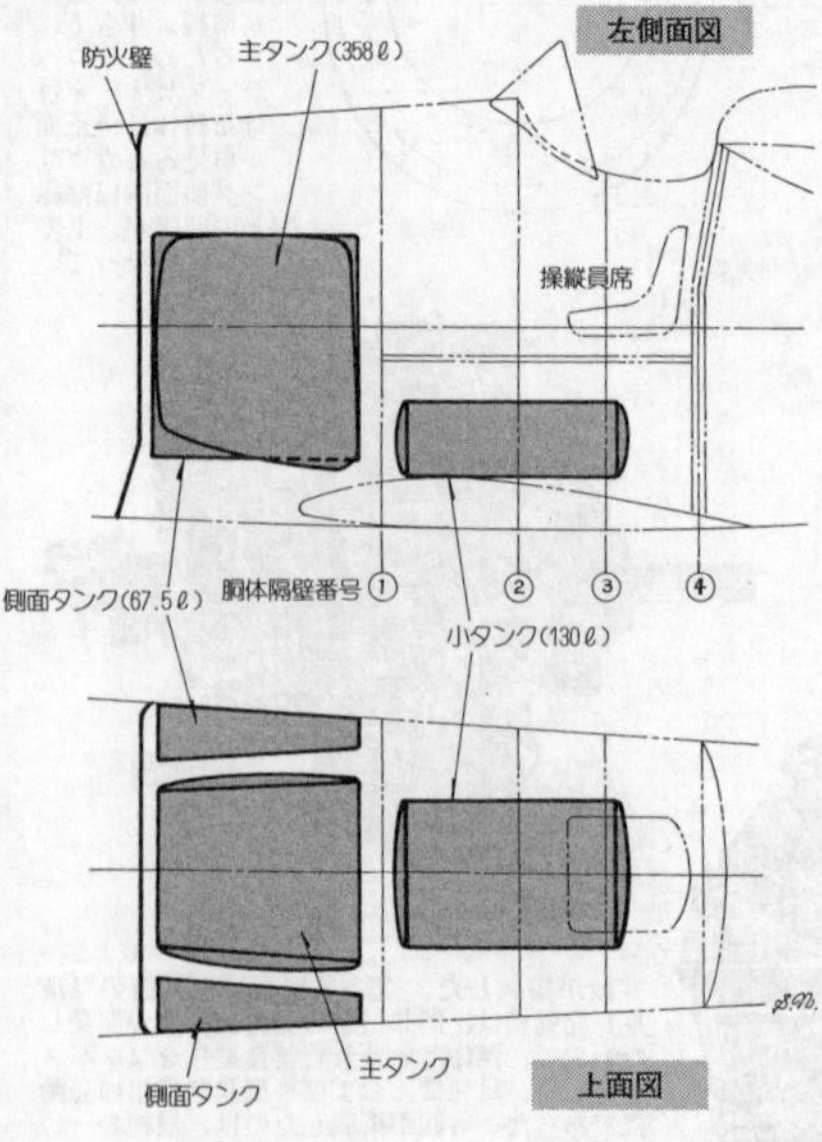

方の主翼本体外皮、および補助翼、フラップの外皮は羽布張りである。

上翼の中央翼は、クレーン、またはデリックによる機体吊り上げの際、その吊り上げ索を掛ける部分でもあり、強度的に外翼よりはるかに頑丈に造られている。その構造は

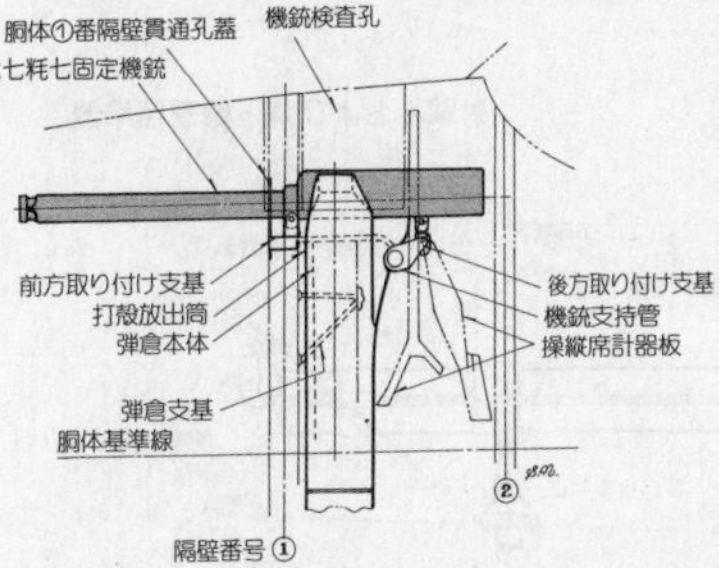

前方固定機銃装備要領

敵の同機種と空中戦を交える、すなわち戦闘機としての能力も要求された本機は、そのため機首上部に2挺の毘式（九七式）七粍七固定機銃を備えていた。従来の複座水偵にはなかった装備である。その装備要領は、左図に示したとおりで、防火壁を兼ねる、胴体1番隔壁を銃身が貫く形で固定され、その下に弾倉（1挺につき500発）、および打殻放出筒が取り付けられた。

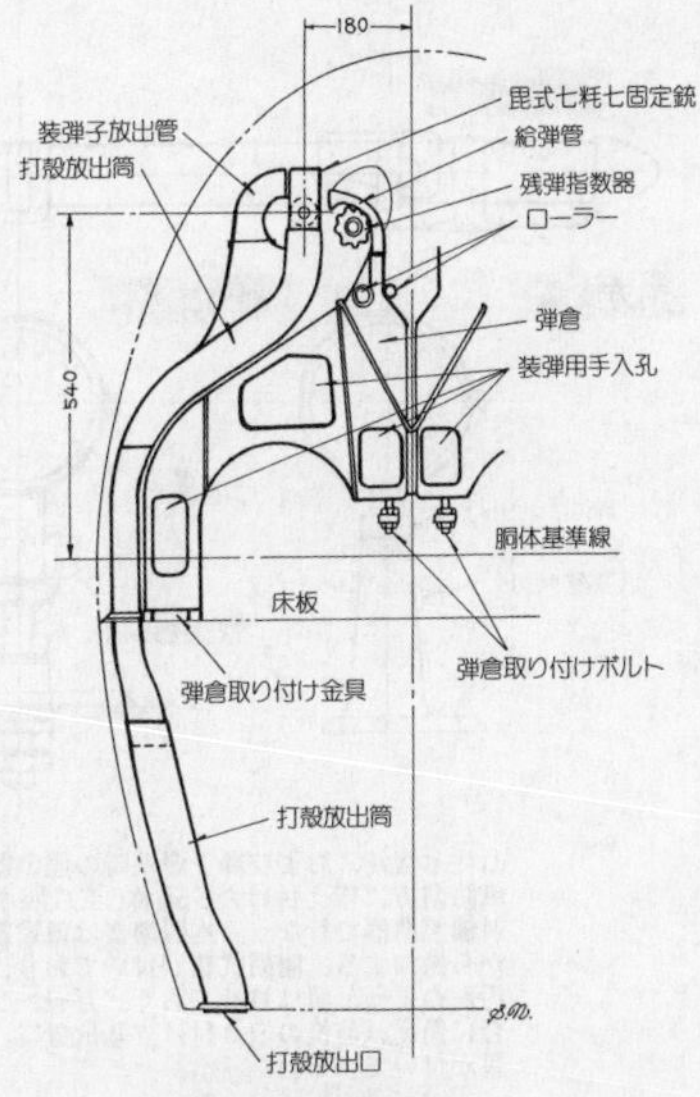

前方固定機銃用弾倉、
打殻放出筒取り付け要領（正面図）
（寸法単位：mm）

P.206、208の写真、および図に示すとおりで、前、後主桁も管状の強固なものである。なお、取扱説明書によれば、胴体と一体造りになった下翼の中央部分は、中央翼とはせずに基準翼と記している。

下翼だけに付くフラップは、シンプルなファウラー式で、幅は1・85m、弦長0・35m、面積1・3㎡と小さい。操作も油圧ではなく、操縦席左側のハンドルを廻して行なう手動

射撃、および降下爆撃照準器

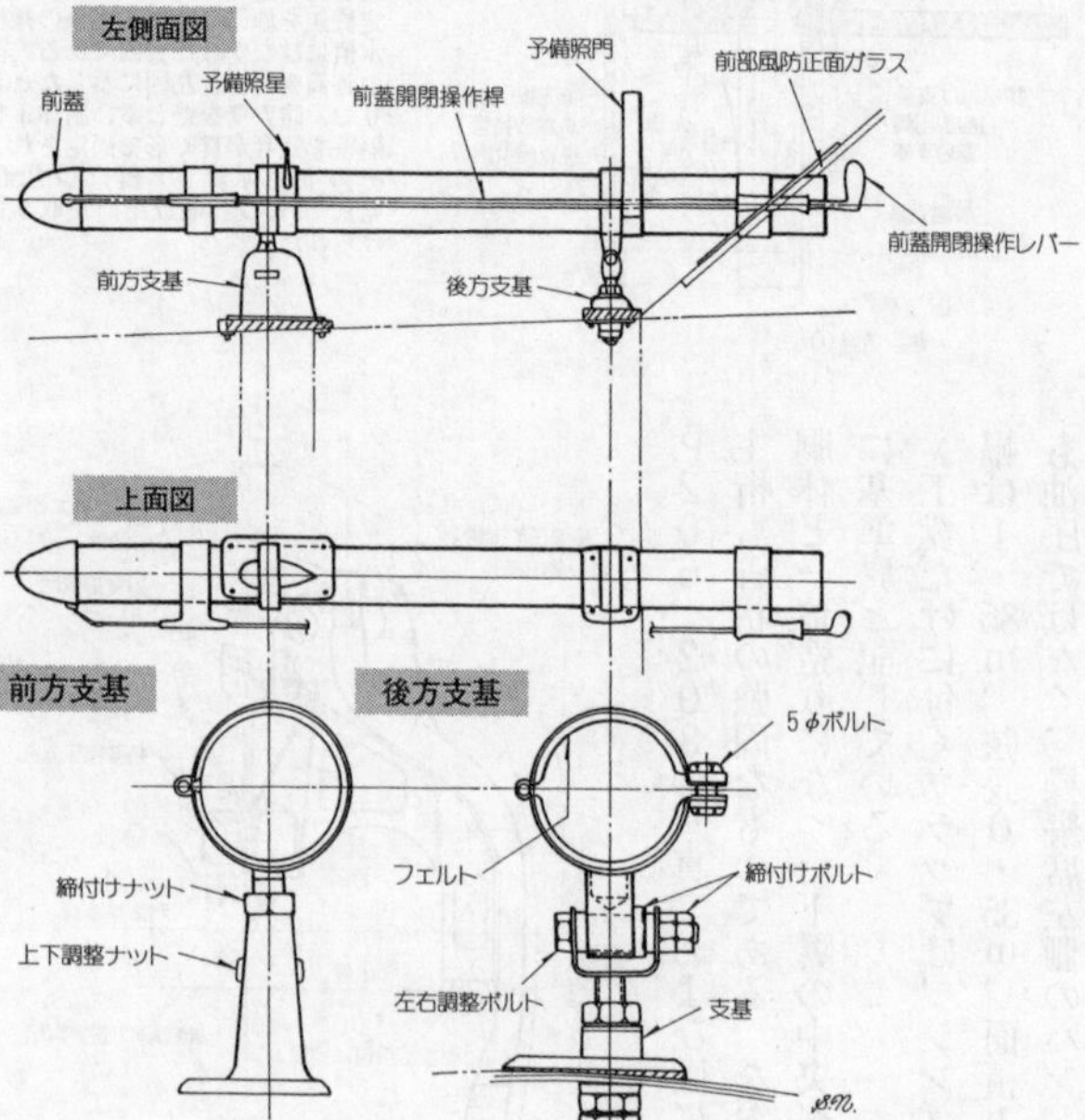

七粍七機銃、および降下爆撃時の照準器は、図に示すように、風防前方に備え付けた、通称O.E.G.照準器と呼ばれた、九五式射爆照準器で行なう。本照準器は望遠鏡式で、先端には操縦席から操作する、開閉式覆が付いており、使用時以外はレンズが汚れぬよう、覆は被せておく。万一、レンズなどが破損した場合に備え、前後の取り付け支基位置に、予備の照門、および照星が付いている。

風防構成

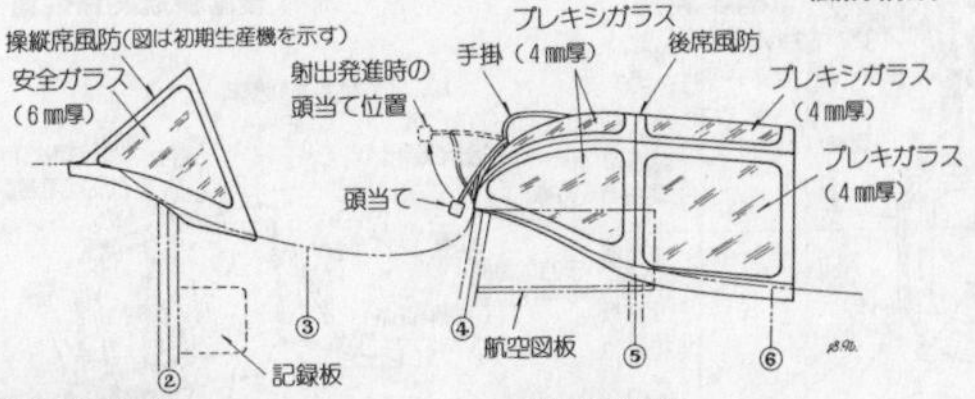

操縦席風防は、初期生産機のもので、後期では6面のガラス窓を有する形状に変わっている。また、複操縦式の練習機仕様に改造された機体は、後席風防が背の高いものに改められた。

計器板配置図

本機の操縦員席計器板が、通常の半円形ではなく、中央、左右に分離しているのは、七粍七固定機銃を装備したためである。すなわち、左右機銃の銃尾が計器板位置より後方に突き出してしまうので、必然的にこうなった。

操縦員席

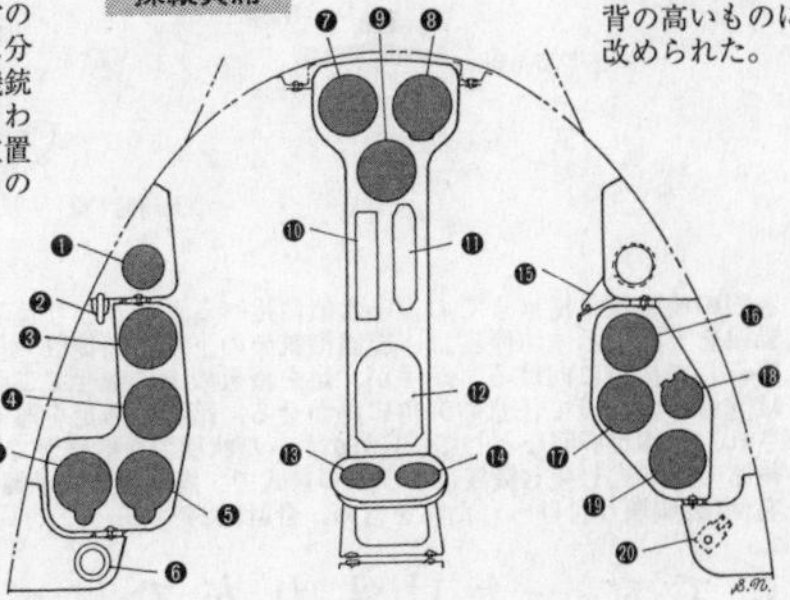

❶電路スイッチ
❷消火用レバー
❸シリンダー温度計
❹排気温度計
❺燃料計
❻注射ポンプ
❼速度計
❽高度計
❾旋回計
❿荷重計（重力計）
⓫前後傾斜計
⓬航空羅針儀
⓭油温計
⓮油圧計
⓯カウルフラップ開閉レバー
⓰回転計
⓱吸入圧力計
⓲時計
⓳混合比計
⓴昇圧器スイッチ
㉑時計
㉒大気温度計
㉓高度計
㉔速度計

偵察員席

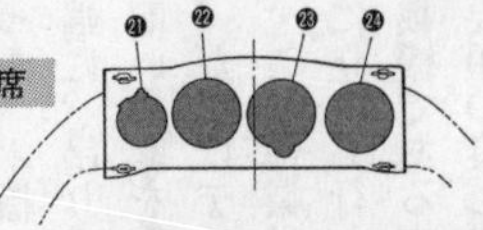

操縦員席

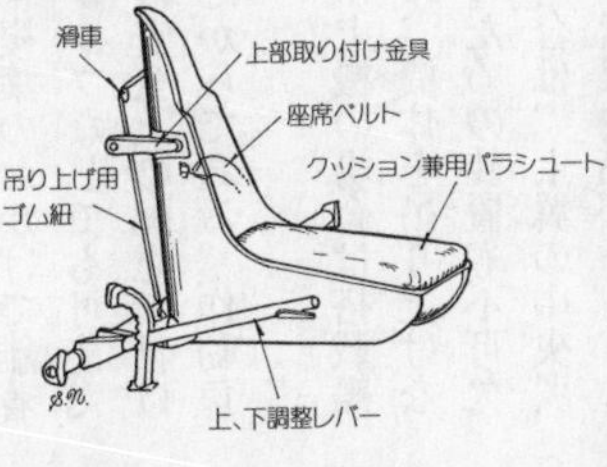

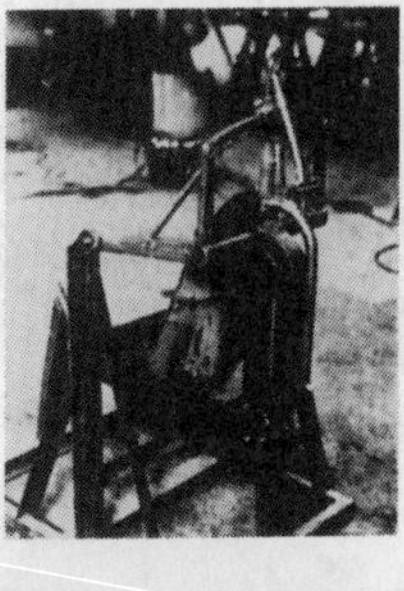

◀後席を左後方より見る。旋回機銃架と一体になった、進歩的なアレンジである。

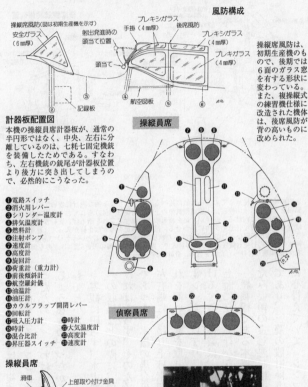

後席旋回機銃装備要領

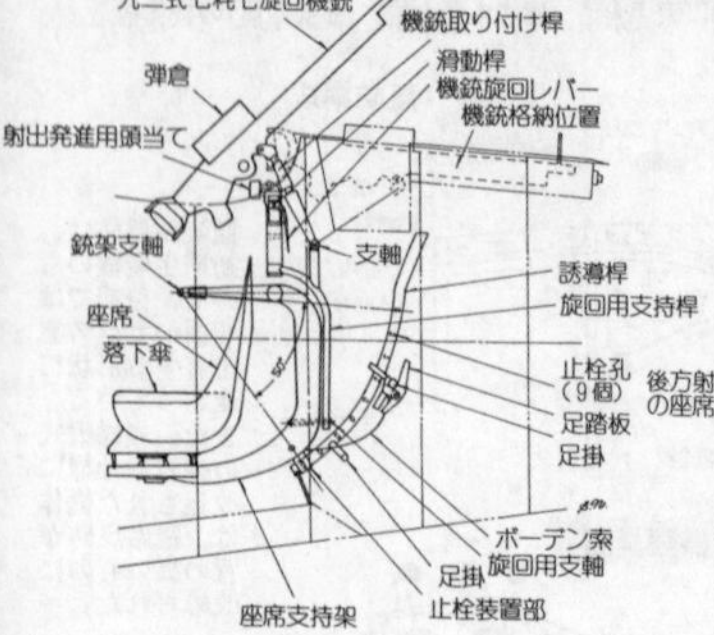

後席機銃関係装備

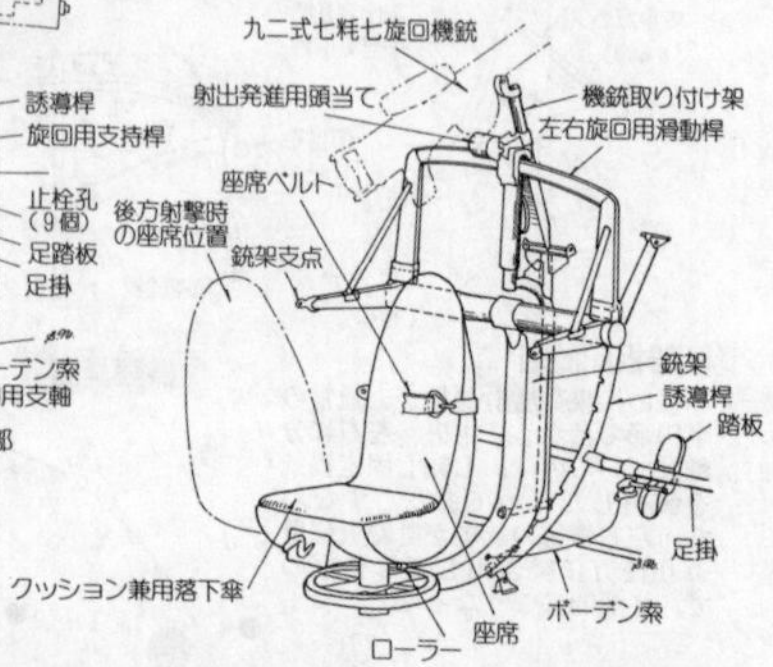

零観の後席は、従来までの複座水偵に比べると、かなり進歩的な設計になっていた。その要領を上図に示す。座席は、旋回機銃架の下端に直接取り付けられており、射撃時は180°回転して後方に向ける。銃手が、足を踏板の上に乗せてこれを踏めば、止栓が外れ、座席は誘導桿に沿って任意の仰角に動かせる。踏板から足を離せば止栓が入って、座席は固定され、機体が旋回などして、Gがかかった状態でも射撃ができるというわけである。なお、後席の九二式七粍七機銃はドラム弾倉式で、携行弾数は予備の弾倉5個（後席の左側に3個、右側に2個取り付けられた）を含め、合計582発であった。

式だった。これは、複葉のおかげで離着水性能が良く、フラップなしでも可能だったためで、いわば安全上の配慮で付けるようなものだったからである。作動角も30°と小さい。

　零観に限らず、水上機の場合は搭載艦への収揚などの際に、機体を吊り上げなければならず、そのための装置も不可欠であった。本機の場合は、上翼の中央翼左右端に、吊り上げ索収納箱があり、これを開いて索を取り出し、搭載艦のクレーン、たまはデリックのフックに引っ掛ける。この作業は、後席の偵察員が胴体上面に立って行なうことになっていた。

　艦載機である本機には、主翼の折りたたみ要領の良し悪しは、実用上の大問題であり、三菱の設計陣もその辺りは充分に心得えていて、シンプルかつ合理的な

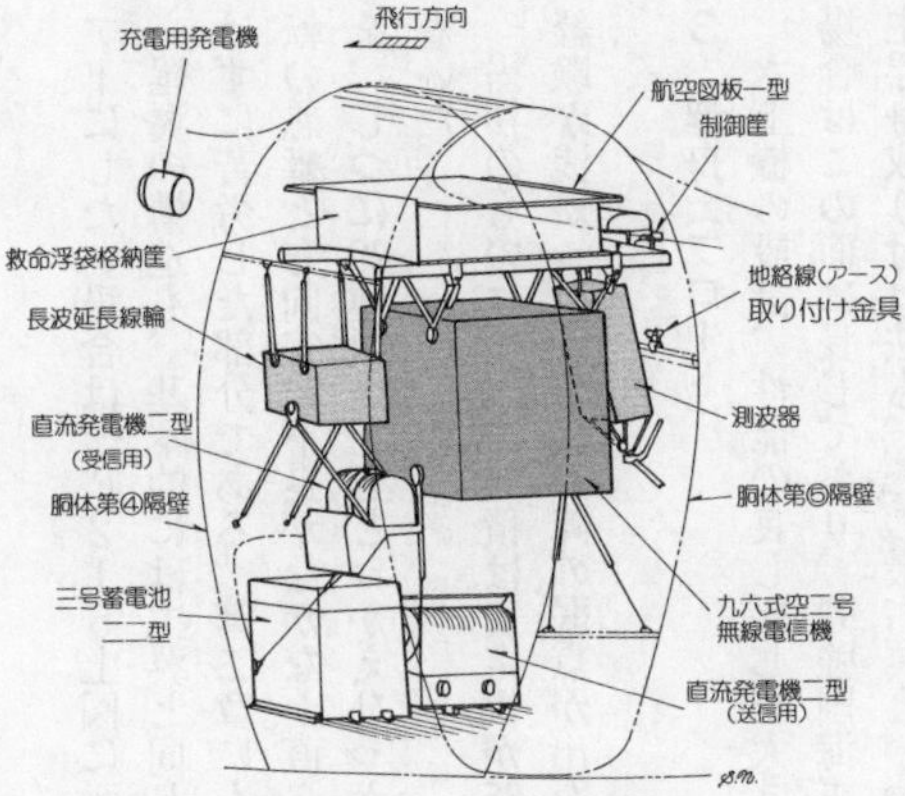

無線機装備要領

零観が搭載した無線機は、当時の海軍複座機に共通の、九六式空二号無線電信機である。その装備要領は左図に示したとおり、操縦員席と後席の間、胴体第４〜５隔壁間に、それぞれユニットを取り付けた。本体の上方は、不時着水に備えた救命浮袋の格納筐になっており、その上面には後席員が航空地図を広げられるよう、引き出し式の図板が備えてある。

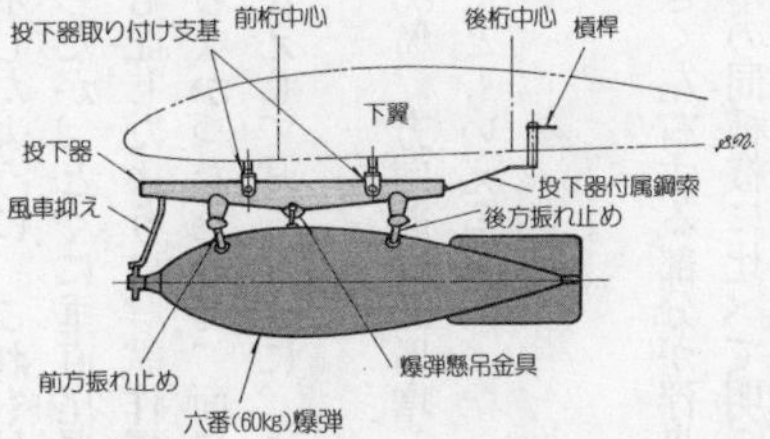

爆弾懸架要領

零観の爆撃兵装は、左右下翼下面の第８番小骨部に、小型爆弾架（投下器）を取り付け、三番（30kg）〜六番（60kg）までの各種爆弾１発ずつを懸吊するのが標準であった。その懸吊方法は左図に示したとおり。

手法を採った。その手順はP.211上図に示したとおりだが、図中①に示した折りたみ支柱は、中央、および基準翼の前桁部分が分離したことで、上、下翼間の寸度にわずかの狂いも生じないようにするためのものである。やや角度をつけて後方に折りたたんだ外翼は、同⑤のように、下翼端と胴体後端を支持棒でつなぎ、しっかりと固定する。

P.210下左図は、主翼折りたたみ状態を前下方から見たところで、この状態では、全幅はわずか5・3mになる。

この図では、翼端浮舟は通常のままであるが、さらにクリアーにしたい場合は、P.215上図に示したように、これも外側に折りたたむことができる。

尾翼の構造も、基本的には主翼と同じだが、とくに垂直尾翼は、本機の設計上、思いもかけずに苦労した部分である。第二章にも記したように、試作機のテスト中において、不意自転の悪癖と方向安定不良がなかなか直らなかったためで、面積、形状が少しずつ異なるものを、じつに20種類以上もとっかえひっかえして試した末に、ようやく図に示したものに落ち着いた。

当初のものに比べ、面積は安定板が85%、方向舵は30%増しになっており、水上機設計に経験が浅かった三菱設計陣の弱点が出たともいえる。

3　浮舟（フロート）

水上機の設計、性能の良し悪しを大きく左右する部分が浮舟である。とくに、日本海軍の場合はこの面に長じており、列強国海軍の同種機に比べて明らかに一段勝っていた。零観の主浮舟取り付け法も、その最右翼といってよく、無駄な空気抵抗源を排した、シンプル、かつ合理的な処理法である。主支柱内部には潤滑油冷却器が組み込んであり、この手法はのちに二式水戦にもそっくり受け継がれた。

主浮舟の本体は、むろん全金属製（ジュラルミン）で、22本の隔壁に、片側7本の縦通材を通して骨組みを構成していた。必要な強度を確保するために、中心線上の縦通材のみ、上下に斜材が通してある。損傷時の浸水を最小限に抑えるため、内部は6つの区画に仕切られ

零式観測機一一型〔F1M2〕詳細諸元表

名称			零式観測機一一型
型式			複葉複座単浮舟（フロート）
定員			2名
主要寸法（m）	全幅	展張時	11.000
		折りたたみ時	5.300
	全長		9.500
	全高	展張時	4.000
		折りたたみ時	4.000
重量（kg）	正規全備		2,550
	自重		1,928.5
	搭載量		621.5
	許容過荷重量		2,830
荷重	翼荷重（kg/m²）		86.4
	馬力荷重（kg/HP）		2.92
発動機	名称		三菱「瑞星」一三型
	基数		1
	馬力（HP）	公称	800(4,000m)
		許容最大	875(3,600m)
	回転数（r.p.m）	公称	2,450
		許容最大	2,540
	給入圧力（mm）	公称	+60
		許容最大	+120
	標準高度（m）		4,000
	減速比		0.727
	使用燃料	比重	0.723
		種類	航空87揮発油
プロペラ（2翅タイプ）	名称型式		恒速式
	直径（m）		3.000
	節（ピッチ）（度/分）		19/39
	重量（kg）		117
燃料容量（ℓ）	総容量		623
	胴体中央主タンク		358
	操縦席下タンク		130
	胴体側面タンク		135
潤滑油容量（ℓ）			35
主翼	翼幅（m）	基準翼	2.200
		上中央翼	1.500
		下外翼	4.400
		上外翼	4.750
	翼幅（m）（相当翼弦）	上翼	1.435
		下翼	1.440
	面積（m²）（動翼を含む）	上翼	14.62
		下翼	14.92
	合計		29.54
	取り付け角（上下翼共）（度）		中央部付近　+2
			翼端　0
	上反角（度/分）	上翼	4/18
		下翼	4/30
	後退角（度）		0
	翼間隔（m）		中央1.766
	食い違い度〔スタッガー〕（m）		0.575
	縦横比		——
フラップ	幅（m）		1.850
	弦長（m）		0.350
	面積（m²）		1.300
	運動角（度）		下方30

補助翼	幅（m）	上翼	2.781
		下翼	1.981
	弦長（最大）（m）	上翼	0.300
		下翼	0.300
	面積（m²）	上翼	1.592
		下翼	1.112
	平衡比（%）	上翼	29.7
		下翼	29.7
	運動角（度/分）		上方22/0　下方21/0
尾部	水平安定板	幅（m）	3.870
		弦長平均（m）	0.550
		面積（m²）	1.850
		取り付け角（度）	0
		迎角調整範囲（度）	——
	昇降舵	幅（m）	3.915
		弦長（平均）（m）	0.330
		面積（m²）	1,320
		平衡比	——
		運動角（度）	上方25　下方20　空中制限18
	垂直安定板	弦長（平均）（m）	0.750
		全高（m）	1.740
		面積（m²）	1.120
		取り付け角（度）	0
	方向舵	全幅（m）	0.650
		全高（m）	1.890
		面積（m²）	1.120
		平衡比	0.205
		運動角（度）	左、右30
胴体	長さ（発動機を含む）（m）		7.350
	幅（m）		1.022
	高さ（m）		1.495
降着装置	主浮舟（フロート）	長さ×幅（m）	7.140×1.270
		取り付け角（度）	−2
		重量（kg）	165.8
		排水量（kg）	4,420(海水)
		浮舟間隔（m）	——
	補助浮舟（フロート）	長さ×幅（m）	1.875×0.608
		取り付け角（度/分）	3/30
		重量（kg）	11.5
		排水量（kg）	283.0(海水)
		浮舟間隔（m）	8.400
水上静止角（度）			約5
射出機取り付け角（度/分）（軌条面に対し機首上げ）			5/0
性能	最大速度（km/h）		370
	巡航速度（km/h）		203.5
	上昇力（分/秒）		高度5,000mまで9/36
	実用上昇限度（m）		9,440
	航続距離（km）		740(正規)、1,069(過荷)
	離水速度（km/h）		106
	着水速度（km/h）		110

ていた。

零観は艦載機として設計されていたので、当然ながら射出機（カタパルト）からの発進に必要な装備も施してあった。P.214上図に示したのが、それらの装置で、主浮舟の3ヵ所に取り付けてある。もちろん、機体が直接射出機に設置されるのではなく、滑走車と称した台架の上に載せて射出される。したがって、この3ヵ所の金具は、滑走車との接点部ということになる。前部の反跳止金具は、射出の際に機体全重量がかかる部分でもあり、太いボルト5本でがっちり止めてある。

第三節　零式水上偵察機

1　一般構造

胴体、主翼、フラップ、浮舟（フロート）など、大部分はジュラルミン製だが、海水による腐蝕を考慮し、垂直安定板、水平安定板、主翼端の3部分については、骨組み、外皮とも木製としている。補助翼、昇降舵、方向舵はジュラルミン製骨組みに、羽布張り外皮。使用ジュラルミン材は、大部分がSDCH鈑で、工作の難易度により、普通ジュラルミン、およびSDCH（O）を使い分け、一部に押出型材を用いてある。

鋲（リベット）は、すべて外面に露出するものは沈頭鋲を、他は丸頭鋲を使用している。本機は、貨車輸送の便を考慮し、主翼基準翼と胴体は組み合わせ式としてあり、分離可能である。

2 胴体

全金属製半張殻式構造を採っており、その骨組み要領は下写真、およびP.227図のようになっている。

隔壁は高力アルミニウム合金鈑、縦通材は、同押出型材にて造られ、超ジュラルミン外鈑（SDCH）を使用している。後部の外鈑のみ、とくに電気防蝕処理を施してある。概ね、帯状鈑を使用しているのはコスト低減のため。

艦載機なので、胴体下面には射出発進用の特殊鋼金具（主翼後桁取り付け部）、第13番隔壁部分には反跳止用の特殊鋼金具がそれぞれ取り付けてある。

3 主翼

翼断面は、NACA23012型を採用し、翼厚比は付け根にて16%、翼端にて6%で、戦闘機に比較すれば、かなりの厚翼である。取り付け角は、付け根にて3°30′、基準翼翼端にて3°08′、外翼も3°08′で一定となっている。

◀治具上で組み立て中の胴体骨組みを、左前方より見る。

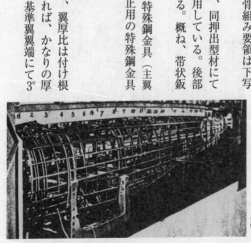

胴体内部配置、および浮舟、垂直尾翼骨組み図

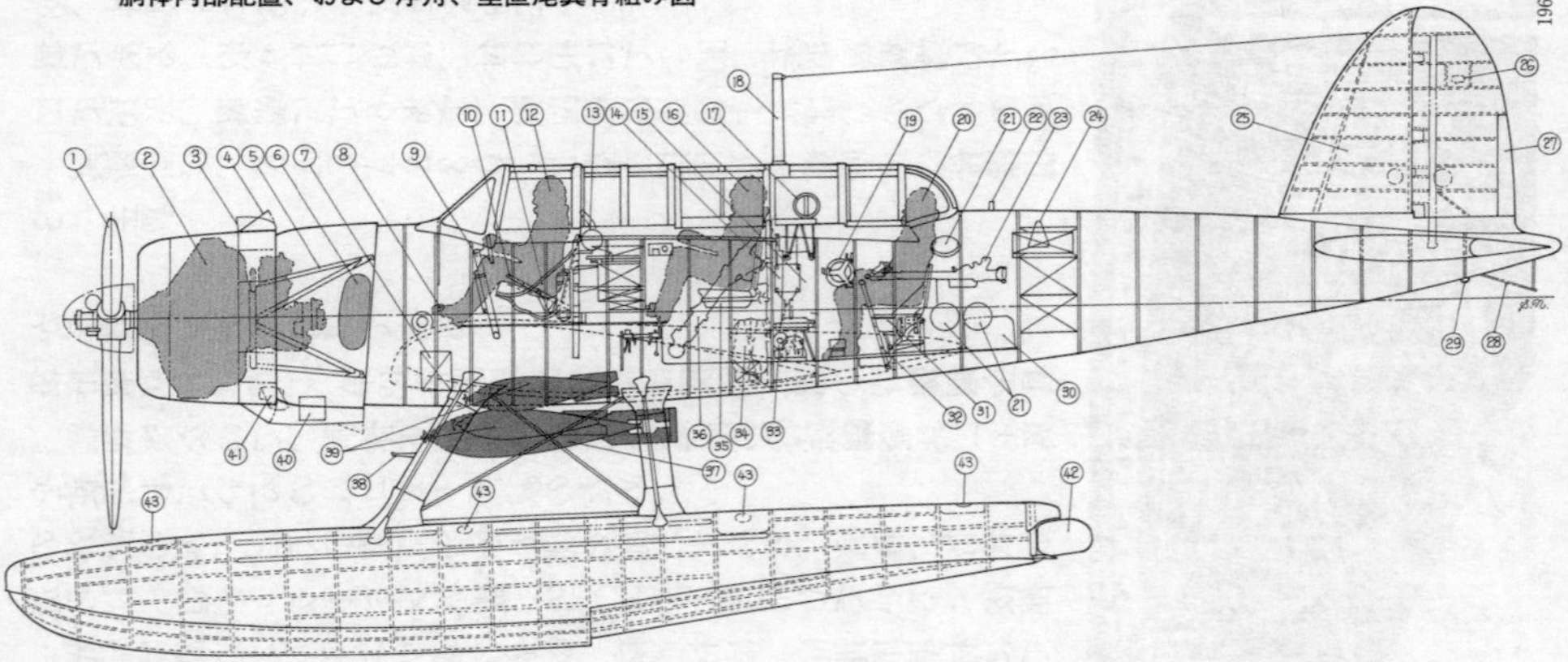

①住友/ハミルトンCS-27恒速可変ピッチ・プロペラ
②「金星」四三型発動機（1,075hp）
③気化器空気取り入れ口
④カウルフラップ開位置
⑤発動機取り付け架
⑥潤滑油タンク
⑦蓄電池
⑧方向舵ペダル
⑨操縦桿
⑩座席上下レバー
⑪座席
⑫操縦員
⑬油圧用油タンク
⑭短波、および長波測定器
⑮九六式空三号無線電信機
⑯偵察員
⑰ク式無線帰投装置用枠型空中線
⑱アンテナ空中線支柱
⑲垂下式アンテナ空中線巻き上げ機
⑳無線/銃手
㉑ル式七粍七機銃用予備弾倉
㉒機銃固定金具
㉓ル式七粍七機銃収納位置
㉔携帯用信号灯
㉕木製垂直安定板骨組み
㉖尾灯
㉗方向舵修整舵
㉘尾部索揚収フック
㉙繋留金具
㉚救命具
㉛無線/銃手席
㉜垂下式アンテナ空中線パイプ
㉝発電動機
㉞着水照明炬
㉟偵察員席
㊱九〇式一号爆撃照準器二型
㊲二五番（250kg）爆弾懸吊位置
㊳足掛け
㊴六番（60kg）爆弾4発懸吊位置
㊵潤滑油冷却器
㊶集合排気管
㊷水中操縦舵
㊸点検孔

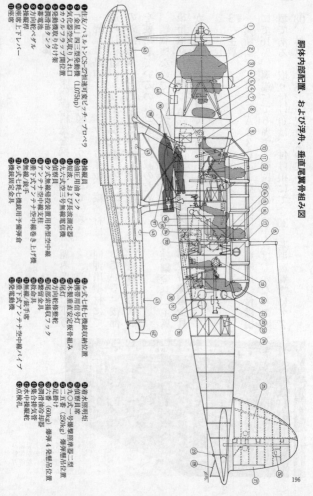

胴体骨組み図（寸法単位mm）

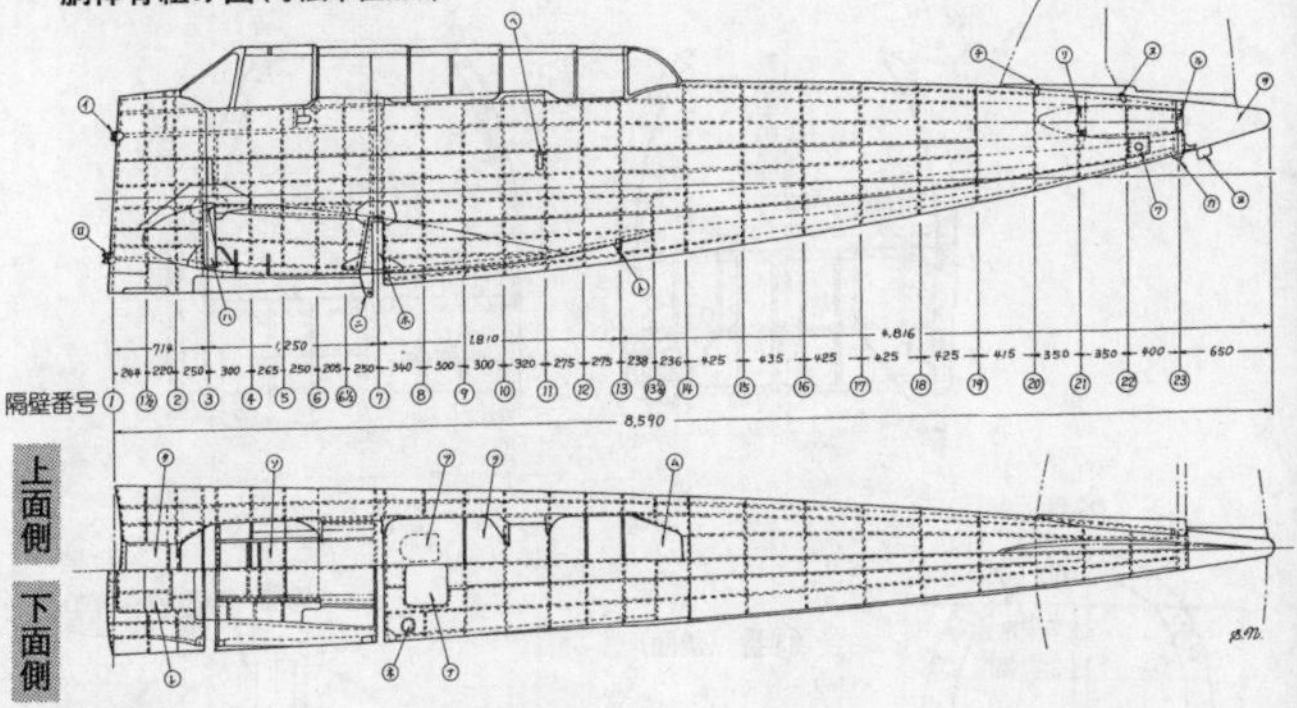

イ 発動機架上部取り付け金具
ロ 発動機架下部取り付け金具
ハ 主翼前桁結合部
ニ 射出金具
ホ 主翼後桁結合部
ヘ 足掛
ト 射出時反跳止金具
チ 垂直安定板前桁取り付け金具
リ 水平安定板前桁取り付け金具
ヌ 垂直安定板後桁取り付け金具
ル 水平安定板後桁取り付け金具
ヲ 尾部整形覆
ワ 点検孔
カ 機体繋留金具
ヨ 機体収容索格納筺
タ 機首上部作業孔
レ 機首下部作業孔
ソ 操縦員席
ツ 写真撮影孔（右側のみ）
ネ 六番爆弾格納作業孔
ナ 爆撃照準孔
ラ 偵察員席
ム 無線／電信員席

上反角は、基準翼においては前後桁とも、桁上面を水平とするために、1°45′の上反角を生じ、外翼においては5°30′の上反角をつけてある。前縁後退角は1°22′、後縁前進角は7°15′。

骨組みは、全金属製2本桁片持ち式で、基準翼、左右外翼、および同翼端部の5つのパーツに分けて組み立てられ、基準翼は胴体とボルトにて結合され、貨車輸送の便を図るために着脱式になっている。

外翼は、艦載機の常として、収納スペースを小さくするために折りたたみ式になっているが、複葉機と異なり、上方に折りたたむ、シンプルな方式を採っている。

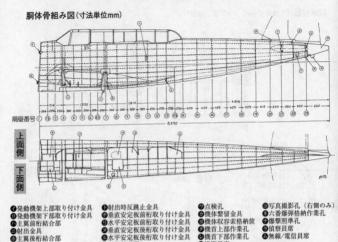

木製の翼端部は、損傷交換を容易にするため、2本のボルトで簡単に着脱が可能。

水上機であるから、防水にも気を配ってあり、基準翼と外翼、補助翼操作槓桿貫通

胴体隔壁（寸法単位mm）

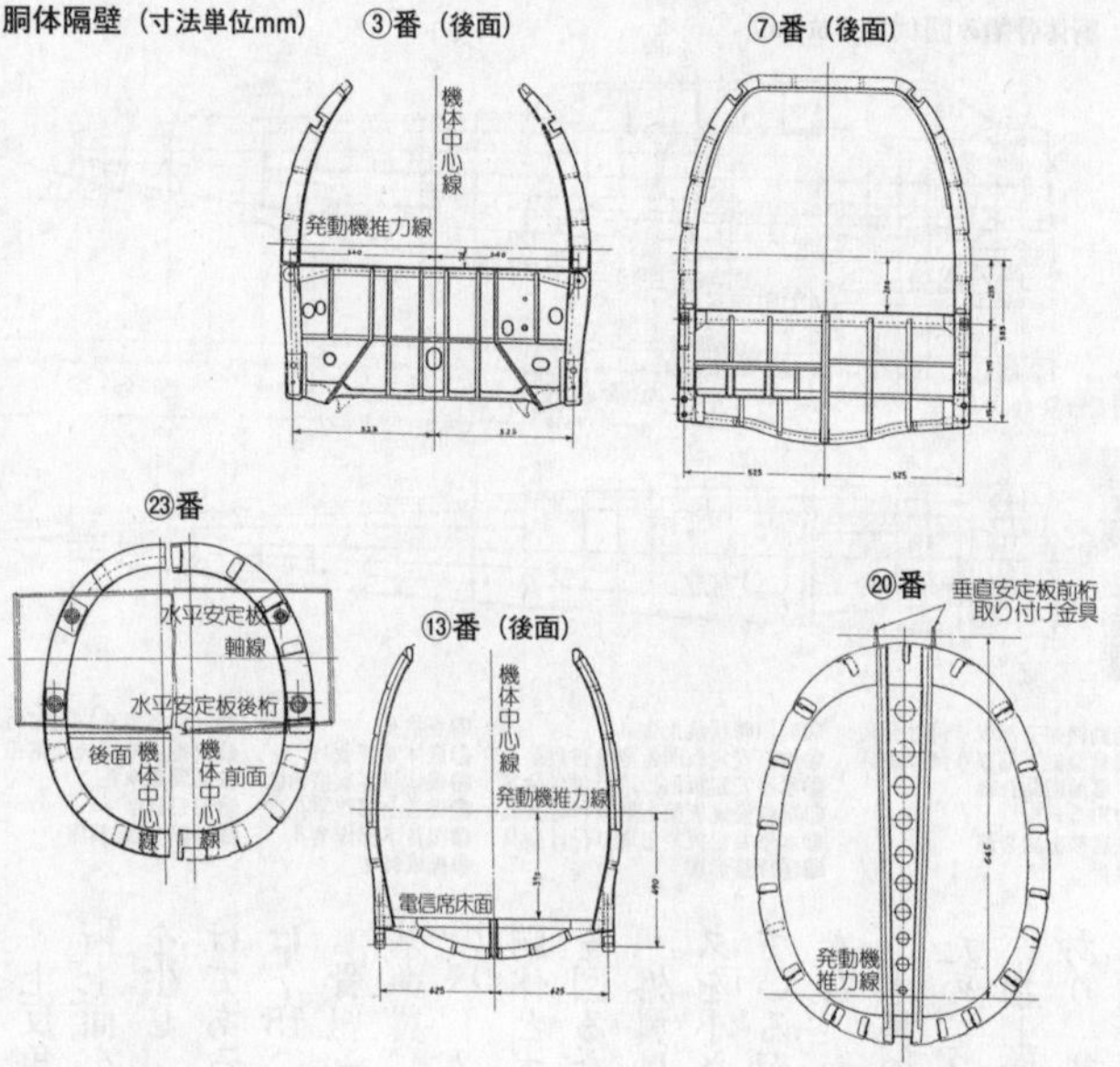

零式水偵の射出機セット状態

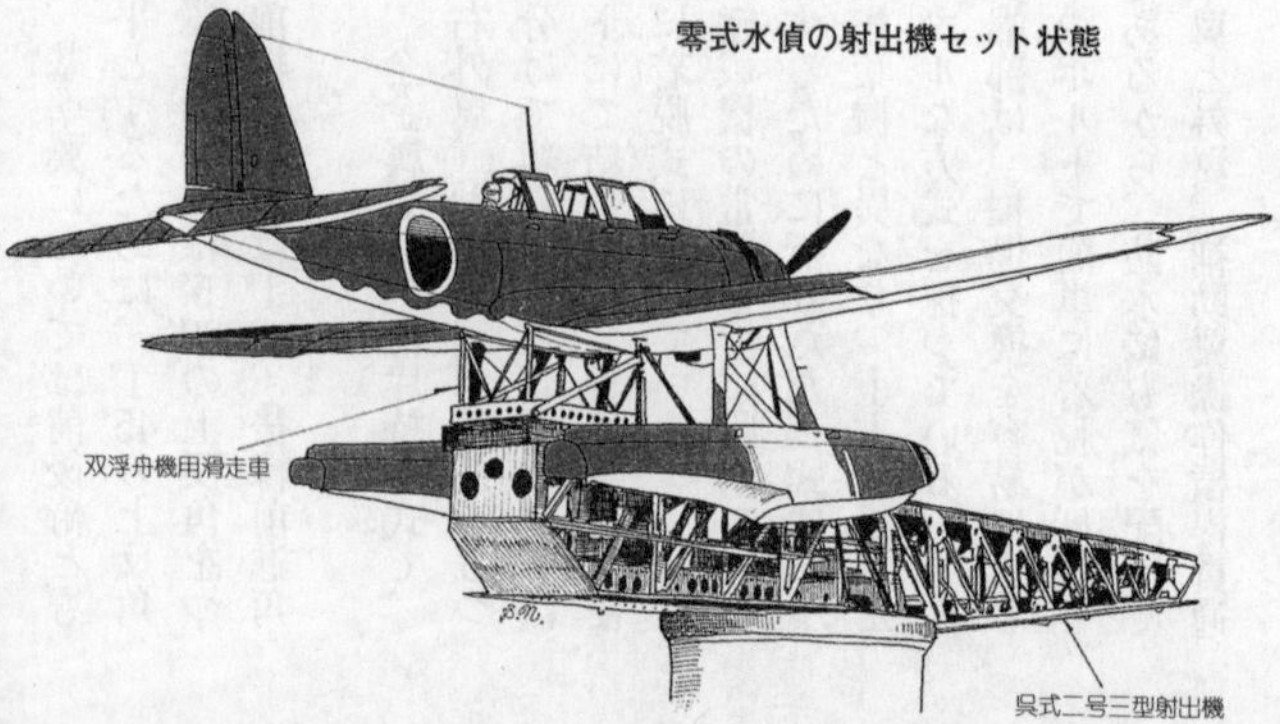

◀基準翼骨組み。

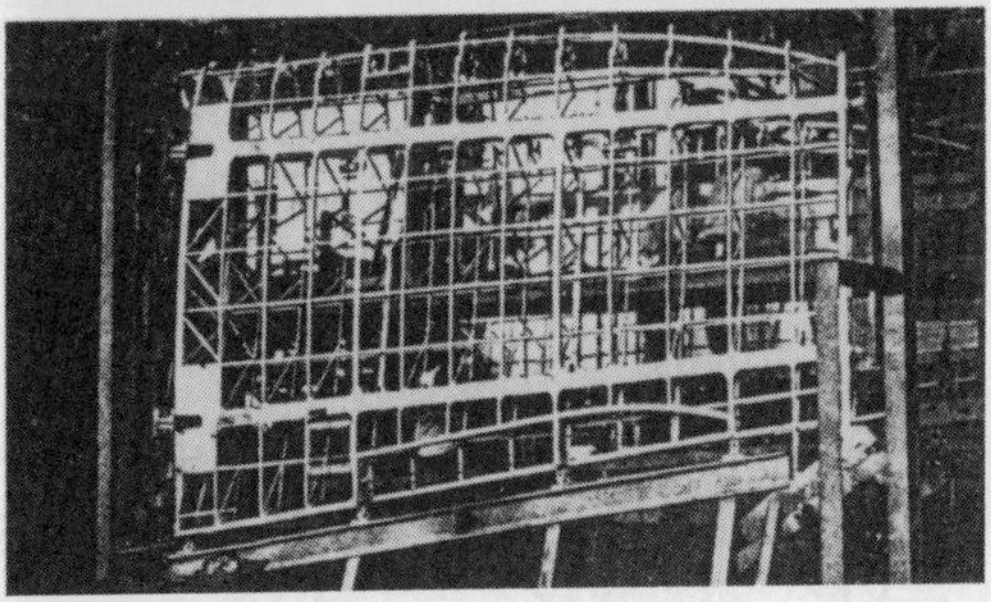

◀外翼骨組み。

主翼骨組み図（寸法単位mm）

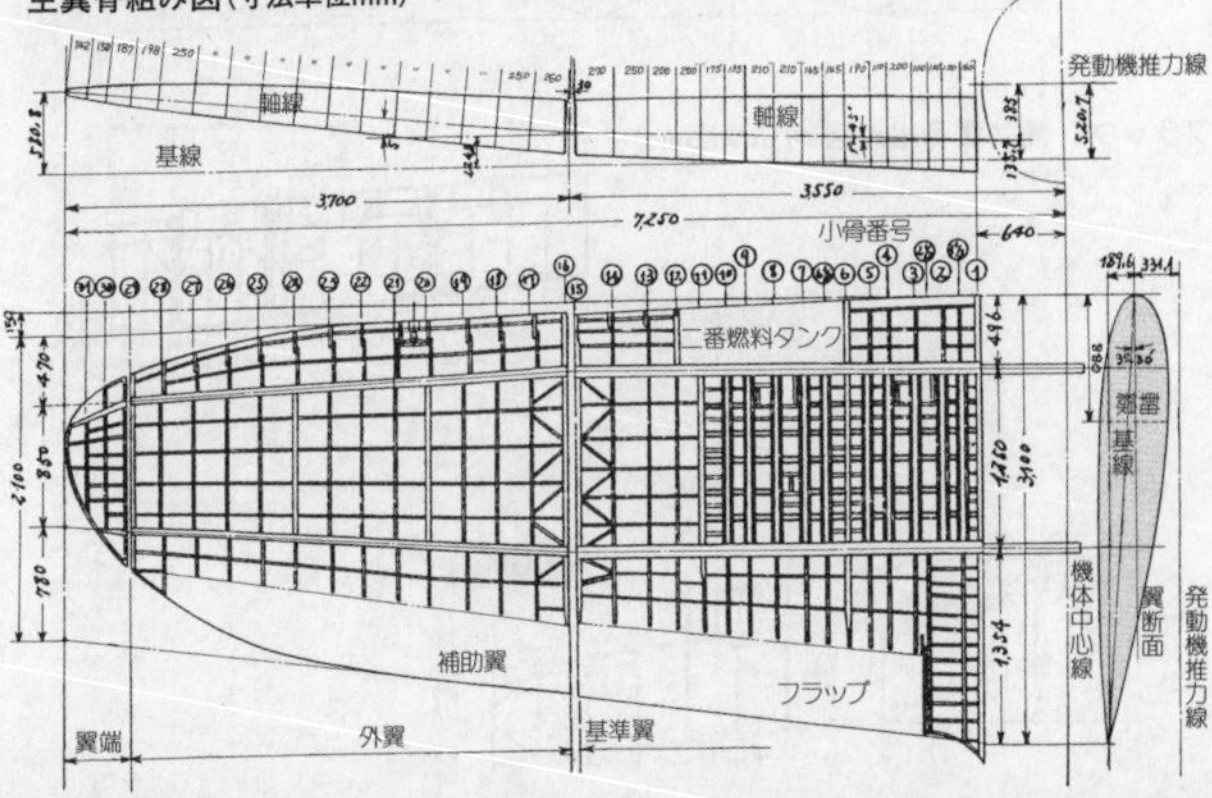

主翼小骨

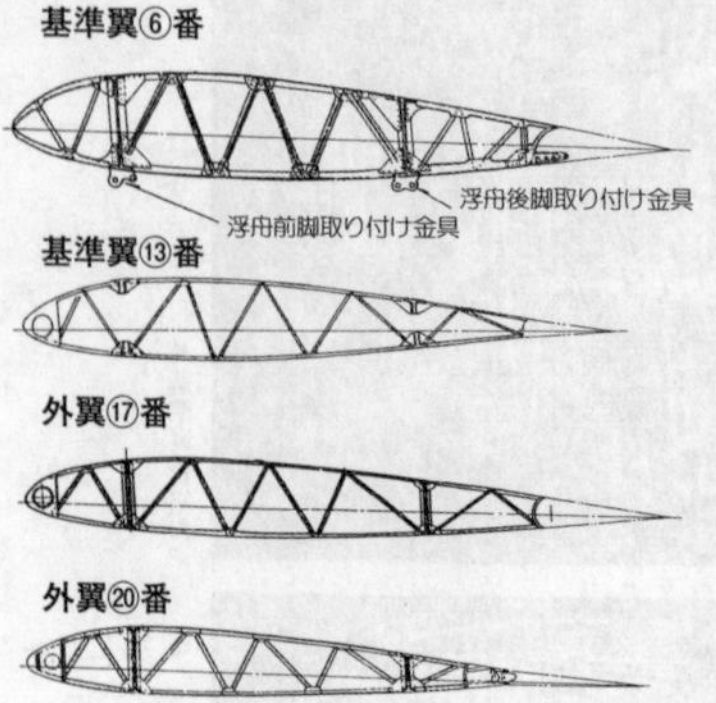

主翼折りたたみ要領

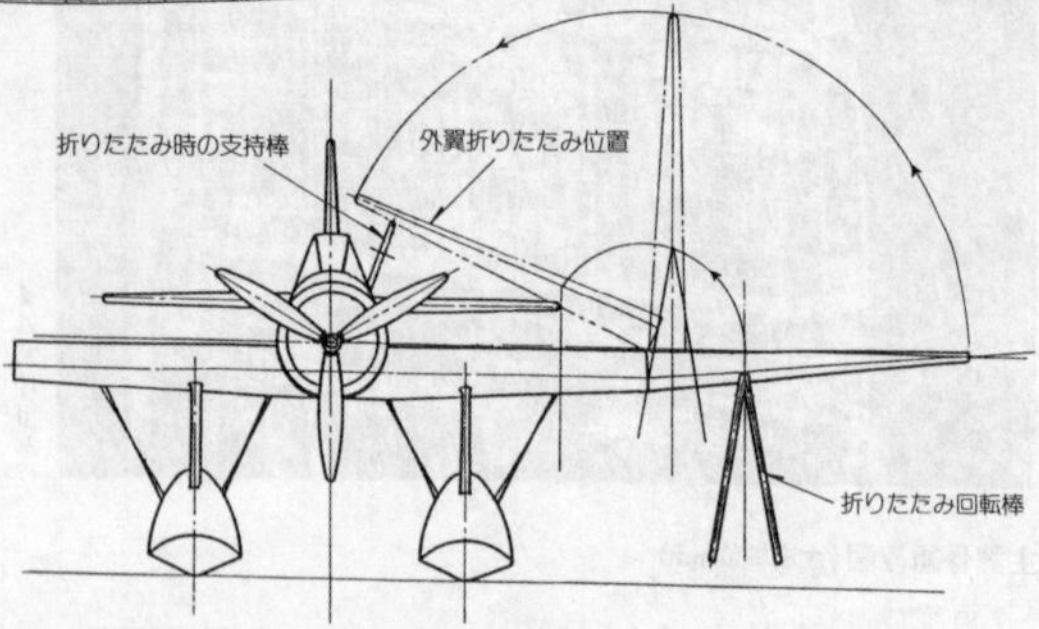

フラップ、補助翼骨組み図(寸法単位mm)

フラップ

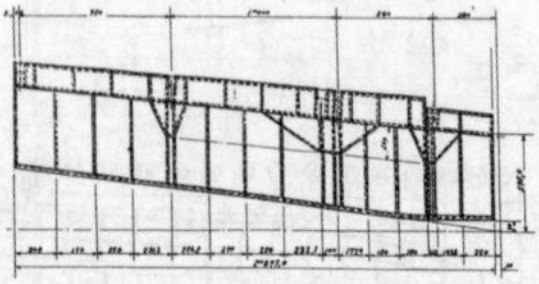

補助翼

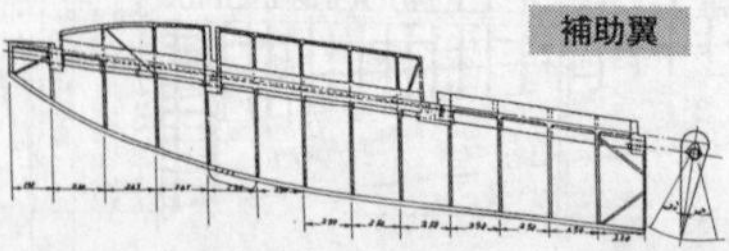

部などには、革、および翼布などを用いて相応の措置を施してある。

フラップは、単純な開き下げ式で、骨組み、外皮ともジュラルミン製。最大下げ角は40°。

補助翼はフリーズ式、骨組みは桁管に超々ジュラルミンを使い、ジュラルミン製の小骨を配し、外皮は羽布張りである。

▼左主翼折りたたみ部。

水平尾翼骨組み図（寸法単位mm）

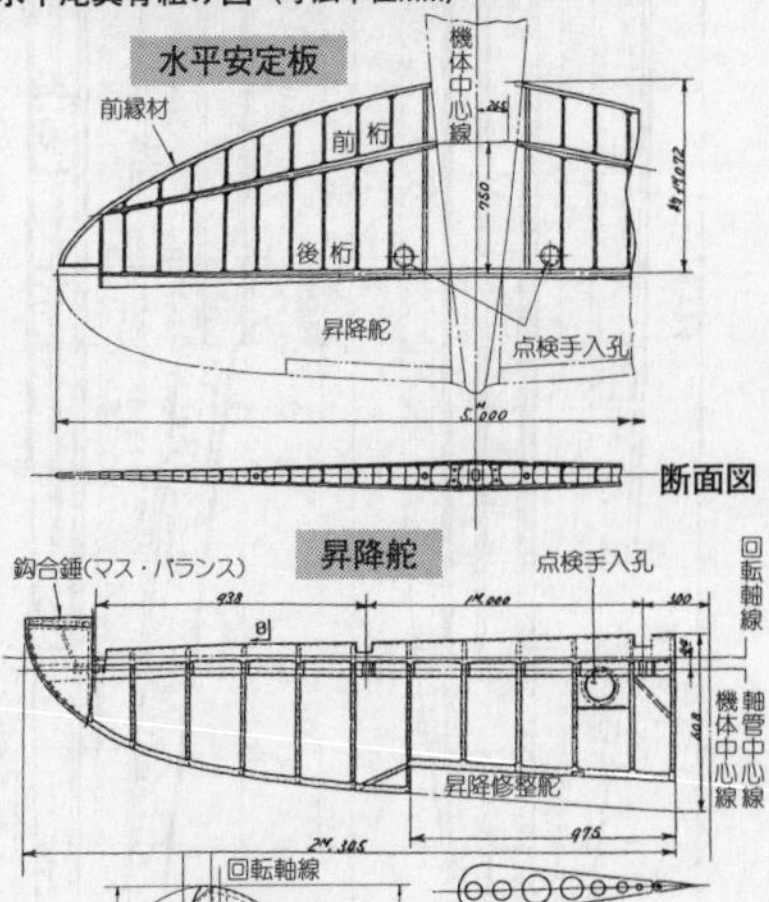

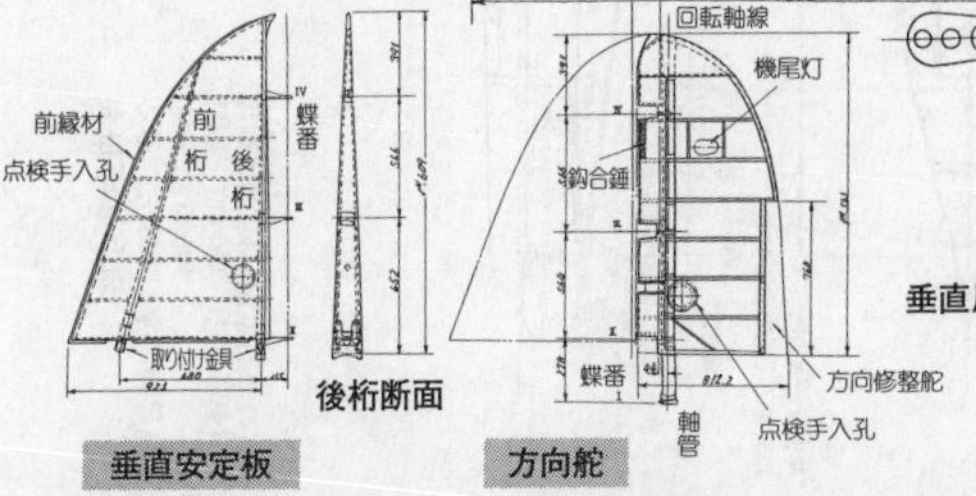

垂直尾翼骨組み図
（寸法単位mm）

浮舟（フロート）骨組み図

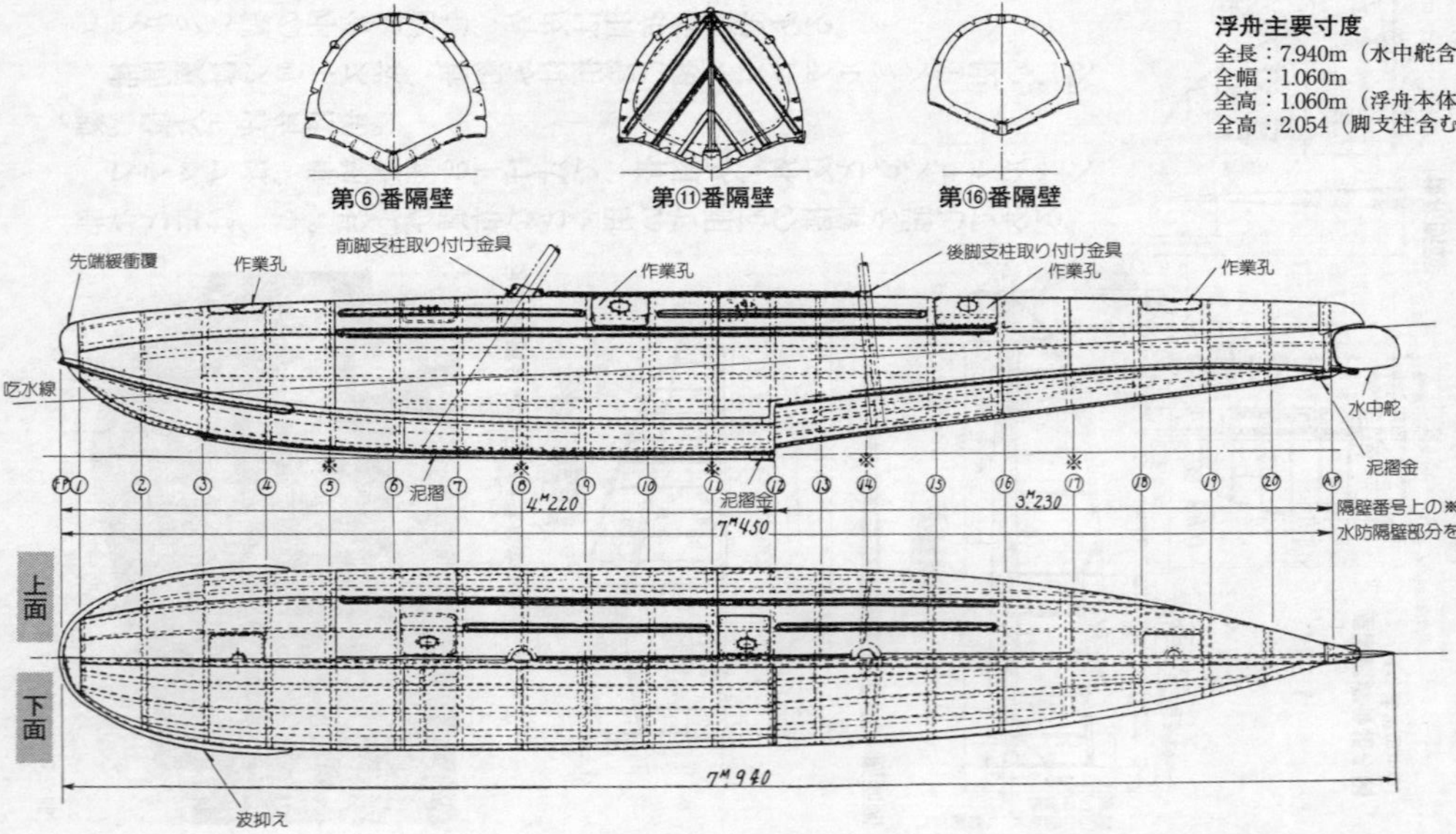

浮舟主要寸度
全長：7.940m（水中舵含む）
全幅：1.060m
全高：1.060m（浮舟本体）
全高：2.054（脚支柱含む）

隔壁番号上の※印は水防隔壁部分を示す。

浮舟脚組み（寸法単位mm）

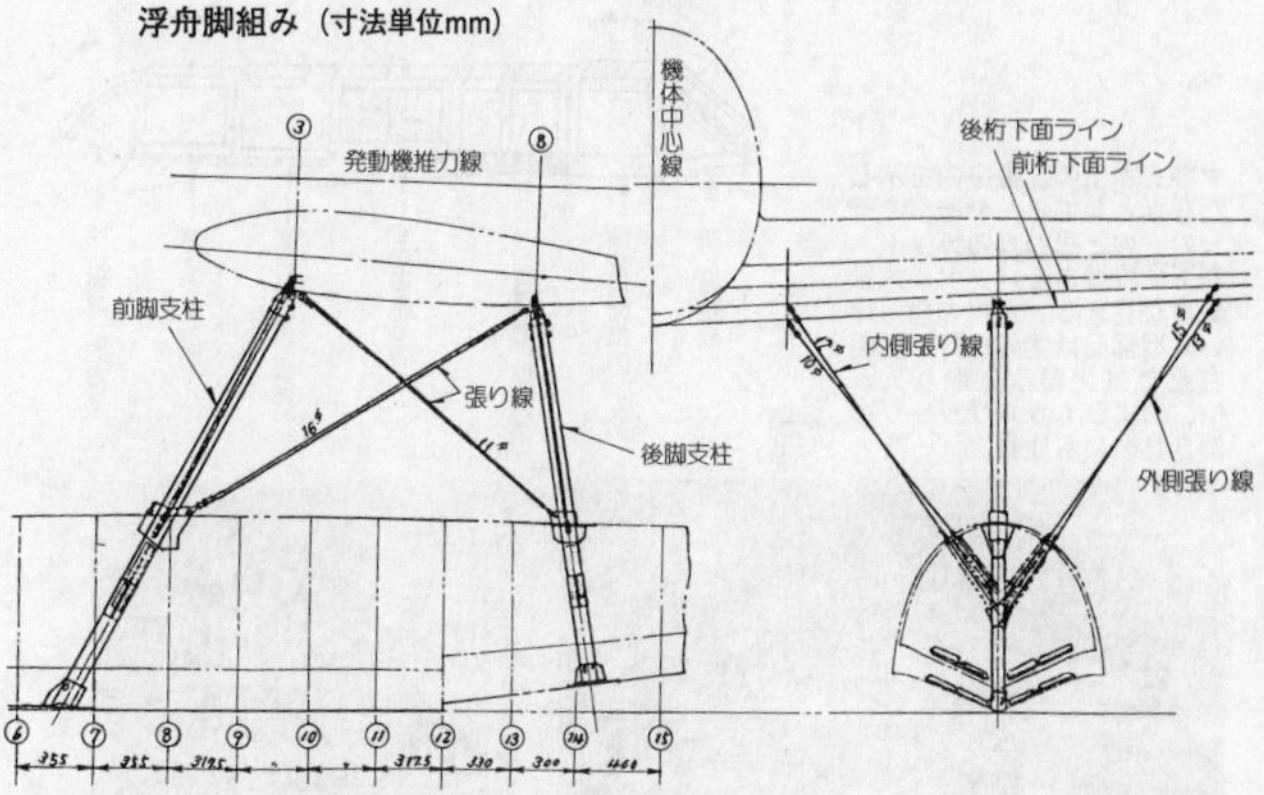

操縦員席主計器盤配置

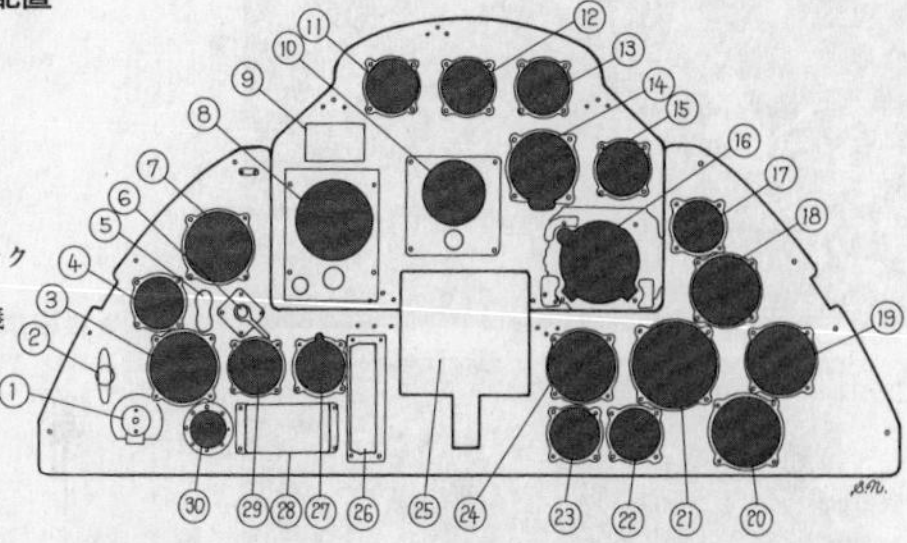

❶真空切り換えコック
❷消火レバー
❸混合比計一型
❹電路スイッチ
❺手動ポンプ・レバー
❻自動操縦装置停止コック
❼航路計
❽自動操縦装置用定針儀
❾旋回指示計
❿定針儀
⓫速度計三型
⓬旋回計二型
⓭昇降度計
⓮精密高度計
⓯着水高度警報器
⓰自動操縦装置用水平儀
⓱フラップ開度指示器
⓲排気温度計一型
⓳シリンダー温度計
⓴給気温度計
㉑一号回転速度計一型
㉒温度計一型
㉓二号耐寒調圧計
㉔給入圧力計二型
㉕航空羅針儀二型改
㉖前後傾斜計
㉗航空時計
㉘速度調節弁
㉙自動操縦装置用真空油圧計
㉚注射ポンプ

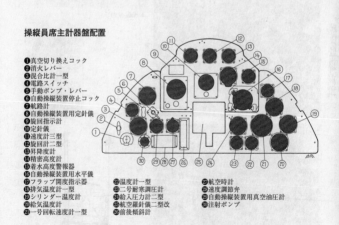

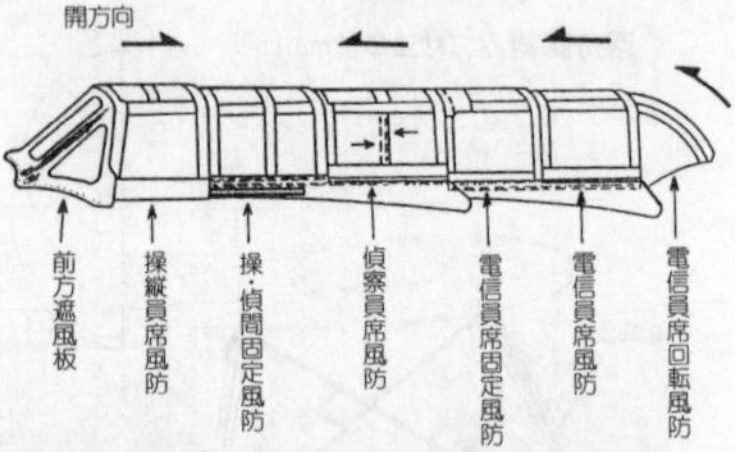

▼零式水偵の操縦室内を示した写真としては、おそらく唯一のものと思われるカット。左下に特徴あるハンドル式操縦桿が見える。左端の白っぽい丸型部品は紫外線灯。画面右上の気化器空気取り入れ口、およびカウルフラップの開き具合にも注目。

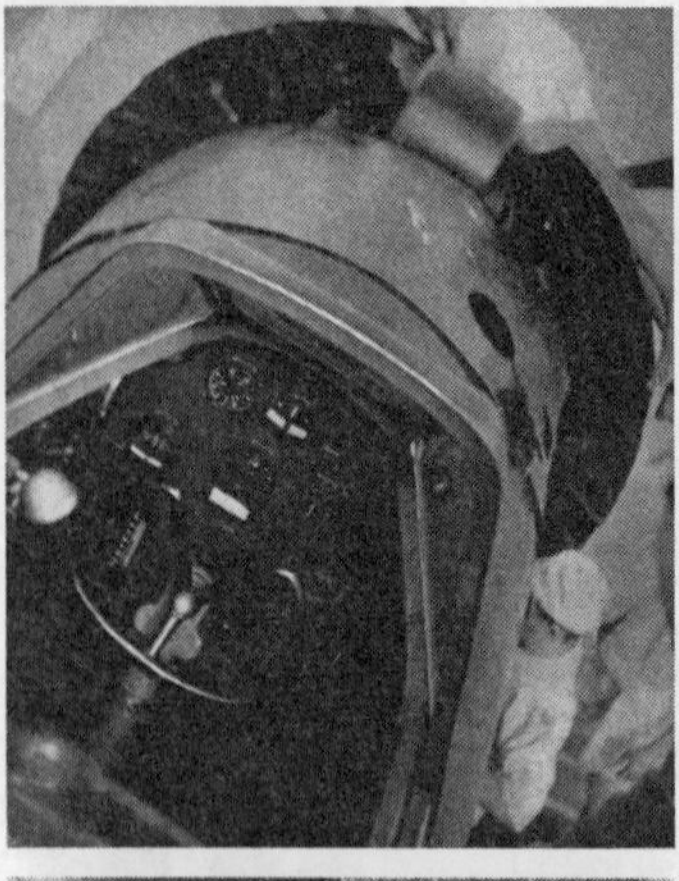

▲操縦員席。

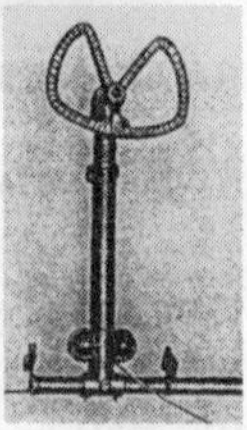

▶操縦桿。

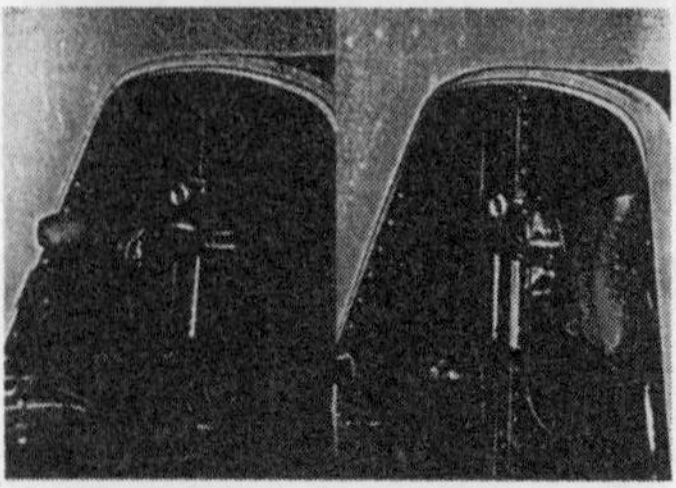

▲操縦員席射出時頭当て（左：使用時、右：不使用時）。

◀偵察員席。

▲電信員席。

▶電信員席七粍七旋回機銃取り付け架（上：使用時、下：格納時）。

三菱『金星』四三型 空冷星型複列14気筒発動機（1075hp）

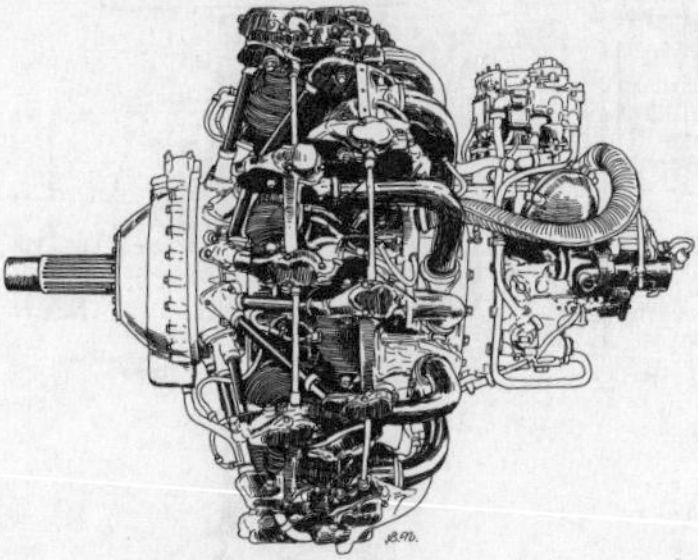

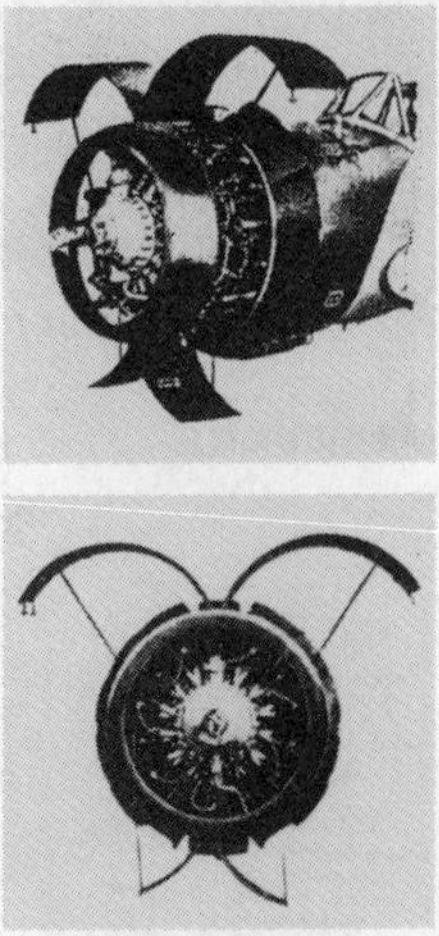

▲発動機覆（カウリング）、およびカウルフラップ開要領。

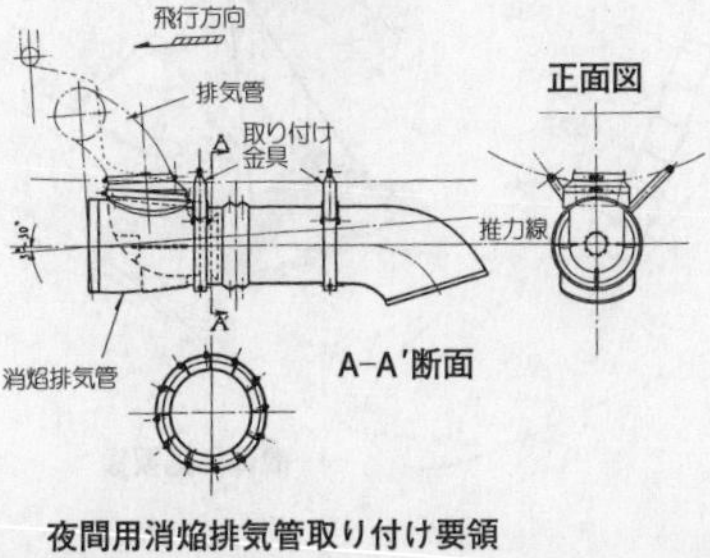

夜間用消焔排気管取り付け要領

二五番爆弾懸吊要領図（寸法単位mm）

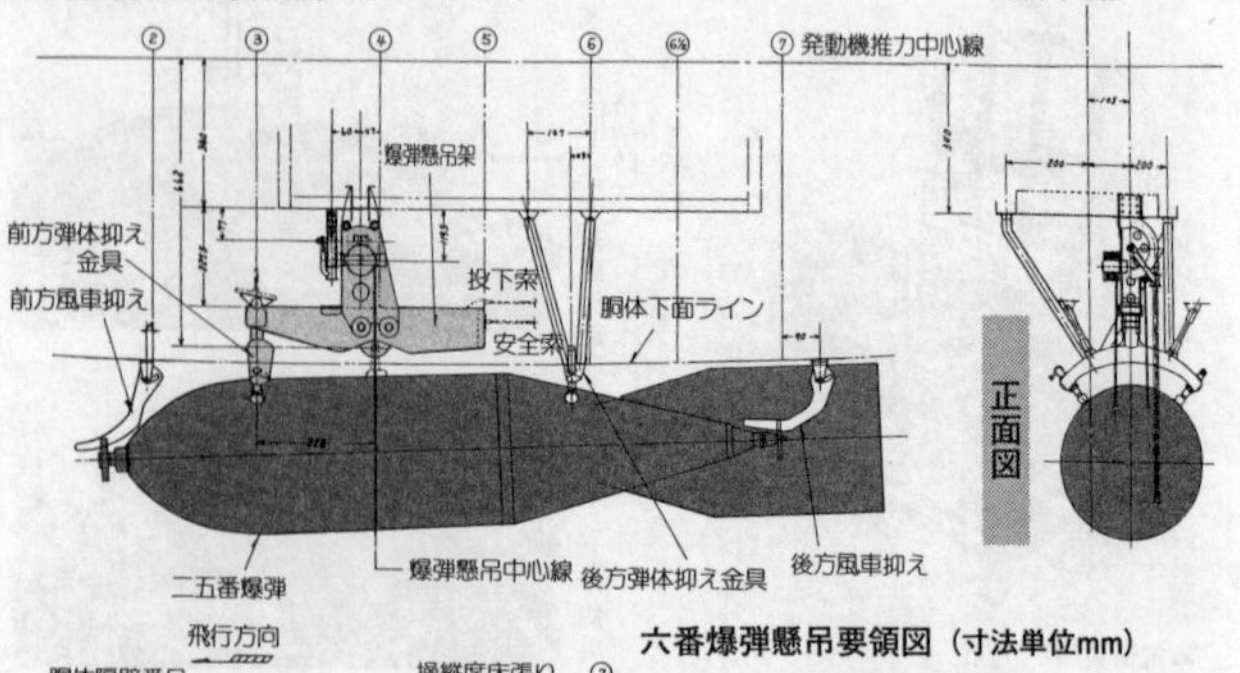

六番爆弾懸吊要領図（寸法単位mm）

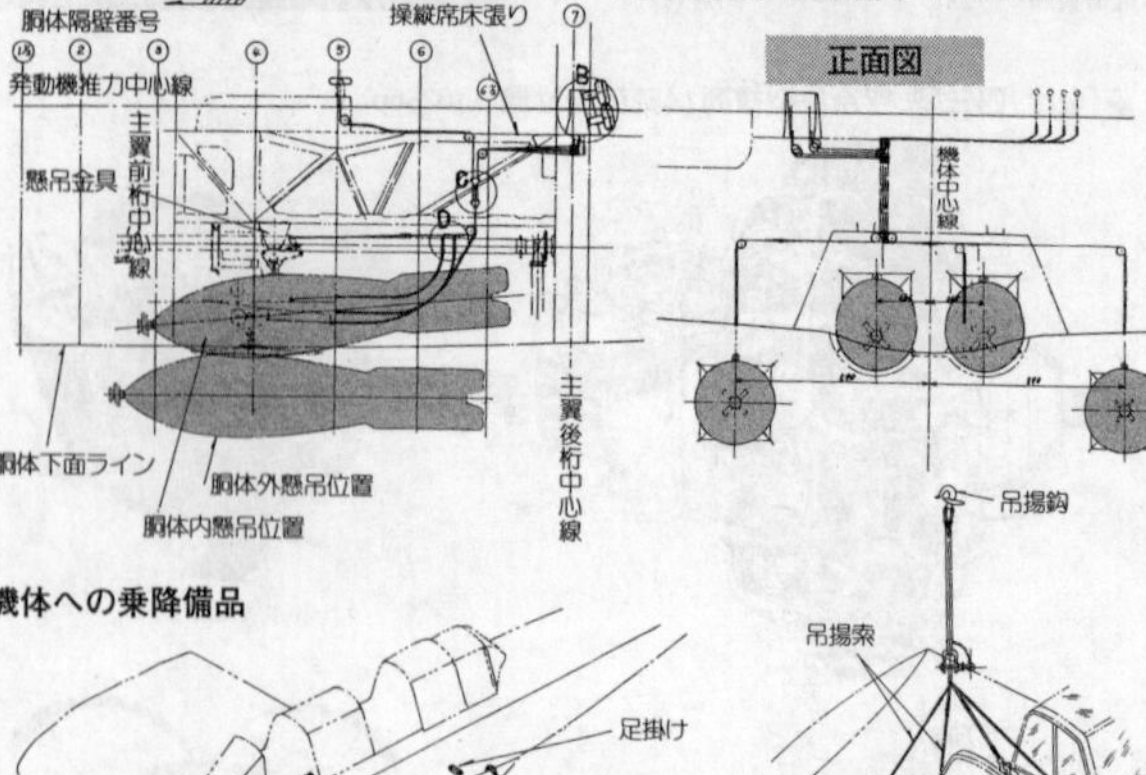

機体への乗降備品

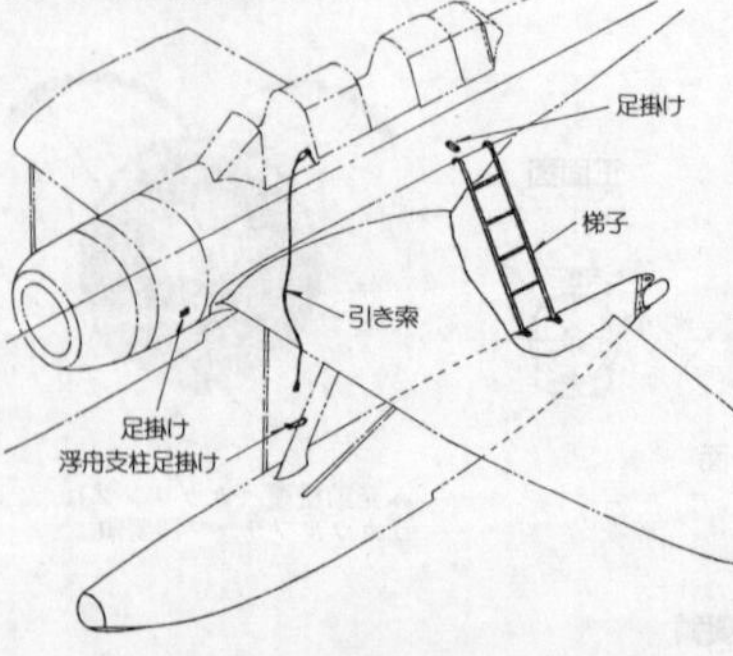

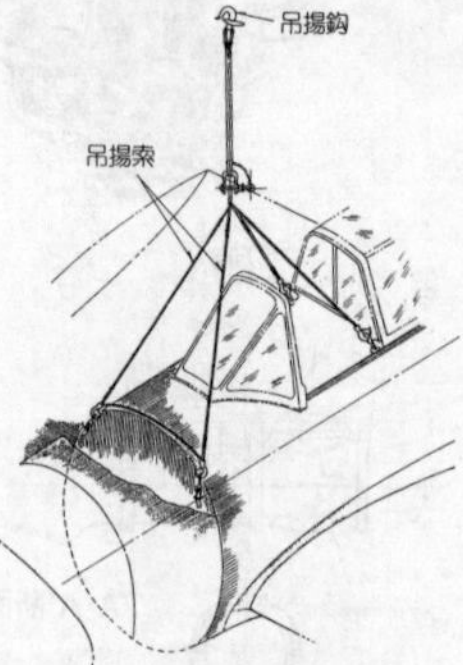

機体吊揚要領

4　尾翼

一般構造の項にも記したように、本機は水上機という性格上、海水による腐蝕を防ぐために、主翼に較べて強度上の負荷が小さい尾翼は、木製構造とした点が特徴。

水平安定板は、前後桁のエゾマツの張り合わせ合板のフランジ、ウェブを使用し、これに木製小骨を配した骨組み。外皮は1・0〜1・5㎜厚の合板を張り、付け根にはジュラルミン製フィレットを被せて整形した。そして、この上からさらに羽布を貼り、防水性を高めてある。

もっとも、昇降舵は強度の関係から骨組みはジュラルミン製とし、外皮は羽布張りとなっている。作動角は上方10°、下方20°。

垂直安定板は、水平安定板と同様の木製構造、方向舵は昇降舵と同様のジュラルミン製骨組みに羽布張り外皮、作動角は左右30°である。

5　降着装置

左右2つの浮舟（フロート）、各2本の脚柱、および各6本の張り線、浮舟後端の水中舵より成る。その構造上、本来は造り付けであるが、離着水時に最も損傷の頻度が高い部分だけに、必要に応じ交換が可能である。

脚柱は、円形鋼管に気流形断面のジュラルミン覆を被せたもので、機体、および浮舟固定部には整形フィレットを付けた。

零式水上偵察機一一型 詳細諸元表

型式			低翼単葉単発双浮舟
定員			3名
主要寸法(m)	全幅	展張時	14.500
		折りたたみ時	7.413
	全長	水平姿勢	11.205
		射出姿勢	11.490
	全高(展張時、折りたたみ時共)	水平姿勢	4.700
		射出姿勢	3.990
重量(kg)	正規全備		3,650
	自重		2,640
	搭載量		1,010
	許容過荷重		4,000
荷重	翼面荷重(kg/m²)		100.8
	馬力荷重(kg/HP)		4.06
発動機	名称		「金星」四三型
	数		1
	馬力(HP)	地上公称	900
		許容最大	1,075(2,000mにて)
	回転数(r.p.m)	公称	2,400
		許容最大	2,500
	給入圧力(mm)	公称	+70
		許容最大	+150
	標準高度(m)		2,800
	減速比		0.7
プロペラ	名称型式		三翅式恒速可変節 Cs～27
	直径(m)		3.100
	節(ピッチ)(度)		高節39 低節19
	重量(kg)		148.2
燃料油容量(ℓ)	総容量		1,470
	前縁(No.1及2)		各95
	桁間内方(No.3及4)		各340
	桁間外方(No.5及6)		各300
潤滑油容量(ℓ)			115(内空所10)
主翼	翼幅(m)		14.500
	翼弦(最大)(m)		3.100
	面積(補助翼を含む)(m²)		36.2
	取り付け角(度～分)		胴体付け根にて3－30 外翼にて3～08
	上反角(度～分)		基準翼1～45 外翼5～30
	後退角(翼弦前後きて)(度～分)		1～22
	縦横比		5.8

フラップ	幅(m)		2.880
	弦長(平均)(m)		0.542
	面積(m²)		3.75
	運動角(度)		40
補助翼	幅(m)		3.018
	面積(m²)		1.57×2
	弦長(平均)(m)		0.583
	平衡比(%)		22.3
	運動角(度)		上18、下18
尾部	水平安定板	幅(m)	5.000
		弦長(m)	1.170
		面積(m²)	6.688
		取り付け角(度)	1(前縁上げ)
	昇降舵	幅(m)	5.000
		弦長(m)	0.608
		面積(m²)	2.250
		平衡比(%)	11.1
		運動角(度)	上30、下20
	垂直安定板	幅(m)	0.970
		高さ(m)	1.520
		面積(m²)	2.07
		取り付け角(度)	0
	方向舵	幅(m)	0.768
		高さ(m)	1.563
		面積(m²)	0.982
		平衡比(%)	17.1
		運動角(度)	左右30
胴体	長さ(発動機架を含む)(m)		9.433
	幅(最大)(m)		1.240
	高さ(風防を含む)(m)		1.820
降着装置	主浮舟	長さ×幅(m)	7.450×1.060
		取り付け角(度)	－2
		重量(脚及水中舵を含む)(kg)	163.5×2
		排水量(kg)	3,650
		浮舟間隔(m)	3.200
	トリム(度～分)		2～57
射出	射出取り付け角(軌条面に対し機首上げ)(度～分)		7～20

浮舟は、内部が5つの水防隔壁によって仕切られており、骨組みは高力アルミニウム合金鈑、および押出型材より成り、外鈑は合わせ高力アルミニウム合金鈑（ＳＤＣＨ）を用い、沈頭鋲により止めてある。

それぞれの水防区画には作業孔が設けられ、中央の孔蓋には点検用丸蓋が付けられ、保守、整備の便を図っている。

なお、本機の就役後、射出機発進の際に、補助張り線（おそらく内側の）が切断するトラブルが頻発したため、九州飛行機（株）における転換生産機は、左右浮舟支柱を各4本に改め、内、外側の4本の張り線を廃止した。

第四節　零式小型水上偵察機

本機は、潜水艦搭載水偵という特殊な性格と、機体設計のポイントが軽量、小型、および分解、組み立ての容易さにあったため、構造は当時の主力軍用機とはだいぶ趣を異にしていた。

すなわち、全金属製半張殻式、および応力外皮構造が常識となりつつあったなかで、胴体は複葉機時代と同じ、鋼管熔接骨格をもち、その周りに外皮を張るための整形骨組みを配していた。前部、尾部こそジュラルミン鈑外皮だが、後半分は羽布張りである。

単葉形式を採っているとはいえ、主翼も基本的には複葉機時代と大きく変わらず、主桁と強化小骨こそジュラルミン製だが、他の一般小骨はヒノキ、マカンバ材の木製、外皮は羽布張りである。

ただ、テスト中に指摘された、横すべりと機首下げ傾向の悪癖を修整するために採用した、付け根前縁部の固定スロットと、分解、組み立ての便を図るために、主翼本体から分離した、いわゆる二重翼形式のフラップ、補助翼が、新しい時代の設計機を示していた。

尾翼の構造も、基本的には主翼と同じであるが、格納の際に上方に折りたたまれる水平尾翼が、強度上の問題から、垂直安定板上部と結ぶ斜支柱で支えられているところなど、古めかしさが感じられる。

垂直尾翼上部に異様な段差がついているのは、背が低いゆえに生じた方向

▲取扱説明書の冒頭に添附された、生産第34号機の全姿写真。

安定不足を補うために、安定板上方を増積したことによるもので、同様の理由で追加された胴体尾部下面の安定ヒレともども、格納時は取り外される。

浮舟（フロート）のアレンジは、ほぼ九六式小型水上機のそれに倣ったものだが、脚支柱の固定金具などに工夫がこらされ、分解、組み立ての所要時間の、一層の短縮を図ってあった。

第五節　十七試攻撃機『試製晴嵐』

1　胴体

全金属製半張殻式構造で、骨組みはP.257上図に示すごとく、防火隔壁を兼ねる第1隔壁（フレーム）をふくめた18本の隔壁と16本の縦通材からなる。鋼板製の強固な第1隔壁前面に、4箇所から伸びる肉厚鋼管製の発動機取り付け架が付く。

第3隔壁～第11隔壁までの上方は乗員室区画にあてられるため切り欠かれ、第3～4隔壁間下方が、重要な折りたたみ式主翼の取り付け部となっていて、周囲が補強された強固な構造にされているのがわかる。胴体外鈑は比較的厚板を使用し、左、右、上、下の4面に分割して張られているが、リベット数は少ない。

2　主・尾翼

機体分解要領（格納時）

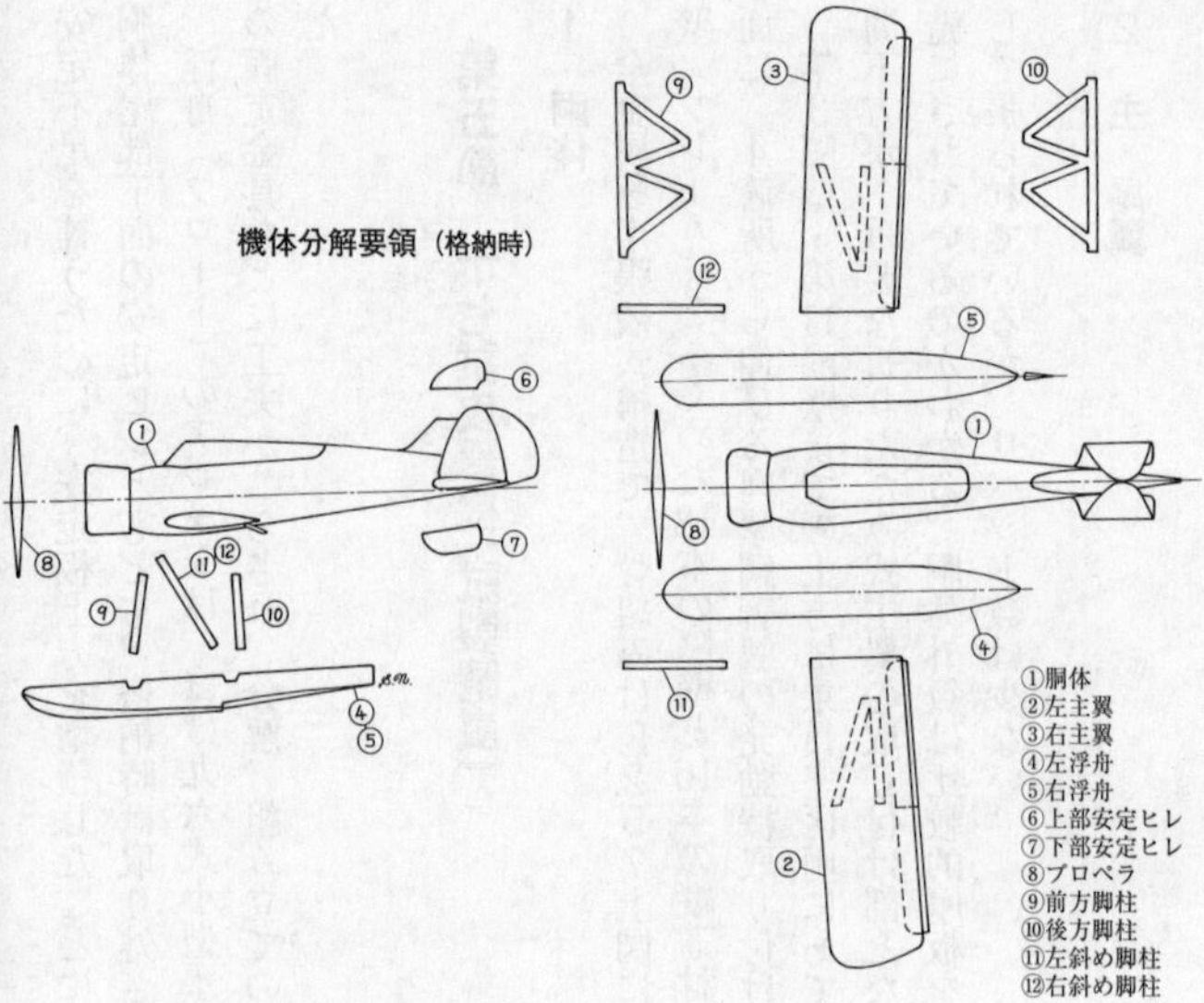

甲、乙型潜水艦への搭載要領

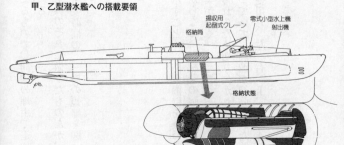

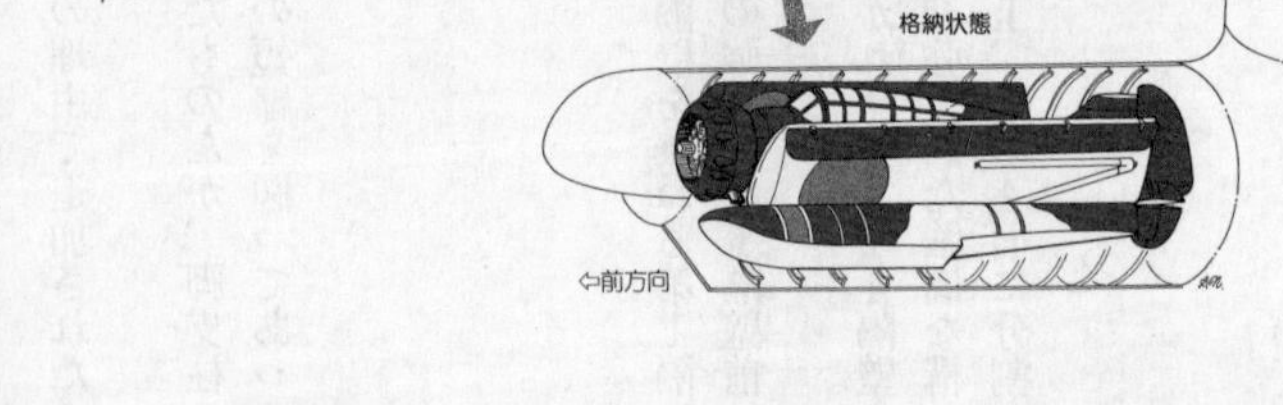

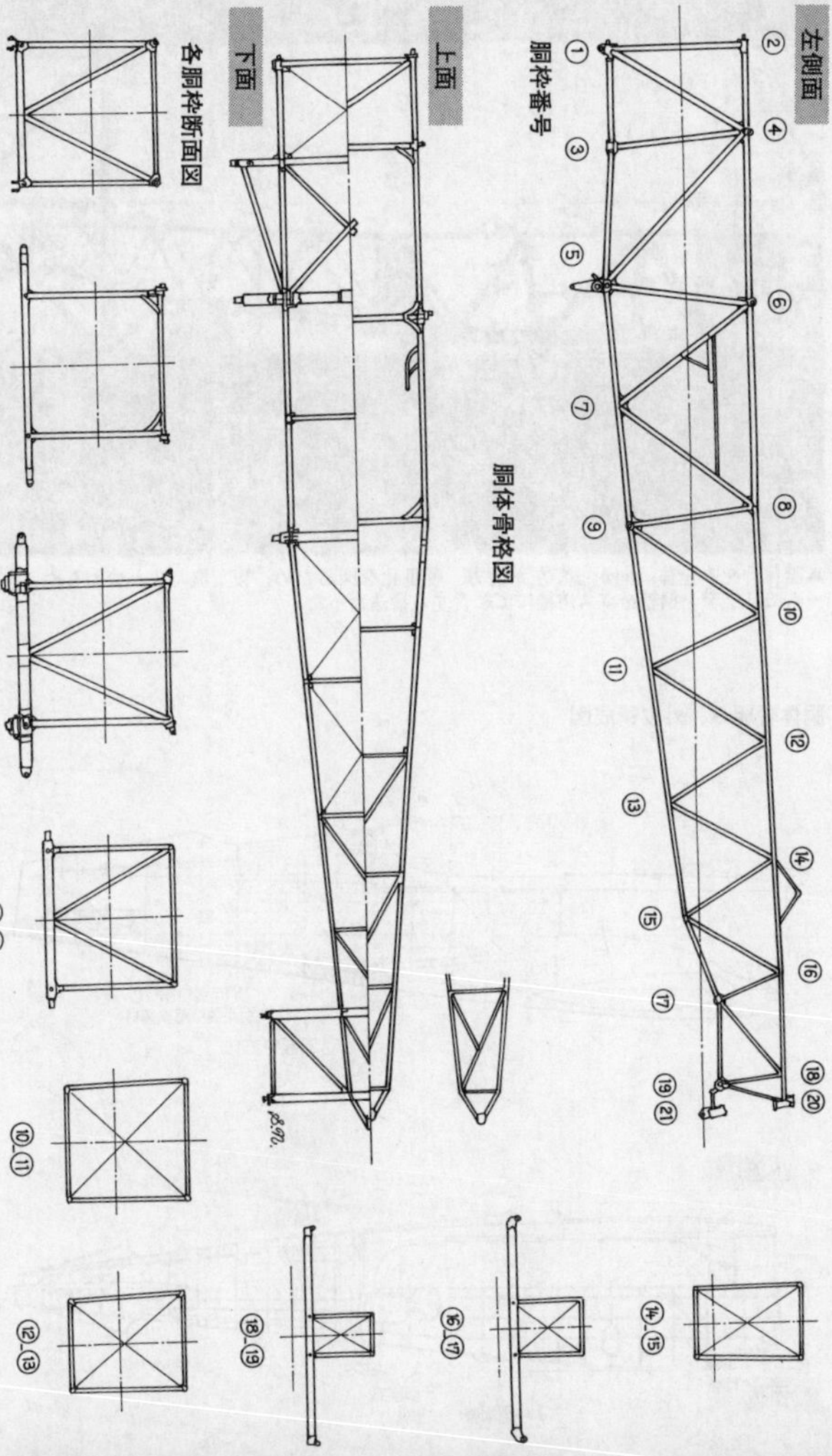
左側面
上面
下面
胴枠番号
胴体骨格図
各胴枠断面図
①_②
③_④
⑤_⑥
⑧_⑨
⑩_⑪
⑫_⑬
⑭_⑮
⑯_⑰
⑱_⑲

▲胴体骨組み全体。向かって左が前方。軽量化を図るため、複葉機時代と変わらぬ、クロームモリブデン鋼管をガス熔接にて結合する構造だった。

胴体骨組み、外皮構成図

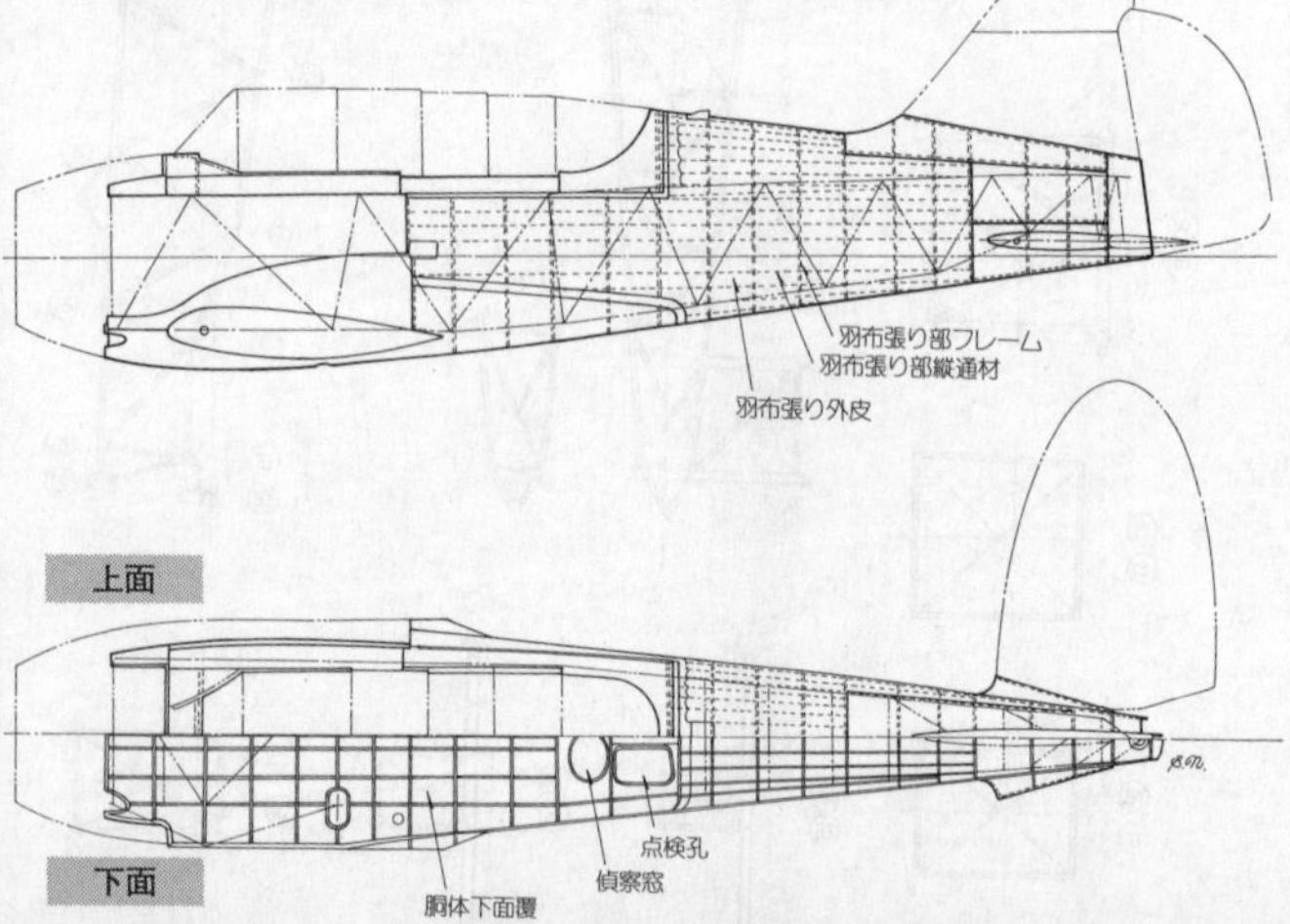

晴嵐の開発にあたって、設計陣がもっとも苦心したのが主・尾翼の設計だろう。構造自体は、オーソドックスな全金属製応力外皮構造（フラップを除く各動翼のみ金属骨組みに羽布張り）だが、問題はどうやって、内径3・5mの円筒格納庫へ収納できるように折

上部安定ヒレ骨組み図（寸法単位mm）

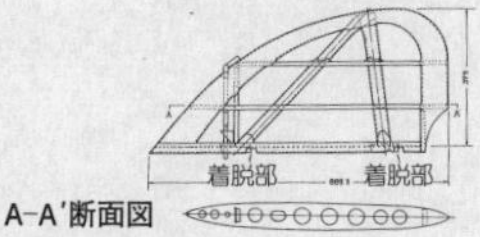

垂直安定板骨組み図

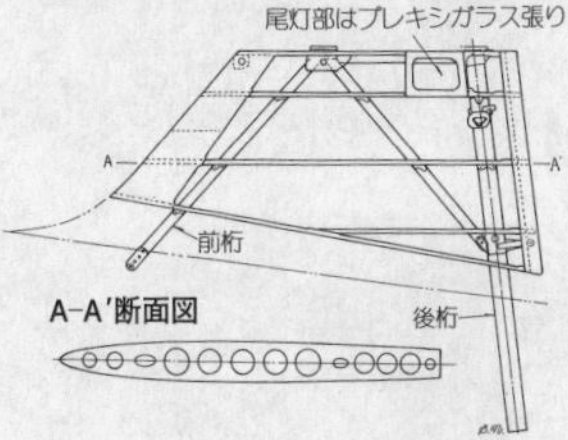

下部安定ヒレ骨組み図（寸法単位mm）

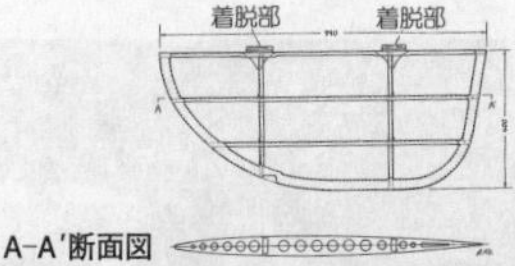

▼胴体後半部右側の羽布張り外皮を整形するためのフレーム、および縦通材。強度を負わないため、きわめて細くきゃしゃな造りである。内部に、P.244写真で説明した鋼管熔接構造の骨組み本体が見えている。画面左上の白っぽい部分は垂直安定板骨組み、およびその基部外皮（ジュラルミン製）。

▲外皮を張った状態の胴体後半部右側。縦通材の浮いた部分が羽布張り部。画面右の長い棒はアンテナ空中線支柱で、格納筒への収納時は、基部から後方に折りたためるようになっている。

▲射出機へのセット、帰投後の揚収など、機体をクレーンで吊り上げる場合の状況を示したのが本写真。操縦室両側に、前後2ヵ所に止めた鋼索が、長形の収納部に収められており、簡単に開閉できる扉を開いて、クレーンのフックに引っ掛けるだけである。左手前の起倒式アンテナ空中線支柱もよくわかる。黒く塗ってあるためわかりにくいが、カウリングは、中央、左右3ヵ所が前方視界確保のため凹んでいる。

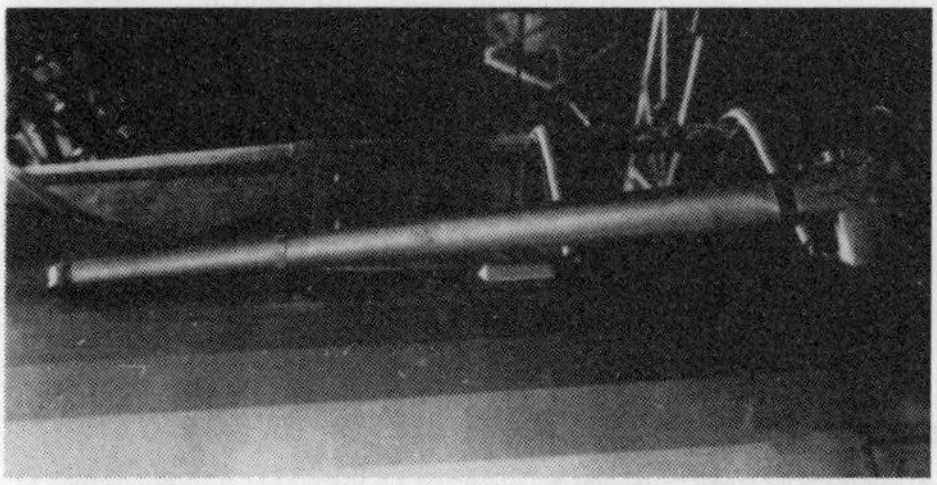

◀後方に倒した状態の無線アンテナ支柱。機体の大きさに比較して不相応に高いのは、少しでも送受信能力を向上させるため。

▶P.240写真と同じ、第34号機の尾翼。高さを制限された垂直尾翼に起因する方向安定不足を、なんとか解決しようとした苦心の跡がうかがえる。胴体尾部側面には機体名称、製造番号、製造年月日（01-10-28→昭和16年10月28日を示す）、所属（空欄）をステンシルした記号が、上部安定ヒレ、方向舵には機体名称（零式一号小型飛行機一型）、製造番号が黒で記入されている。やや下げ位置の昇降舵の、修整舵の内側縁が折りたたみライン。垂直安定板上部の四角形の黒っぽい部分は尾灯。支柱の取り付け状態に注意。

◀格納状態の尾翼を、右後方より見る。水平尾翼は、昇降修整舵内側ラインから上方に折りたたまれ、外された支柱は前縁に寄せられている。上部安定ヒレは取り外されているが、下部安定ヒレはまだ付いたままである。本来はこれも取り外される。分解、組み立ての所要時間は、ほぼ計画要求どおり10分程度をクリアーしたが、訓練を重ねた、ある潜水艦では、最短6分23秒という記録を残したといわれる。

水平安定板骨組み図（寸法単位mm）

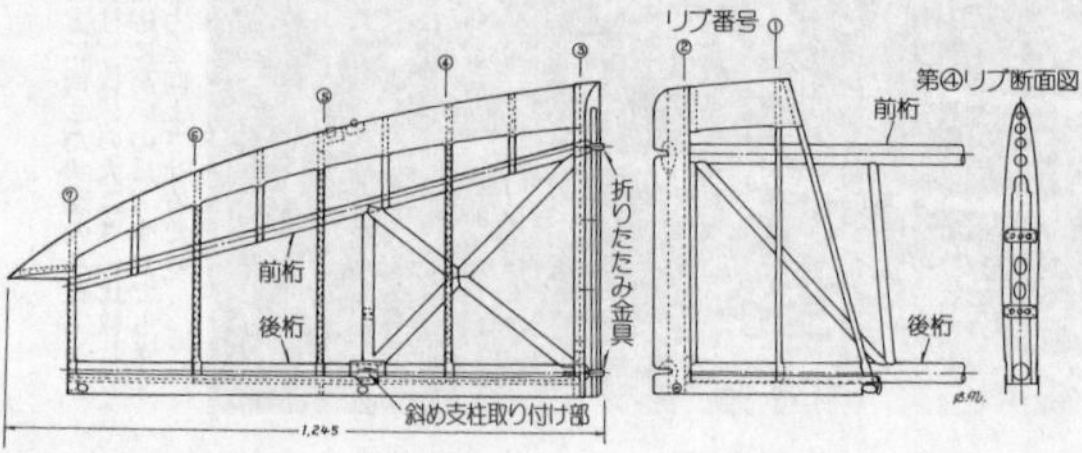

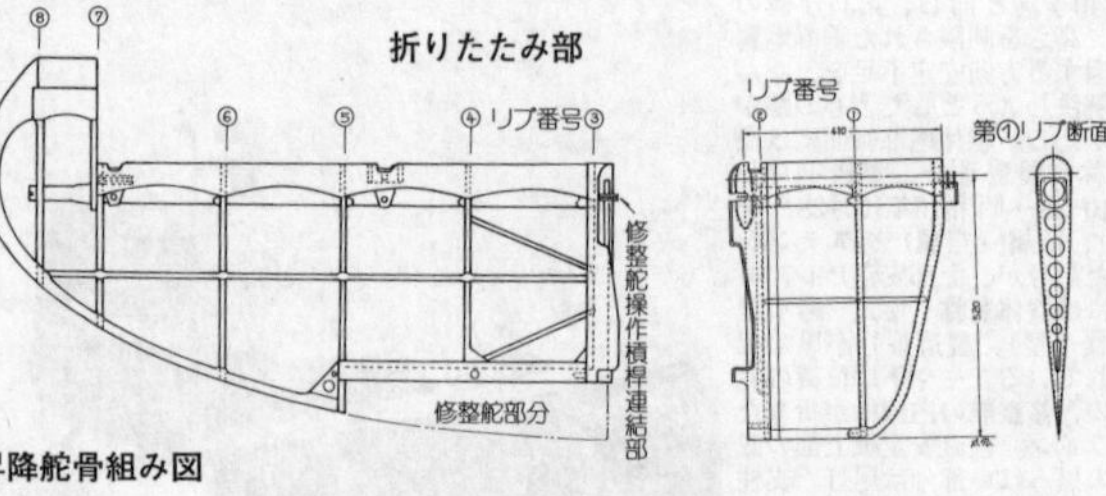

昇降舵骨組み図

内側昇降舵骨組み図（寸法単位mm）

りたたむかであった。しかも短時間内に。

まず、主翼であるが、構造はP.255写真およびP.257下図に示すごとく、翼弦のほぼ30%位置を通る主桁の前・後に補助桁を配し、29本という比較的多くの小骨（リブ）と、主桁、補助桁間に3本通った補強材から成っていた。主桁をはさんだ内翼の前・後には、それぞれ2個ずつ計4個（両翼で8個）の燃料タンクが装備される。機体重量のわりに、比較的小面積

◀〝浮舟〟と呼ばれたフロート。左右共通であるが、右側に付けた場合は、上写真のように、本体後端に水中操縦舵を付ける。第二次世界大戦当時、水上機、飛行艇の分野に限れば、疑いなく設計技術的に№１の実力を持っていた日本だけに、フロートの処理もきわめて洗練されている。

浮舟後脚取り付け要領

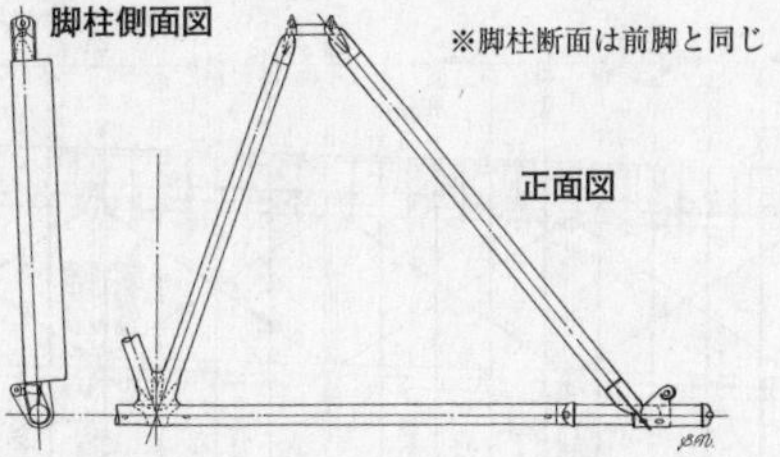

浮舟前脚取り付け部

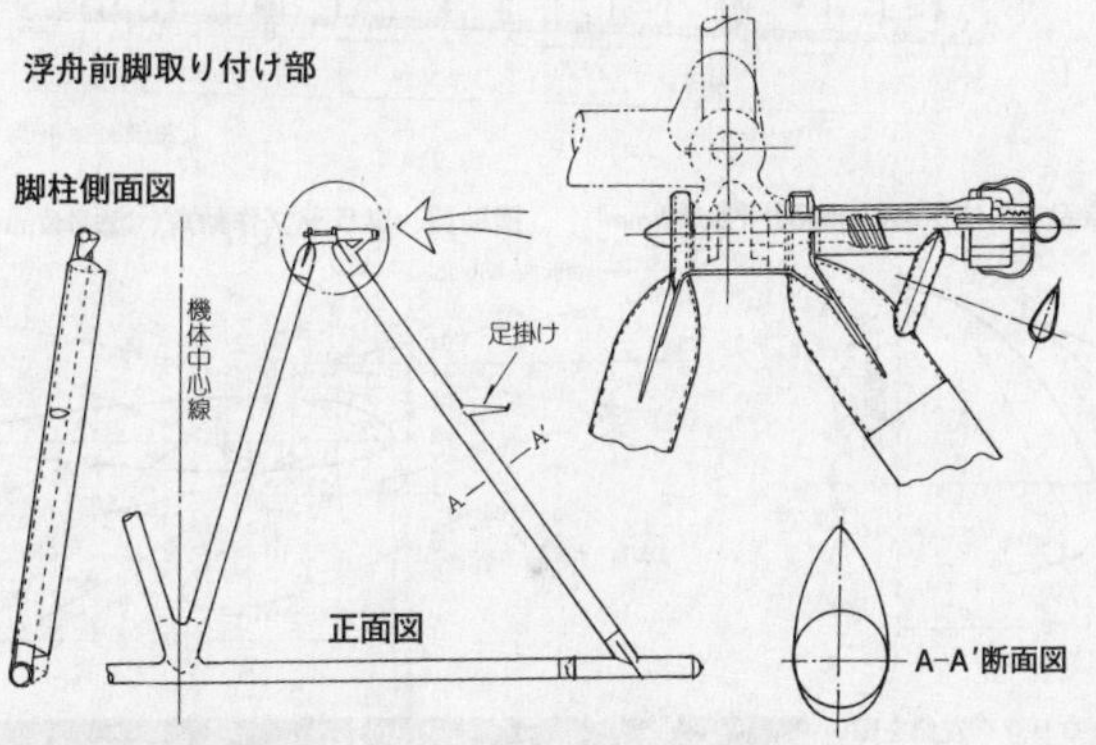

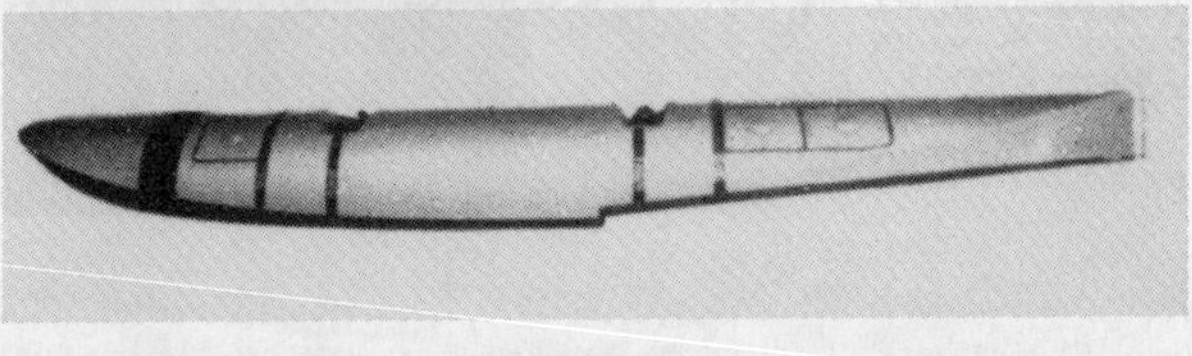

主翼骨組み図（寸法単位mm） ※左主翼を上面より見る。

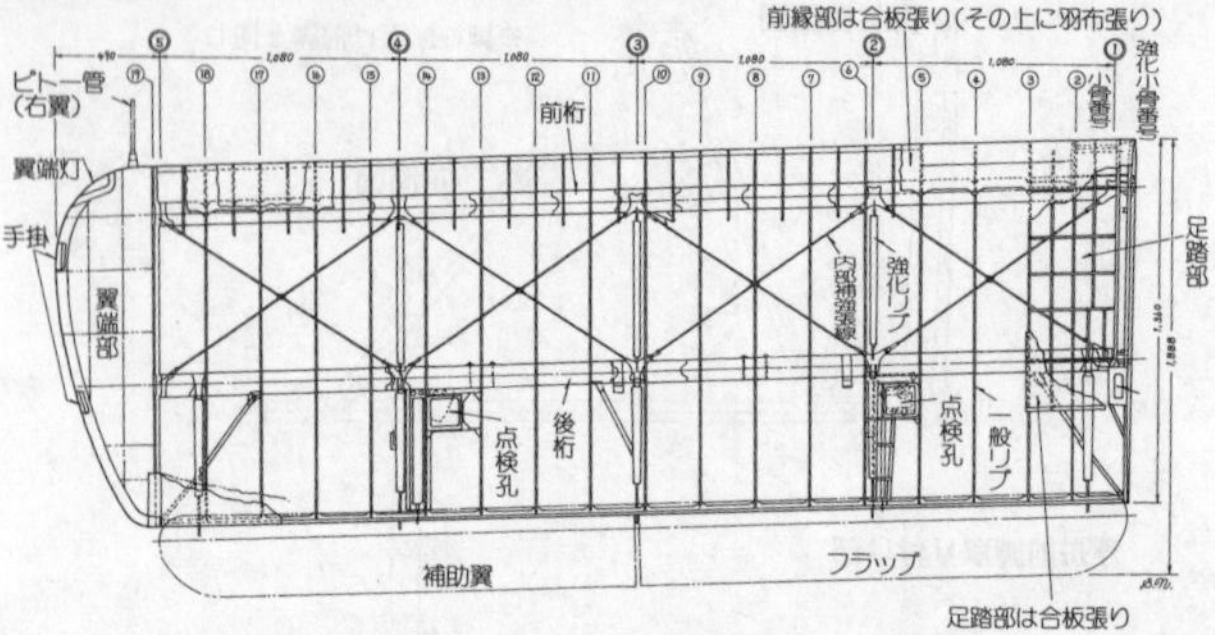

主翼前縁固定スロット部断面図（寸法単位mm）

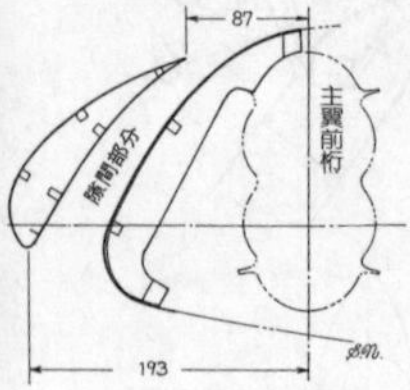

補助翼、フラップ作動角（寸法単位mm）

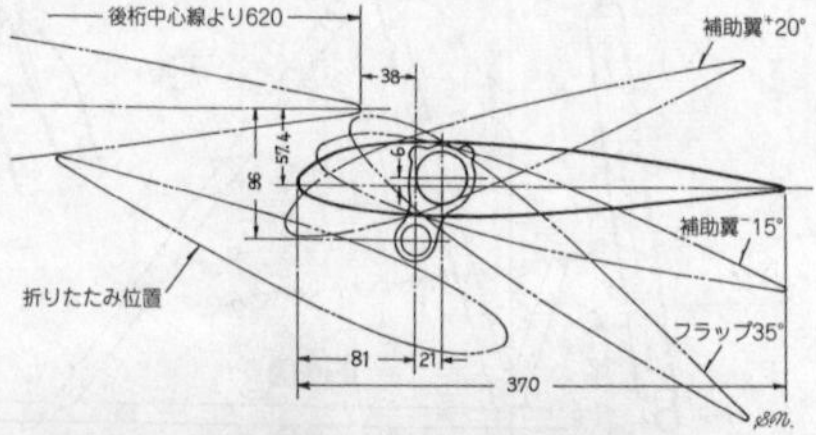

▶カウリング左側を開いた状態の「天風」一二型発動機まわりを、左後下方より見る。狭い潜水艦上での整備を考慮し、カウリングは通常機のように外れるのではなく、前縁のヒンジを支点に開閉する仕組みになっている。そのカウリングの止め枠に沿って下方に伸びるのが集合排気管。カウリング裏面の水滴状凹みは、シリンダーヘッドをクリアーするためのもの（表側は突起）で、少しでも直径を小さくするための処置。

瓦斯電『天風』一一型 空冷星型９気筒発動機（300hp）

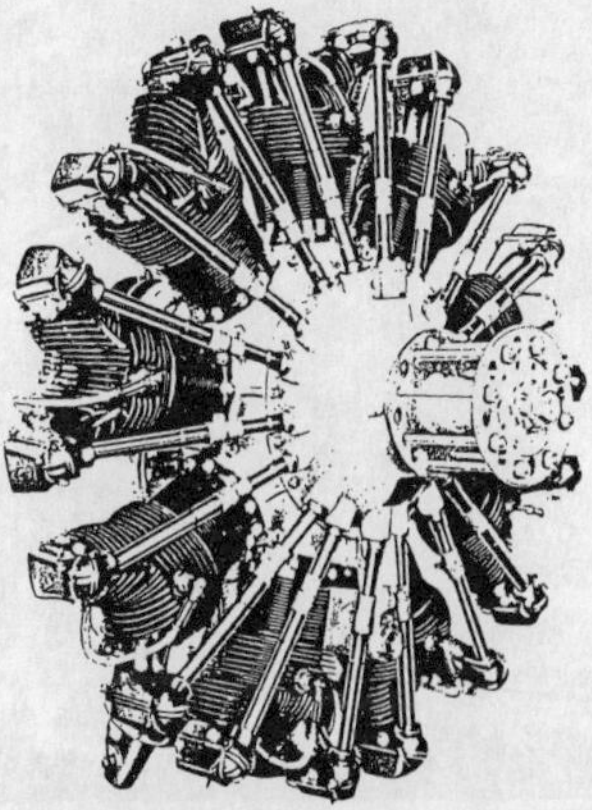

▶『天風』発動機は、日本陸、海軍が用いた小型機用発動機として最もポピュラーなもので、陸軍の九五式一型練習機、海軍の九三式中間練習機も搭載し、少なくとも１万台以上が造られた。図は一一型を示すが、零式小型水上機が搭載した一二型も、主として潜水艦上での整備に適するよう、細部を小変更しただけで、本体は同じ。

▲前席（操縦員席）計器板。機体が軽量・小型なだけに、複雑な装置はなく、計器板の配置もあっさりしたもの。上段列左からシリンダー温度計、前後傾斜計、速度計、旋回計、定針儀、フラップ角度指示計、油温度計、下段左より油圧計、電路開閉スイッチ、高度計、羅針儀（コンパス）、回転計、昇降度計。計器板は厚さ2mmのジュラルミン鈑で、表面に黒色結晶エナメル塗装が施してある。画面左右に見える白っぽい球状物は、紫外線灯、画面右下には燃料計２個を付けた補助計器板の一部が見えている。

▲後席（偵察/無線士席）計器板。台形の小さな計器板に、速度計、時計、高度計（左より）があるのみ。その上方に取り付けてあるのは航空羅針儀二型改。

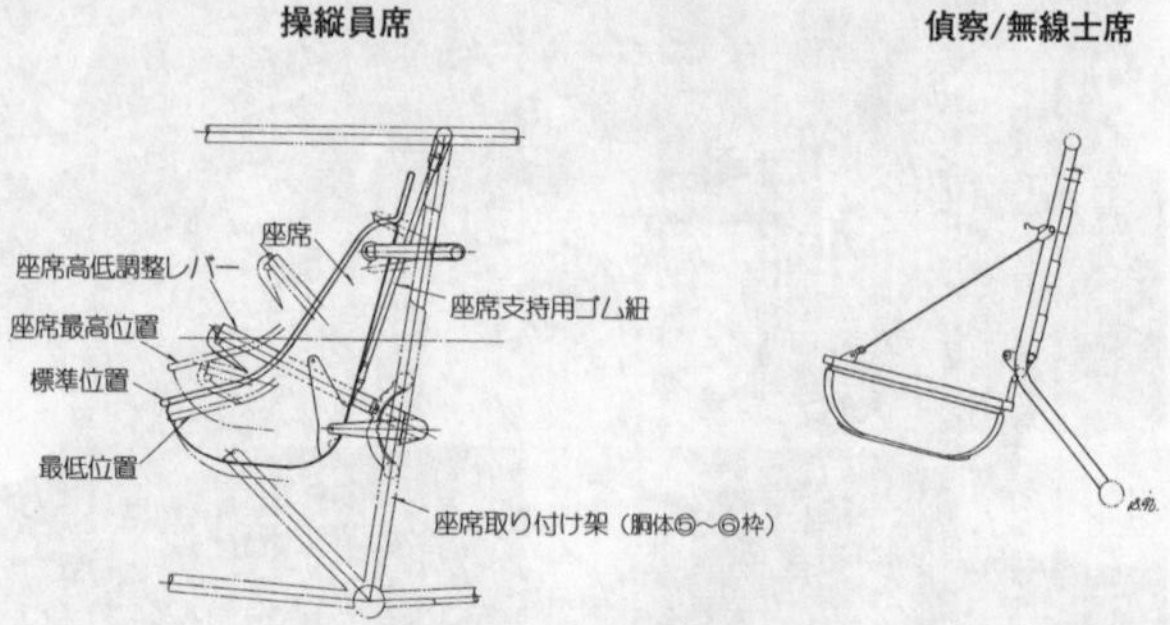

◀風防の可動部を全開した状態を、左側後方より見る。前席の可動風防は後方に、後席のそれは２分割して前方にそれぞれスライドして開く。それぞれの枠はジュラルミン製で窓はプレキシガラス。後者の厚さは、後半分の上面が2mmで、他はすべて3mm。

◀後席の後部固定風防枠に取り付けられた、防御用九二式七粍七旋回機銃二型。小さな機体だけに、その装備法もかなり苦心した跡がある。しかし、本機の性能、機体の防弾装備（ほとんどない）を考えれば、敵機（戦闘機に限らず）に遭遇したら、まず生還の望みはなく、七粍七機銃１挺の防御武装も、実質的には気休め程度でしかなかった。

◀固定した状態の七粍七機銃。機銃の上に取り付けられた円盤形のものが弾倉で、１個に約100発が収納できる。予備の弾倉は、最大で３個携帯が可能だった。

零式小型水上機諸元/性能表

型式		低翼単葉双浮舟(フロート)式
乗員		2名
主要寸度	全幅	10.966m
	全長	8.538m
	全高	3.685m
重量	自重	1,450kg
	全備重量(正規)	1,450kg
	搭載量	365kg
	許容過荷重	1,600kg
荷重	翼面荷重	81.5kg/m²
	馬力荷重	4.27kg/hp
発動機	名称	瓦斯電「天風」一二型(潜水艦用)
	公称出力	300hp
	許容最大出力	340hp
	回転数	1,800(公称)、2,100(許容最大)
	標準高度	海面上
	減速比	1
	使用燃料	航空八三揮発油(比重0.73)
プロペラ	名称型式	木製2翅KW10
	直径	2.5m
	螺距	1.818m
燃料容量		340ℓ(左、右各170ℓ)
潤滑油容量		31ℓ(うち6ℓは空虚スペース)
主翼	全幅	10.966m
	弦長	1.888m
	面積	17.80m²
	取り付け角度	4°
	上反角	5°
	後退角	2°52′
	縦横比	6.1
フラップ	全幅	2.241m
	弦長	0.370m
	面積	1.624m²
	運動角	35°
補助翼	全幅	2.175m
	弦長	0.370m
	面積	1.572m²
	平衡比	21.9%
	運動角	上方へ20°、下方へ15°
尾翼 水平安定板	全幅	3.760m
	弦長	0.668m(最大)
	面積	1.704m²
	取り付け角度	0°

尾翼	昇降舵	全幅	3.760m
		弦長	0.520m(最大)
		面積	1.552m²
		運動角	上方へ30°、下方へ13°
	垂直安定板	全幅	1.360m
		全高	2.087m(上部安定ヒレを含む)
		面積	1.352m²
		取り付け角	0°
	方向舵	全幅	0.726m
		全高	1.300m
		面積	0.743m²
		平衡比	0
		運動角	左右30°
	昇降修整舵	面積	0.102m²
		運動角	上方へ20°、下方へ10°
	方向修整舵	面積	0.047m²
		運動角	左右20°
上部安定ヒレ面積			0.273m²
下部安定ヒレ面積			0.333m²
胴体		全長	7.081m(発動機架、方向舵を含む)
		全幅	1.298m(最大)
		全高	1.498m(風防を含む)
降着装置	主浮舟(フロート)	全長×全幅×全高	5.700×0.780×0.595m
		取り付け角度	2°24′
		重量	68kg×2
		排水量	海水1,427kg×2
		左右浮舟間隔	2.400m
射出機射出角は軌条面に対して4°0′(胴体基準線にて)			
性能		最大速度	246km/h
		巡航速度	157〜167km/h(高度1,000m)
		着水速度	89〜91.7km/h
		上昇力	高度3,000mまで10′11″
		実用上昇限度	5,420m
		航続力	882km(5.6h)〜982km(5.9h)
武装		射撃兵装	七粍七旋回機銃×1
		爆弾	30〜60kg×2

の主翼に制限される艦上機（晴嵐も事実上の艦上機）の常で、フラップは少しでも離艦時の揚力を向上させるために、彗星、流星でも採用された二重スロッテッド・フラップを用いている。

　この主翼をどうやって折りたたむのかだが、付け根の主桁部分を軸としてまず下方へ90度回転させ、それをさらに後方へ折る。胴体へ密着させたいのだが、水平尾翼付け根部が邪魔となり90度までは折れない。それでも格納筒の寸法いっぱいのキワどいところでクリアーしている。主翼の折りたたみ、展張は、射出機の脇に導かれた母艦の油圧を、機体内の作動筒につないで行なう。展張は４人がかり

▲「試製晴嵐」の主翼本体骨組み。１本の主桁に、前後２本の補助桁、そこに計29本の小骨（リブ）を配した構成。射出機からの射出に耐えるためと、浮舟をブラ下げる必要もあって、きわめて強固な造りになっている。

機体部品構成図

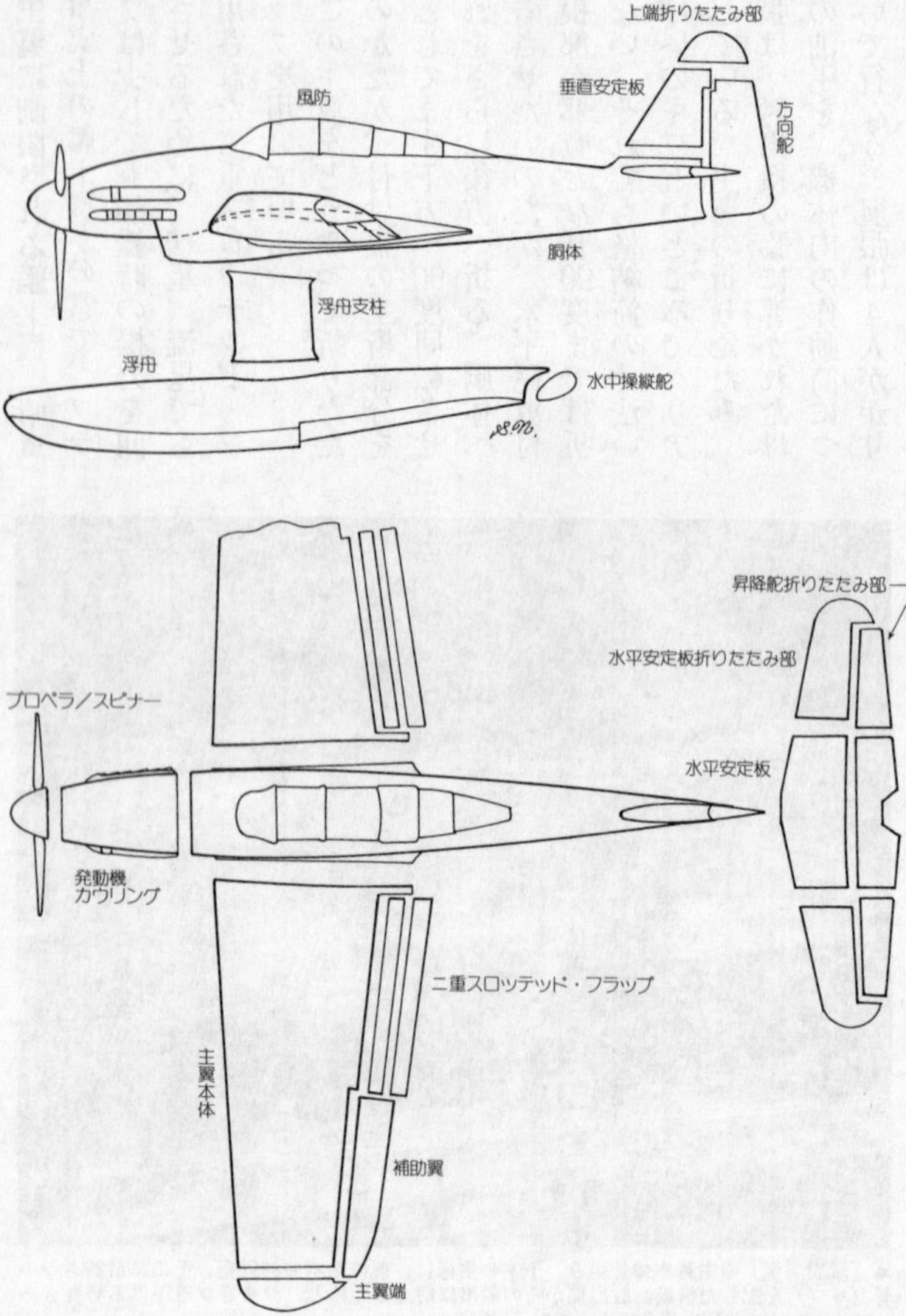
上端折りたたみ部
垂直安定板
方向舵
風防
胴体
浮舟支柱
浮舟
水中操縦舵
昇降舵折りたたみ部
水平安定板折りたたみ部
プロペラ／スピナー
水平安定板
昇降舵
発動機
カウリング
二重スロッテッド・フラップ
主翼本体
補助翼
主翼端

胴体外鈑要領図

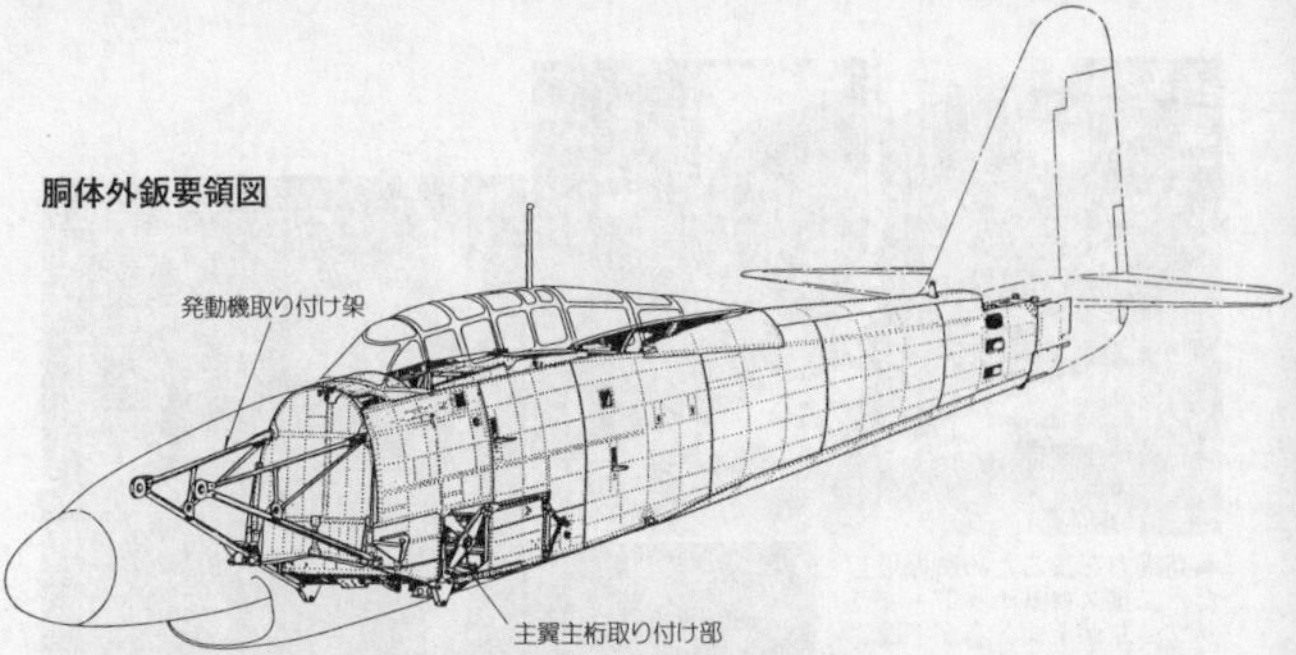

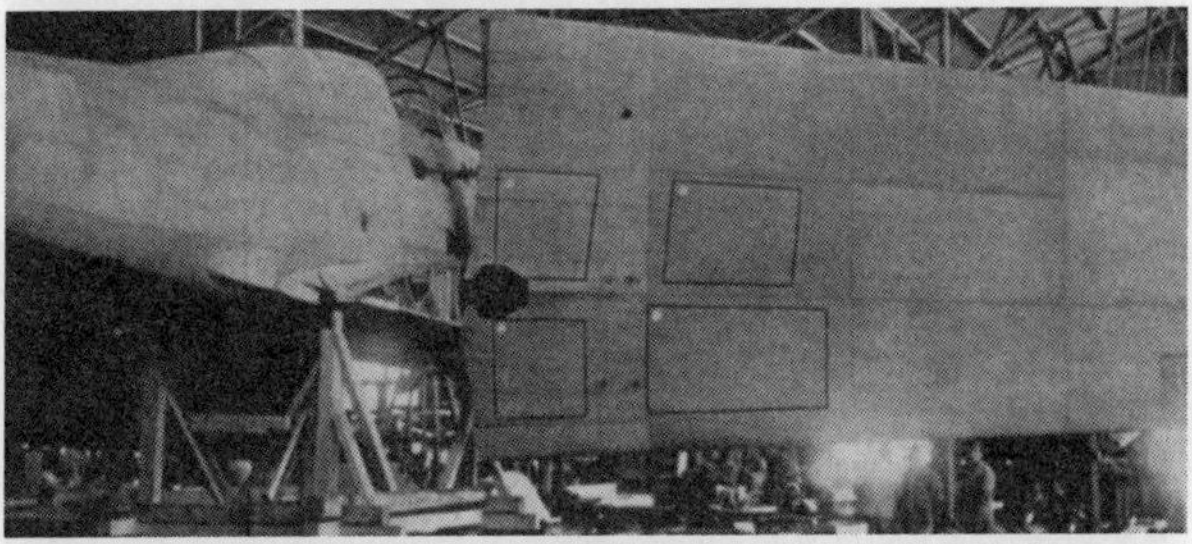

▲モックアップ（実物大木型模型）による主翼折りたたみ手順。写真は右主翼を、主桁取り付け金具を支点に90°下方に回転した状態で、この後、胴体後部に沿うよう後方に折りたたむ。翼表面に黒線で囲った部分は、燃料タンクの位置を示す。

左主翼構造図

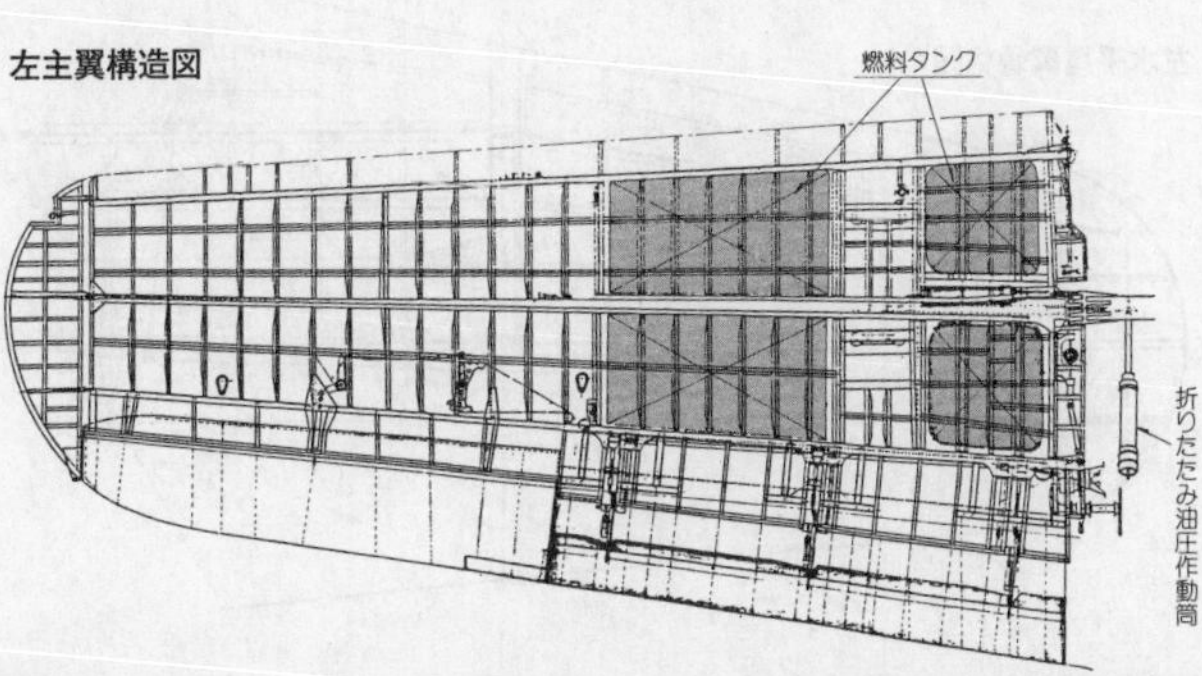

▲高揚力を得るために採用した、二重スロッテッド・フラップ。左が上面、右が下面。

▶モックアップによる尾翼の折りたたみ状態を、真後ろから見る。水平尾翼は、中央付近を境に下方に約90°、垂直尾翼は上端部を右側に118°折りたたむ様子がよくわかる。

左水平尾翼骨格図

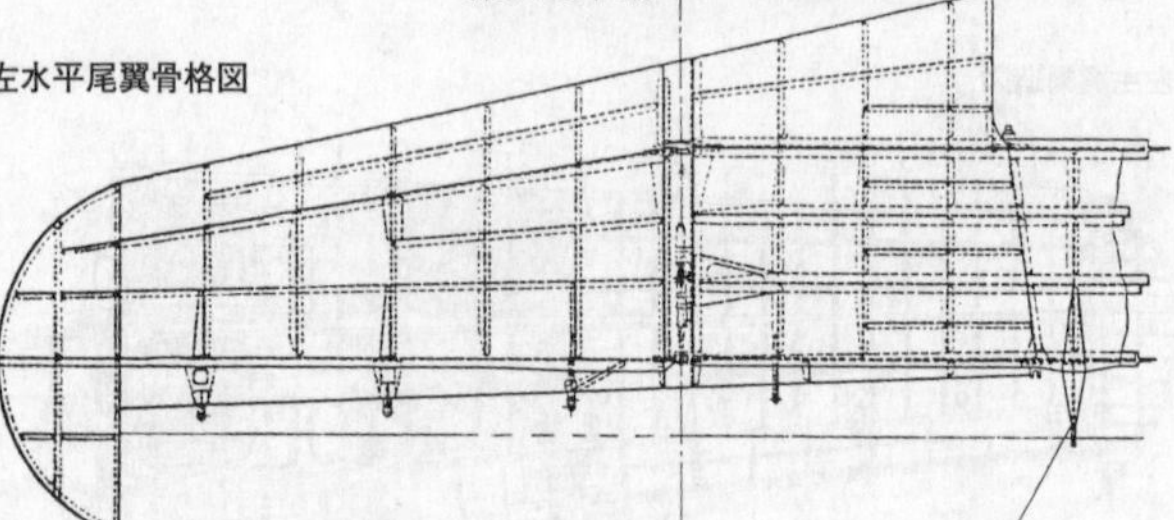

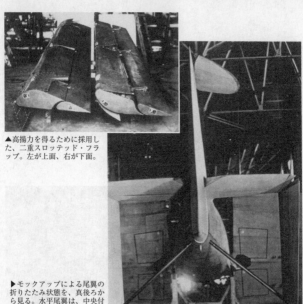

で57秒、折りたたみは5分35秒を要したが、いずれも素晴らしい成績といえる。

水平尾翼の骨格はP.258図に示したとおり、やはり折りたたみ式のためか通常機よりは桁が多く頑丈な構造となっている。機体中心線より90㎝外方の位置で下方へ約90°折り曲げられるようになっており、その際、バタつかないよう胴体後部下面との間に支え棒が装着される。

垂直尾翼は、浮舟（フロート）付き水上機に共通の、比較的面積の大きいもので、当然折りたたみを要した。安定板上方を方向舵上端を境として右へ118度折り曲げられる。

なお、晴嵐の開発中に、母艦となる伊号四〇〇級の建造数が大幅に削減されたのにともない、すでに起工済みの各艦は、これを補うために晴嵐3機搭載に変更された。したがって、格納の際は1番機は方向舵を左いっぱいにきった状態にして2番機のスピナーをよけるという、非常に苦しい配置を採った。

3　浮舟（フロート）

晴嵐に限らず、当時の日本海軍は世界中でもっとも多くの水上機を実用しており、機体自体の性能もさることながら、水上機設計の鍵を握るというべき、浮舟の設計で他国の追随を許さないほど進んでいた。したがって晴嵐が装備した浮舟もその構造、空力／水中特性ともに優れたものであった。

全長7・83ｍ、総浮力7360㎏で全金属製。後端には楕円形の水中操縦舵が付いている。

水中操縦舵詳細（浮舟後端部）

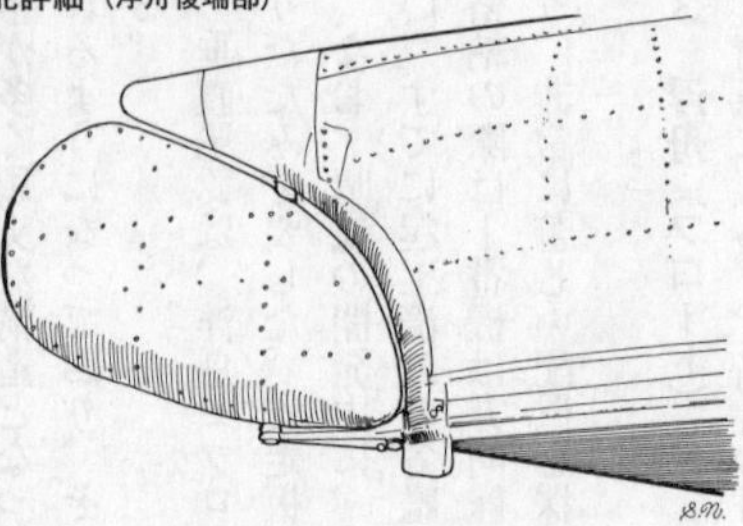

前面抵抗の少ない1枚の板状支柱によって主翼下面へ装着されるが、支柱と浮舟、主翼への結合部は、それぞれ内、外側4ヵ所の金具で容易に着脱可能。浮舟装着には、10人がかりで45秒、取り外しには、わずか20秒しか要しない。夜間における作業に支障をきたさないよう、各取り付け金具やピンに夜光塗料が塗布してあった。

この浮舟は、訓練時のみ使われ、実戦出撃の際は未装着で射出される。

4　発動機

晴嵐の搭載発動機に選ばれたのは、愛知航空機自身が、ドイツ・ダイムラーベンツ社のDB601Aを国産化した、液冷倒立V型12気筒『熱田《あつた》』一二型（1200hp）に改良を加えた『熱田』三二型（1400hp）で、機首形状は、液冷発動機の利点を生かした、空気抵抗の少ないスマートな形状を有していた。

水冷却器はカウリング後方下面に装備され、空気取り入れ口は、潤滑油冷却器用を含めて大きく開口している。

『熱田』系は、川崎航空機が、同じようにDB601Aのライセンス資格を取得し、陸軍向けに生産していた『ハ40』と

『熱田』発動機（図は原型のDB601Aを示す）

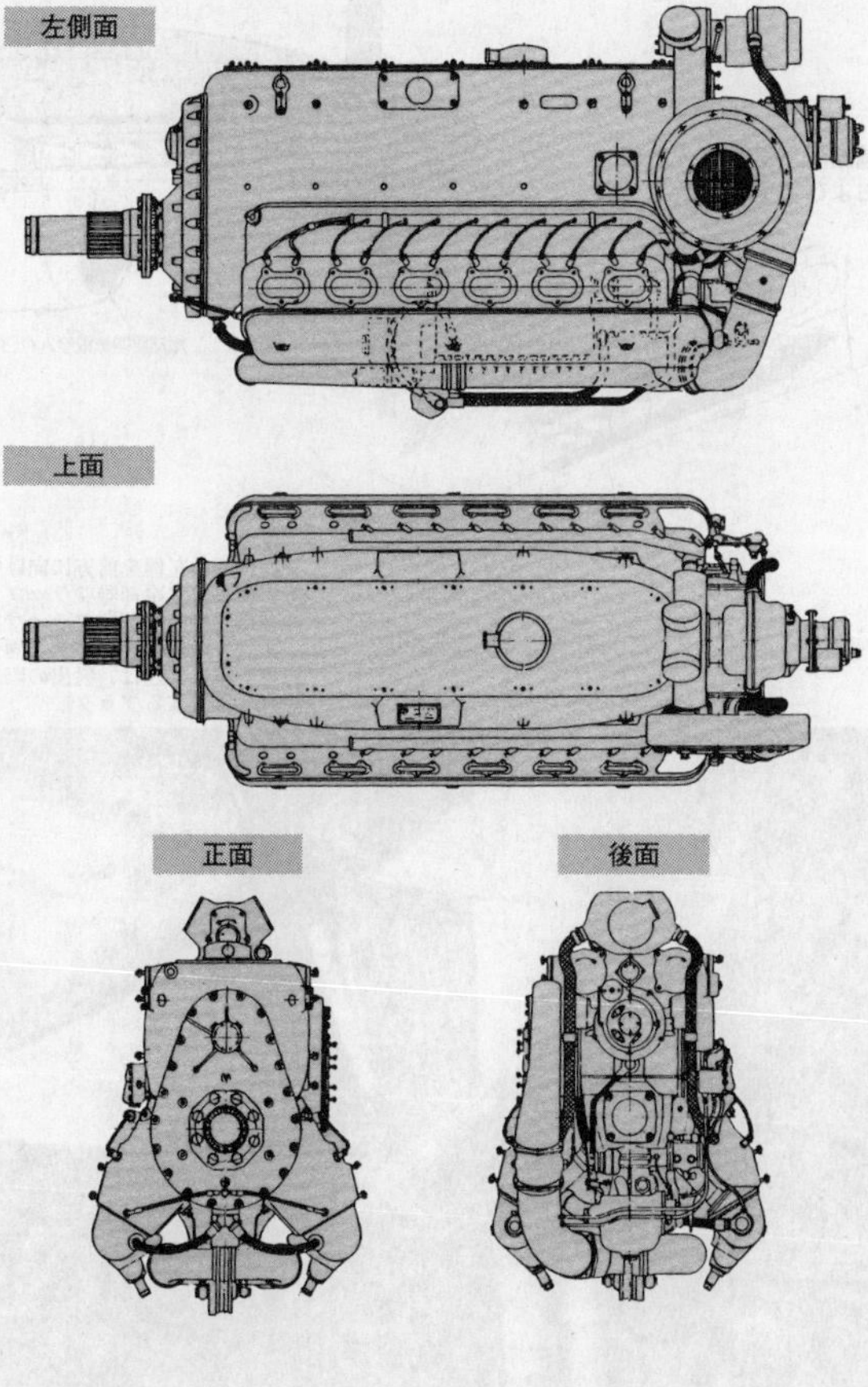

機首まわり詳細

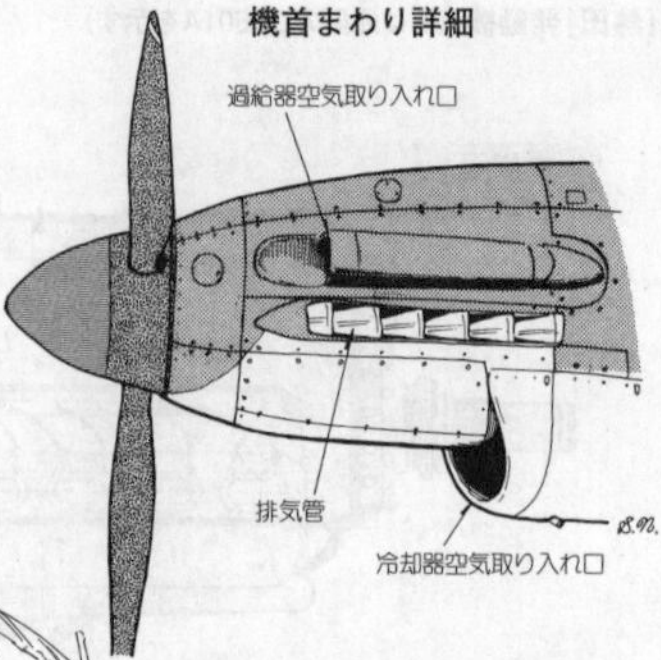

過給器空気取り入れ口、および排気管付近

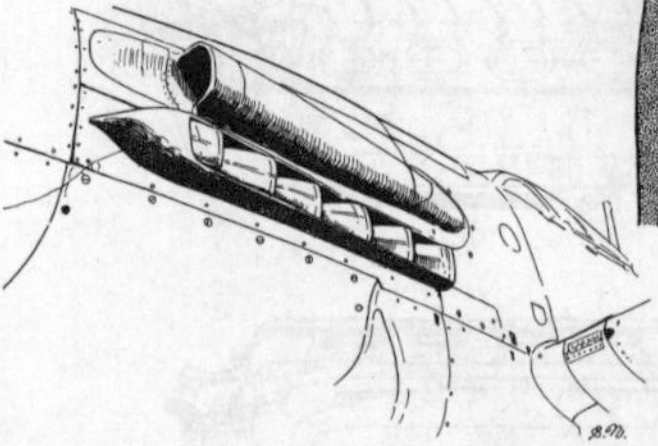

▼機首下面左側を前方に向けて見る。中央は水冷却器フラップ、その左は潤滑油冷却器フラップで、いずれも全開状態を示す。画面上方の三角形突起は、射出の際、滑走車と接続するフック。

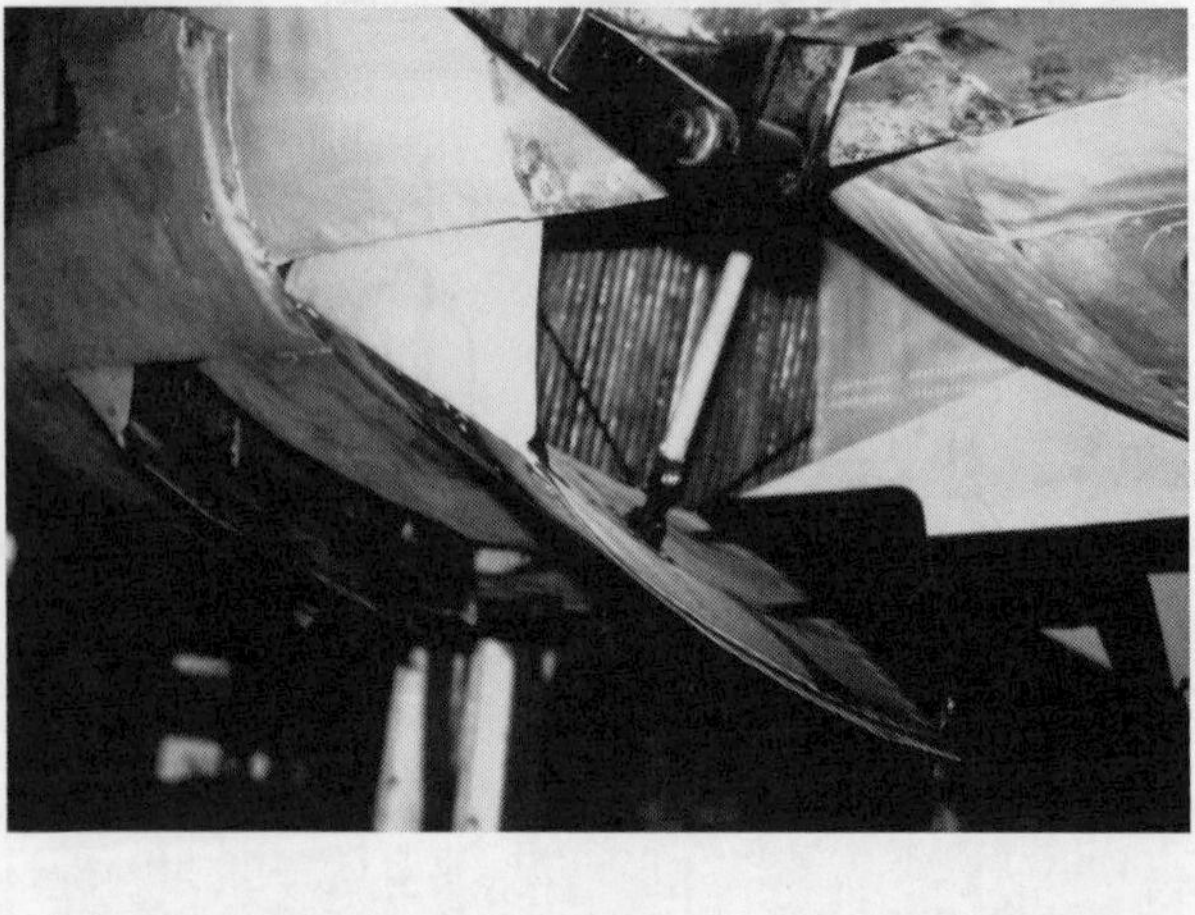

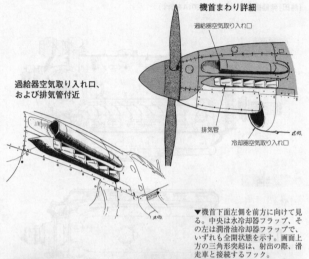

▲風防全体を右前方から見る。右の写真は可動部分を開いた状態で、前、後席ともに後方にスライドして開く。当時の日本機に共通の、枠の多い構造である。正面ガラスも曲面になっており、視界、照準の点で難がありそうだが、後者に関しては当初、望遠鏡式の一式射爆照準器を予定していたので、このような曲面ガラスでよかったのだろう。

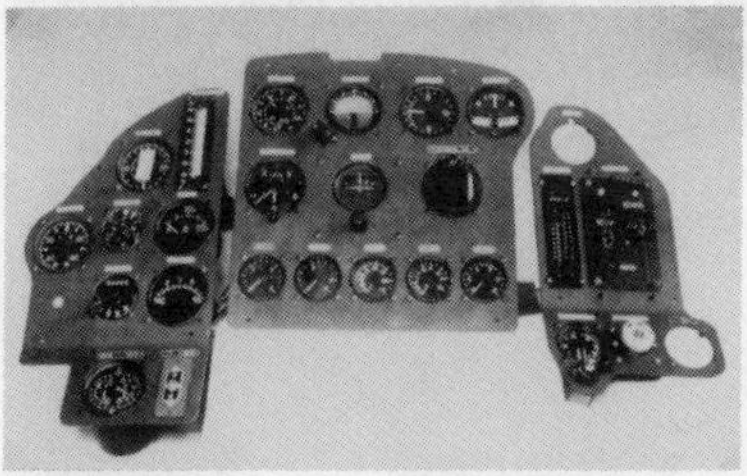

▲操縦員席主計器板。これは試作/増加試作機のもので、生産機は計器板がベニア板にかわり、一部の計器の配列が異なっている。

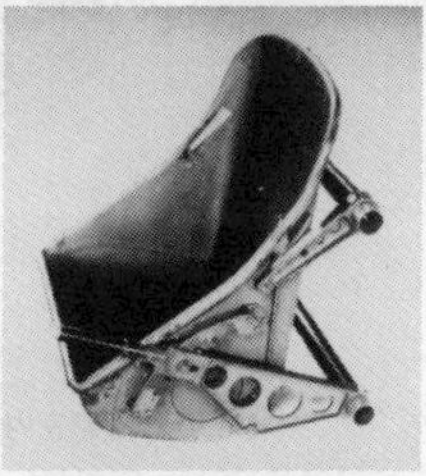

▲操縦員席。左側に高低調節レバーが付いている。

同様に、材質、および工作技術レベルの未熟さから故障、不具合に泣き、本発動機を装備した『彗星』が、最後には『ハ40』装備の陸軍三式戦『飛燕』と同じく、空冷発動機へ換装されるという不祥事を招いた曰《いわ》くつきのものだった。

それでもあえて、晴嵐が『熱田』系を選択した理由は、その任務上、急速発進が要求されたこと、ただでさえ空気抵抗の大きい浮舟を装備しているうえに、なおかつ空冷発動機装備では、計画した性能達成は困難と判断したためである。プロペラは住友／ハミルトン油圧式定速可変ピッチ3翅、直径3・20m。

操縦室まわり

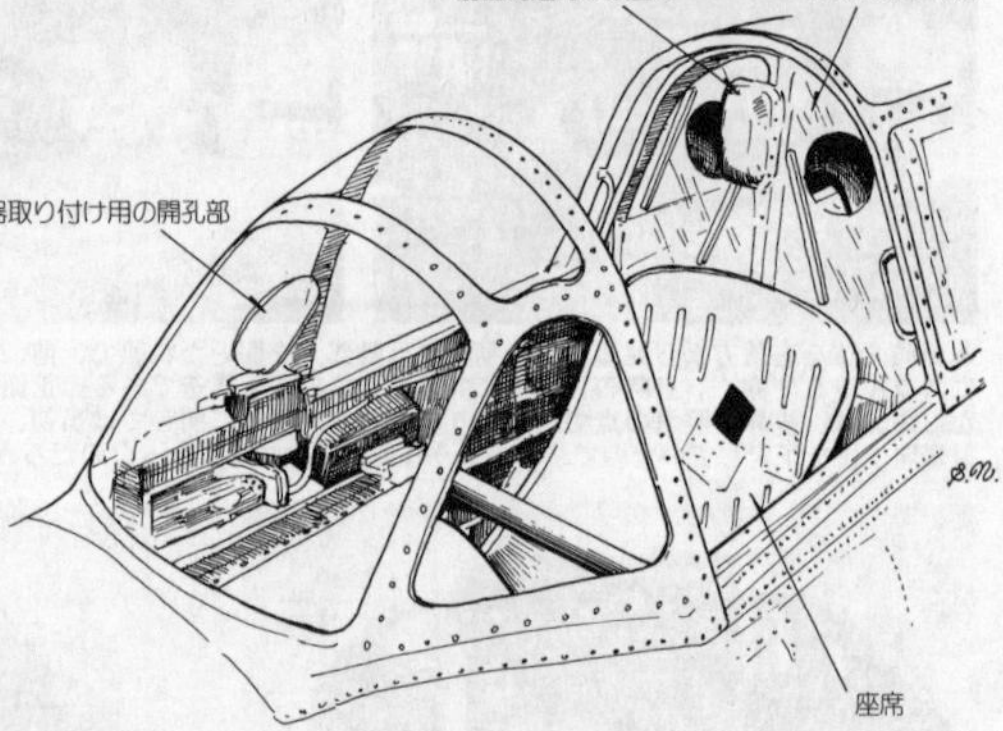
後席との
仕切りガラス板
射出発進時の頭当て
一式一号射爆照準器取り付け用の開孔部
座席
S.N.

操縦室内

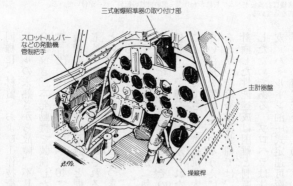

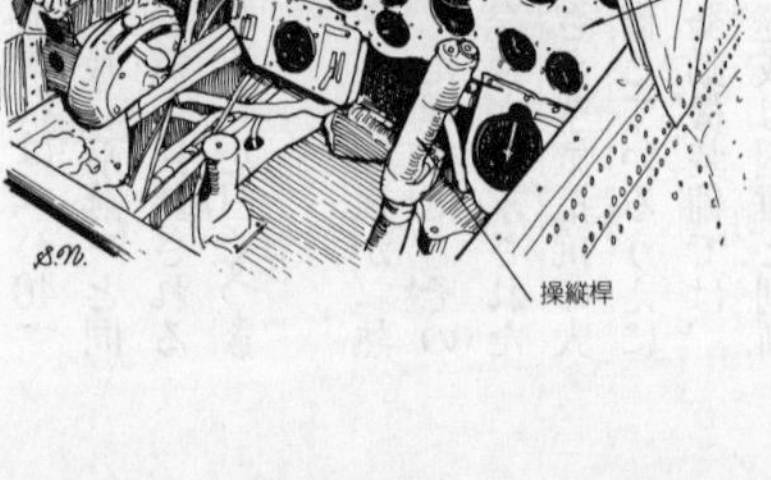
三式射爆照準器の取り付け部
スロットルレバー
などの発動機
管制把手
主計器盤
操縦桿
S.N.

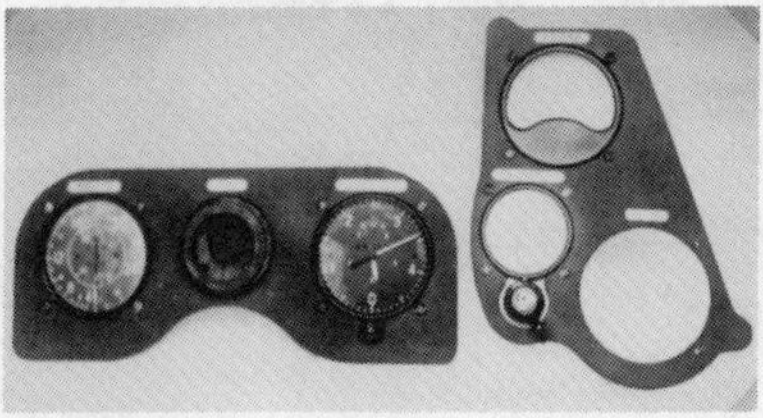

▲偵察員席計器板。

▲偵察員席。旋回機銃架と一体になった造り。

偵察員席前方

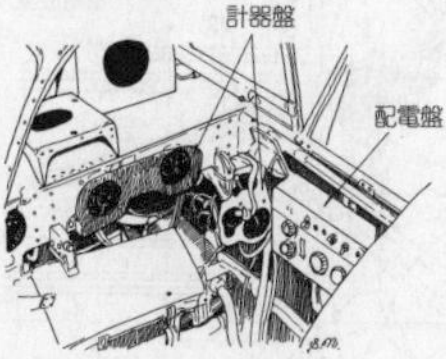

旋回機銃取り付け架

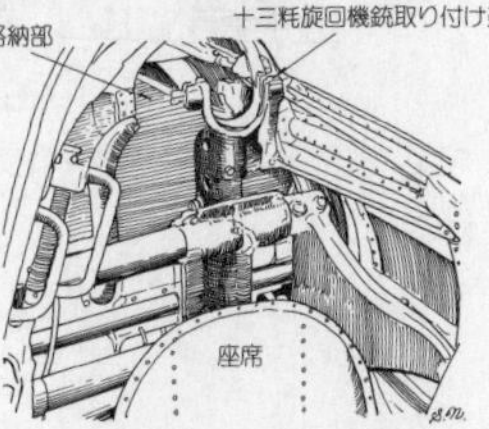

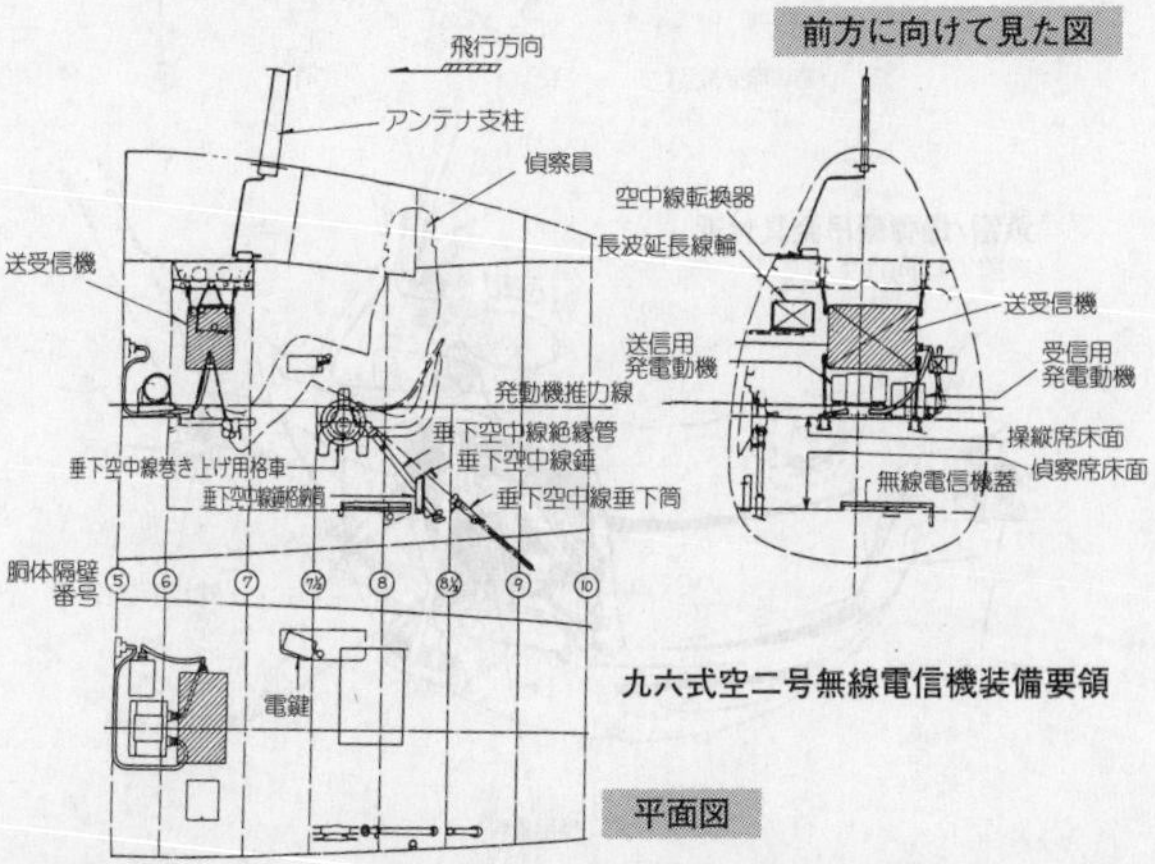

九六式空二号無線電信機装備要領

一式空三号無線帰投方位測定器装備要領

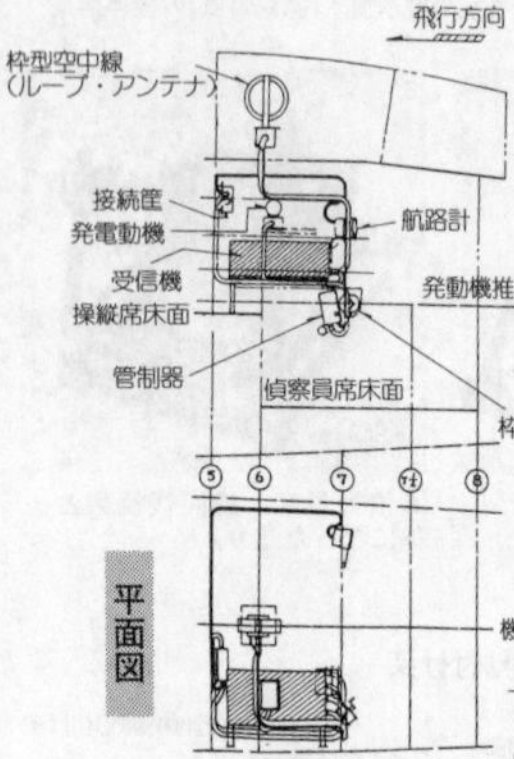

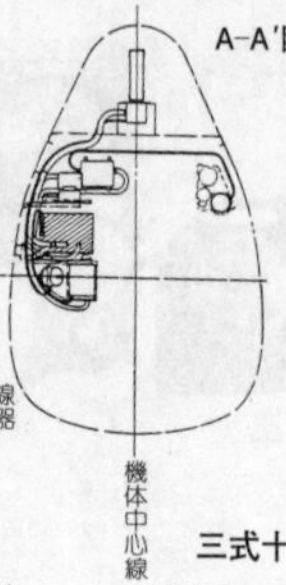

三式十三粍旋回機銃装備図

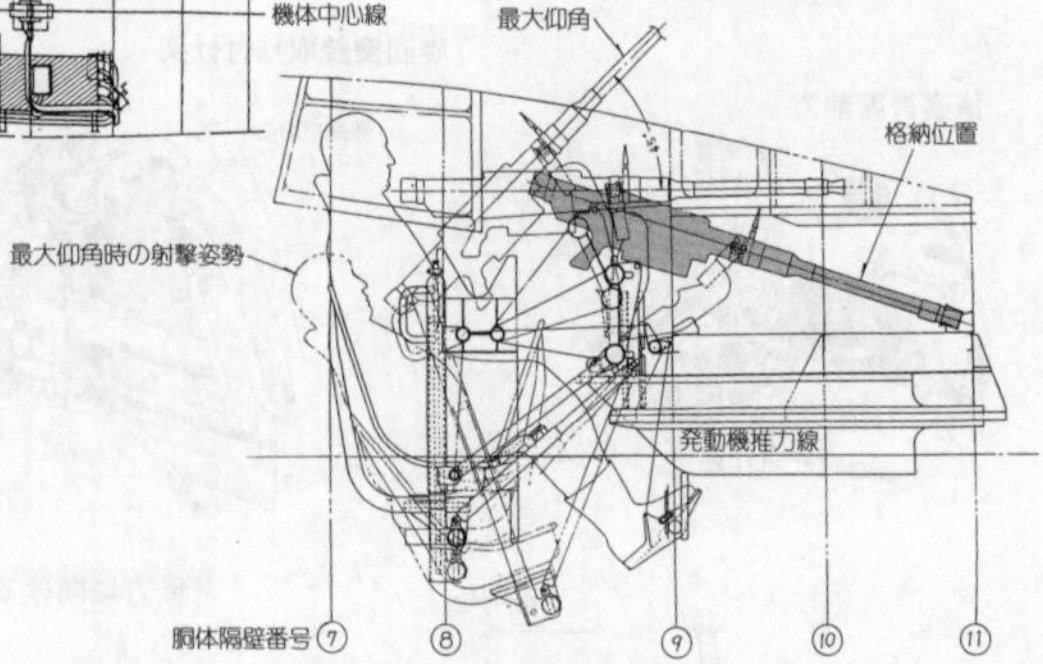

魚雷/爆弾懸吊金具付近

※前方に向けて見る

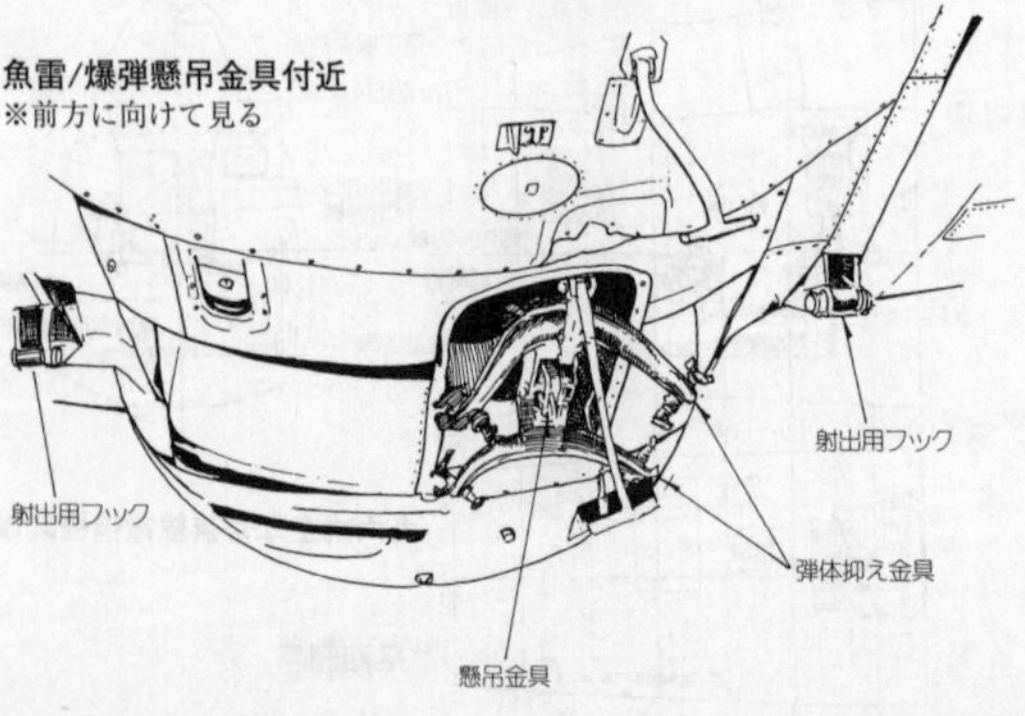

一式航空魚雷懸吊要領

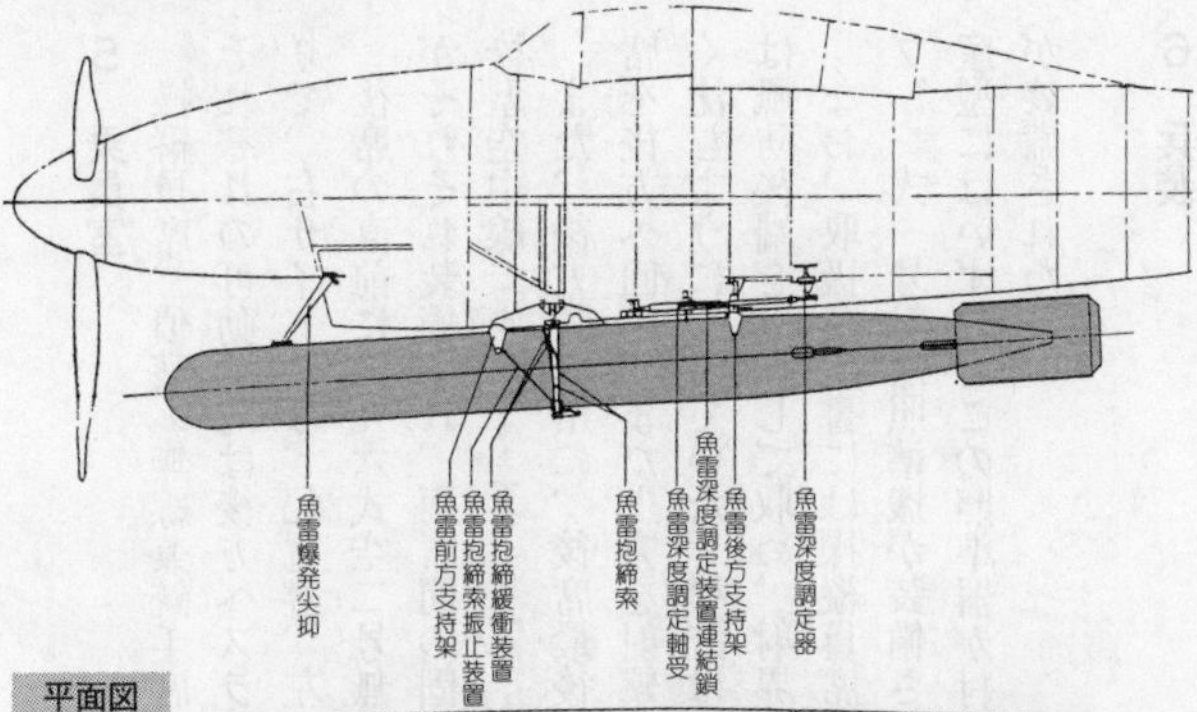

平面図

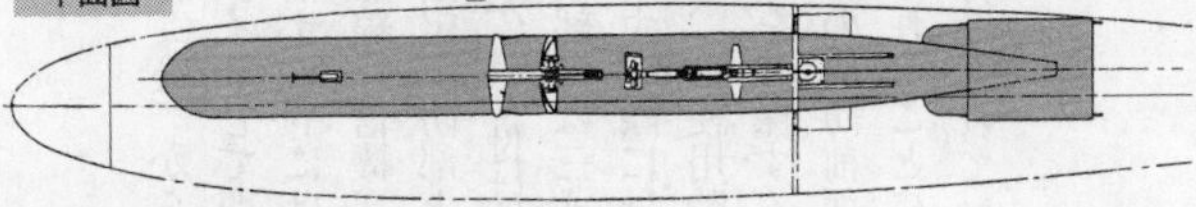

八〇番(800kg)通常爆弾懸吊要領

側面

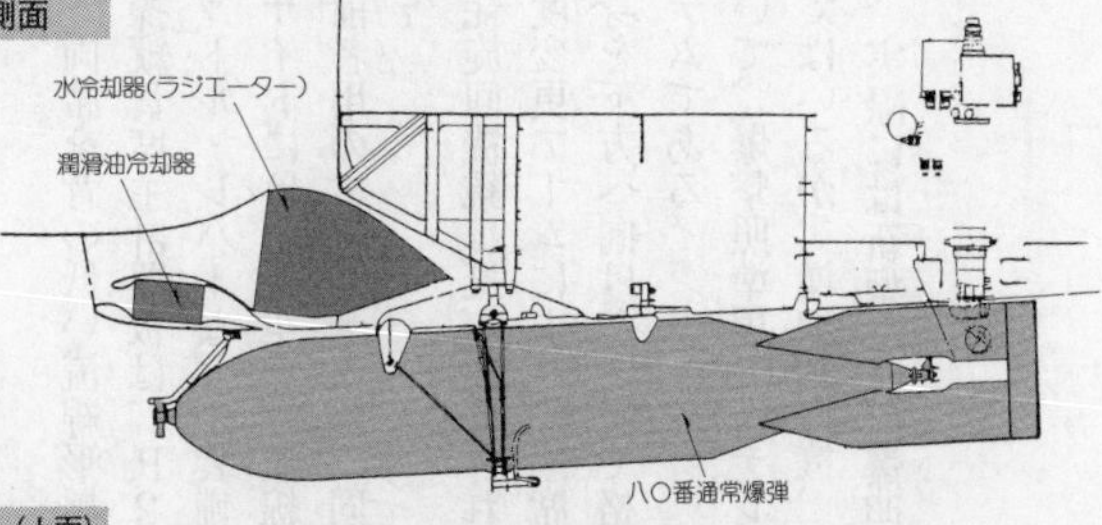

平面（上面）

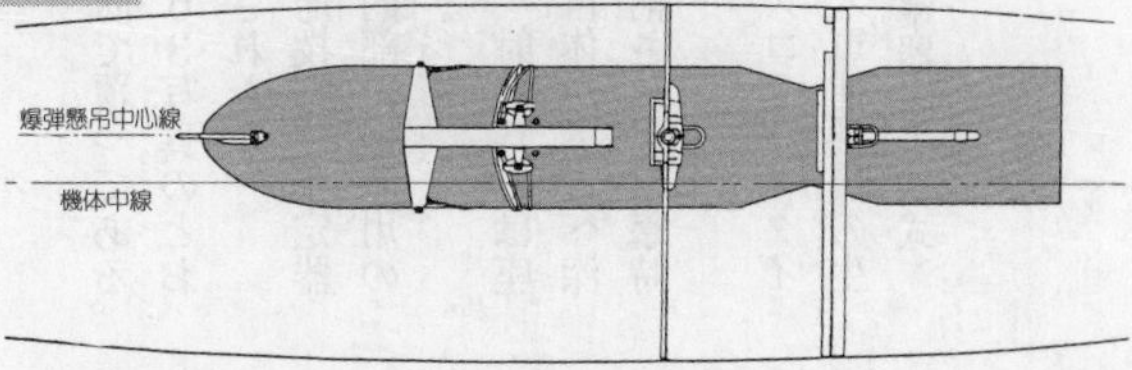

5 乗員室

操縦員席、偵察／無線兼銃手席（後）からなり、両席を背の低い流線形風防で覆ってある。それぞれの可動風防は後方へスライドして開く。操縦員席主計器板は、P.263写真のとおりで、右サイドには、配電盤、左サイドにはスロットル・レバーなどが装備された。

後席の直前には九六式空二号無線電信機、同右サイドには一式空三号無線帰投方位測定器がそれぞれ装備され、両席間の固定風防部上方に前者用のアンテナ支柱、同内部に後者用の枠型空中線（ループ・アンテナ）が取り付けられた。

また、後方防御用に、後席最後部には三式十三粍旋回機銃1挺が装備され、射撃時には座席を後方へ回し、また上方を射撃する際には、角度変更アームによって座席自体が下方へ深く沈むようになっていた。機銃は、不使用時は銃身を下方へ向けた位置で格納され、射撃時は風防後端を回転して収め、射界を確保するシステムである。

なお、取扱説明書には操縦員席の風防前面を貫いて、爆撃照準用の〝テレスコープ・タイプ〟一式一号射爆照準機が装備されることになってはいるが、増加試作機、米軍捕獲後の生産型にはいずれもこの照準器が付けられていない。実際には新型三式射爆照準器（光像式）が装備された。

6 兵装

射出機による射出時姿勢

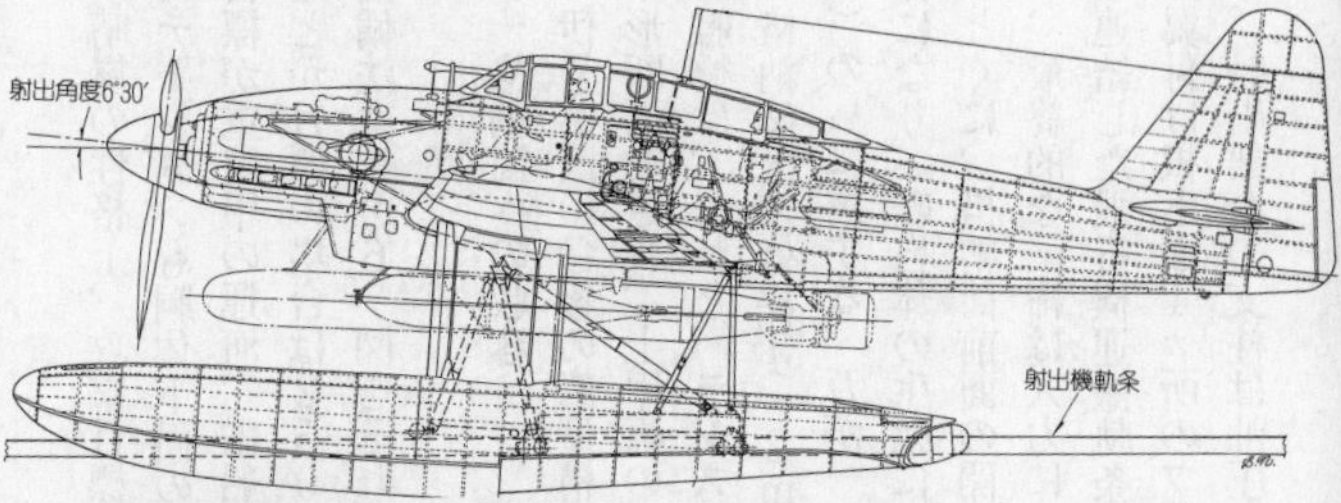

格納状態左側面図

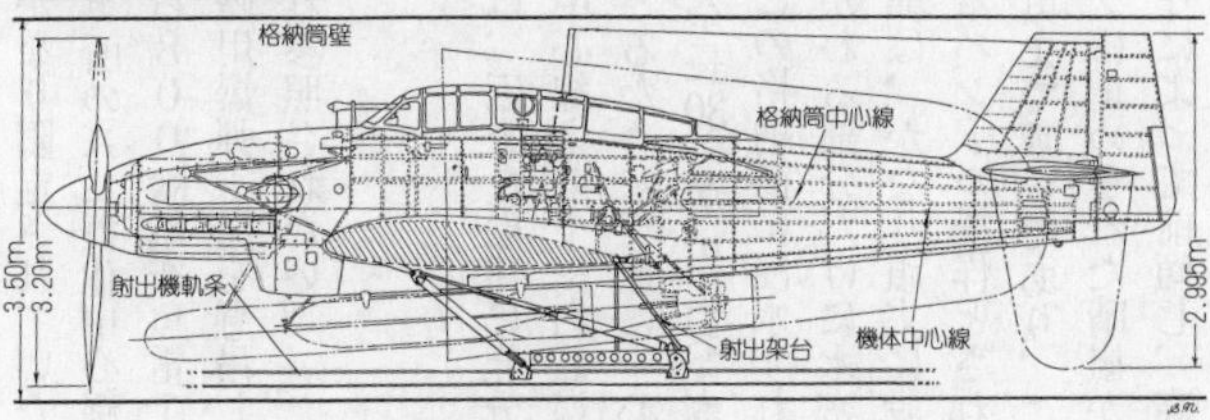

格納状態正面図

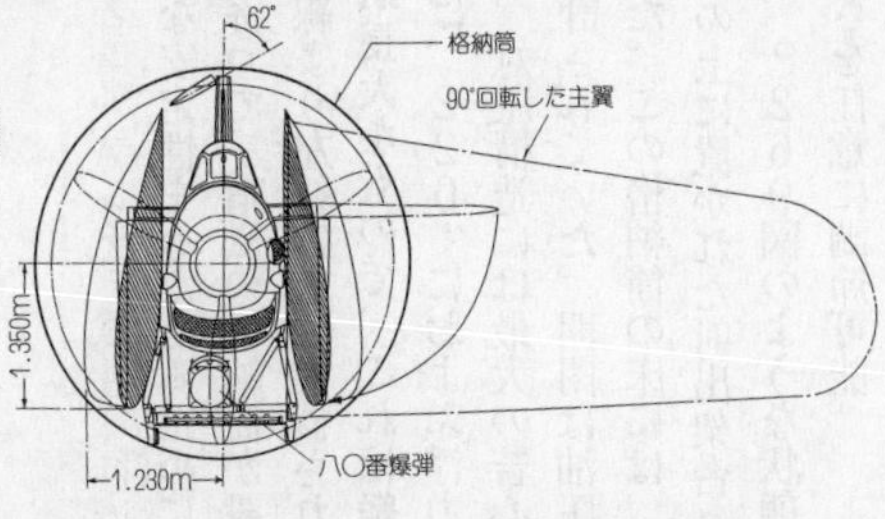

格納状態上面図

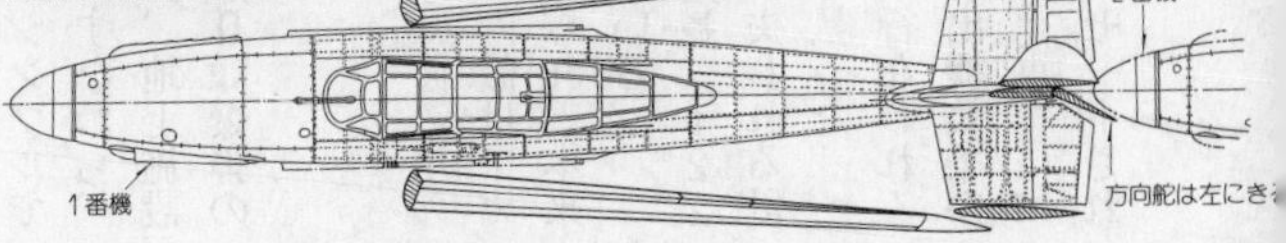

晴嵐の性格上、攻撃目標はかなり限定されていたから、兵装バリエーションはシンプルで、ステーションも胴体下面の1ヵ所のみ（機体中心線よりやや右側にオフセット）。すなわち、目標が重装甲の運河、艦船なら800kg航空魚雷1本、または800kg通常爆弾、地上施設などが目標の場合は250kg陸用爆弾1発を懸吊した。航空魚雷の装備法、800kg爆弾の装備法はP.267図をそれぞれ参照されたい。

7 格納筒への収容

伊号第四〇〇級の艦型構造は、巨大な船体に充分な安定性をもたせるために、内殻はメガネ形断面とされ、上甲板の艦中心線よりやや右舷に寄って、晴嵐の格納筒が設けられ、本来の艦橋は、これとバランスをとるために、逆に中心線より左舷寄りに設置されている。

格納筒は、外径4・2m、全長30・7mにおよぶ長大なもので、これは艦全長（122m）の¼に達する。万が一、この格納筒に浸水すれば、220tにおよぶ浮力が失われる計算になり、艦自体の生死にかかわる部分だけに水密、対圧構造には最大の苦心を払った。

とくに、格納筒前面の開閉扉は、かなり頑丈に設計されていた。この格納筒の床には、射出機軌条が、最終的な緊締は人力によるハンドル操作とされた。開閉は油圧で行なわれるから連結した飛行機運搬軌条が奥まで敷いてあり、この上に置かれた射出架台（滑走車）に、主翼付け根下面4ヵ所のフックに止められた晴嵐が、P.269図のような状態でセットされる。射出架台の支柱は油圧操作によって前傾し、高さを任意に調節可能。

緊急浮上、3機連続射出、そして潜航完了、この間に要する時間は20分以内という、信じられないような要求をクリアーするため、晴嵐はあらかじめ魚雷、または爆弾を懸吊した状態でセットされる。

したがって、潜航中でも格納筒と艦内が往来できるよう、交通筒によって連結され、格納筒内左舷側には暖気パイプ、給油パイプが導かれていて、発進前の発動機暖機、整備が行なえるようになっていた。

前方から、1、2、3番機の順に収容され、1、2番機の浮舟は、格納筒左、右の上甲板下に設けられた浮舟収納筒に収められるが、3番機の浮舟のみは、2、3番機間の間隔を少しあけて、格納筒天井に並列に吊して収納された。これは伊号四〇〇級の晴嵐搭載数が、途中から3機に増えたための苦肉の策で、格納筒を含めた大幅な設計変更が時間的に不可能だったからでもある。したがって、1、2番機の射出間隔が約4分なのに対し、2、3番機のそれが15分も要したのは、この浮舟収納法のせいであった。

8　射出

出撃が決定し、潜航中に発動機暖機、整備を済ませた晴嵐は、急速浮上後、ただちに1番機を射出機上の射出位置、2番機を待機位置まで引き出し、主、尾翼を展張する。

射出位置の晴嵐は、6°30′の仰角をつけてセットされた。そして搭乗員が乗り込み、発動機を始動し、少時間の暖機運転を行なったのち、順次射出される。

特型潜水艦 伊号第四〇〇級艦内配置図

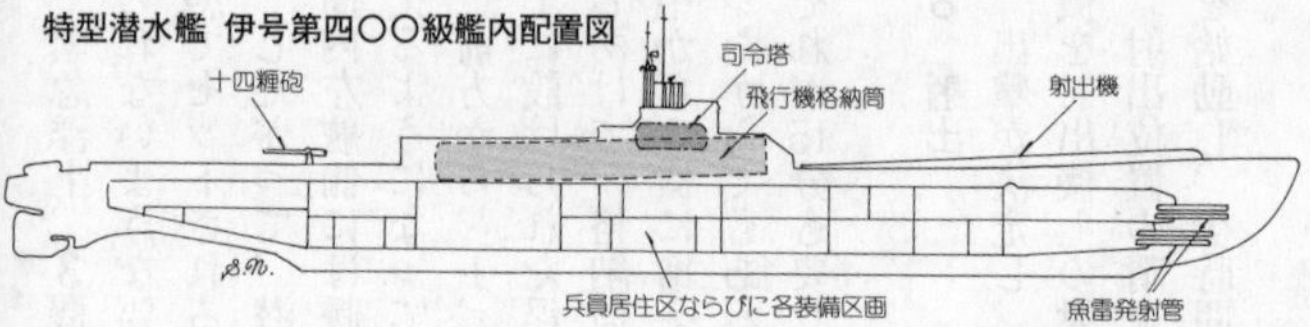

伊号第四〇〇級艦内断面図

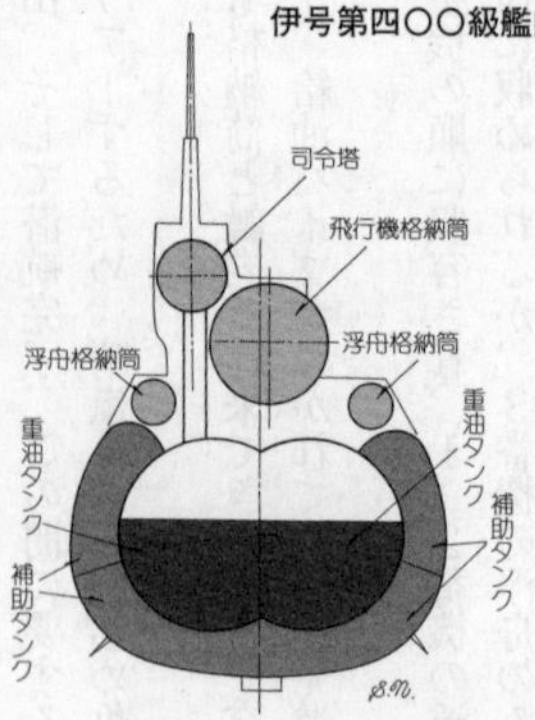

射出架台詳細図

伊号第四〇〇級の飛行機格納筒内の『晴嵐』収納状態。

伊号第四〇〇級が装備した射出機は、とくに本級用に開発された四式一号一〇型と称し、海軍第一技術廠の設計による。全長26ｍ、軌条幅1・3ｍ、有効滑走距離21・0ｍ、抑止距離1・5ｍ、最大射出重量5000㎏、最大射出速度毎秒34ｍ、平均加速度2・5Ｇの能力を有していた。動力には圧搾空気を用い、艦首方向へ3°の仰角をつけて装備されている。

1、2番機を射出した射出架台（滑走車）は、ターンテーブルを使ってただちに舷側へ片付けられ、この間、格納筒内では3番機の浮舟を天井から降ろす作業が行なわれ、2番機の射出完了と同時に、同じような手順で射出された。

なお、実戦出撃の際には、浮舟は付けずに射出、帰還後は母艦の傍に不時着水して搭乗員のみを収容、機体は放棄するという基本運用方針であったから、射出時間はもう少し短縮されたはずである。見方によっては不経済で、晴嵐は高価な消耗品と言えなくもないが、奇襲攻撃という任務上、攻撃終了後の迅速な避退というセオリーを考慮すれば当然の処置だった。クレーンを使って3機収容するには最低でも30分以上は必要であり、この間に敵の反撃（航空攻撃）をうけて、母艦もろとも撃沈されてしまえば、元も子もなくなってしまう。したがって、浮舟を装着しての射出は、訓練時のみとされた。

第四章　日本海軍水上機の塗装とマーキング

第一節　基本塗装の変遷

●水上機の塗装工程

海軍航空事始めのそもそもが、モーリス・ファルマン複葉水上機だったことからして、日本海軍機の塗装（海軍用語では塗粧と称した）技術は、水上機、および飛行艇を中心に発達していった。

当然のことではあるが、水上機は、単に潮風に晒されるだけではなく、常に海水に浸っている浮舟（フロート）はもとより、胴体や主翼も、離発着のたびに海水の飛沫を浴びるため、下塗りから最終工程の上塗りまで、入念な防水、錆止め処理を施さねばならなかった。

その塗装工程を、具体的に示す資料はほとんど残されていないのだが、幸い、零式水偵の取扱説明書中に、保守・点検の手引きとして、塗装のことについて触れており、手掛りとなる。それを転載したのが、別表①である。

九五式水偵以前の複葉羽布張り構造機は、この表組みの手順とは、また異なったやり方だ

別表：① 零式水上偵察機の塗粧、及び防蝕要領

※昭和16年12月海軍航空本部作製の取扱説明書より

本機ハ下表ノ如キ要領ニ依リ、塗粧防蝕スルヲ以テ、之ガ保存整備ノ参考トスベシ。但シ、外面塗粧ニ関シテハ、航本機密第12297号（昭.16.12.4）、同第12298号（同）ニ依ルモノトス。

a 塗粧

材質	塗粧部分	工程	塗料		塗法	回数	備考
羽布	一般羽布面	下塗	ち8	透明	摺込	1	
		下塗	ち8	透明	刷毛	1	
		中塗	ち8	赤褐色	刷毛	2	
		上塗	ち8	銀色	吹付	2	
		タンポ摺					
		上塗	ち57 第二種	灰色	吹付	1	
鋼	一般鋼材	下塗	仮規77	赤褐色	吹付又は刷毛	3	
		上塗	（ち55）	黒色	吹付又は刷毛	2	
木材	合板張内部		ち11	ゴールドサイズ	刷毛	1	
			ち26	仕上用ワニス	刷毛	2	
木材	合板張外部		仮規124第一種	木綿布を本接着材にて接着す			
		下塗	日本高級塗料製品	硝酸性塗料赤褐色	吹付	2	
			日本高級塗料製品	硝酸性塗料サーフェーサー	目止		
		上塗	日本高級塗料製品	硝酸性塗料銀色	吹付	2	
		砂紙研磨及タンポ摺り					
		上塗	日本高級塗料製品	硝酸性塗料灰色	吹付	1	
		ポリッシングコンパウンドにて（セルバNo.3）					
各種管系統			ち24				
軽合金	一般機体面	下塗	ち49 第一種	赤褐色	吹付又は刷毛		塗粧回数は次表による
		上塗	ち49 第一種	銀及び灰色	吹付又は刷毛		
	座席内部及同内部部品（16番横骨前方）	下塗	ち49 第一種	赤褐色	吹付又は刷毛		
		上塗	ち49 第四種	淡緑色	吹付又は刷毛		
	整流環内外面（カウリング）	下塗	ち49 第一種	赤褐色	吹付又は刷毛		
		上塗	仮規95第三種	黒色	吹付又は刷毛		

b 軽合金塗粧回数基準

塗粧部分	下塗	上塗	備考
胴体外面	3	2	最後の1回は灰色のこと
胴体内面	2	2	16番隔壁前方推力線上方は下塗2回上塗1回とする 16番隔壁前方推力線下方は下塗2回上塗2回とする 16番隔壁より後方は下塗2回上塗3回とする
主翼外面	3	2	最後の1回は灰色のこと
主翼内面	3	1	後桁後方は特に下塗3回上塗2回とする
動翼類内外面	3	2	後縁材は特に下塗3回上塗5回とする フラップ外面は最後の1回を灰色とする
発動機覆外面	3	2	整流環も含む。最後の1回は暗緑色艶消しとする
発動機覆内面	2	1	整流環も含む。最後の1回は暗緑色艶消しとする
機体外部覆類内外面	3	2	外面最後の1回は灰色のこと
艤装部品	2	1	
浮舟内外面	3	2	外面最後の一回は灰色のこと

c 塗粧実施要領

(1)胴体、並びに風防関係

(イ)骨格部品は下塗2回塗粧後に組み立て、外板との接触部は上塗1回塗粧のこと。

（以上）

ったのだろうが、基本はそう大きく変わらないと思われる。

表中にある「仮規77」や「仮規95」などは、それぞれの塗粧規約書を示し、「ち24」や「ち49第一種」などは、海軍航空機用塗料の規格番号である。

最終工程の上塗りに使用した各塗色については、日中戦争以降のものに絞った使用色を、カラー頁の末尾に掲載しておいた。

●初期の海軍機塗装

初期の複葉羽布張り構造機は、特別な塗色は塗らず、素材の上に保護用透明ニス、もしくはワニスを塗ったのみの、いわゆる、クリアードープ仕上げだった。すなわち、羽布張り部分は、無漂白布地の黄褐色、木製支柱は削り出しの木目が見えていた。もっとも、P.278図に示したロ号甲型水上機のように、機首の金属外皮部をエナメル系塗料の黒、木製浮舟を、同系の茶色と思われる保護塗料を施したような例もあった。

第一次世界大戦において、欧州各国の軍用機が、一斉に迷彩塗装を施したことは、日本海軍航空にとっても大いに刺激となり、大正10年（1921年）に試作された、三菱の十年式艦上機トリオは、師と仰いだイギリス海軍に倣い、上面にグリーン味を帯びた暗褐色ベタ塗りの迷彩を施して完成した。

水上機の一部もこれに倣い、愛知がライセンス生産した二式複座水偵が、この暗褐色色迷彩を施した。しかし、日本海軍機が実際に戦争に参加する可能性は低く、この暗褐色迷彩の意義は短期間で薄れてしまい、他の水上機には導入されなかった。

●〝銀翼の海鷲〟

早々に見切りをつけた暗褐色迷彩に代わり、海軍機の制式塗装として導入されたのは、全面を、まばゆいばかりに輝く銀色に塗ることだった。

これは、大正10年代に入って、海軍機の保有数が飛躍的に増え、使用頻度も高まり、機体の痛みも相応に激しくなり、とくに羽布張り外皮の、直射日光による劣化をおさえ、かつ耐久性を高めることが狙いだった。

大正13年（1924年）11月10日付けで制定された指示書のタイトルも、ずばり、『飛行機翼布塗粧ノ件』で、従来までのクリアードープ仕上げに加え、その上に黒褐色、または茶色の着色保護塗料を塗り重ね、最終的な上塗りとして銀色を塗布することにしたのである。

この銀色は、アルミニウムの粉末をワニスなどの透明塗料で溶いたもので、太陽光を反射するとピカピカに輝き、のちにマスコミが〝銀翼の海鷲〟というキャッチ・フレーズを、盛んに使ったのもうなずける。

●戦時迷彩の導入

大正13年以来、国民にも長く親しまれてきた海軍機の〝銀翼〟は、昭和12年7月に勃発した日中戦争を境に急速に影をひそめ、中国大陸に進出する機を中心に、上面に緑黒色（D_2）

と土色（H_2）の雲形迷彩パターンを施すようになった。この２色は、いうまでもなく、上空からみて、中国大陸の風景に溶け込みやすいように選ばれた色調だった。

下面は、もとの銀色のままとした機と、地上からみて空に溶け込むように、灰色に塗り替えた機とが混在した。

なお、日中戦争勃発後も、内地の常設航空隊に配備されていた機体は、従来までの銀色仕上げを維持した。水上機も同様である。

●束の間の全面灰色塗装

昭和15年（１９４０年）11月

大正11年１月21日以前の機体塗装・マーキング例

（図例：横須賀航空隊/ロ号甲型水上偵察機/大正７～８年ころ）

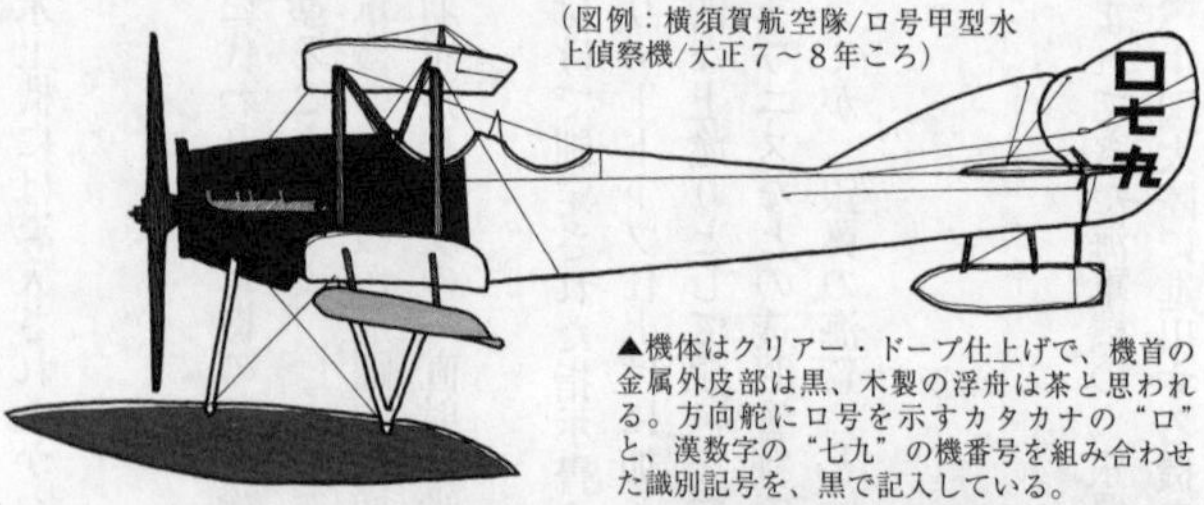

▲機体はクリアー・ドープ仕上げで、機首の金属外皮部は黒、木製の浮舟は茶と思われる。方向舵にロ号を示すカタカナの“ロ”と、漢数字の“七九”の機番号を組み合わせた識別記号を、黒で記入している。

▲広島県の呉軍港に近い、瀬戸内海に面する入江に設置された、演習時の臨時基地に並ぶ、各艦船搭載の一四式水偵群。左手前機より、水上機母艦『能登呂』、戦艦『長門』、同『伊勢』、同『霧島』、同『日向』の尾翼文字が確認できる。遠方の白煙は蒸気汽関車のもので、昭和ひと桁時代の、のどかなひとコマである。

カタカナの区別字を適用した艦船搭載機例
（図例：水上機母艦『能登呂』/一四式二号水上偵察機/昭和初期ごろ）

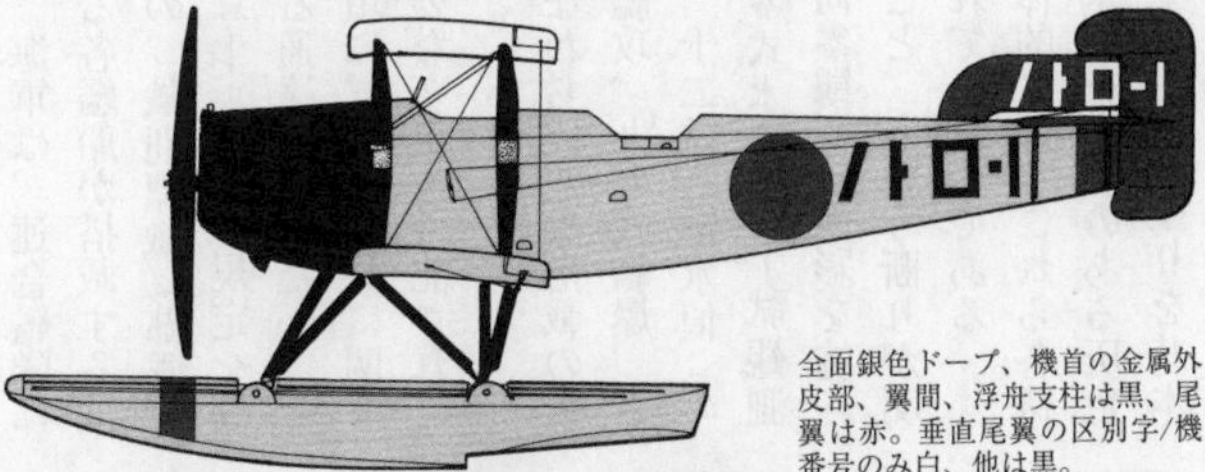

全面銀色ドープ、機首の金属外皮部、翼間、浮舟支柱は黒、尾翼は赤。垂直尾翼の区別字/機番号のみ白、他は黒。

主翼上面記入要領

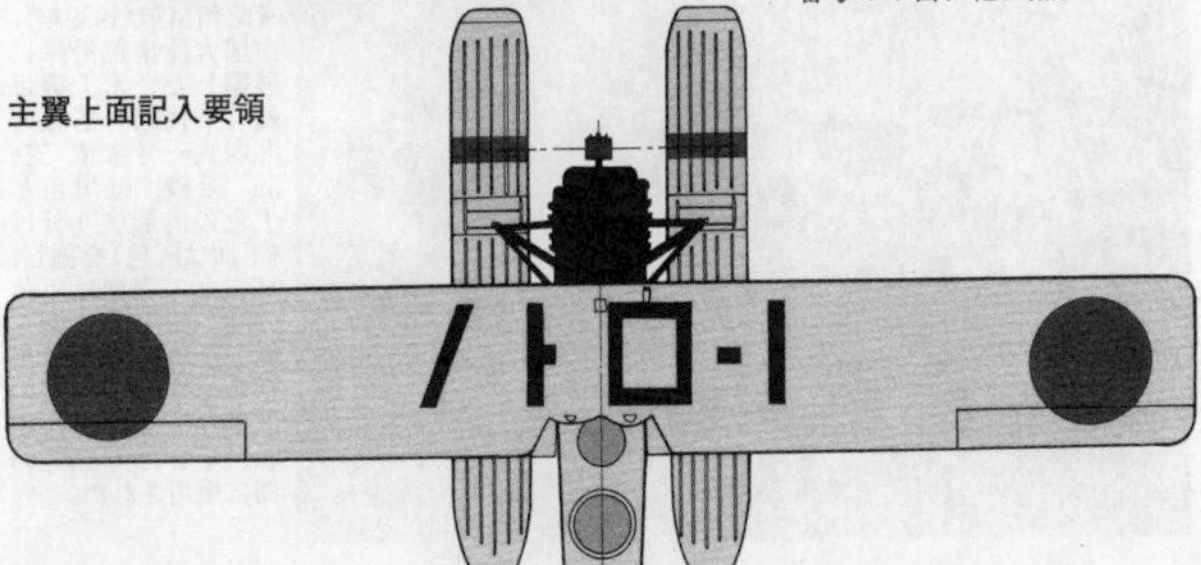

◀瀬戸内海上空を訓練飛行する、重巡洋艦『加古』搭載の一五式水偵"カコ-1"号機。全面銀色塗装に、尾翼の赤色塗粧が映える。眼下の泊地には、母艦の姉妹艦とおぼしき3隻が停泊している。

15日、海軍は、連合艦隊に属する各艦船が搭載する飛行機の、識別標識（部隊符号の意——後述）規定を改訂する通達を出したが、その一項に、機体塗装に関する重要な変更も併記されていた。

　すなわち、空母搭載の艦戦、艦攻、九九式艦爆、さらに、十二試三座水偵（のちの零式水偵）、十試観測機（同零観）は迷彩を施さないこと、という断りが明記されていたのである。

　具体的には、これら各機は、全面を光沢のある灰色（J3）1色ベタ塗りを基本

◀昭和14年（1939年）、中国大陸南部沿岸に展開した、水上機母艦『千代田』搭載の九四式一号水偵“Z-55”号機。緑黒色と土色の雲形塗り分け（下面は灰色）を施し、日の丸の周囲は灰色の細い縁どりに塗り残してある。千代田搭載を示す、尾翼の区別字“Z”は、昭和14年2月～10月の間に適用された。

▼これも、日中戦争期の昭和12年（1937年）末、南京攻略作戦参加のため、揚子江の梅子州基地に並んだ、各水上機母艦搭載の九五式一号水偵。緑黒色/土色迷彩を施している。胴体後部に記入された白帯は、外征部隊標識と称し、日中戦争参加機に共通のマーク。手前の2機は、区別字“13”を割り当てた『能登呂』、3機目以降の“15”を記入した各機は『神威』の搭載機である。

としたのだが、性能の良さに自信を深め、受身の迷彩の必要性が低く、表面をさらに平滑にすることで、空力上の効果を優先したゆえの措置と思われる。

同年9月、すでに実戦デビューしていた零戦が、この全面灰色塗装に準じた全面〝飴《あめ》色〟塗装を適用しており、16年に入って就役が本格化した、零式水偵、零観もその通達に準拠していた。

しかし、この全面灰色塗装の適用期間は、零式水偵、零観に限って言えば、わずか1年足らずで終わってしまう。言うまでもなく、太平洋戦争が勃発したためである。

●緑黒色（暗緑色）迷彩への移行

▶太平洋戦争開戦から間もない昭和17年はじめ頃、蘭印（現：インドネシア）のジャワ島スラバヤ付近を哨戒飛行する、水上機母艦『千歳』搭載の零観。全面灰色塗装で、尾翼記号は白。区別字"YI"は、第十一航空戦隊1番艦を示す。

▼こちらも、全面灰色の初期標準塗装を施した、大湊航空隊所属の零式一号水偵。機首の黒塗装は反射防止のため。手前機の尾翼記号は"オミ-5"（黒）。昭和16年末〜17年にかけての撮影。

太平洋戦争開戦劈頭の、ハワイ作戦に参加した空母搭載機のうち、九七式艦攻のみは、超低空飛行するゆえに、米軍機の迎撃を考慮し、上面に緑黒色のベタ塗り、もしくはマダラ状吹き付けによる迷彩を施した。

そして、翌17年（1942年）に入ると、九九式艦爆をはじめ、実施部隊の他機種にも緑黒色1色によるベタ塗り迷彩が広範に浸透した。

こうした現状に鑑み、海軍は昭和18年（1943年）なかば、すべての実用機（練習機を除く）を対象に、上面を緑黒色1色のベタ塗り迷彩とすることを規定し、以後、敗戦まで変わることなく適用した。ちなみに、下面は灰色を基本としたが、陸攻のみは、例外として無塗装金属地肌のままとされた。

▶昭和17年（1942年）5月、北太平洋のアリューシャン列島攻略作戦に参加した、水上機母艦『君川丸』から、射出発艦した直後の零式一号水偵“X-2”号機。すでに、上面を緑黒色ベタ塗り迷彩にしている。日の丸は細い白フチ付き。区別字“X”は、16年9月～17年10月の間適用。

◀昭和18年（1943年）なかば、他艦のほとんどが零観に機種更新したにもかかわらず、重巡洋艦『那智』に搭載され、なお第一線にとどまっていた、九五式二号水偵“W1-3”号機。制式化された緑黒色迷彩、幅75mmの日の丸白縁、主翼前縁の味方機識別帯（黄）などが新鮮に映る。区別字“W1”は、17年11月～18年末の間適用。

なお、太平洋戦争初期の時点で、なお現役にあった九四式、九五式水偵などは、日中戦争期の緑黒色／土色の2色迷彩を、そのまま維持した。

第二節　各種標識

●国籍標識

大正10年（1921年）まで、海軍機は国籍標識を記入しなかったが、戦力が充実するのにともなってその必要性も高まり、大正11年1月21日付けで『海軍航空機標識及其ノ表示方』なる指示書を発布し、その中で〝海軍航空機ノ標識ハ日章（日の丸）トス、表示ノ要領ハ上翼上面、下翼下面ノ両外端及胴体ノ両側面ニ附ス〟と規定した。

日の丸のサイズは、機体の大小にあわせて主翼は弦長、胴体は上下幅の6／8とされ、主翼は翼端から1／4弦長位置に、胴体は座席（複座以上は最後部席）から後方1／8上下幅の位置に、それぞれ日の丸外周がくるように規定され、上、下方向はともに1／8の等間隔があくようにした。もっとも、胴体日

▶茨城県の霞ヶ浦上空を訓練飛行する、鹿島航空隊所属の九四式二号水偵“カシ-83”号機。後継機、零式水偵が充足するにつれ、第一線を退いた九四式水偵の多くは、こうした、水上機乗員訓練部隊に配転され、戦争末期まで現役にとどまった。むろん、緑黒色迷彩に衣替えし、日の丸白フチ、味方機識別帯なども、規定に従って描き込まれた。昭和18年～19年にかけての撮影。

の丸サイズ、記入位置に関しては、必ずしもこの規定に沿っていない機体も多かった。

日中戦争に合わせて迷彩が導入されると、主翼上面、胴体の日の丸が目立たなくなったため、周囲に地色を細く縁どるように塗り残したり、新たに細い白縁を付けた機体もあった。水上機でも、九四式、九五式水偵の一部に見受けられる。

太平洋戦争が始まり、最前線の錯綜した状況下では、味方機同士、または対空砲火の誤射が頻発したため、昭和17年10月6日付けの陸海軍中央協定にもとづき、主翼前縁の内側約1／2を、幅10㎝程度の黄色に塗ることが規定された。

この味方機識別目的の一環として、主翼上面、胴体日の丸に白縁（幅は前者が30㎜程度、後者が75㎜）を付けることも規定されたが、逆に敵機のよい目標にもなり、最前線では塗り潰した機が多かった。

●連合艦隊所属飛行機識別規定

大正15年（1926年）7月26日、新たに「連合艦隊所属飛行機識別規定」なる通達が出され、連合艦隊に隷属する航空母艦の艦上機、水上機母艦や各種艦船に搭載される水上偵察機の全ては、それを区別するため、尾翼全体を赤色（日の丸と同色）に塗り、胴体後部にも幅50㎝の赤色帯を記入することとされた。

これにともない、それまで垂直尾翼に黒色で記入していた区別字／機番号は、目立つように白色に変更された。

なお、後述するように昭和8（1933）年に「保安塗粧」なる規定が通達され、尾翼の赤色塗装がそのまま内容変更されて継続したが、胴体後部の赤色帯は廃止された。

●保安塗粧

昭和7年（1932年）2月22日、空母『加賀』艦上機が中国大陸上空で最初の空中戦を交えるなど、このころには、海軍航空隊の活動範囲は本土以外にもおよぶようになった。それにつれて、広い洋上に不時着するような例も増えたが、こうした情勢にかんがみ、海軍は昭和8年（1933年）6月5日付けで『飛行機保安塗粧

▲瀬戸内海と思われる島々の上空を、きれいな3機編隊で飛行する、水上機母艦『能登呂』搭載の、九〇式二号二型水偵。全面銀色地に、尾翼の赤色保安塗粧が鮮やかに映え、カラー写真ならば、いっそう際立った一葉になったであろう。

◀昭和16年（1941年）10月、戦艦『長門』艦上における、九五式二号水偵“A1-2”号機の、胴体後部に記入された報國號文字（黒）。15年4月7日、東京の羽田飛行場にて献納された機体で、“大東京煙草號”の献納者名からして、戦前の専売公社のような組織による献納金だろうか？　この文字に交差する黄斜帯は、第一戦隊搭載機を示す。

法』を規定した。

練習機と迷彩機を除き、尾翼を赤に塗るというのがそれ。いうまでもなく、海上などに不時着した際、救助隊が発見しやすくするための措置である。のちに、昭和10年（1935年）5月30日付けをもって練習機にも同法が適用された。

〝銀翼〟とともに戦前の海軍機を象徴するこの保安塗粧は、その後、昭和17年初期までの長期にわたって適用されることになる。

●報國號の表記

いうまでもなく、軍備というのは、毎年度ごとに議会で割り振られた予算によって調達される。これは旧日本陸海軍とて例外ではなかった。しかし、昭和ひと桁時代のなかばに至り、中国大陸への進出を狙いはじめた陸海軍は、軍事力拡大を正当化させるためもあって、国民の愛国心をことさら鼓舞し、昭和7年の第一次上海事変を契機に、民間各層からの献金によって各種兵器を調達する制度を発足させた。

こうした献金によって購入した各種兵器に、陸軍は〝愛國號〟、海軍は〝報國號〟の名称を付し、兵器の種類ごとに通し番号を附与し、一定の数がまとまると、それぞれの地区ごとに一ヵ所に展示、献金者を招待して献納式典を催し、その愛国心を称えた。

海軍の場合、報國號は、大は海防艦のようなものから、小は機銃、探照灯などまで、その種類は多岐にわたったが、むろん航空機もその範ちゅうに含まれた。報國號飛行機の第1号になったのは、昭和7年3月3日、兵庫県鳴尾村の川西航空機工場において献納された、川西九〇式三号水上偵察機であり、献金者は日本毛織（株）の役員、従業員一同であった。同機は〝報國−1號〟ニッケ號と命名され、大勢の見物客が見守るなか、海軍搭乗員によって記念飛行を行なった。

これ以降、毎年30機前後の単位で献納され、日中戦争が勃発した昭和一二年以降はさらに数が増え、太平洋戦争末期に至るまでに、じつに１７００機以上の各機種が献納されたのである。

戦前の報國號飛行機は、主翼上面、後部胴体両側、垂直尾翼両側に、報國番号と献納者にちなんだ個有名称を黒で記入——保安塗粧を施した機の垂直尾翼部分は白で記入——していた。しかし、日中戦争の勃発により迷彩が導入されると、記入箇所は胴体両側のみに限られ、白文字に変更した機体もあった。

さらに、太平洋戦争中には文字サイズも小さくなり、献納式なども行なわれなくなり、昭和18年（１９４３年）以降は文字の記入もやめるという具合に、戦争の推移とともに報國號の処遇も味気なくなっていった。

●艦（部隊）識別符号

最初の装備機となったモーリス・ファルマン機が、すでに方向舵にカタカナの〝イ〟と漢数字（十二が確認できる）を組み合わせたマーキングを記入しており（P.59イラスト参照）、大正7年に輸入されたテリエ飛行艇も、垂直尾翼にカタカナの〝ロ〟と漢数字の〝三〟を記入していたことから、初期の海軍機はカタカナで機体を、漢数字で個有機を区別するマーキング・システムを採っていたようだ。なお、のちにロ号甲型水偵が〝ロ〟、イ号甲型水偵が〝イ〟をそれぞれ適用しているので、国産機の就役にともない、この機種区別字は、機体名称の頭文字に置き換えられたらしい。

しかし、大正10年ころになって保有機数が増加し、航空隊の拡充が本格化すると、統一したマーキング・システムの必要性も高まり、大正11年1月21日付けをもって、海軍は『航空機番号附与法及其ノ表示方』を発布、各部隊（空母飛行機隊を含む）の区別字としてアルファベット1文字、これに続けて飛行艇は1〜99、偵察機（水偵含む）は100〜199、戦闘機は200〜299、雷（攻）撃機は300〜399、

別表：② 大正11年1月21日付けの『海軍航空機番号附与法及其ノ表示方』に基づく各部隊区別字

航空機母艦「若宮」	D
航空母艦「鳳翔」	A
〃　「翔鶴」（未完成）	B
横須賀航空隊	Y
佐世保航空隊	S
霞ケ浦航空隊	R
大村航空隊	O

▶大正15年（1926年）7月26日付けの通達によって改訂された、カタカナ表記による区別字の例。常設航空隊である、横須賀航空隊所属の九四式一号水偵〝ヨ−121〟号機である。

練習機は４００以上の番号を部隊ごとに記入し、所属部隊、機種、個有機がひと目で識別できるように規定した。各隊に割り当てられた区別字は別表：②のとおり。

文字の色は黒（迷彩機は白四角地の中に記入、もしくは文字を白で記入）、記入位置は上翼上面中央、下翼下面左右、垂直尾翼両側の計５ヵ所と定められた。

大正15年7月26日には、前記規定が一部改定され、部隊区別字はアルファベットからカタカナに変更され、機番号の記入位置は新たに後部胴体両側が追加されて計７ヵ所になった。

このカタカナの区別字は、水上機母艦ながら、空母に類別された『若宮』から、完成順にイ、ロ（鳳翔）、ハ（赤城）、ニ（加賀）と割り当てられた。

空母以外の戦艦、巡洋艦、水上機母艦などの搭載機は、カタカナによる艦名を区別字として用い、ひと桁の機番号と組み合わせた（例：コンガウ－1、ノトロ－1など）。

また、常設航空隊に関しては、隊名の頭文字、たとえば横須賀なら〝ヨ〟、大村なら〝オ〟を適用し、のちに頭文字を同じくする航空隊が編制されるようになると、あとから編制された部隊のほうは、隊名中の他の文字とあわせて2文字にして区別した（例：佐世保は〝サ〟、佐伯は〝サヘ〟という具合に）。

昭和13年当時の艦載機の区別字記入例
重巡洋艦『足柄』/九五式水偵（文字の色は白）

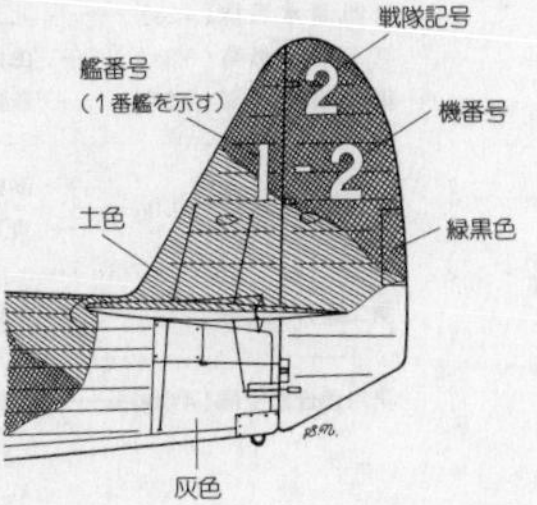

別表：③ 連合艦隊飛行機識別規程（昭和15年11月15日付けで通達）

艦隊	戦隊	識別	文字の色
第一艦隊（1F）	第一戦隊（1S）	長門：AⅠ，陸奥：AⅡ	文字の色は黄
	第二戦隊（2S）	伊勢：BⅠ，日向：BⅡ	
	第三戦隊（3S）	霧島：CⅠ，比叡：CⅡ	
	第六戦隊（6S）	青葉：DⅠ，古鷹：DⅡ，加古：DⅢ	
	第一水雷戦隊（1Sd）	阿武隈：E	
	第三水雷戦隊（3Sd）	川内：F	
	第三航空戦隊（3Sf）	龍驤：GⅠ，鳳翔：GⅡ	
	第七航空戦隊（7Sf）	千歳：HⅠ，瑞穂：HⅡ	
第二艦隊（2F）	第四戦隊（4S）	高雄：JⅠ，愛宕：JⅡ，鳥海：JⅢ 摩耶：JⅣ	文字の色は赤
	第五戦隊（5S）	那智：KⅠ，羽黒：KⅡ	
	第七戦隊（7S）	最上：LⅠ，三隅：LⅡ，鈴谷：LⅢ 熊野：LⅣ	
	第八戦隊（8S）	利根：MⅠ，筑摩：MⅡ	
	第二水雷戦隊（1Sd）	神通：N	
	第四水雷戦隊（4Sd）	那珂：O	
	第一航空戦隊（1Sf）	加賀：P（赤城は特別役務艦扱いにて含まれず）	
	第二航空戦隊（2Sf）	蒼龍：QⅠ，飛龍：QⅡ	
第四艦隊（4F）	第十八戦隊（18S）	鹿島：RⅠ，天龍：RⅡ，龍田：RⅢ	文字の色は赤
	第三根拠地隊（特設）	七空：Ⅰ-Ⅶ	
	第四根拠地隊（特設）	八空：Ⅰ-Ⅷ	
第六艦隊（6F）	第一潜水戦隊（1Ss）	香取：SⅠ，大鯨：SⅡ	文字の色は青（白フチ付）
	第二潜水戦隊（2Ss）	長鯨：T	
	第三潜水戦隊（3Ss）	五十鈴：U	
附属	第四潜水戦隊（4Ss）	北上：W	文字の色は白
	第五潜水戦隊（5Ss）	由良：X	
	第六航空戦隊（6Sf）	能登呂：ZⅠ，神川丸：ZⅡ	
	第一連合艦航空隊（1Cfg）	高雄空：T，鹿屋空：K 東港空：O	
	第二連合航空隊（2Cfg）	美幌空：M，元山空：G	
	第四連合航空隊（4Cfg）	千歳空：S，横浜空：Y	

◆　◆

日中戦争は、尾翼に記入される識別標識（区別字／機番号）にも変化をもたらした。実戦の場である以上、平時のような、簡単に部隊が識別できるようなものでは、防諜上好ましくないためである。

水上機母艦搭載機は、アラビア数字1〜2文字を割り当てて区別字とした。主要な艦区別字は以下のとおり。

神威：5、能登呂：13、
千代田：5（のちにZ）、
瑞穂：2-1、衣笠丸：15。

水上機母艦以外の艦船に

▲昭和16年４月に改訂された、『連合艦隊飛行機識別規定』により、新たに割り当てられた“SVⅡ”の区別字を記入し、内南洋上空を哨戒飛行する、第七潜水戦隊の潜水母艦『迅鯨』（じんげい）搭載、九四式二号水偵。緑黒色/土色迷彩がよくわかる。潜水戦隊は第六艦隊に隷属し、前ページ表にあるとおり、尾翼記号は青で記入することに決められていた。

▶昭和18年６月、アメリカ軍が占領した、アリューシャン列島キスカ島で接収した、もと第四五二航空隊所属の零式水偵の垂直尾翼。前年11月改訂の割り当て区別字“M1”は、キスカ島撤退と同時に使用中止した。文字（白）が大きめなのに注目。

搭載された水偵については、重巡『足柄《あしがら》』を例にすれば、P.289図に示すようなアラビア数字3文字から成るシステムだった。もっとも、この割り当ては一定の期間ごとに変更されており、系統だった資料もないので、全ての艦を把握するのは不可能である。

◆　◆

昭和15年11月、海軍は『連合艦隊飛行機識別規定』を公布し、空母、水上機母艦を含めた航空機搭載艦、および陸上基地部隊の識別標識を改訂し、新たにアルファベットとローマ数字各1文字による区別字（上記規定では艦［隊］識別表示、または艦［隊］名符号と表記）を採用した。前者は所属戦隊を、後者は番艦を表す。文字の色は、機番号も含めて迷彩機は白、または黄、新しい灰色塗装機は赤、または白か黒。

ただし、第四、第六艦隊所属艦搭載機は青（白フチ付き）を使用し、水雷戦隊旗艦のように、飛行機搭載艦が1艦のみの場合、さらに陸上基地部隊は当然のごとくアルファベット1文字だけだった。これらをまとめたのが別表：③である。

なお、常設、特設航空隊の陸上基地部隊のうち、連合艦隊に付属しない部隊、および練習部隊はこの規定には該当せず、従来どおりの『航空機番号附与及其ノ表示方』にしたがった。

◆　◆

太平洋戦争突入後も、前記『連合艦隊飛行機識別規定』のシステムそのものは、そのまま継続されたのだが、平時と比較にならぬ損耗の多さ、所属航戦の変更などが頻繁に行なわれたため、搭載機の尾翼標識（区別字）も何度か変更された。それらを逐一、記載する紙数はないので割愛させていただく。

◆　◆

昭和19年（１９４４年）２月、海軍は現下の状況に鑑み、組織上の大改編を実施したのに合わせ、従来までの『連合艦隊飛行機識別規定』のシステムにも、大きな改訂を加えた。

このシステムの特徴は、部隊符合（区別字）を、アラビア数字3桁にしたことで、やや暗号めいた素っ気ないものになった。

空母以外の艦船に搭載される水上機は、最初の1文字が所属艦隊、2文字目が所属戦隊、3文字目が戦隊内での番艦を表わした。例をあげれば、第二艦隊第一戦隊一番艦の戦艦『大和《やまと》』は〝２４１〟、同二番艦の戦艦『武蔵《むさし》』は〝２４２〟、同三番艦の戦艦『長門《ながと》』は〝２４３〟という具合である。これに続く機番号も含め、白で記入した。

このシステムは、書類上では敗戦まで継続したのだが、現実には、19年10月の捷一号作戦において、連合艦隊が、事実上の組織的作戦行動能力を喪失した時点で、〝失効〟同然となった。

なお、戦争末期に重要度が高まった、シーレーン防衛のための専任組織、『海上護衛総隊』に隷属した、陸上基地部隊（九〇〇番台の隊名称を冠した部隊の一部）は、独自の部隊符合システムを採っていた。

すなわち、アルファベット3文字から構成され、1文字目は〝Ｋａｉｊｙｏ〟（海上）を示す〝K〟、2文字目は〝Ｅｓｃｏａｔ〟（護衛）を示す〝E〟に統一し、3文字目に各隊ごとにAから順に割り当てた文字を組み合わせた。例をあげると、九〇一空が〝KEA〟、九三一空は〝KEB〟という具合に。

これらの部隊に配備され、対潜哨戒任務を専らとした、零式水偵、零観がよく知られる。

単行本　平成十九年二月　光人社刊

▲昭和20年（1945年）5月下旬、沖縄で孤立した陸軍将校救出のため、九州の博多湾から出発する、偵察第三〇二飛行隊所属の零式水偵一一甲型。区別字は隊名称そのまま。陸上基地部隊は、18年末以降、隊名の3桁、もしくは下2桁数字を区別字とした。

NF文庫

日本の水上機

二〇二二年一月二十日　第一刷発行

著　者　野原　茂

発行者　皆川豪志

発行所　株式会社　潮書房光人新社

〒100-8077　東京都千代田区大手町一-七-二

電話／〇三-六二八一-九八九一(代)

印刷・製本　凸版印刷株式会社

定価はカバーに表示してあります

乱丁・落丁のものはお取りかえ致します。本文は中性紙を使用

ISBN978-4-7698-3245-4　C0195

http://www.kojinsha.co.jp

NF文庫

刊行のことば

第二次世界大戦の戦火が熄《や》んで五〇年――その間、小社は夥しい数の戦争の記録を渉猟し、発掘し、常に公正なる立場を貫いて書誌とし、大方の絶讃を博して今日に及ぶが、その源は、散華された世代への熱き思い入れであり、同時に、その記録を誌して平和の礎とし、後世に伝えんとするにある。

小社の出版物は、戦記、伝記、文学、エッセイ、写真集、その他、すでに一、〇〇〇点を越え、加えて戦後五〇年になんなんとするを契機として、「光人社ＮＦ（ノンフィクション）文庫」を創刊して、読者諸賢の熱烈要望におこたえする次第である。人生のバイブルとして、心弱きときの活性の糧《かて》として、散華の世代からの感動の肉声に、あなたもぜひ、耳を傾けて下さい。